U0196617

内 容 简 介

　　《行星科学》是北京市精品教材立项项目。全书分 10 章。第一章是引言,介绍了行星科学研究的对象、内容和方法以及一些基本概念。第二至六章论述类地行星和月球。其中,作为太阳系乃至宇宙最有特色的行星——地球,突出论述了大气层、地磁场、电离层和磁层;水星重点介绍了"信使"号飞船获得的新成果;金星则突出厚重大气层的特征;火星重点论述液体水的历史;关于月球则重点介绍了月壤、月球资源、月球探测和月球基地。第七和第八章介绍类木行星及其卫星,分析了这类行星奇特的大气层和各类卫星,重点介绍了可能存在生命的欧罗巴、泰坦和土卫二。第九章是关于太阳系中的小天体,主要包括矮行星、小行星和彗星,强调了探测和研究小行星及彗星的方法和意义。第十章是行星科学的前沿问题,包括开珀带、奥尔特云天体以及太阳系外行星的探测与研究方法。

　　与国内外目前已经出版的有关行星科学著作相比,本书具有以下特点:(1) 作为本科生的教材,注意了内容的循序渐进,各章之间的衔接,理论体系的一致性;(2) 比较系统地介绍了行星探测的历史、现状、未来以及方法和技术问题;(3) 对行星的大气层、电离层和磁层进行了较详细的分析和论述;(4) 充分考虑到不同类型读者的需求,阅读内容便于取舍。

　　本书可作为空间科学和天文学专业的教材,也可作为大学理科各类专业二年级以上学生的通选课教材,可供从事深空探测的工程技术人员参考,对广大科普爱好者也是一本很好的读物。

北京市高等教育精品教材立项项目

行 星 科 学

焦维新　邹　鸿　编著

北京大学出版社
PEKING UNIVERSITY PRESS

图书在版编目(CIP)数据

行星科学 / 焦维新,邹鸿编著. —北京:北京大学出版社,2009.7
ISBN 978-7-301-15465-6

I. 行… Ⅱ.①焦… ②邹… Ⅲ.行星物理学 Ⅳ.P185

中国版本图书馆 CIP 数据核字(2009)第 116502 号

书　　　　名	行星科学
	XINGXING KEXUE
著作责任者	焦维新　邹　鸿　编著
责 任 编 辑	王树通
标 准 书 号	ISBN 978-7-301-15465-6
出 版 发 行	北京大学出版社
地　　　　址	北京市海淀区成府路 205 号　　100871
网　　　　址	http://www.pup.cn　　新浪微博:@北京大学出版社
电 子 邮 箱	编辑部 lk2@pup.cn　　总编室 zpup@pup.cn
电　　　　话	邮购部 010-62752015　发行部 010-62750672　编辑部 010-62764976
印 刷 者	三河市北燕印装有限公司
经 销 者	新华书店
	787 毫米×1092 毫米　16 开本　20 印张　527 千字　18 页彩插
	2009 年 7 月第 1 版　2024 年 10 月第 4 次印刷
定　　　　价	58.00 元

彩图 1　地球的八大板块，红点表示活动区，白箭头表示板块运动的方向和速度

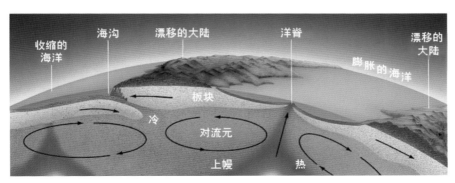

彩图 2　板块因对流引起的漂移

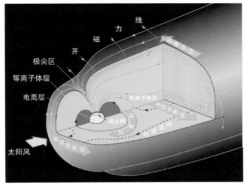

彩图 3　磁层的基本结构

彩图 4　磁层亚暴

白色线表示行星际磁场，红色线表示地磁场，
箭头表示等离子体运动方向

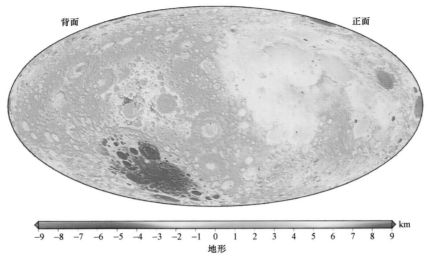

背面　　　　　　　　　　　　　　　　正面

km
−9 −8 −7 −6 −5 −4 −3 −2 −1 0 1 2 3 4 5 6 7 8 9
地形

彩图 5　月球表面的整体形态

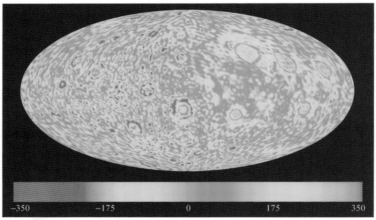

−350　　　　−175　　　　0　　　　175　　　　350

彩图 6　根据 SGM90d 模型获得的月球自由空气重力异常图

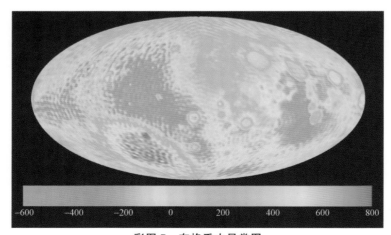

−600　　−400　　−200　　0　　200　　400　　600　　800

彩图 7　布格重力异常图

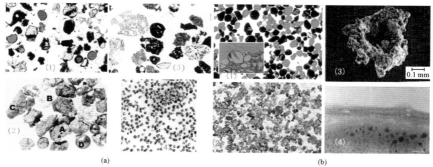

彩图 8　月壤物质的特征

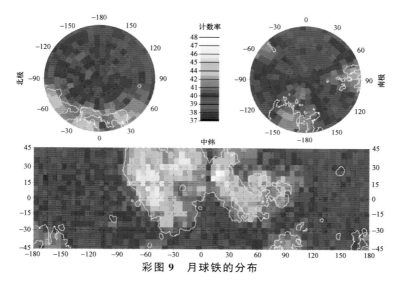

彩图 9　月球铁的分布

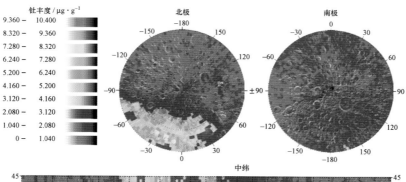

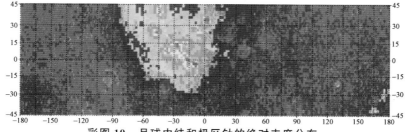

彩图 10　月球中纬和极区钍的绝对丰度分布

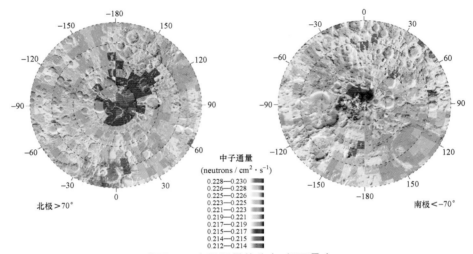

中子通量
(neutrons / cm² · s⁻¹)

0.228—0.230
0.226—0.228
0.225—0.226
0.223—0.225
0.221—0.223
0.219—0.221
0.217—0.219
0.215—0.217
0.214—0.215
0.212—0.214

北极 >70°

南极 <−70°

彩图 11　中子通量的分布,极区最大

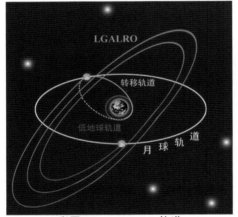

彩图 12　LGALRO 轨道

彩图 13　月球基地设想图

彩图 14a　月球就地资源利用的方法和形式

彩图 14b　月球基地的商业应用

彩图 15　水星陨石坑的密度

彩图 16　接近真实颜色的水星

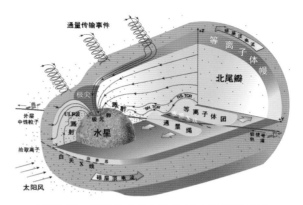
彩图 17　根据信使号两次飞越水星探测结果
绘制的水性磁层结构图

彩图 18　麦哲伦飞船对金星的雷达成像
（a）中心在东经 0；（b）中心在东经 180°

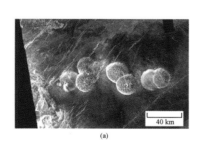
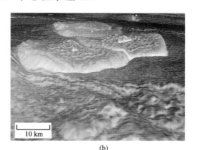
彩图 19　岩浆产生的圆丘（图（b）是计算机模拟图形）

彩图 20　金星上的火山

约400 km
熔岩流
撒帕斯火山
2个熔岩填充的火山口

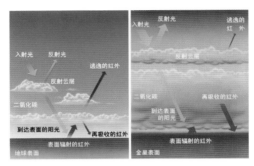

彩图 21　地球与金星温室效应比较

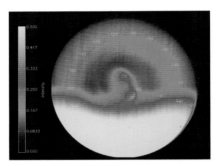

彩图 22　金星快车观测到的金星南极双眼涡旋

彩图 23　"先锋-金星 2 号"飞船

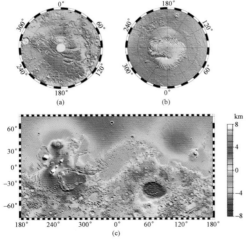

彩图 24　火星全球形态

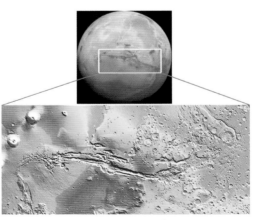

彩图 25　水手大峡谷

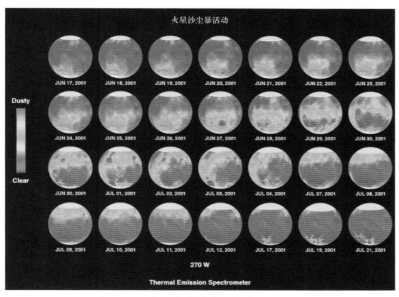

彩图 26　火星全球性沙尘暴发展的过程

彩图 27　哥伦比亚山(上)与维克多利亚陨石坑(下)

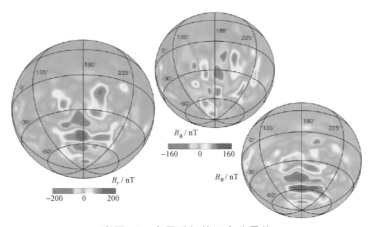

彩图 28　火星磁场的三个分量值

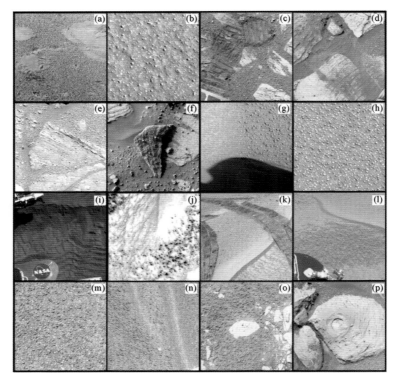

彩图 29　机遇号对火星表面的高分辨率图像

彩图中(a)～(p)的标号表示拍摄时利用了不同波长的滤波片

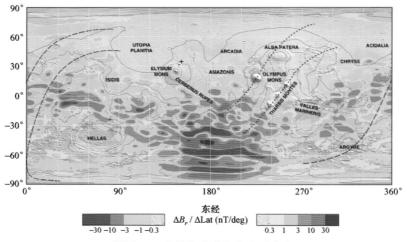

彩图 30　火星外壳磁场的全球分布

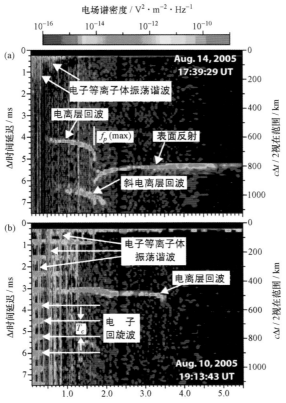

彩图 31　由 MARSIS 获得的火星电离图

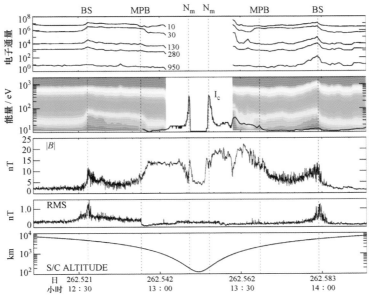

彩图 32　MGS 观测到的电子和磁场

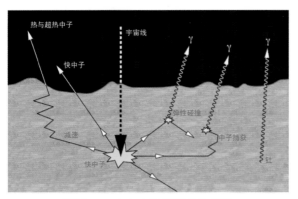

彩图 33　来自火星表面的核辐射

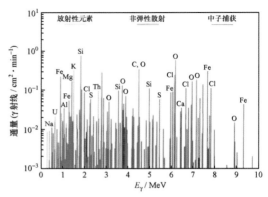

彩图 34　在 378 km 高度测量到的 γ 射线通量

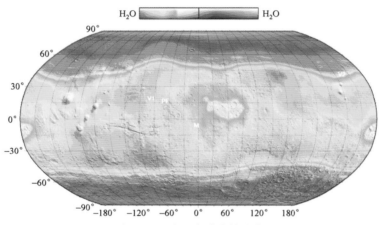

彩图 35　火星全球水的分布

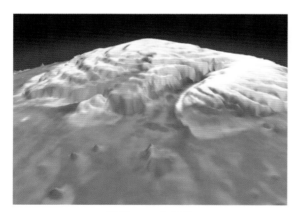

彩图 36　北极盖

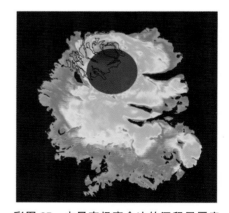

彩图 37　火星南极富含冰的沉积层厚度

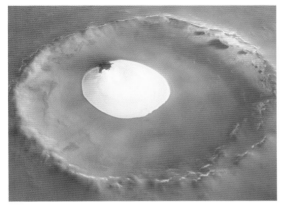

彩图 38　存在水冰的陨石坑

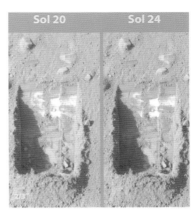

彩图 39　"凤凰"号拍摄的火星极区土壤内部图像

来自火星的陨石
ALH84001

在陨石 ALH84001
中观测到的可能的微生物

彩图 40　来自火星的化石及其内部可能存在的微生物

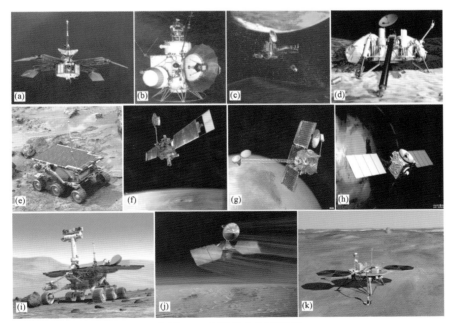

彩图 41　典型的火星探测器

（a）水手 4 号；（b）火星 1 号；（c）火卫一；（d）海盗号；（e）火星探路者；（f）火星全球观测者；（g）火星奥德赛；（h）火星快车；（i）机遇号与勇气号；（j）火星勘察轨道器；（k）火星凤凰着陆器。

彩图 42　类木行星

彩图 43　哈勃空间望远镜观测
到的木星的大红斑

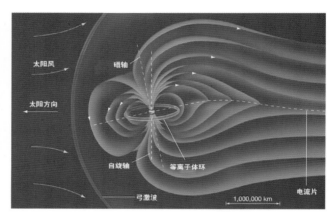

彩图 44　木星磁层的整体结构

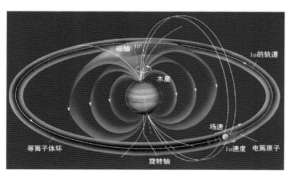

彩图 45　Io 与木星磁场的相互作用

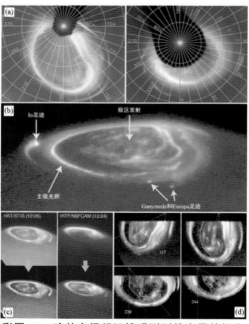

彩图 46　哈勃空间望远镜观测到的木星的极光

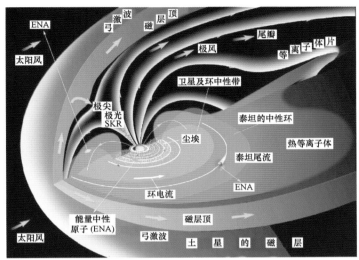

彩图 47　土星磁层的结构

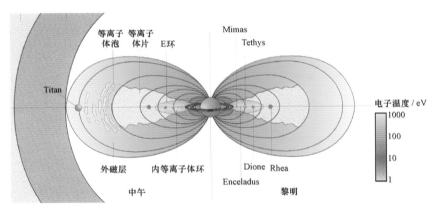

彩图 48　土星磁层的截面

彩图 49　土星的环

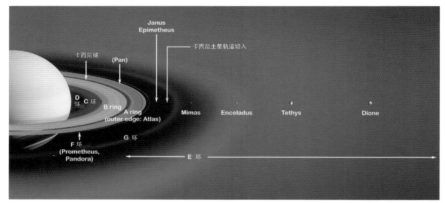

彩图 50　土星的环与月亮

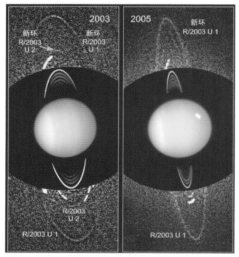

彩图 51　哈勃空间望远镜新发现的两个环图

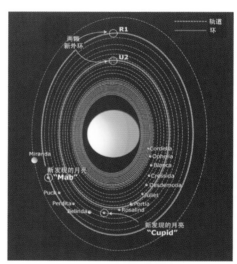

彩图 52　天王星的环与月亮

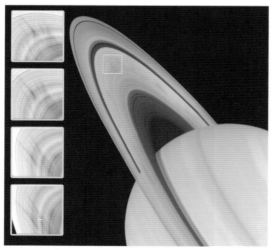

彩图 53　土星环中的轮辐状结构

彩图 54　浓雾包围的泰坦

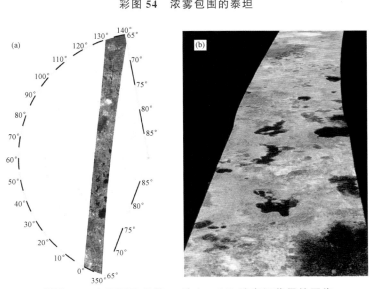

彩图 55　卡西尼飞船第 16 次（T16）飞越泰坦获得的图像
（a）第 16 次飞越泰坦的刈幅；（b）T16 刈幅中含有的暗斑

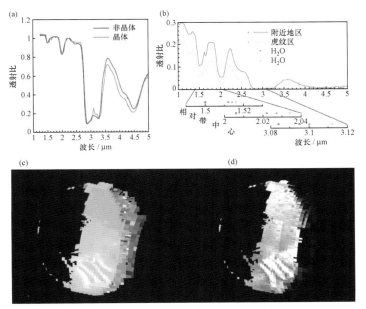

彩图 56　晶体冰与非晶体冰不同的谱特征

彩图 57　土卫二南极附近的羽状水柱

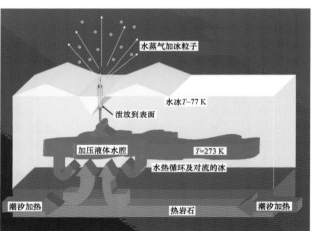

彩图 58　产生羽状水柱的喷泉模型

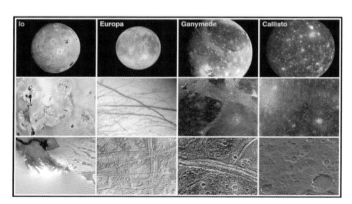

彩图 59　伽利略卫星家族

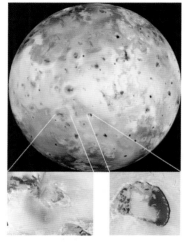

彩图 60　Io 的表面形态

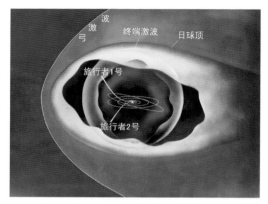

彩图 61　旅行者 1 号和旅行者 2 号目前的位置

彩图 62　惠更斯探测器下落过程

彩图 63 TSSM 的构成

发射与行星际飞行9年

发射：2020-09-20—30

SEP飞行与引力助推
2020-12-01—2025-10-14

抛弃SEP
2025-10-25

化学推进飞行
2025-10-25—2029-10-28

土星旅行24个月，包括飞越冰卫星

飞越恩赛拉达斯
2030-11-07—
2030-12-08

土星旅行
2029-10-28—
2031-09-29

展开着陆器
2030-05-28—
2030-06-12

气球展开
2030-01-25—2030-02-15

土星轨道切入
2029-10-28

泰坦轨道22个月

泰坦轨道切入
2031-09-29

气动制动
2031-09-29—
2031-11-29

圆形轨道
2031-11-29—
2033-07-29

落在湖上9小时
2030-06-29

气球探测6个月
2030-04-23—2030-10-23

彩图 64 TSSM 的任务概况

彩图 65　典型的彗星形态

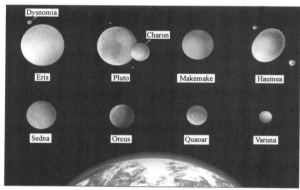

彩图 66　8 个最大的开珀带天体

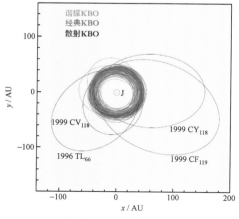

彩图 67　TNO 天体的轨道分布,中心绿色为木星轨道图

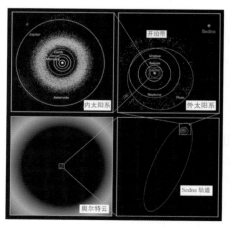

彩图 68　奥尔特云与 Sadna 轨道

前　言

　　行星科学是关于行星系统的科学。所谓行星系统,是指围绕太阳运行的行星及其卫星、矮行星、小行星、流星体、彗星和行星际尘埃。行星科学是与许多学科有关的交叉学科,涉及空间科学/等离子体物理学、天文学/天体物理学、地球物理学/地质学、大气科学、生命科学和化学。行星科学研究的主要内容包括行星系统的运动学和动力学特性、物理和化学特性、太阳辐射变化对行星系统的影响;行星表面形态与内部结构、行星大气层与电离层、行星磁场与磁层、行星的卫星与环;彗星的结构与演变;行星比较学。近年来,行星科学研究还扩展到太阳系外行星。

　　笔者近年来主讲本科生的"太空探索"和研究生的"空间科学与应用概论"课程,这两门课程都不同程度地涉及行星科学的知识。"空间科学与技术"专业于 2004 年成立后,新的教学计划增设了"行星科学概论"课程,因此笔者在讲授上述两门课程的同时,一直为开设新课做准备,此为其一。

　　促使笔者下决心编写"行星科学"教材的另一个因素是我国探月计划的进展。2007 年 10 月 24 日,我国发射了第一颗月球探测卫星"嫦娥 1 号"。随着探月计划的实施,探测火星、小行星以及更远的太阳系天体,已经引起有关部门和科技人员的关注。在这种情况下,及时编写出既适合教学,又能满足广大科技人员需要的教材,是北京大学空间科学与技术专业教师义不容辞的任务。

　　行星科学的内容非常丰富,但作为本科生教材,究竟选择哪些内容,遵循什么样的体系,如何掌握难度,是我们编写教材过程中一直在思考的问题。

　　近年来,国外出版了许多关于太阳系方面的著作,这些著作充分反映了太阳系探索的新成果。《太阳系百科全书》(*Encyclopedia of the Solar System*)(第二版)几乎包含了有关太阳系所有的科学知识,汇集了当代太阳系探测的最新成果。该书可认为是高级科普书,适合广大科技人员参考,也可以作为相关学科领域的教学参考书。《太阳系引论》(*An introduction to the Solar System*)和《今日天文学》(*Astronomy Today*)则是图文并茂、深入浅出地介绍了太阳系天体的基本知识。《行星科学》(*Planetary Sciences*)、《太阳系物理学》(*Physics of the Solar System*)以及《太阳系物理与化学》(*Physics and Chemistry of the Solar System*)则从物理学和化学的基本原理出发,系统地阐述了太阳系天体的物理学和化学特性,具有相当的深度。在《行星科学》每章之后,还有大量的习题和思考题,比较适合研究生和专门研究人员参考。第三版的《太阳系》(*The Solar System*)将最新探测结果与基础知识有机结合,内容系统、难度适中,比较适合大学本科学生参考。除了上述综合的著作外,还出版了一些专门介绍某个天体研究成果的著作,如《木星》(*Jupiter*)、《探索水星》(*Exploring Mercury*)、《金星》(*Venus*)、《探索月球》(*Lunar Exploration*)、《重返月球》(*Return to the Moon*)、《月球基地手册》(*Lunar Base Handbook*)以及《火星上的水和生命》(*Water on Mars and Life*)等。《木星》全面系统地反映了"伽利略"飞船的探测成果;《探索水星》在概述了"水手 10 号"飞船探测结果的同时,对水星的轨道特征描述得非常详尽;《重返月球》对月球氦 3 资源及其开发利用问题进行了深入描述;

　　而《月球基地手册》则系统地介绍了人类目前在月球基地研究方面所取得的成果。单从书名《火星上的水和生命》我们就能知道该书的特色,确实,如果想要了解火星是否存在液体水、什么历史时期可能存在液体水、如何寻找液体水和生命,从该书中我们可以了解很多知识和线索。另外,国外著名的学术刊物 *Science* 和 *Nature* 也都及时地刊登了有关行星探测和学术研究的最新成果。这些著作和学术论文无疑为本教材的编写提供了丰富的资料。

　　在阅读和分析上述著作的基础上,本书以第三版的《太阳系》为基本框架,吸收了其他著作最有特色的成果,参考了 *Science* 和 *Nature* 上的一些论文,根据教学要求,重新组织内容。

　　全书分十章。第一章是引言,概括地介绍了太阳系的基本特征、行星科学研究的对象、内容和方法,特别介绍了后续章节中经常遇到的一些基本概念。第二至六章论述类地行星和月球。作为太阳系乃至宇宙最有特色的行星地球,有维持生命存在的必要条件,那就是液体水、空气及适宜的温度。本部分突出论述了大气层、液体海洋以及二者间的相互作用,此外,还系统地描述了地球内部结构、表面形态、地磁场、电离层和磁层。这些内容也是其他行星涉及的内容,只有系统地了解了地球,才能将行星与地球做比较研究。在论述其他行星时,所述内容不完全与地球的雷同,而是侧重于各自特点。如水星围绕密度大、磁场强做文章,金星则突出厚重大气层以及大气层与地表的相互作用。火星一直是人类探索太阳系的重点目标,在介绍一般特征的基础上,突出了火星液体水的历史、异常的磁场和气候变化特征。月球是人类当前探测与研究的重点,中国"嫦娥1号"的成功发射,标志着人类对月球的探测与研究进入了深入发展的新阶段。人类探测月球已经取得了哪些主要成果? 未来月球探测的科学目标是什么?怎样才能实现这些科学目标? 为什么要建立月球基地? 月球基地建设需要解决哪些问题? 月球上的氦3是怎样分布的? 如何获取这类资源? 这些问题是本部分所要回答的主要问题。第七和第八章介绍类木行星及其卫星,分析了这类行星奇特的大气层、形态各异的环和千奇百怪的卫星,重点加强了对可能存在生命的几颗卫星的描述,如泰坦和土卫二。第九章是关于太阳系中的小天体,主要包括矮行星、小行星和彗星。强调了探测和研究小行星及彗星的方法和意义。第十章是行星科学的前沿问题,包括开珀带、奥尔特云天体以及太阳系外行星的探测与研究方法。

　　与国内外目前已经出版的有关行星科学著作相比,本书具有以下特点:(1) 作为本科生的教材,注意了内容的循序渐进,各章之间的衔接,理论体系的一致性。(2) 吸收与借鉴了相应著作最具特色之处,取百家之长,为我所用。如《太阳系百科全书》数据的完整性与权威性、《火星上的水和生命》一书对火星地表下含水量的分析方法、《太阳系》对类木行星大气层特点的分析与论述等。(3) 比较系统地介绍了行星探测的历史、现状、未来以及方法和技术问题。阅览全书后,读者对深空探测的方法和技术将有全面的认识。(4) 突出重点而又不失系统性。月球、金星、火星以及可能存在生命的木星的卫星欧罗巴、土星的卫星泰坦和土卫二是当前关注的热点,也是本书的重点。在强调这些热点问题的同时,也比较系统地介绍了类木行星和开珀带天体。(5) 对行星的大气层、电离层和磁层进行了较详细的分析和论述。(6) 充分考虑到不同类型读者的需求,阅读内容便于取舍。在每章的概述部分,比较全面地介绍了该天体的基本特征,对于从事深空探测的工程技术人员和科普爱好者,阅读这部分内容是容易的,而且也基本达到了全面了解各类天体基本特征的目的。而对于学生和与行星科学研究有关的学者,则可在此基础上深入阅读后面层层展开的内容。

　　该书可作为空间科学和天文学专业的教材,也可作为大学理科各类专业二年级以上学生的通选课教材,可供从事深空探测的工程技术人员参考,对广大科普爱好者也是一本很好的读物。

本书的火星大气层与电离层以及金星电离层部分由邹鸿编写,其他章节由焦维新编写。焦维新还选编了全书的图片,并对全书文字进行了统稿。

在编写本书过程中,参考了上述许多著作和 *Science*、*Nature* 等学术刊物的论文,特别是引用了这些文献中的大量图形,作者对这些书的编辑、作者表示衷心的感谢。

由于本书内容涉及面广,加之作者对一些问题的认识还比较肤浅,因此缺点甚至错误之处在所难免,希望读者批评指正。

焦维新　邹鸿

2009 年 3 月

目　　录

第一章 引 言

1.1 太阳系构成和基本特性

1.1.1 太阳系中的天体

太阳和以太阳为中心、受其引力支配而环绕它运动的天体构成的系统称为太阳系。具体来说,太阳系包括太阳、行星(planet)及其卫星、矮行星(dwarf planet)、小天体和行星际尘埃。中心天体太阳是唯一可见到视圆面的恒星,质量占系统总质量的 99.86% 以上,但角动量只占 0.5%。

2006 年 8 月,国际天文学联合会(IAU)明确提出了行星的定义。根据这个定义,将冥王星定位矮行星。这样,行星家族就剩下 8 颗。IAU 对太阳系三类天体提出的定义是:

一颗行星是一个天体,它满足:(1)围绕太阳运转;(2)有足够大的质量来克服固体应力以达到流体静力平衡的(近于圆球)形状;(3)清空了所在轨道上的其他天体。一般来说,行星的直径必须在 800 km 以上,质量必须在 5×10^{17} t 以上。

一颗矮行星是一个天体,它满足:(1)围绕太阳运转;(2)有足够大的质量来克服固体应力以达到流体静力平衡的(近于圆球)形状;(3)没有清空所在轨道上的其他天体;(4)不是一颗卫星。

至 2008 年 9 月 17 日,IAU 确认 5 颗天体为矮行星:冥王星(Pluto)、谷神星(Ceres)、阋神星(Eris)、鸟神星(Makemake)和岩神星(Haumea)。

2008 年 6 月 11 日,IAU 定义了一类新的天体——类冥王星(Plutoid):围绕太阳公转,轨道在海王星之外,有足够大的质量来克服固体应力以达到流体静力平衡的(近于圆球)形状,没有清空所在轨道上的其他天体,同时不是一颗卫星。目前符合"类冥王星"定义的除了冥王星之外,还有阋神星、鸟神星和岩神星。谷神星则不符合"类冥王星"的定义,因为它位于火星和木星之间的小行星主带之中。

其他围绕太阳运转的天体(卫星除外),统称为"太阳系小天体"。

按离太阳由近及远,八颗行星依次为水星、金星、地球、火星、木星、土星、天王星和海王星。它们绕太阳的轨道均为偏心率不大的椭圆(近圆性)。如果从太阳的北极上空往下观察,八颗行星都在接近同一平面的近圆形轨道上(共面性),逆时针绕太阳公转(同向性)。除了金星和天王星外,行星的自转与公转方向相同。

按行星的组成特征,可分为类地行星和类木行星。类地行星包括水星、金星、地球和火星,基本上是由岩石和金属组成的,密度高、旋转缓慢、固体表面、没有环、卫星少;类木行星包括木星、土星、海王星和天王星。主要由氢和氦等物质组成,密度较低、旋转快、深的大气层、有环、大量的卫星。

除了水星和金星之外,其他 6 个行星都有自己的自然卫星。地球有 1 颗卫星,火星、木星、土星、天王星和海王星分别有 2、63、60、27 和 13 颗。

在太阳系的行星和卫星当中,有 11 个天体的密度大于 3 g/cm³。

小行星是指沿椭圆轨道绕太阳公转的、自然形成的固态小天体,直径从大约 50 m 到几百千米。大多数分布在火星和土星轨道之间的小行星带内。按小行星在太阳系的位置,可将它们分为主带、近地和脱罗央(Trojans)小行星。

彗星是一种形状奇特的小天体,其轨道一般十分扁长,倾角也大得多,不少彗星的轨道是非封闭的抛物线和双曲线。当接近太阳时,彗星常变得十分庞大,并生出长长的彗尾,但其质量极小。

开珀带(Kuiper Belt)是一个巨大冰冻天体的仓库,位于海王星轨道的外部,可扩展到 50 个天文单位(AU)。第一个开珀带天体是 1992 年发现的,目前普遍认为开珀带是短周期彗星的源,千米大小的彗星将超过 10 亿颗。冥王星也普遍认为是开珀带天体。

1950 年,荷兰天文学家奥尔特用彗星轨道的统计材料,说明彗星都来自围绕太阳的一个类似球状的云层,其空间范围是距离太阳 5000AU 到 10 万 AU,称奥尔特(Oort)云。而离太阳系最近的恒星(半人马星座 α 星)离我们约 15 万个 AU。从那附近经过的恒星自然会对彗星云产生一些影响,这类摄动有规律地从彗星云中"派出"彗星到太阳和地球附近,使人类有机会观测到它们发生的各种有趣现象。此外,这种影响既限制了彗星云的大小,又使彗星轨道多样化。在奥尔特的彗星云中,估计存在 2000 亿颗彗星,其质量总和约为地球质量的十分之一。自然,这些数据都是非常不确切的。

太阳系空间还有众多的流星体(meteroid),它们的尺度大于 100 μm,小于 50 m。成群的流星体可能来自彗星的抛射或瓦解。流星体闯入地球大气即成为流星,大的流星有时会变成落到地面的陨星。此外还有行星际尘埃,尺度在 10～100 μm 之间。

太阳系大小的确定是一件复杂的事情。如果将太阳磁场终止的地方(日球顶)作为边界,则太阳系半径的范围是 86～100 AU。

目前所知围绕太阳轨道运行最远的天体是赛德钠(Sedna),其近日点在 75 AU 左右,远日点将达到 900 AU,它可能是内奥尔特云天体。而奥尔特云的半径大约是 10 万 AU。因此,如果将奥尔特云作为太阳系的边界,则太阳系的尺度大约是 20 万 AU。但目前人类对太阳系的了解还没有达到这么远,主要的认识限于距太阳几十个 AU 以内的区域。

表 1-1-1 和表 1-1-2 分别给出了行星的轨道特征和物理参数。

表 1-1-1　行星与矮行星的轨道特征

名　字	半主轴/AU	偏心率	倾角/(°)	轨道周期/年
水　星	0.38710	0.205631	7.0049	0.2408
金　星	0.72333	0.006773	3.3947	0.6152
地　球	1.00000	0.016710	0.0000	1.0000
火　星	1.22366	0.093412	1.8506	1.8807
谷神星	2.76650	0.078375	10.5834	4.6010
木　星	5.20336	0.048393	1.3053	11.8560
土　星	9.53707	0.054151	2.4845	29.4240
天王星	19.19130	0.047168	0.7699	83.7470
海王星	30.06900	0.008586	1.7692	163.7230
冥王星	39.48170	0.248808	17.1417	248.4000
阋神星	68.14610	0.432439	43.7408	562.5500
鸟神星	45.79100	0.159000	28.9600	309.8800
岩神星	43.33500	0.188740	28.1900	285.4000

表 1-1-2　行星与矮行星的物理参数

名 字	质量/kg	赤道半径/km	密度/g·cm^{-3}	自旋周期	黄赤交角/(°)	逃逸速度/km·s^{-1}
水 星	$3.302×10^{23}$	2440	5.43	56.646 d	0	4.25
金 星	$4.869×10^{24}$	6052	5.24	243.018 d	177.33	10.36
地 球	$5.974×10^{24}$	6378	5.52	23.934 h	23.45	11.18
火 星	$6.419×10^{23}$	3397	3.94	24.623 h	25.19	5.02
谷神星	$9.470×10^{20}$	474	2.10	9.075 h	——	0.52
木 星	$1.899×10^{27}$	71492	1.33	9.925 h	3.08	59.54
土 星	$5.685×10^{26}$	60268	0.70	10.656 h	26.73	35.49
天王星	$8.662×10^{25}$	25559	1.30	17.24 h	97.92	21.26
海王星	$1.028×10^{26}$	24764	1.76	16.11 h	28.80	23.53
冥王星	$1.314×10^{22}$	1151	2.00	6.387 d	119.6	1.23
阋神星	$1.500×10^{22}$	1200	2.10	>8 h	——	1.29
鸟神星	$∼4.000×10^{21}$	650～950	∼2.00	——		∼0.84
岩神星	$(4.2±0.1)×10^{21}$	575～700	2.60～3.30	3.915 h	——	0.84

1.1.2　描述太阳系天体特征的参数

1. 天球(celestial sphere)

假想的以地球为中心、半径为无穷大的圆球面(图 1-1-1)。除地球以外的所有天体都可以投影在天球上,并以投影点在天球上的位置标志天体的方位。由于地球由西向东自转,在地球上的观测者看起来天球由东向西旋转,每 23 小时 56 分 4 秒旋转一周。地球自转轴与天球的交点称"天极"。北天极在北极星附近。与地球的经度与纬度类似,在天球中可引入赤经和赤纬,并用此确定一个天体在天球上的位置,这称为天球坐标系。天体的赤经是沿着天球赤道至基准点的角距离,为方便起见,一般选春分点的赤经为零度。赤纬与地球的纬度圈类似,天球

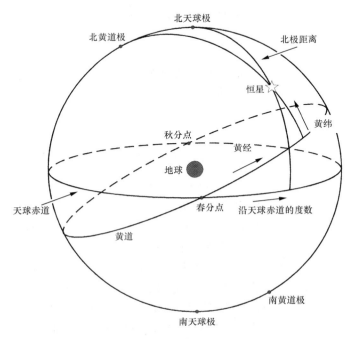

图 1-1-1　天球

赤道的纬度是零度,北天球极是+90°,南天球极是-90°。

2. 黄道面(ecliptic plane)

地球绕太阳公转的轨道平面称为黄道面。黄道面与天球相交的大圆称为"黄道"。黄道面与地球赤道面的交角为23°27′。在天球上距离黄道90°的两个点叫"黄极"。

3. 黄赤交角(obliquity of the ecliptic)

行星的赤道平面与黄道面之间的夹角。根据国际天文学联合会的约定,行星的北极位于黄道面上面。按照这个约定,金星和天王星为逆向旋转,或者说,它们的自转方向与其他行星相反。

4. 秒差距(parsec)

用于度量距离的单位,英文缩写为"pc"。天体距离为1秒差距意味着若以1天文单位为基线,则该天体的视差为1弧秒(arcsecond)(见图1-1-2)。1秒差距=3.2616光年=206 265 AU=308 568×10⁸ km。更大的距离可用千秒差距(kpc)和百万秒差距(Mpc)表示。

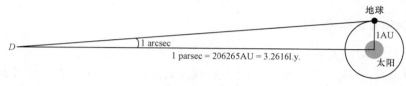

图 1-1-2 秒差距

5. 星等(magnitude)

早在公元前2世纪,古希腊的一名天文学家就按亮度把恒星分为6个等级,将最亮的星定位1等星,肉眼刚能看见的为6等星。星等是表示天体亮度的一种方法,记为m。这里的亮度是指观测者在单位面积上所接收的天体辐射流量,相当于光学中的照度。19世纪中叶,天文学家发现,1等星是6等星亮度的100倍,以E_6、E_1表示6等星和1等星的照度,则有

$$\frac{E_1}{E_6} = 100 = \rho^{6-1}.$$

由此式可求出$\rho = \sqrt[5]{100} = 2.512$,这就是说星等相差1等,其亮度比为2.512。根据上述关系建立的星等和亮度(以E表示)之间的关系为

$$\frac{E_1}{E_2} = 2.512^{m_2 - m_1},$$

即$m_1 - m_2 = -2.51 \lg \frac{E_1}{E_2}$。此式表示任意两颗恒星亮度与星等之间的换算关系。后来,利用望远镜把星等定得更为精确,开始用小数和负数来表示星等,即亮于1等星的向零等、负星等方向扩展。如全天最亮的天狼星的视星等为负1.46,通常记作-1.46。

一般说来,星等数越小,说明星越亮。天空中亮度在6星等以上(即星等数小于6),也就是我们可以看到的星体有6000多颗。当然,每个晚上我们只能看到其中的一半。满月时月亮的亮度相当于-12.6星等($-12.6m$);太阳是我们看到的最亮的天体,它的亮度是$-26.7m$;而当今世界上最大的天文望远镜能看到暗至$24m$的天体。

我们在这里说的"星等",事实上反映的是从地球上"看到的"天体的明暗程度,在天文学上称为"视星等"。太阳看上去比所有的星星都亮,它的视星等比所有的星星都小得多,这只是沾了它离地球近的光。更有甚者,像月亮,自己根本不发光,只不过反射些太阳的光,就俨然成了

人们眼中第二亮的天体。天文学上还有个"绝对星等"的概念,这个数值才能真正反映星体实际发光本领。绝对星等是假定把恒星放在距地球 10 秒差距的地方测得的恒星的亮度,用以区别于视星等,它反映了天体的真实发光本领。如果绝对星等用 M 表示,恒星的距离化成秒差距数为 r,那么 $M=m+5-5lgr$。这样,太阳的绝对星等为 4.83。太阳系行星和月球的亮度(视星等)示于表 1-1-3。

表 1-1-3 太阳系行星和月球的最大亮度 单位:视星等

水星	金星	地球	火星	木星	土星	天王星	海王星	太阳	月球
-1.9	-4.4	—	-2.8	-2.5	-0.4	$+5.6$	$+7.9$	-26.8	-12.7

1.1.3 行星动力学

1. 开普勒定律(Kepler's Laws)

17 世纪,德国天文学家、数学家开普勒在"日心说"的基础上,整理了他的老师第谷临终前馈赠给他的大量火星观测资料,深入地研究了火星的运动,发现火星的公转轨道是椭圆,太阳位于其一个焦点上,还发现火星的向径在单位时间内扫过相等的面积,不久他指出这两个定律也适用于其他行星,它们被称为行星运动的第一和第二定律。1609 年,开普勒在他的《新天文学》一书中公布了这两个定律。1619 年,开普勒又发现了行星运动第三定律:"行星公转周期的平方与其赤道半长径的立方成正比。"该定律刊登在他 1619 年出版的《宇宙和谐论》一书中。

开普勒第一定律可表述为:所有行星绕太阳的运动轨道是椭圆,太阳位于椭圆的一个焦点上(见图 1-1-3(a))。行星的运动可用以下公式表示:

$$r = a\,\frac{1-e^2}{1+e\cos\theta}. \tag{1-1-1}$$

这里 r 是日心距离,a 是椭圆的半长轴(最小和最大日心距的平均),e 是椭圆的偏心率,f 是行星位置矢量与近日点矢量间的夹角。

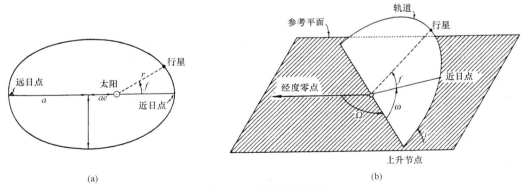

(a)　　　　　　　　　　　　　　　(b)

图 1-1-3 椭圆轨道参数

第二定律可表述为:连接行星和太阳的径向矢量在相等的时间内扫过的面积相等(面积定律)。这个定律可表示为

$$\frac{\mathrm{d}A}{\mathrm{d}t} = \frac{1}{2}\left(r^2\,\frac{\mathrm{d}f}{\mathrm{d}t}\right) = \frac{h}{2}. \tag{1-1-2}$$

这里 A 是径向矢量扫过的面积，h 是面积常数。

第二定律的另一种表达式为

$$\frac{\mathrm{d}L}{\mathrm{d}t} = 0, \tag{1-1-2a}$$

这里

$$L = r \times mv, \tag{1-1-2b}$$

(1-1-2a)式的物理意义是角动量守恒。

第三定律:行星绕太阳运动的公转周期(用年表示)的平方等于轨道半主轴(用 AU 表示)的立方。用公式表示为

$$p_{\mathrm{yr}}^2 = a_{\mathrm{AU}}^3. \tag{1-1-3}$$

2. 限制性三体问题

引力并不限于太阳与行星或行星与卫星之间的相互作用,任何一个天体,它都会感受到其他天体的引力。前面给出的公式,仅适用于二体问题,也就是忽略了其他天体对它们的引力作用。如果考虑第三个天体的存在,问题一般是比较复杂的,但如果第三个天体的质量比另两个天体的质量小到可以忽略的程度,这类问题称为限制性三体问题。一般地把这个小质量的天体称为无限小质量体,或简称小天体;把两个大质量的天体称为有限质量体。如果小天体的初始位置和初始速度都在两个有限质量体的轨道平面上,则小天体将永远在该轨道平面上运动,这就成为平面限制性三体问题,下面主要讨论这种问题。

选择一个非惯性坐标系,它围绕 z 轴以两个有限质量天体的轨道频率旋转。圆点为两个有限质量天体的质心,这两个天体保持固定在 x 轴的 x_1 和 x_2 点。采用无量纲的形式,二体之间的距离、质量和以及引力常数都取作 1,这意味着旋转框架的转动频率也等于 1(习题 6)。

通过分析在旋转坐标系的能量积分,雅可比得到小质量天体在圆形限制性三体问题的运动常数:

$$C_{\mathrm{J}} = x^2 + y^2 + \frac{2m_1}{|r-r_1|} + \frac{2m_2}{|r-r_2|} - v^2. \tag{1-1-4}$$

这里 $|r-r_i|$ 是质量为 m_i 的天体到小天体的距离;小天体的速度 v 是在旋转坐标系中测量的,C_{J} 是雅可比常数。为方便起见,一般设 $m_1 \geqslant m_2$;在大多数太阳系应用中,一般满足 $m_1 \gg m_2$。

对给定的雅可比常数,方程(1-1-4)规定了小天体速度的大小与位置的函数关系。由于 v^2 不能是负数,在 $v=0$ 的表面(零速度面)给出小天体对固定 C_{J} 的轨道边界,是小天体所能够达到的范围与不能达到的范围的分界面。零速度面在 xy 面上的截线称零速度曲线。

拉格朗日发现,在圆形限制性三体问题中有 5 个点,位于这 5 个点的小天体在旋转框架中合力为零。其中三个点(L_1、L_2 和 L_3)位于 m_1 和 m_2 的连线上。零速度曲线在共线的的三个拉格朗日点相交。另两个拉格朗日点(L_4 和 L_5)与两个有限质量体构成等边三角形。在图 1-1-4(a)中,选择 $m_1/m_2 = 100$。虚线表示半径等于行星半主轴的圆。符号 T、H 和 P 表示与曲线相联系的轨道的类型:T 表示蝌蚪形,H 表示马蹄形,P 表示通过。每条曲线(阴影线)封闭的区域排除了小天体相应于 C_{J} 的运动。临界马蹄形曲线通过 L_1 和 L_2,临界蝌蚪形曲线通过 L_3。马鞍形轨道可存在于这两个极端情况之间。图 1-1-4(b)是从旋转框架上看到的小天体蝌蚪形曲线的例子。图 1-1-4(c)类似于(b),但对应于偏心率小的马蹄形轨道。图 1-1-4(d)同(c),但对应于大偏心率的小天体轨道。图 1-1-4(e)表示马蹄形轨道与其伴随的零速度

曲线的关系。在旋转坐标系中小天体的速度在接近零速度曲线时下降。

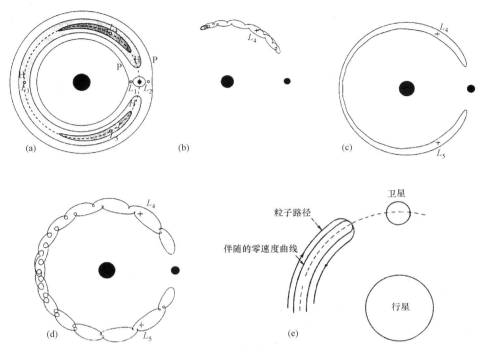

图 1-1-4 雅可比常数与拉格朗日点

3. 会合轨道周期(synodic orbital period)

考虑地球本身的运动,从地球上观察,一个天体返回到相对于太阳相同构型所用的时间称为会合轨道周期,简称为会合周期。

设地球的恒星周期为 P_E,太阳系内另一个天体的恒星周期为 P,则地球与这个天体的角速度分别是 $360°/P_E$ 和 $360°/P$,其超过地球的角速度为 $360°/P - 360°/P_E$。则该天体的会合周期 S 定义为它赶上地球所用的时间(即超过 $360°$ 所用的时间),这三个周期的关系是:

$$\frac{1}{S} = \frac{1}{P} - \frac{1}{P_E}. \tag{1-1-5}$$

对内行星水星和金星,S 是正的,外行星火星、木星、土星、天王星和海王星,S 是负的。

根据(1-1-5)式可算出地球与火星的会合周期为 780 天,也就是 26 个月。因此,探测火星的最佳时间为每 2 年多一次。

4. 提丢斯-彼得定则(Titius-Bode Law)

18 世纪,德国天文学家提丢斯和彼得以及后来的沃尔夫(Wolf)指出,6 个行星的平均日心距离可近似用一个方程表示:

$$a = 0.4 + 0.3 \times 2^n. \tag{1-1-6}$$

对于水星,n 取 $-\infty$,金星、地球、火星、木星和土星分别取取 0、1、2、4 和 5。天王星在 19.18 AU 处被发现(预报值是 19.6 AU,对应于 $n=6$),第一个小行星"谷神星"(Ceres)(现在定义为矮行星)在 2.77 AU 被发现,可是根据预报,在 2.8 AU 处应有一个行星,对应于 $n=3$。这个结果表明,提丢斯-彼得给出的方程不完全正确。

位于 2 AU 和 3.5 AU 之间的主带小行星的发现使人们曾经产生一种观点,小行星是一个位于由提丢斯-彼得方程决定位置的行星被毁坏后的剩余物。现在,这个观点已经被否定。

海王星在距离太阳 30.1 AU 处被发现,而提丢斯-彼得方程预报应在 38.8 AU(即对应于 $n=7$)处有一颗行星。1938 年在 39.4 AU 处发现了冥王星,而方程预报下一颗行星应在 77.2 AU,很显然,用这个方程预报行星的轨道是不恰当的,只是在少量的一些点上对应比较好。另外,也没有发现这个方程有什么物理根据。

据估计,主带小行星总数大约是 150 万颗,该带的中心位置正好符合提丢斯-彼得定则给出的数据。为什么大行星变成了 150 万颗小行星? 当时便有人猜测:是不是因某种人们暂时无法知晓的原因,存在的大行星爆炸了?

那么,提丢斯-彼得定则到底有什么意义呢?

这个问题引起众多科学家旷日持久的争论,同时对于行星大爆炸的机制是什么,究竟是一种什么能量竟能使一颗大行星产生四分五裂的大爆炸,定则也完全无法说清。

最终,"提丢斯-彼得"定则连同"2.8"处行星大爆炸之谜,也一起成为了一二百年来人们孜孜以求的世纪之谜。

5. 谐振(resonance)

在太阳系中,典型情况是一个大天体对另一个小天体产生占主导地位的引力,使得小天体围绕这个大天体作开普勒运动。而其他天体对这个小天体的作用力可看作是一个小的扰动力。一般情况下,这个扰动力可以忽略。但如果希望高精度地了解这个小天体的运动状态,这个扰动力是不能忽略的。特别是在扰动力的频率与响应元的自然频率相等或接近时,小的扰动可能产生大的效应。在这种情况下,扰动附加一个相干作用,许多小的拽力可随时间积累,产生大幅度、长周期的响应。这是谐振力的一个实例,可发生在很宽范围的物理系统中。

谐振力的最简单例子是一维简谐振动,运动方程是:

$$m \frac{\mathrm{d}^2 x}{\mathrm{d}t} + m\omega_0^2 x = F_\mathrm{d}\cos\omega_\mathrm{d}t. \tag{1-1-7}$$

这里,m 是振荡粒子的质量,F_d 是驱动力的幅度,ω_0 是振荡元的自然频率,ω_d 是驱动力的频率。方程(1-1-7)的解是:

$$x = \frac{F_\mathrm{d}}{m(\omega_0^2 - \omega_\mathrm{d}^2)}\cos\omega_\mathrm{d}t + C_1\cos\omega_0 t + C_2\sin\omega_0 t.$$

这里 C_1 和 C_2 是由初始条件确定的常数。注意,如果 $\omega_\mathrm{d}\approx\omega_0$,即使 F_d 是小的,也可产生大幅度、长周期的响应。如果 $\omega_\mathrm{d}=\omega_0$,方程(1-1-7)是不正确的。在这种情况下(谐振),解是

$$x = \frac{F_\mathrm{d}}{2m\omega_0}t\sin\omega_0 t + C_1\cos\omega_0 t + C_2\sin\omega_0 t. \tag{1-1-8}$$

方程(1-1-8)右边第一项中的 t 导致幅度缓慢的增长。这个线性增长受非线性项的调制。

在太阳系中,轨道谐振的例子很多。如果两个天体的一些轨道参数成比例,就可以发生轨道谐振。最重要的谐振是平均运动谐振,发生在天体的公转周期成比例的情况下。平均运动 $n=2\pi/P$,这里 P 是公转周期。例如,如果一颗行星围绕太阳运转 3 次而另一颗运转 2 次,我们就说这两颗行星是 3∶2 谐振,海王星与冥王星就是这种情况。我们有

$$2n(海王星) - 3n(冥王星) = 0. \tag{1-1-9}$$

在行星环系统中粒子与卫星谐振的区域存在复杂的机制,可产生密度波。

6. 潮汐

任何天体对另一天体不同部分与其中心的引力差称为"潮汐力"。对一个天体的合力决定

了其质心的加速度,而潮汐力可以使天体变形,也可以产生影响其转动状态的力矩。

考虑一个中心在原点、半径为 R 的接近于球形的天体,受质量为 m、位于 r_0 的质点引力的影响,假设 $r_0 \gg R$。每单位质量的潮汐力为

$$F_{\mathrm{T}}(r) = -\frac{Gm}{|r_0 - r|^3}(r_0 - r) + \frac{Gm}{r_0^3}r_0. \qquad (1\text{-}1\text{-}10)$$

对于沿着连接天体中心和质点连线(取为 x 轴)上的点,方程(1-1-10)简化为

$$F_{\mathrm{T}}(x) = -\frac{Gm}{|x_0 - x|^3} + \frac{Gm}{x_0^3} \approx \frac{2xGm}{x_0^3}. \qquad (1\text{-}1\text{-}11)$$

方程(1-1-11)表示,潮汐力与到天体中心的距离成正比,与到扰动体距离的立方成反比。天体上具有正 x 坐标的部分感受到正 x 方向的力,而在 $-x$ 方向的部分是相反方向的潮汐拉力(见图 1-1-5)。注意,根据方程(1-1-11),偏离 x 轴的物质受到 x 方向的潮汐拉力。

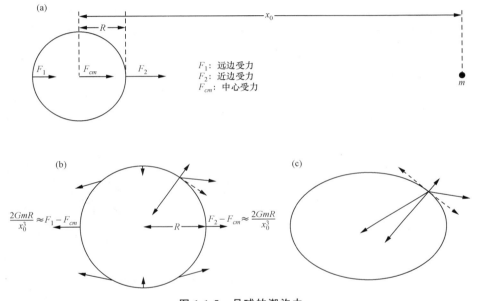

图 1-1-5　月球的潮汐力

(a) 月球对行星不同部分的引力;(b) 月球引力相对于行星质心力的差;(c) 行星构形对月球潮汐作用的响应

如果天体是可变形的,在 x 方向将被拉长。对于完全流体,拉长的程度是必须使天体表面变成等势面,此时,自引力、旋转所需的向心力和潮汐力都包含在计算中。

月球与地球之间的相互吸引力引起了沿二者中心连线方向的潮汐隆起。近边隆起是近边受到较大引力作用的直接结果,而远边受到的引力比中心受到的引力小。不同的离心加速也对潮汐隆起的大小有影响。

月球的自旋周期与围绕地球公转的轨道周期相等,因此月球总是同一面朝向地球,并总是在那个方向上被拉长。地球的自旋周期比地-月轨道周期短,于是,地球的不同部分指向月球,并被潮汐力拉伸。地球上的水比固体地球更容易受潮汐变化的影响,引起在海岸线看到的水平面变化。地球自旋与月球轨道运动效应的组合,使得月球大约每 25 小时通过地球给定地点的上方,每天总有两次潮汐,我们看到的主要潮汐是半日潮汐。太阳也引起地球的半日潮汐,

由于太阳到的地球距离比月球到地球的距离大得多,施于地球的潮汐力只有月球的 1/2.7,因此,月球潮汐是主要的。

月球和太阳对地球的摄引也会产生大气潮汐。但由于潮汐力还与被摄引物体的质量成正比,而大气密度比海水小很多,大气潮远不如海水潮显著,只有用精密的仪器测量才能发现。固体地壳也发现有潮汐现象——固体潮,在潮汐力作用下,地壳升降可达几十厘米。

潮汐耗散引起月球和行星旋转率和轨道的长期变化。在没有外力矩作用的情况下,虽然在轨道运动的一对天体之间角动量是守恒的,但角动量可以在自旋和轨道运动之间转化经过潮汐力矩转换。

如果行星是完全弹性体,它们将立即响应潮汐力的变化,由卫星引起的潮汐隆起将直接指向月亮的作用。然而,行星形态有限的响应时间使得潮汐隆起滞后,在行星指向月亮稍早一点的位置。只要行星的自旋周期短于月亮的轨道周期,月亮的轨道是同方向的,这个潮汐滞后引起正面隆起位于月亮的前面,月亮对正面隆起的引力大于对背面隆起的,如图 1-1-6 所示,其中 M_P 和 M_S 分别为两个天体的质量。与所产生的力矩之和使地球自转变缓。由于整个系统的角动量守恒,地球自转变缓,导致月球的轨道速度增大,月球以每年 3.74 cm 的速度渐离地球,即月球的轨道膨胀。

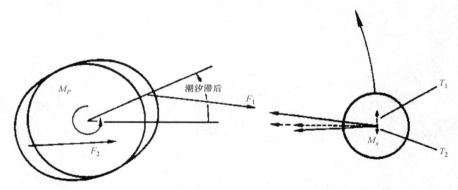

图 1-1-6　潮汐隆起对行星系统运动状态的影响

潮汐力的时间变化可导致天体内部加热。从卫星上看,行星在空间移动,而当行星移动时,卫星潮汐隆起的位置非同步旋转变化。一个在偏心轨道上同步旋转的卫星受两种类型潮汐力变化的影响。潮汐隆起的幅度随卫星到行星的距离变化,隆起的方向因卫星以恒定的速率自旋(等于它的平均轨道角速度)而变化,而瞬时轨道角速度根据开普勒第二定律变化。由于卫星不是完全刚性的,潮汐力的变化改变了它的形状,当形状变化时,卫星以热的形式耗散能量。如果一颗卫星在偏心轨道或者相对于轨道周期不是同步旋转,由潮汐力变化引起的内部张力可产生明显的潮汐加热,最典型例子是木星的卫星 Io。如果没有外力存在,上述过程将导致 Io 的轨道偏心率衰减。在木星上由 Io 引起的潮汐上升引起 Io 螺旋向外。但是,在 Io 和欧罗巴之间有 2∶1 的平均运动谐振锁定。Io 传递了它从木星和欧罗巴接收到的轨道能量和角动量,Io 的偏心率因这种转移而使偏心率增加。这迫使偏心率保持在高的潮汐耗散率,结果 Io 有大的内部加热,以活动火山的形式显示出来。

7. 洛希极限(Roche Limit)

洛希极限是天体形状理论中常用的一个物理量。如果一个小天体可看成是一个质量很小的流体团,当它绕着一个大天体运动时,由于大天体的引力很大,在小天体运动至与大天体的距离小于或接近于某一临界距离时,大天体吸引产生的潮汐作用会使小天体的形状变成细长直至流体团碎裂瓦解。这个临界距离是一个极限距离。19 世纪,法国天文学家 E. A. 洛希首先对行星的卫星的形状和解体过程进行了研究并求出了解体的临界极限距离,因此称为洛希极限。洛希极限应用于太阳系中的卫星、彗星和行星环的形成和形态理论并得出了很多有用的结论,例如,有人认为土星光环很可能是由于土星的一颗卫星进入洛希极限内在土星的潮汐作用下碎裂而形成的。此外,在密近双星系统中也应用洛希极限来判定子星之间的物质交流和演化过程。

考虑质量为 m、直径为 x 的两个粒子,它们到质量为 M 的行星的距离分别为 R 和 $R+x$。假定 $x \ll R$,见图 1-1-7。如果仅受行星的引力支配,它们将互相分离,因为行星对它们的引力不同。但它们也将互相吸引,这种吸引趋于使它们采用一个共同的轨道。在很靠近行星时,第一个效应居主要地位。随着距离增加,第一个效应减小,第二个效应增加,并假定处于主导地位。两个区域的边界是洛希极限。在这个极限中的两个粒子分离,而在这个区域的外面,同样两个粒子将保持在一起。

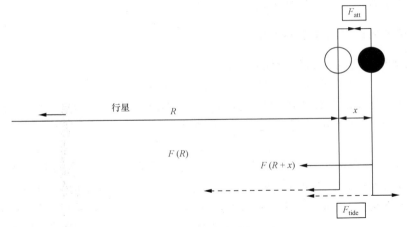

图 1-1-7 计算洛希极限

两个粒子间的吸引力为

$$F_{\text{att}} = G \frac{m^2}{x^2}.$$

趋于将它们分离的潮汐力是行星对两个粒子吸引力的差:

$$F_{\text{tide}} = G \frac{Mm}{(R+x)^2} - G \frac{Mm}{R^2},$$

或者

$$G \frac{Mm}{(R+x)^2} - G \frac{Mm}{R^2} \approx -2G \frac{Mmx}{R^3},$$

因此

$$F_{\text{tide}} = -2G \frac{Mmx}{R^3}.$$

根据洛希极限,$F_{\text{att}} + F_{\text{tide}} = 0$,或者

$$\frac{m^2}{x^2} = -2\frac{Mmx}{R^2},$$

因此

$$2\frac{M}{R^3} = \frac{m}{x^3}.$$

用 $\rho_p \times 4R_p^3$ 代替 M，用 $\rho \times 4(x/2)^3$ 代替 m，这里 R_p 是行星的半径，ρ_p 是行星的密度，ρ 是粒子的密度，得到

$$R = 2.52 \times R_p \left(\frac{\rho_p}{\rho}\right)^{1/3}.$$

精确的计算给出：

$$R = 2.456 \times R_p \left(\frac{\rho_p}{\rho}\right)^{1/3}.$$

围绕四个类木行星的环系统位于它们所在行星的洛希极限内。在极限的外面，环中粒子间的碰撞形成了卫星。上面的计算只是应用于流体，固体卫星有一定的内部刚度，这个刚度部分抵消了潮汐效应。这就是为什么小卫星可以存在于洛希极限内的原因。土星的 F 环很接近洛希极限，其中有很多复杂的现象，包括临时天体的聚集。

1.1.4　太阳风与太阳系天体的相互作用

太阳的最外层大气称为日冕，是温度为 10^8 K 的较稀薄的等离子体，它可延伸到几个太阳半径甚至更远。由于日冕等离子体温度很高，足以克服太阳引力，以 $400 \sim 800$ km/s 的典型速度离开太阳，这个外流的等离子体称为太阳风。太阳风主要由质子和电子组成，但有少量氦核及微量重离子成分。在地球轨道附近，每立方厘米的太阳风中含有大约 8 个质子和等量的电子。

太阳风可分为慢太阳风和快太阳风两种。慢太阳风是持续不断外流的日冕等离子体，速度较小，飞到地球附近时一般在 450 km/s 左右，也称"宁静太阳风"。快太阳风是在太阳爆发性活动时（如日冕物质抛射，CME）产生的，速度比较大。在飞到地球附近时，速度可达 2000 km/s，粒子含量也比较多。每立方厘米含质子数为几十个。这种太阳风也称"扰动太阳风"。高速太阳风对地球的影响很大，当它抵达地球时，往往引起很大的磁暴与强烈的极光，同时也发生电离层骚扰。根据卡西尼飞船的观测，高速太阳风使得土星的极光大大增强。

当太阳风遇到太阳系天体时，这些天体将对其有阻碍作用，阻碍作用的物理特征由三方面决定：

（1）天体周围存在大气层和电离层；

（2）对天体周围内禀磁场产生的磁压强；

（3）中心体（液体或固体）的电导率。这个特征仅在电离层压强和磁压强不足以平衡太阳风的总压强时才是重要的。

图 1-1-8 描述了四种类型的相互作用。在图（a）和（c）情况中，太阳风直接入射到中心天体。在图（b）中与大气层相遇，在图（d）中有外磁场。

图 1-1-8（a）情况下，中心天体是绝缘体，吸收了来自太阳风的离子。最典型的例子是月球。月球表面直接吸收太阳风离子，而月球物质整体来说导电性能差，行星际磁场穿过月球。磁力线和等离子体都不能在月球的上游积累，上游没有任何扰动。另外，下游形成一个不含等

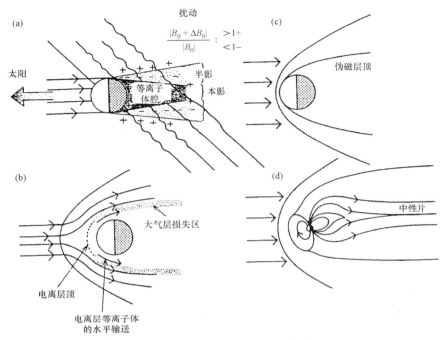

图 1-1-8 太阳风与行星体四种类型的相互作用

离子体的腔。当等离子体向下游远离时,这个腔逐渐地填充了扩散的离子和电子。由于电子比离子扩散速度大,在这个锥形腔的边界趋于形成负电荷鞘。

在所有其他情况,阻挡体没有同时吸收太阳风,穿过它的磁力线扩散,因此在阻挡体的上游或是磁力线积累,或是等离子体积累,或二者全有之。像太阳风这种马赫数大于1的流动中,将在阻挡体的前面形成稳定的弓激波。跨越激波,等离子体居地压缩和减速,进入亚音速区。在这个区域可能变成围绕阻挡体流动,这就是磁鞘,等离子体和磁场是被压缩的。

图 1-1-8(c)所示情况可能理论上存在,没有大气层和内禀磁场,如果中心体有足够好的导电性,将防止行星际磁场扩散进入内部。磁力线将围绕中心天体在磁鞘中弯曲和延伸。在太阳系中还没有哪种行星体或彗星体具有这种特征,但来自伽利略探测器的测量结果表明,在木星的卫星欧罗巴和 Gallisto 壳的下面可能有液体导电层,可能对木星旋转的磁通量的扩散产生阻挡。它们与木星磁层的相互作用将类似于图 1-1-8(c)。

图 1-1-8(b)情况下,中心体有稠密的大气层,但没有磁场,太阳风直接与高层大气相互作用。这种情况出现在彗星、金星、火星和土星的卫星泰坦中。

最后,图 1-1-8(d)情况下,中心天体有足够强的内禀磁场,可以使太阳风偏转。行星磁场在太阳风中产生一个腔,这就是磁层。水星、地球、木星、土星、天王星和海王星都有磁层,将在相应的章节里介绍。

1.1.5 太阳系在宇宙中的地位

离太阳最近的恒星是半人马星座的比邻星(prohima centauri),距离地球 4.28 光年。整个太阳系连同夜间可见的恒星都围绕银河系的中心运动。

银河系是一个巨型旋涡星系,包含 2000 多亿颗恒星,银河系物质 90% 集中在恒星内。恒星常聚集成团。除了大量的双星外,银河系里已经发现了 1000 多个星团。银河系里还有气体和尘埃,其含量约占银河系总质量的 10%,气体和尘埃的分布不均匀。

银河系是一个类透镜系统,它的主体,也即物质密集部分,称为银盘。银盘中心隆起的球状部分称核球。核球中心有一个很小的致密区,称银核。银核发出很强的射电、X 射线和 γ 射线。其性质尚不清楚。那里可能有一个黑洞。银盘外面范围更大、近于球状分布的系统称为银晕,其中的物质密度比银盘的低得多。银晕外面还有物质密度更低的部分,称银冕,也大致呈球形。银盘直径约 25 千秒差距,厚 1~2 秒差距,自中心向边缘逐渐变薄,太阳位于银盘内,离银心约 8.5 秒差距,在银道面以北约 8 秒差距处。银盘内有旋臂,这是气体、尘埃和年轻恒星集中的地方。

银河系具有自转运动,但不像我们地球这样整体转动。银河系自转的速度,起先随离开银河系中心的距离增大而增大,但达到几十万光年后就停止增加,直到银晕中很远处都大致保持不变。在太阳处,银河系自转的角速度为每年 $0.0053''$,线速度为 $220~\mathrm{km/s}$,自转周期约 2.5×10^8 年。

对银河系可概括为几句话:太阳不在银心,身躯似盘,心脏如球,外形如旋涡,周围镶嵌星团。图 1-1-9 是银河盘示意图,图中标出了太阳的位置。

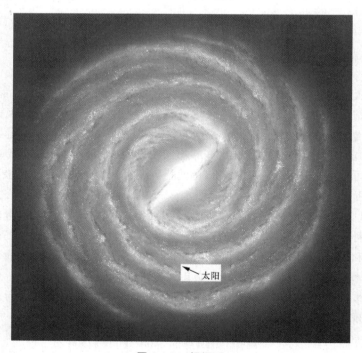

图 1-1-9 银河系

在银河系外还有许多类似的天体系统,称为河外星系,常简称星系。现已观测到大约有10 亿个。星系也聚集成大大小小的集团,叫星系团。平均而言,每个星系团约有百余个星系,直径达上千光年。现已发现上万个星系团。包括银河系在内约 40 个星系构成一个小星系团叫本星系团。若干星系团集聚在一起构成更大、更高一层次的天体系统,称为超星系团。超星系团往往具有扁长的外形,其长径可达数亿光年。通常超星系团内只含有几个星系团,只有少数超星系团拥有几十个星系团。本星系群和其附近的约 50 个星系团构成的超星系团叫做本超星系团。目前天文观测范围已经扩展到 200 亿光年的广阔空间,它称为总星系,或宇宙。由此可见,我们的太阳系只是广袤宇宙中很小的一点。其最特殊的地方,在于其中的一个行星上存在生命。

1.2　行星科学概述

1.2.1　行星科学研究的领域

1. 行星科学及其研究的内容

行星科学是关于行星系统的科学。行星系统是围绕恒星太阳运行的行星及其卫星、矮行星、小行星、流星体、彗星和行星际尘埃。太阳和它的行星系统,包括地球就是众所周知的太阳系。行星科学是与许多学科有关的交叉学科,涉及空间科学/等离子体物理学、天文学/天体物理学、地质学/地球物理学、大气科学、生命科学和化学。

行星科学研究的主要内容包括行星系统的物理学和化学特性、太阳辐射变化对行星系统的影响;行星表面形态与内部结构、行星大气层与电离层、行星磁场与磁层、行星的卫星与环;小行星、彗星与流星体;行星的形成与演化、比较行星学、太阳系的起源与演化。近年来,行星科学的研究还扩展到太阳系外行星。

太阳系是人类生存和发展的空间区域。作为宇宙中最高级的生物——人类,不仅要关心和解决当前所在地球上遇到的各种问题,还要考虑在宇宙中的永久生存和不断向外空扩展。实际上,这两方面的问题是相互联系的。例如,当前人类面临全球变化、资源短缺、自然灾害频繁等一系列问题。这些问题的认识和解决,不仅要了解地球空间环境,还要了解太阳的变化性和其他行星对这种变化的反应。而要了解地球长期的变化趋势,需要了解整个太阳系的演化过程,特别是类地行星的演化过程。

通过对行星起源、演化和物理状态的研究,能使人类更好地了解地球。这就是比较行星学的观念。若把地球从类地行星中孤立出来,则无法对我们自己这颗高度演化的、复杂的行星的起源和演化史做出合乎逻辑的理解。虽然其他行星也是复杂的,行星在大小和组成成分上彼此很不相同,并且有着不同的演化途径,但是,通过对它们的研究,可以使我们能直接看到不同的起始条件对于演化的影响。最终可以使我们能够建立起行星起源和演化的一般的和具体的模型。

地球比太阳系其他所有行星都要优越得多。这在很大程度上得益于地球具有适于生命的大气层。将来地球大气的命运如何? 由于现代工业生产的发展,地球大气中的二氧化碳正在增加。这种污染会带来什么后果? 这自然是有远见的科学家们极为关心的一件事。火星历史上有过比现在好得多的环境(有较厚的大气、有水),这对地球来说,自然是应该接受的教训。对类地行星探测所获得的知识,有助于认识地球的未来和应付人类所面临的挑战。

地球大气的臭氧层屏蔽了对生命有害的太阳紫外辐射。人们非常关心自己的活动对臭氧层会产生什么影响。火星上臭氧层已被少量水蒸气毁坏得差不多了;金星的臭氧层也少得不可察觉,毁坏的原因是氯"污染"。对类地行星臭氧层演化的研究,有助于提高地球臭氧层变化趋势的预报水平。

金星大气充满二氧化碳是行星被极端污染的例子。它是原先就有与众不同的气体呢,还是它沿着与地球不同的路径演化的结果?其实,地球所含的二氧化碳与金星一样多,只是不在大气中,而是储藏在动物骨骸所形成的灰石中。看来关键是金星太干燥,金星比地球得到更多的太阳辐射,使金星海水完全蒸发而进入大气,水汽再转换成氧和逸散的氢。如果这种观念是正确的,这就警告我们,行星的整个状态对微小的改变(在这是太阳热量)极为敏感。

2. 当前关注的基本问题

美国航空与航天局(NASA)在2006年新制定的太阳系探索计划中,确定太阳系探索和研究的基本问题是:① 太阳系的行星家族和小天体是怎样起源的? ② 太阳系怎样演变到今天这种状态? ③ 导致太阳系中生命起源的特征是什么? ④ 地球上的生命是怎样起源和演变的,在太阳系其他天体中存在生命吗? ⑤ 太阳系有哪些可以影响人类在太空扩展的灾害和资源?这5个问题也勾画出今后相当长时间内行星科学研究的框架。

上述5方面问题是具有战略性的问题,每个问题都可划分为多项具体目标。

问题1的具体目标是:① 了解行星和卫星形成时的初始状态。这个目标的研究内容包括确定冥王星和开珀带天体的化学成分与物理特征;确定短周期彗星的化学成分和物理特征;分析原始流星体的化学成分;对行星形成的初始阶段进行理论模式和实验研究。② 研究决定行星系统原始特征的过程。这个目标的研究内容包括:分析地球、月球、火星和小行星上的古代岩石;确定木星重力、磁场和深层大气的特征。

问题2的具体目标是:① 确定怎样的相互作用过程使行星系统处于现在各异的状态。这个目标的研究内容包括多学科比较研究行星的大气层、表面、内部和卫星;比较研究地球、火星和金星的气候演变;比较研究月球和水星的目前状态并推断它们的演变过程;确定太阳系早期经历的撞击体通量。② 了解类地行星为什么有如此大的差别。这个目标的研究内容包括研究金星大气层化学以及表面与大气层相互作用,研究化学、气象学和地球物理学。③ 从我们的太阳系中可以了解太阳系外行星系统的哪些特征。这个目标的研究内容包括详细地研究气体行星和它们的环系统;确定开珀带的结构。

问题3的具体目标是:① 确定太阳系中挥发性和有机化合物的特征、历史和分布。这个目标的研究内容包括分析彗星的化学和同位素成分;确定木星水的丰度和深层大气成分;确定金星表面和大气层的化学和同位素成分;确定在土星的两颗卫星泰坦和土卫二(Enceladus)上有机物的分布。② 确定金星表面海洋存在时期的证据。这个目标的研究内容包括寻找花岗岩和沉积岩石;分析含水硅酸盐和氧化铁的矿物成分;研究火山活动与气候变化的相互作用。③ 辨别在外太阳系的可居住区。内容包括表征土卫二的地热区;寻找泰坦上由火山产生和撞击产生的水热系统;证实欧罗巴上表面下海洋的存在并研究其特征;比较研究木星的四颗伽利略卫星。

问题4的具体目标是:① 辨别在生物出现前的演变和生命出现时重要的化学源。研究内容包括彗星和开珀带天体的化学成分;研究泰坦表面的有机物沉积、表面与大气层相互作用。② 寻找在欧罗巴、土卫二和泰坦上生命存在的证据。研究内容包括从欧罗巴表面下海洋中辨别和研究有机物沉积;研究最近活动区表面有机物的生物学标志特征;取样生物活动的地下通道(subvent)流体。③ 寻找火星和金星上过去存在生命的证据。研究内容包括研究金星样品以寻找生命的化学和结构特征;在火星可能存在生命的地区进行钻探取样探测。④ 研究地球的地质和生物学记录以确定地球和生物圈的历史关系。包括多学科研究早期地球的生物学过程;检验地球生物圈对地外事件响应的记录。

问题 5 的具体目标是:① 确定可能造成撞击地球灾害的天体的源和动力学。研究内容包括辨别、建模和跟踪直径到 1 km 的近地天体;了解在不同行星位置的撞击过程;了解撞击和有机物的外部供应/产生;研究撞击和灾变的关系。② 可以维持和保护人类探索的行星资源的数量和特征。研究内容包括确定月球极区和近地小行星的水资源;确定稀有金属的资源;评估潜在的长期资源。

1.2.2　行星科学研究的方法

行星科学研究的基本方法是探测(观测、监测)、理论分析和建模(包括计算机模拟)。而探测是最基本的方法,离开探测数据,对行星的研究只能是"纸上谈兵"。

根据探测仪器与探测目标的相对位置,可将探测分为就地探测与遥感探测。就地探测是让仪器的传感器与探测目标直接接触,如大气密度测量、电场与磁场测量等。在遥感探测方式中,仪器一般远离探测目标,仪器接收来自探测目标所发射的热辐射或电磁辐射。根据斯特藩定律,一个温度为 T 的物体在单位时间、单位面积上辐射的能量为

$$p = \sigma T^4. \tag{1-2-1}$$

这里 σ 是常数。

根据探测仪器位置的不同,可将行星探测分为地面探测和航天器探测。

地面探测设备主要有光学望远镜和射电望远镜。地面探测的优势是可对目标天体进行长期连续的观测,因此可确定其轨道参数、估算大小和质量,通过谱分析可确定目标天体大气层的成分。光学观测历史悠久,对行星科学的发展做出了巨大贡献。光学望远镜可发现新的天体,如小行星、彗星、巨行星的卫星、开珀带天体,甚至还发现了大量太阳系外行星。结合一定理论,地面光学观测还可以确定天体的大小和质量。有些天体发出射电辐射,因此用射电望远镜可观测其射电辐射特征,并据此分析天体的有关物理和化学性质。地面观测的缺点是受天气变化和日夜交替的影响,无法获得天体表面细致结构的信息。

17 世纪初,望远镜的诞生为行星及其卫星的物理研究提供了条件。虽然行星的视圆面很小,而且观测受到地球大气抖动等因素的影响,但用望远镜通过目视观测还是发现了行星表面的许多特征。19 世纪中叶以后,照相术、测光术、光谱分析技术被广泛地应用到行星及其卫星的观测和研究中来。例如,用照相方法拍摄行星的照片、用测光方法测定行星和卫星的光度与相位的关系、反照率及表面的有效温度,用光谱仪测量行星的光谱,并进而确定行星大气的成分,根据谱线位移量测定行星的自转周期等。随后,偏振测量也被广泛地应用到行星物理研究方面,对行星表面不同部分所反射的光的偏振测量,对于了解行星表面结构和特性有十分重要的价值。20 世纪上半叶,射电天文学诞生后,开始对行星进行射电观测,扩大了对行星及其卫星观测的波段。这种观测一类是直接接收行星和卫星表面发出的射电辐射,例如对行星而言,已经接收到的有水星、金星、火星、木星、土星、天王星、海王星的射电辐射,其中木星、天王星、海王星还有射电爆发;另一类是雷达观测,用雷达方法可以测定和研究行星表面的特征,甚至可以测绘表面图。

航天器探测是深入研究行星物理化学特性的最有力方法。根据探测目标和目的,行星探测主要有以下几种方式:

(1) 飞越(flyby)或掠过。一般是航天器没有将某一天体作为主要探测目标,而是在探测

其他天体时"顺访"。此种方式只能对目标进行远距离拍照或遥感测量。

（2）环绕。航天器成为被探测天体的卫星，类似于地球空间探测情况。这种方式是基本探测方式。在飞船本身环绕行星运行时，还可以释放出大气层探测器，探测器一般用降落伞减速，在下降过程中测量大气层各种参数的空间分布。

（3）着陆。飞船本身或飞船释放出的着陆器在目标天体硬着陆或软着陆，以对天体的表面进行实地探测。着陆装置可以固定在着陆点，也可以是在行星表面运动的漫游车，还可以是一个规模较大的实验室。在人类探索太阳系的初期，因技术水平的限制，探测月球时采取了硬着陆的方式。现在的硬着陆方式则是在精心安排下对目标天体特殊地点的撞击，通过撞击可以了解彗核内部结构，可以了解月球极区的陨石坑中是否含有水。

（4）载人登陆。将航天员送到目标天体表面，并驾驶漫游车对天体进行实地探测。在此基础上，还可以在天体上建立长久观测基地。载人探测只对月球实现了，人类的下一个目标将是火星。

在大量观测数据的基础上，通过理论研究，建立起行星的大气层模式、内部结构模式、起源与演变模式等，并通过进一步的观测，对这些模式加以补充和修正，使人们对行星物理化学性质的认识不断深入。

太阳系中各类天体的大小差别很大，测量天体大小的方式有以下几种：

（1）天体的直径是从观测者所测量到的张角（用弧度表示）和距离的乘积。距离可根据轨道计算，测量精度主要取决于角度大小的不确定性。

（2）掩星法。当观测待测天体遮掩恒星时，通过轨道数据计算恒星相对于掩体的角速度，此时要考虑地球的轨道和旋转效应。于是，在一个特殊观测点得到的掩星间隔可以得到天体投影轮廓的弦长。三个分离的弦长足以满足一个球面。如果天体形状不规则，需要测量多个弦长，从多颗大间隔的望远镜对同一事件进行观测。这个技术特别适用于小天体，如小行星和卫星，因为这类天体不能由地基望远镜分辨出。

（3）雷达观测。雷达回波可用于确定天体的半径和形状。雷达信号强度与距离的四次方成反比，只有相对靠近的天体才能用雷达观测。雷达特别适用于观测固态天体，如小行星和彗星的核。

（4）着陆器与轨道器配合。测量一个天体半径最好的方法是向该天体发射着陆器和轨道器，利用三角法进行测量。这个方法以及雷达技术对具有大气层的类地行星和卫星也非常适合。

（5）光谱观测。用光度计在可见光和红外波长观测，可得到天体的大小和反照率。在可见光波长，测量天体的反射光，在红外波长，观测来自天体本身的热辐射。

可通过测量待测天体对其他天体的引力确定质量。

（1）月球的轨道。自然卫星的轨道周期连同万有引力定律和开普勒定律可用于确定天体的质量。直接测量结果是行星和卫星的质量和，但除了冥王星与卡绒、地球和月球系统之外，其他行星的卫星的质量远小于行星的质量。这个方法的主要不确定性是轨道半主轴的测量误差。

（2）轨道扰动法。对于没有月亮的行星，可以测量该行星的引力对其他行星轨道的扰动。由于距离太大，引力太弱，这个方法的精度不高。注意，海王星的发现就是因为它的引力作用扰动了天王星的轨道。这个技术目前仍用于估计比较大的小行星的质量。扰动方法可划分为两类:短期和长期扰动。

获得天体表面成分的方法包括:

(1) 分析来自天体表面的反射光谱。在地球上也可以进行光谱观测,但对于紫外波段,由于大气层存在强列的吸收,因此需要在大气层以上的高度测量。

(2) 分析来自天体表面的热红外谱。这些测量数据含有天体成分的信息。

(3) 雷达观测。这种观测方式可以在地面进行,也可以在卫星上进行。

(4) 测量 X 射线和 γ 射线荧光。如果该天体缺乏足够的大气层,这些测量需要在围绕待测天体做轨道飞行的飞船上进行,也可以在飞越飞船上进行。详细测量需要探测器在天体表面软着陆,然后用仪器进行实地测量,最好是漫游器,这样可以探测更大的范围。

(5) 对表面取样进行化学分析。样品可以是来自该天体的陨石,也可以是来自取样飞船。此外,还可以利用漫游器所携带的质谱仪等仪器进行实地分析。

各类天体的表面结构变化很大,确定行星表面结构的方法有:

(1) 大尺度结构可通过可见光与红外成像的方法确定,也可以利用雷达成像技术。

(2) 小尺度结构可通过雷达回波亮度和反射率随观测角的变化获得。

复习思考题与习题

1. 行星和矮行星是怎样定义的? 分析引入这些概念的必要性和意义。
2. 行星科学研究的主要内容有哪些方面?
3. 行星探测主要有哪些方式?
4. 概括太阳系的基本特征。
5. 潮汐力对天体的运行及结构有哪些影响?
6. 计算地球与水星、金星、火星、木星的会合周期。
7. 采用无量纲的形式,二体之间的距离、质量和以及引力常数都取作 1。证明旋转框架的转动周期为 2π。
8. 计算日地系统 5 个拉格朗日点的位置。

参 考 文 献

[1] Encrenaz. T, et al. The Solar System. Third Edition, Springer-Verlag, New York,2004.

[2] Eric Chaisson. Astronomy Today. Fifth Edition, The Solar System, Volume 1,Upper Saddle River, New Jersey,2005.

[3] NASA's Science Mission Directorate, Solar System Exploration, road_map_final. pdf.

[4] Lucy-Ann McFaden, Paul R. Weissman, Torrence V. Johnson, Encyclopedia of the solar system, Academic Press, 2006.

[5] Imke de pater and Jack J. Lissauer, Planetary Sciences, Cambridge University Press,2001.

第二章 地 球

2.1 地球的基本特征

2.1.1 地球概况

按离太阳由近及远的顺序,地球是第三个行星,在太阳系 8 颗行星中,大小排在第五位,密度居第一位。

地球在围绕太阳公转的同时围绕它的轴自西向东自转。在赤道,地球表面移动的速度大约 0.5 km/s。地球围绕太阳公转的速度大约 30 km/s。而整个太阳系围绕银河系运动的速度为 250 km/s。

地球自转与公转运动的结合使其产生了地球上的昼夜交替和四季变化。同时,由于受到太阳、月球和附近行星的引力作用以及地球大气、海洋和地球内部物质等的各种因素的影响,地球自转轴在空间和地球本体内的方向都要产生变化。地球自转产生的惯性离心力使得球形的地球由两极向赤道逐渐膨胀,成为目前略扁的旋转椭球体,极半径比赤道半径短约 21 km。地球的一些基本物理参数示于表 2-1-1。

表 2-1-1 地球的基本参数

质量/$\times 10^{24}$ kg	5.9736	表面重力加速度/m·s^{-2}	9.780
体积/$\times 10^{10}$ km^3	108.321	扁率	0.00335
赤道半径/km	6378.1	逃逸速度/km·s^{-1}	11.186
极区半径/km	6356.8	GM/$\times 10^6$ km^5·s^{-2}	0.3986
平均半径/km	6371.0	反照率	0.306
地核半径/km	3485	视大小	-3.86
平均密度/kg·m^{-3}	5515	太阳辐射率/W·m^{-2}	1367.6
表面引力/m·s^{-2}	9.798	黑体温度/K	254.3

虽然不需要航天器即可观测地球,但从太空拍摄的图片具有其特殊的意义,可以从中了解区域和全球的形态,可以监测环境变化和重大自然灾害。从太空获得的地球图片确实与众不同。

与太阳系其他 7 颗行星相比,地球具有以下特征:

(1) 位置处于太阳系的可栖居区。"恒星周围可栖居区"(简称 CHZ)这一术语用于描述适合生命存在的最佳区域。CHZ 是恒星周围的一个特殊区域,其中液态水是稳定的,能够在类地行星的表面上存在数十亿年之久。这个区域是环形的,它的内边界应该是行星围绕其母恒星运转而又不会使行星海洋的水散失到空间的最近一条轨道。在最极端的情况下,恶性发展的温室效应将占支配地位,使海洋的水蒸发殆尽(金星上发生的就是这种情况)。CHZ 的外边界则应是行星的海洋不致完全冻结的最远一条轨道。最理想的情况是恒星及其周围的行星在银河系内运行的轨道到银河中心的距离在一定的范围内,距离太远,形成恒星的星云就会缺乏重元素,而行星的产生需要这些元素。距离太近,种种不利因素,例如轨道的不稳定性、彗星的撞击以及恒星爆炸等,将扼杀刚在萌芽阶段的生态系统。太阳的位置不远不近,刚好合适。而地球在太阳系的位置完全满足可栖居区的条件,因此适合于生命存在。

（2）地球是目前所知在宇宙中唯一有生命特别是人类存在的行星,因此地球在宇宙中的地位变得非常突出。

（3）地球是太阳系中唯一一颗表面存在全球海洋的行星,海洋覆盖地球表面 71%,平均深度为 3.7 km,最深达 10.9 km,海水总质量为 1.4×10^{21} kg,超过大气层总质量 5×10^{18} kg 的 300 倍,但只占地球质量的 0.02%。液态水是生命存在的重要条件,海洋的热容量也是保持地球气温相对稳定的重要条件。液态水也造成了地表侵蚀及大洲气候的多样化,这是目前在太阳系中独一无二的过程。

（4）地球的大气层成分、压力都非常适合于生命存在。地球的大气由 77% 的氮,21% 氧,微量的氩、二氧化碳和水组成。地球初步形成时,大气中可能存在大量的二氧化碳,但是几乎都被组合成了碳酸盐岩石,少部分溶入了海洋或被活着的植物消耗了。现在板块构造与生物活动维持了大气中二氧化碳到其他场所再返回的不停流动。大气中稳定存在的少量二氧化碳通过温室效应对维持地表气温有极其深远的重要性。温室效应使平均表面气温提高了 35℃（从冻人的 −21℃ 升到了适人的 14℃）；没有它海洋将会结冰,而生命将不可能存在。从化学观点看,丰富的氧气的存在是很值得注意的。氧气是很活泼的气体,一般环境下易和其他物质快速结合。地球大气中氧的产生和维持由生物活动完成。没有生命就没有充足的氧气。在地球的平流层存在一个臭氧层。臭氧能有效地吸收来自太阳的紫外辐射,对人类和地球上的生命有防护作用。另外,厚重的大气层还对微流星体有防护作用。

（5）地球有一个由内核电流形成的适度的磁场。这个大小适中的内源磁场的存在屏蔽了带电粒子,使地球表面的生物免遭高能粒子辐射。而主要来自太阳的各种带电粒子大部分从极区沉降到高层大气,产生绚丽多彩的极光。

（6）地球有一个卫星——月球,地球与月球的相互作用使地球的自转每世纪减缓了 1.4 毫秒。地球自转的减慢使得地震和火山活动大大降低,有利于地球上的生命。

（7）地球上有丰富的矿物资源,有利于人类的生存和发展。

（8）地球的温度变化范围是 −88℃ 到 58℃。最冷的温度记录是在南极洲,最热的记录在非洲大陆。这个温度范围适合生命的存在与发展。

在行星科学中,研究地球的结构对于了解地球的运动、起源和演化,探讨其他行星的结构,以至于整个太阳系起源和演化问题,都具有十分重要的意义。

2.1.2　轨道特征

地球围绕太阳运行的轨道定义为黄道面,地球的轨道严格上来说不是一个圆,而是椭圆,椭圆的偏心率虽然小（0.033）,但远日点与近日点的距离差达到 5×10^6 km。在地球表面接收到的太阳能量与到日心距离的平方成反比,因此在近日点和远日点所接收到的能量相差 6.5%。但这不是产生季节变化的原因,真正的原因是地球的自旋轴与黄道面的法线之间有 $23°27'$ 的倾角。

地球的旋转像一个陀螺,旋转轴的方向不是固定的,而是沿着一个与黄道面法线成 $23°27'$ 角的锥形。这种运动称为春分点的进动。春分线围绕天空缓慢旋转,角速度为每年 $50.3'$,相应于 26 000 年的周期。

春分点的进动是由于太阳和月球对一个不是理想球体的吸引而产生的,而这个球体围绕着与黄道面倾斜的自旋轴旋转。上述天体对地球的引力与作用到地球质心的力不完全相同。因此产生一个力矩,试图将春分点的隆起向下拉向黄道面。

轨道参数(见表 2-1-2)随时间的其他变化是由太阳系其他行星的引力扰动产生的,主要是来自木星。轨道偏心率的变化周期为 100 000 年,近日点的进动和倾角的变化从 21.5° 到 24.5°,周期为 41 000 年。

表 2-1-2 地球的轨道参数

半主轴/×10⁶ km	149.60	近日点/×10⁶ km	147.09
恒星轨道周期/天	365.256	远日点/×10⁶ km	152.10
回归轨道周期/天	365.242	平均轨道速度/km·s⁻¹	29.78
恒星日/小时	23.9345	最大轨道速度/km·s⁻¹	30.29
天的长度/小时	24.0000	最小轨道速度/km·s⁻¹	29.29
平均轨道倾角/(°)	0.00005	上升点经度/(°)	−11.26064
黄赤交角/(°)	23.45	近日点经度/(°)	102.94719
轨道偏心率	0.0167		

由于月球和太阳对地球施加了复杂的潮汐力,使得黄赤交角随时间变化呈现复杂的状态。在短期内,它可由下列线性近似公式计算:

$$i = 23°27'8''.26 - 0''.4684(Y - 1900),$$

这里 Y 是年。对于长期情况,i 以复杂的正弦形式变化。地球的自旋轴在月球和太阳潮汐力矩的长期影响下以速率 ρ(弧秒/年)进动:

$$\rho = 50.2564 + 0.000222(Y - 1900).$$

因而进动周期大约是 26 000 年。将地球的赤道隆起拉向黄道面的、由月球和太阳施加的力是不断变化的,由太阳施加的净力当太阳每年两次穿过天球赤道时小。月球施加的力也因同样的原因每月消失两次。结果,极方向的向前进动因这些潮汐力矩的高频变化而变得复杂,引起极运动的低幅周期扰动或章动(nutation)。

2.2 地球的结构

2.2.1 地球的总体结构

地球可以划分为六个主要区域:内核、外核、地幔、地壳、水圈和大气层。

水圈和大气层可直接进行观测,但确定地球内部结构只能用间接的方法。目前最有效的方法是利用地震波的传播特性。地震波是由地震震源发出的在地球介质中传播的弹性波。地震发生时,震源区的介质发生急速的破裂和运动,这种扰动构成一个波源。由于地球介质的连续性,这种波动就向地球内部及表层各处传播开去,形成了连续介质中的弹性波。地震波按传播方式主要分为两种类型:纵波和横波。纵波是推进波,地壳中传播速度为 5～6 km/s,最先到达震中,又称 P 波,它使地面发生上下振动,破坏性较弱。横波是剪切波:在地壳中的传播速度为 3.2～4.0 km/s,第二个到达震中,又称 S 波,它使地面发生前后、左右抖动,破坏性较强。面波是由纵波与横波在地表相遇后激发产生的混合波。其波长大、振幅强,只能沿地表面传播,速度大约 3.8 km/s,是造成建筑物强烈破坏的主要因素。P 波与 S 波的速度取决于所通过物质的密度。如果测量出波从震源到达接收点的时间,可以确定地球内部物质的密度。

1. 地核

地核是地球的核心部分,主要由铁、镍元素组成。1936 年,莱曼(Lehmann)根据通过地核的地震纵波走时,提出地核内还有一个分界面,将地核分为外地核(深 2981～5151 km)与内地核(5251～6371 km)两部分。由于外地核不能让横波通过,因此推断外地核的物质状态为液态,且具有很高的电导率,是产生磁流体发电机效应的区域。地球中心是一个由金属物质构成的固态内核,与月球大小相当。内核在地球动力学中起着重要作用。地球动力学是一个产生地球磁场的过程,了解地球内核是如何运动的,将会使科学家更好地了解地球动力学。地球的经度为 360°,研究人员通过计算发现,内核旋转的速率每年比地幔和地壳要快约 0.25°～0.5°。图 2-2-1 为地球的内部结构。

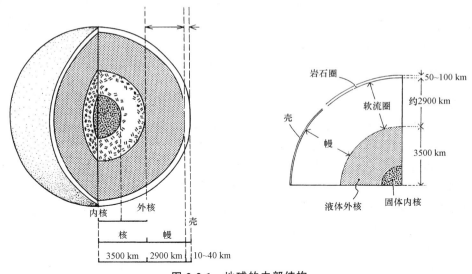

图 2-2-1　地球的内部结构

2. 地幔

地幔(25～2890 km)是地壳与地核之间的中间层,平均厚度约 2865 km,主要由致密的造岩物质构成,这是地球内部体积最大、质量最大的一层。地幔又可分成上地幔、过渡区和下地幔三层。一般认为上地幔顶部存在一个软流层,推测是由于放射元素大量集中,蜕变放热,将岩石熔融后造成的,可能是岩浆的发源地。下地幔温度、压力和密度均增大,物质呈可塑性固态。

美国一些科学家用实验方法推算出地幔与地核交界处的温度为 3500℃以上,外核与内核交界处温度为 6300℃,核心温度约 6600℃。地幔的组成除了少数由玄武岩的捕获体获得外,因无法直接观察,只能以间接的方法研究。研究方法包括地震波、重力和岩石的刚性和弹性反演,以及实验岩石学研究。

3. 地壳

地壳是地球球层结构的最外层。大陆地壳厚度一般为 33～45 km。喜马拉雅山区的地壳厚度可达 70～80 km。洋底地壳厚度小,平均为 7～8 km,太平洋底地壳最薄处约 5 km。地壳由岩石组成,根据成分的不同,又可上下分为硅铝层和硅镁层两层,其分界面称康拉德面。地壳表层由于大气、水、生物等的作用,可形成 0～10 km 的土壤层、风化壳和沉积岩层。

4. 水圈

水圈是行星地球的最重要的特色之一,包括海洋、江河、湖泊、沼泽、冰川和地下水等,它是一个连续但不很规则的圈层。地表的广大面积被水所覆盖,主体是海洋,占地球表面积的 70.9%。此外,还有大陆上的湖泊、河流和冰川,土壤和浅部岩石的孔隙也含有一定数量的"地下水"。这样就构成了一个不甚规整而基本上连续的水圈。水圈质量为 $140×10^{16}$ t,约为 $13.6×10^8$ km^3,占地球总质量的 0.024%。其中海洋水质量约为陆地(包括河流、湖泊和表层岩石孔隙和土壤中)水的 35 倍。如果整个地球没有固体部分的起伏,那么全球将被深达 2600 m 的水层所均匀覆盖。大气圈和水圈相结合,组成地表的流体系统。

据研究,初期地球上水很少,最早是从大气中分化出来的。当时大气中的大量水汽,由于温度降低,以尘埃为凝结核,形成水滴降落地面。更多的水来自地球内部岩石中的结晶水,它们由于温度升高形成水汽,随火山活动等逸出地壳进入大气中,经凝结降落地面,因此水圈是整个地质时期由小到大,长期积累的结果。

2.2.2 地球的板块构造

1. 板块结构

不像其他类地行星,地球的地壳由几个实体板块构成,各自在热地幔上漂浮。理论上称它为板块说。它被描绘为具有两个过程:扩大和缩小。扩大发生在两个板块互相远离,下面涌上来的岩浆形成新地壳时。缩小发生在两个板块相互碰撞,其中一个的边缘部分伸入到另一个的下面,在炽热的地幔中受热而被破坏。在板块分界处有许多断层(比如加利福尼亚的 San Andreas 断层),大洲板块间也有碰撞(如印度洋板块与亚欧板块)。目前有八大板块(彩图 1):

北美洲板块:北美洲,西北大西洋及格陵兰岛;

南美洲板块:南美洲及西南大西洋;

南极洲板块:南极洲及沿海;

亚欧板块:东北大西洋,欧洲及除印度外的亚洲;

非洲板块:非洲,东南大西洋及西印度洋;

印度与澳洲板块:印度,澳大利亚,新西兰及大部分印度洋;

Nazca 板块:东太平洋及毗连南美部分地区;

太平洋板块:大部分太平洋及加利福尼亚南岸。

还有超过 20 个小板块,如阿拉伯、菲律宾板块。地震经常在这些板块交界处发生。

2. 板块运动的原因

板块运动的驱动力很可能是对流。彩图 2 是一个板块的内部截面图。海底由沉积物覆盖,沉积物下面是是大约 10 km 厚的花岗岩,这种低密度岩石构成了地壳。再往深处仍然是上幔,其温度随深度而增加。在大约 50 km 深处,温度高到足以使变软,并缓慢流动。这个区域是软流层。因暖物质的冷物质之下,容易引起对流。暖幔岩石上升,正如大气层中的热空气上升一样。有时,岩石从花岗岩壳的裂缝中挤出,这种裂缝可能从大陆板块的中间打开,产生火山或喷泉。

并不是所有上幔中上升的暖岩都能从裂缝中挤出。某些暖岩变冷并回落到低层。在这种情况中,在上幔建立起彩图 2 所示的循环模型。

3. 板块运动的效应

板块运动的直接结果是板块间的碰撞,这种碰撞一般不会使两个板块停下来,而是互相挤压,致使岩石外壳折叠,产生山脉。

不是所有的碰撞板块都产生山脉。有的板块沉到另一个板块的下面,在其下沉到地幔后最终被毁坏。

并不是所有的板块都经历了迎面碰撞,正如彩图 1 中的箭头所指示的,许多板块与其他板块滑过或发生剪切,一个典型例子是在北美最著名的活动区的圣安德列斯大断裂(图 2-2-2)。该地区地震活动频繁,这个断裂标志出了大西洋和北美板块的边界。

图 2-2-2　圣安德列斯大断裂

在其他一些地方,当板块后退时它们相分离,新物质从它们之间涌出,形成洋中脊。在彩图 1 中,将北美和南美洲板块与欧亚板块和非洲板块分割开的是中大西洋洋中脊。整个脊是地震和火山活动区,但只有小部分升高到海平面以上。

总的来说,板块运动对地球的影响是深刻的,它改变了整个地球的地形,让一些地方高耸入云,让另一些地方深不见底。板块运动还导致了地球物质的循环。例如,植物消耗大气中的二氧化碳,利用光合作用产生氧气,动物以植物为食。二氧化碳还加强了地球大气的温室效应,把地球变成了一个温暖的行星。其实,大气中所含的二氧化碳或者溶解在海水中,或者以碳酸钙的形式固定在地球的岩石中。岩石受到雨水的冲刷后,一部分物质进入海洋,沉积在海底。这部分沉积岩会随着板块运动,在海沟位置插入地球内部,最终再通过火山喷发,变成气体返回到大气中。除了二氧化碳外,地球上还有一些物质以这种方式在地球的表面和内部之间循环。

2.3 地球表层

地球表层是地球大气圈、岩石圈、水圈、生物圈、人类圈(智能圈)相互交接的层面。它构成与人类密切相关的地理环境。地球表层有一定的面积和厚度。面积为地球总面积,约为 5.1×10^8 km²,其中陆地面积约 1.49×10^8 km²,约占地球总面积的 29%,海洋面积约 3.61×10^8 km²,约占地球总面积的 71%。广义的厚度上限为大气圈对流层顶,下限为岩石圈沉积岩层顶部,厚约 30~35 km。狭义的厚度上限离地面不超过 100 m,相当于大气圈对流层的近地面摩擦层下部,下限为太阳能达到的深度(在陆地不超过地下 30 m,在海洋不超过水面 200 m),一般厚约 100~300 m,这一范围是人类和生物活动最集中的场所。

2.3.1 地球的表面活动

地球目前是地质活动的,它的内部沸腾,表面不断变化。图 2-3-1 给出表面地质活动的两个实例:地震与火山爆发。

图 2-3-1
(a) 地震;(b) 火山爆发

地震是地球内部介质局部发生急剧的破裂,产生地震波,从而在一定范围内引起地面振动的现象。地震开始发生的点称为震源,震源正上方的地面称为震中。破坏性地面的地面振动最烈处称为极震区,极震区往往也就是震中所在的地区。

地壳之下 100~150 km 处,有一个"液态区",区内存在着高温、高压下含气体挥发成分的熔融状硅酸盐物质,即岩浆。它一旦从地壳薄弱的地段冲出地表,就形成了火山。

在地球上已知的"死火山"约有 2000 座;已发现的"活火山"共有 523 座,其中陆地上有 455 座,海底火山有 68 座。火山在地球上分布是不均匀的,它们都出现在地壳中的断裂带。就世界范围而言,火山主要集中在环太平洋一带和印度尼西亚向北经缅甸、喜马拉雅山脉、中亚细亚到地中海一带,现今地球上的活火山 80% 分布都在这两个带上。

火山出现的历史很悠久。有些火山在人类有史以前就喷发过,但现在已不再活动,这样的火山称之为"死火山";不过也有的"死火山"随着地壳的变动会突然喷发,人们称之为"休眠火山";人类有史以来,时有喷发的火山,称为"活火山"。

火山活动能喷出多种物质,在喷出的固体物质中,一般有被爆破碎了的岩块、碎屑和火山灰等;在喷出的液体物质中,一般有熔岩流、水、各种水溶液以及水、碎屑物和火山灰混合的泥流等;在喷出的气体物质中,一般有水蒸气和碳、氢、氮、氟、硫等的氧化物。除此之外,在火山活动中,还常喷射出可见或不可见的光、电、磁、声和放射性物质等,这些物质有时能致人于死地,或使电、仪表等失灵,使飞机、轮船等失事。

2.3.2　大陆漂移

大陆彼此之间和大陆相对于大洋盆地间的大规模水平运动称为大陆漂移。1912 年德国人魏格纳提出了这一学说,并在 1915 年发表的《大陆及海洋的起源》一书中作了论证。他认为,全世界实际上只有一块大陆,称泛大陆。硅铝层比硅镁层轻,就像大冰山浮在水面上一样,又因为地球由西向东自转,南、北美洲相对非洲大陆是后退的,而印度和澳大利亚则向东漂移了。泛大陆的解体始自石炭纪,经二叠纪、侏罗纪、白垩纪和第三纪的多次分裂漂移,形成现在的七大洲四大洋。

魏格纳提出的大陆漂移说遭到了激烈的反对和攻击。在 20 世纪 30 年代初,大陆漂移说已几乎销声匿迹。即使在美国,讲授大陆漂移说的教授也会被解聘。

20 世纪 50 年代以后,随着古地磁学、地震学的发展以及地层学、古生物学、古地理学、区域构造学等对此研究所获大量资料的论证,大陆漂移说又获得进一步发展,并作为板块构造学发展的一个阶段性的里程碑而受到地学界的重视。

大陆漂移说认为,地球上所有大陆在中生代以前曾经是统一的巨大陆块,称之为泛大陆或联合古陆。中生代开始,泛大陆分裂并漂移,逐渐达到现在位置。

现代地球物理学研究对大陆漂移的动力机制的可能解释是与向西漂移的潮汐力和指向赤道的离极力这两种分力有关,较轻的硅铝质硅镁层分离,并向西、向赤道大规模水平漂移。但大陆漂移的机制问题尚不能认为已经解决。

2.4　地　磁　场

2.4.1　地磁场基本特征

从地心至磁层顶的空间范围内的磁场称为地磁场。人类对于地磁存在的早期认识,来源于天然磁石和磁针的极性。磁针的指极性是由于地球的北磁极(磁性为 S 极)吸引磁针的 N 极,地球的南磁极(磁性为 N 极)吸引着磁针的 S 极。

地磁场是一个向量场。描述空间某一点地磁场的强度和方向,需要 3 个独立的地磁要素。

常用的地磁要素有 7 个,即地磁场总强度 F,水平强度 H,垂直强度 Z,X 和 Y 分别为 H 的北向和东向分量,D 和 I 分别为磁偏角和磁倾角(图 2-4-1)。其中以磁偏角的观测历史为最早。

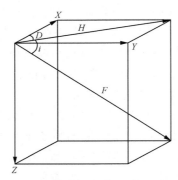

图 2-4-1　地磁场的 7 个分量

这 7 个要素只有 3 个是独立的,它们之间的关系是:

$$D = \tan^{-1}\left(\frac{Y}{X}\right), \quad X = H\cos D,$$

$$I = \tan^{-1}\left(\frac{Z}{H}\right), \quad Y = H\sin D, \quad (2\text{-}4\text{-}1)$$

$$H = \sqrt{X^2 + Y^2}, \quad F = \sqrt{X^2 + Y^2 + Z^2}.$$

近地空间的地磁场,像一个均匀磁化球体的磁场,其强度在地面两极附近还不到 1 高斯(G),所以地磁场是非常弱的磁场。地磁场强度的单位过去通常采用伽马(γ),即 10^5 高斯。1960 年决定采用特斯拉(T)作为国际测磁单位,$1\,G = 10^{-4}\,T$,$1\,\gamma = 10^{-9}\,T = 1\,nT$(纳特)。

地磁场包括基本磁场和变化磁场两个部分,它们在成因上完全不同。基本磁场是地磁场的主要部分,起源于地球内部,比较稳定,变化非常缓慢。变化磁场包括地磁场的各种短期变化,主要起源于地球外部,并且很微弱。

地球的基本磁场可分为偶极子磁场、非偶极子磁场和地磁异常几个组成部分,其强度约占地磁场总强度的 90%,产生于地球液态外壳内的电磁流体力学过程,即自激发电机效应。非偶极子磁场主要分布在亚洲东部、非洲西部、南大西洋和南印度洋等几个地域,平均强度约占地磁场的 10%。地磁异常又分为区域异常和局部异常,与岩石和矿体的分布有关。

2.4.2　地磁场的产生

虽然地磁场显示出的特性像是一个磁棒,但它的源不可能是位于地心的永磁体。因为在核幔的边界,温度大约是 4800℃,远高于居里点,即使存在永磁体,其磁性也将消失。另外,人类已经了解到,地磁场的存在已经有几亿年。由于磁场衰减,曾经存在的地磁场将在 15 000 年内消失,除非有一种连续产生磁场的机制。

对于磁场的产生,已经提出了许多物理机制,但目前普遍认为发电机理论是最为合理的。在地球内部,由于压力太高,核是融化的,类似粘稠的流体。当流体含有金属时,也是导电体,从原理上说,内部运动的动能可通过磁流体动力学效应转换为磁能。这通常称为发电机问题。发电机问题的特征是在物体的外面没有磁场源。发电机理论成功与否的关键是自动地保持磁场,只要内部运动的能源存在。

在那样的环境中磁场产生的实际过程是非常复杂的,求解数学方程所要求的许多参数目前还了解得很少。但从概念上理解是相对容易的。磁场的产生必须满足以下条件:必须有导电的流体、必须有足够的能量使得流体以足够的速度流动并具有合适的流动图形、必须有一个"种子"磁场。

在地球的外核,所有这些条件都能满足。融化的铁是良导体,有足够的能量驱动对流运动,与地球的自转耦合,产生合适的流动图形。即使在地磁场第一次形成之前,也有以太阳磁场形式存在的磁场。一旦过程进行,现存的场可作为种子场。由于融化的铁流通过存在的磁场,通过磁感应过程产生电流。新产生的电场依次产生磁场。如果磁场和流动图形的关系合适,产生的磁场可增强原始磁场。只要外核有足够的流动,这个过程将连续进行。

完整地描述磁场是怎样产生的需要求解磁流体动力学方程(MHD)。给定速度 v(由外力和对流确定),可通过磁扩散方程确定磁场:

$$\frac{\partial B}{\partial t} = \nabla \times (v \times B) + \frac{1}{\sigma \mu} \nabla^2 B$$
$$= \nabla \times (v \times B) + \lambda \nabla^2 B. \tag{2-4-2}$$

这里 $\lambda = 1/\sigma\mu$,是磁扩散系数,σ 是电导率,μ 是磁导率。

右边的第一项表示磁场和运动导体间的相互作用,引起磁场的积累(或中断)。第二项是扩散项。如果速度为零,右边的第一项消失。剩余项告诉我们,在没有运动导体的情况下,磁场将衰减。在地球内部,$\lambda \approx 2 \times 10^4$ cm^2/s,发电机的大小为 R_c(近似等于地核的半径,约 3.5×10^8 cm),因此磁衰减时间为

$$\tau_m = \frac{R_c^2}{\lambda} = 2 \times 10^5 \text{ y}. \tag{2-4-3}$$

远小于地球的年龄。

如果让第二项为零,即假定流体是理想流体,$\sigma \to \infty$。在这些条件下,磁力线变得"冻结"在流体上,随流线一起运动。

为了进一步介绍发电机理论,需要引入两个概念:角向场(poloidal fields)和环向场(toroidal fields)(图 2-4-2)。我们熟悉的偶极子场就是角向场,它有径向分量。环向场是环形的,没有径向分量。在地球上,环向场限定在地核,在地球表面不能探测。但它们在磁场的产生方面起重要作用。

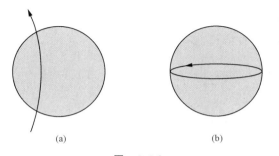

(a)　　　　　　　　　　　　(b)

图　2-4-2

(a) 角向场;(b) 环向场

假设核以与半径有关的角速度旋转,考虑一个角向场将发生什么现象。因为它的场线被

冻结在流体上,如果流体在外核的上部移动比较缓慢,那些场线将比靠近中心的场线落后。逐渐地,在转动一圈后,将形成两个环形场环,如图 2-4-3 所示,这叫做 ω 效应——角向场转换为环向场的机制。

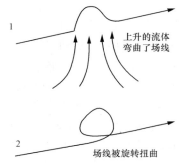

图 2-4-3　流体对磁力线构型的影响

现在考虑一条冻结在上升对流元上的环向场场线。场线将连同对流元被拉伸。因为地球旋转,科里奥利力将引起上升的流体逆时针旋转(北半球)。场线将随着流体被扭曲,在 1/4 圈后,一个角向磁环产生。这个过程叫做 α 效应(见图 2-4-4)。角向场可以合并以产生大的角向场。

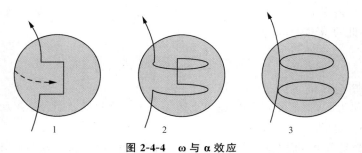

图 2-4-4　ω 与 α 效应

由 α 和 ω 效应的组合可以产生地磁场,这些组合是 αω、$α^2$ 和 $α^2ω$。在 αω 发电机中,流体伴随着外核不同的旋转而运动,通过角向场线在外核产生环向场。冻结在上升流体上的环向场线的扭曲产生角向场,这个角向场可增强初始的角向场。

为了保持稳态的磁场($∂B/∂t=0$),由 αω 效应得到的磁场产生率必须等于扩散率。如果它们不相等,场或者衰减、或者增长,多半是正常情况。

2.4.3　地磁场模型

1. 偶极子场

在极坐标系中偶极子磁场可描述为

$$
\begin{aligned}
B_r &= -\frac{2M_B}{r^3}\sin\theta, \\
B_\theta &= \frac{M_B}{r^3}\cos\theta, \\
B_\phi &= 0,
\end{aligned}
$$

$$(2\text{-}4\text{-}4)$$

r、θ 和 ϕ 分别是坐标系中的径向、纬向（朝北）和方位（朝东）坐标。M_B 是地球的磁偶极矩。磁力线位于子午面上，完全由到赤道点的距离、它的经度或方位 ϕ 确定（见图 2-4-5）：

$$r = r_e \cos^2\theta,$$
$$\phi = \phi_0 = 常数. \tag{2-4-5}$$

沿着磁力线的弧元 ds 为

$$ds = \sqrt{dr^2 + r^2 d\theta} = r_e \cos\theta \sqrt{4 - 3\cos^2\theta} d\theta.$$

沿磁力线的磁感应强度可表示为

$$B(\theta) = B_e \frac{\sqrt{4 - 3\cos^2\theta}}{\cos^6\theta}, \tag{2-4-6}$$

B_e 是在赤道的磁感应强度由磁偶极矩 M_B 确定：

$$B_e = \frac{M_B}{r_e^3}. \tag{2-4-7}$$

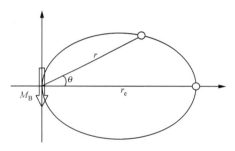

图 2-4-5 磁偶极坐标系

2. 磁场的多极展开

磁场的偶极模型是磁场的一级近似，但在许多情况下，实际的磁场偏离偶极磁场，特别是在磁层中。与引力场类似，可引入标量势的概念，行星的内部磁场由标量势 $\Phi_V(r, \theta', \phi)$ 的梯度表示：

$$B = -\nabla \Phi_V,$$

这里 r、θ' 和 ϕ 是空间点的地心坐标：地心距离、余纬和东经。标量势可表示为

$$\Phi_V = R \sum_{n=1}^{\infty} \left(\frac{R}{r}\right)^{n+1} T_n, \tag{2-4-8}$$

这里 R 是地球半径，函数 T_n 为

$$T_n = \sum_{m=0}^{n} \left[g_n^m \cos(m\phi_i) + h_n^m \sin(m\phi_i)\right] P_n^m(\cos\theta'), \tag{2-4-9}$$

这里 g_n^m，h_n^m 是高斯系数，$P_n^m(\cos\theta')$ 是斯密特归一化连带勒让德多项式：

$$P_n^m(x) \equiv N_{nm}(1 - x^2)^{m/2} \frac{d^m P_n(x)}{dx^m}, \tag{2-4-10}$$

这里 $N_{nm} \equiv 1 (m = 0)$；$N_{nm} \equiv \left[\frac{2(n-m)!}{(n+m)!}\right]^{1/2} (m \neq 0)$.

$n = 1$ 项称为偶极子项，$n = 2$ 称为四极项，$n = 3$ 称为八极项，以此类推。注意，各项随着到地心的距离以 r^{-n} 形式减小，因此高阶项只在接近地球表面才是重要的。

2.4.4　地磁场变化

　　地磁场由于各种原因而在不断变化,主要有长期变化、平静变化和干扰变化三种类型。长期变化指地球基本磁场持续很长时间的缓慢变化,通常以各磁要素的逐年变化来表示。观测到的主要长期变化效应有:(1) 偶极场的强度每年大约减小 0.05%($\sim$15 nT/y),西向漂移几乎以进动的方式,漂移率大约为 0.06°/y,相应于大约 6000 年的周期。(2) 场的非偶极部分变化更快,约 50 nT/y 但有很大的离散性。这些变化引起的西向漂移为 0.2°/y(相应于约 1800 年的旋转周期),但不同纬度之间有强的变化性。图 2-4-6 是在伦敦记录到的磁偏角的长期变化特性。

图 2-4-6　磁偏角的长期变化

　　平静变化主要是以一个太阳日为周期的太阳静日变化,其场源分布在电离层中。干扰变化包括磁暴、地磁亚暴、太扰日变化和地磁脉动等,场源是太阳粒子辐射同地磁场相互作用在磁层和电离层中产生的各种短暂的电流体系。磁暴是全球同时发生的强烈磁扰,持续时间约为 1~3 天,幅度可达 100 nT。其他几种干扰变化主要分布在地球的极光区内。除外源场外,变化磁场还有内源场。内源场是由外源场在地球内部感应出来的电流所产生的。将高斯球谐分析用于变化磁场,可将内、外场区分开。

2.5　大气层与海洋

2.5.1　大气层分层

　　包围地球的气体,总称为大气层。像鱼类生活在水中一样,我们人类生活在地球大气的底部,并且一刻也离不开大气。大气为地球生命的繁衍、人类的发展提供了理想的环境。它的状态和变化,时时处处都影响到人类的活动与生存。

　　静态大气的性质通常由四个参数描述,即压强 p、密度 ρ、温度 T 和大气成分。这几个参数不是孤立的,而是由气体定律支配的。其中一个重要关系式为 $p=nkT$。这里 n 是单位体积中的分子数,也称数密度,k 玻尔兹曼常数。

　　单位体积内的大气质量定义为大气密度,常用 ρ 表示。由于地球引力的作用,越往高空大气密度越低,整个大气层质量的 90% 都集中在高于海平面 16 km 以内的空间里。

在地球表面附近,重力加速度 $g=GM/R^2$(R 是地球的半径)认为是常数,在"平坦"地球近似下

$$p + g\rho\mathrm{d}z = 0,$$

从地面到无穷远积分得到

$$p(0) = g\int_0^\infty \rho(z)\mathrm{d}z,$$

给出估计的大气层总质量

$$M_{\mathrm{atm}} = \frac{4\pi R^2 P(0)}{g},$$

作为平均地面压强 $p(0)$ 的函数。理想气体方程的压强剖面是

$$p(z) = p(0)\exp\left(-\int_0^z \frac{\mathrm{d}z'}{H(z')}\right),$$

压强标高定义为

$$H = \frac{kT(z)}{M_{\mathrm{mol}}(z)g}, \tag{2-5-1}$$

M_{mol} 是平均分子重量,对于地球,在地面 $H(0)\approx 8$ km,$p(0)\approx 1.013\times10^6$ dyne/cm^2(1 dyne $=10^{-5}$ N),$\rho(0)\approx 0.00129$ g/cm^3,$M_{\mathrm{mol}}\approx 29.2$ amu $=29.2\times1.66\times10^{-24}$ g。

探测结果表明,地球大气层的顶部并没有明显的分界线,而是逐渐过渡到星际空间的。按其温度在垂直方向上的变化,可将大气分为四层,自下而上依次是:对流层、平流层、中间层和热层,如图 2-5-1 所示。

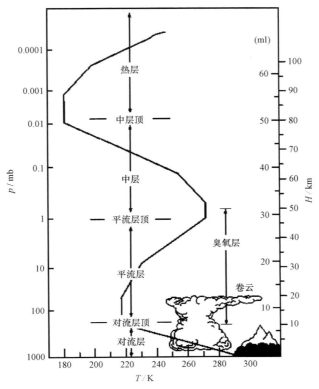

图 2-5-1 大气层分层

对流层是紧贴地面的一层,温度随高度的增加而单调地减小。热梯度取决于空气中水的含量,对干燥空气是 10 K/km,对饱和水蒸气下降到 5 K/km。对流层被直接接触的地面加热,而地面吸收了到达表面的太阳辐射(主要是可见光)。来自地面的热辐射(最大在红外)被非平衡的大气分子如 H_2O 和 CO_2 吸收。事实上,这些分子在地球表面最大辐射(10 μm)附近有强的振动-旋转模。因此大气层对来自地面的辐射是不透明的。被气体吸收的那部分能量朝向地面再辐射,这导致平均平衡温度为 288 K。如果大气对红外是透明的,则接收相同太阳辐射在地面得到的温度应该是 255 K。这种被地面部分热辐射引起的大气层加热称为温室效应。这对生物演化是一个必不可少的因素,特别是它允许水保持为液体形式。

对流层的顶部称为对流层顶,其高度是由温度减小到最后的位置确定的。这个高度因纬度和季节而不同。据观测,在低纬度地区,其上界位于 17~18 km 高度处;在中纬度地区位于 10~12 km 高度处;在高纬度地区仅位于 8~9 km 高度处。夏季的对流层厚度大于冬季。

在对流层的顶部,直到海平面 50~55 km 高度的这一层,气流运动相当平衡,主要以水平运动为主,故称为平流层。输入到平流层的能量一部分来自被水蒸气吸收的地面的热(红外)辐射,一部分来自被臭氧吸收的太阳紫外辐射。臭氧主要分布在平流层,它对波长为 220~290 nm 的紫外线有强烈的吸收作用,因而引起该层增温,温度随高度升高。

平流层之上,到高于海平面 85 km 的这一层为中间层。该层的温度随高度增加而减小。这是因为臭氧密度减小,通过吸收太阳辐射加热气体的分子越来越少。

从中间层顶部到高出海平面 800 km 的高空,称为热层。温度再次随高度的增加而升高,在大约 500 km 处达到 1000 K。在这个区域,加热来自吸收太阳的短波(<100 nm)辐射,这种辐射不仅能使分子光离解,而且能光电离分子和原子,特别是 O 和 N_2。

在 500km 的高度,密度变为 $10^6/cm^3$ 的数量级,平均自由程变成与大气标高相同的数量级。原子数为 A 的原子的均方根速度为 $5/A^{1/2}$ km/s,这个值明显低于大多数原子和分子的逃逸速度(在 1000 km 大约是 10.4 km/s)。只有氢和氦可以逃逸,但非常缓慢,特征时间为百万年。

2.5.2 低层大气的成分

大气层在海平面的平均压强是 10 360 kg/m³(1.013 bar 和 1013 hPa)。压强随高度快速减小,使我们能定义其成分为表面附近的成分。地球低层大气的主要成分列于表 2-5-1。

表 2-5-1 地球低层大气的主要成分

气体	分子式	相对含量(按体积)	同位素成分/(%)
氮	N_2	78.084±0.004%	^{14}N:99.63, ^{15}N:0.37
氧	O_2	20.946±0.002%	^{16}O:99.759, ^{17}O:0.037, ^{18}O:0.204
氩	Ar	0.934±0.001%	^{36}Ar:0.337, ^{38}Ar:0.0063, ^{40}Ar:99.60
二氧化碳	CO_2	0.035±0.001%	^{12}C:98.89, ^{13}C:1.11
氖	Ne	18.18±0.04 ppm	^{20}Ne:90.92, ^{21}Ne:0.257, ^{22}Ne:8.82
氦	He	5.24±0.004 ppm	^4He:100, ^3He:0.00013
氪	Kr	1.14±0.01 ppm	
氙	Xe	0.087±0.001 ppm	

（续表）

气体	分子式	相对含量（按体积）	同位素成分（%）
氢	H	0.5 ppm	^1H:99.985,^2H:0.015
甲烷	CH_4	2.0 ppm	
丙烷	C_3H_8	2.0 ppm	
氧化氮	N_2O	0.5±0.1 ppm	
臭氧	O_3	0.04 ppm	
气溶胶		0.001～0.001 ppm	
水气	H_2O	5300 ppm（平均）	

地球的大气层由 78% 的氮和 20% 的氧组成,这在太阳系中是唯一的。与其他行星大气层不同,CO_2 和 H_2O 仅仅是少量成分。然而,这绝不意味着它们在地球表面不存在,而是以非气体的形式被发现:水是主要的液体和固体(海洋和冰),而 CO_2 以碳化物的形式被捕获在海底沉积物中。从整体来说,它们是地球上最丰富的"挥发"性成分,而且被存储在全球表面的容器中。其他的少量成分 CH_4、CO、N_2O、NO_2 和 O_2 也是特别有趣的,因为它们有及其活跃的光谱学特性,CO_2、H_2O 和 CH_4 也对地球的温室效应有贡献。

2.5.3　高层大气

地球的高层大气是指大约 100 km 以上的大气区域,是由平均自由层大于标高来表征的,受太阳辐射的强烈影响。

1. 一般性质

图 2-5-2 给出地球高层大气的压强或密度随高度变化的特性,细线表示夜间参数,粗线表示白天的参数;温度的单位是 K,平均分子重量为 m_{mol},压强单位是 10^3 dyhe/cm^2。

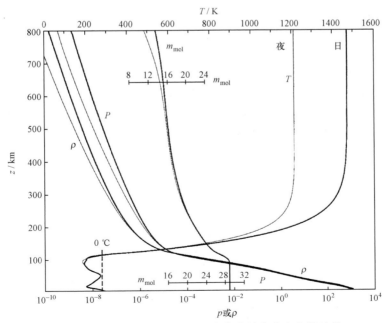

图 2-5-2　地球高层大气的压强或密度随高度变化的特性

图 2-5-3 给出赤道地区高层大气温度剖面。实线是在 1989 年 6 月 15 日测量的,接近于太

阳活动最大。虚线是在 1996 年 2 月 15 日测量的,接近太阳活动最小。

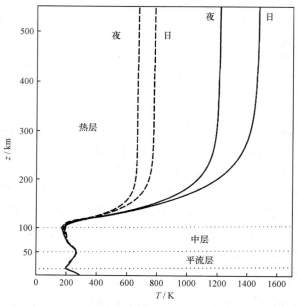

图 2-5-3　赤道地区高层大气温度剖面

由于紫外光子和少量碰撞作用,在高层大气存在许多不寻常的和激发态的分子与原子,且具有很复杂的化学性质。例如,激发态的分子,特别是原子氧产生气辉,这种弥散的、无定形的辐射存在于所有纬度;它们不同于仅限于高纬的极光,因极光是带电粒子与大气分子相互作用产生的。

将均质层和非均质层分开的过渡发生在 100 和 200 km 之间。在这个高度以下,大气均匀混合,各种成分相对比例不随高度而变化,因此将这个区域称为均质层;在这个高度以上,组成大气的各种成分的相对比例,随高度的升高而变化,比较轻的气体如氧分子、氦分子、氢分子等越来越多,大气不再均匀混合,因此称为非均质层。在非均质层,标高大约为 80 km,不同成分的分布如图 2-5-4 所示,该图所采用的数据来自 1989 年(太阳活动高年)1 月 15 日午夜,赤道

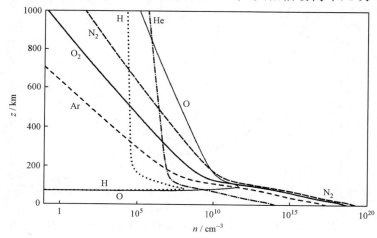

图 2-5-4　不同成分的丰度

地区上空。由图可见,在大约 200 km 以上,原子(特别是 H、He 和 O)成为主要成分。

2. 气辉

气辉是高层大气吸收了太阳电磁辐射能量后产生的一种微弱光辐射。出现在地球上空 50～500 km 之间,其亮度比极光低得多,分布也均匀,因而不易被人们所察觉。

按照高层大气接受太阳照射情况的不同,气辉分为夜气辉、昼气辉和曙暮气辉三类。

夜气辉:高层大气在夜间,即没有太阳光照射时产生的光辐射。是高层大气成分在太阳紫外线、X 射线作用下离解和电离的结果,分子氧和含氢化合物的光致离解起主要作用。在这过程中被吸收的能量通过化学反应被释放出来。

昼气辉:高层大气在太阳光照射条件下产生的光辐射。昼气辉的光谱成分最丰富,发射强度也高。在白昼观测时,由于有很强的散射太阳光,在地面观测需要分辨率很高的光谱仪。利用卫星观测是获得昼气辉资料的重要手段。

曙暮气辉:日出前和日落后,太阳天顶角在 90°和 110°之间时的光辐射。此时低层大气在地球阴影中,高层大气则接收到来自斜下方的太阳光照射。随着太阳天顶角的变化,由在某一地点观测到的气辉强度的变化,可获得发射成分的高度分布。

通过对气辉的观测,可以计算出热层大气中各种成分的含量及其随时间和空间的变化。这对于卫星的轨道设计和预报是非常重要的。

2.5.4 地球的海洋

1. 概述

地球是太阳系中唯一在表面有全球海洋的行星。平均深度为 3.7 km,覆盖地球表面 71%。最深处是西太平洋的马里亚纳海沟(10.9 km)。海洋即"海"和"洋"的总称,一般将这些占地球很大面积的咸水水域称为"洋",大陆边缘的水域被称为"海"。如果整个大气层凝结成冰,也只能覆盖地球大约 10 m 厚。但海洋的质量只占地球总质量的 0.02%。与地球 6400 km 的半径相比,3.7 km 厚的海洋只占地球阔度的 0.06%,也就是说,海洋只是地球的皮肤。

地球的固体幔中含有的液态水等效于几个海洋的水。因此,地球上总的含水量小于地球总质量的 1%。与之对比,外太阳系一些冰冻卫星含水量(固体形式)占总质量的 40%～60%。这说明内太阳系天体在形成时处于比外太阳系相对干燥的条件。

现代海洋可划分为太平洋、大西洋、印度洋和北冰洋,但这四大海洋是彼此连通的。

洋是海洋的中心部分,是海洋的主体。世界大洋的总面积,约占海洋面积的 89%。大洋的水深,一般在 3000 m 以上,最深处可达 10 000 m 以上。大洋离陆地遥远,不受陆地的影响。它的水文和盐度的变化不大。每个大洋都有自己独特的洋流和潮汐系统。大洋的水色蔚蓝,透明度很大,水中的杂质很少。

海在洋的边缘,是大洋的附属部分。海的面积约占海洋的 11%,海的水深比较浅,平均深度从几米到二三千米。海临近大陆,受大陆、河流、气候和季节的影响,海水的温度、盐度、颜色和透明度,都受陆地影响,有明显的变化。夏季,海水变暖,冬季水温降低;有的海域,海水还要结冰。在大河入海的地方,或多雨的季节,海水会变淡。由于受陆地影响,河流夹带着泥沙入海,近岸海水混浊不清,海水的透明度差。海没有自己独立的潮汐与海流。海可以分为边缘海、内陆海和地中海。边缘海既是海洋的边缘,又是临近大陆前沿;这类海与大洋联系广泛,一般由一群海岛把它与大洋分开。我国的东海、南海就是太平洋的边缘海。内陆海,即位于大陆内部的海,如欧洲的波罗的海等。地中海是几个大陆之间的海,水深一般比内陆海深些。世界主要的海接近 50 个。太平洋最多,大西洋次之,印度洋和北冰洋差不多。

2. 结构

海洋的最上层吸收了进入海洋一半以上的阳光,即使在无沉积物的开阔大洋,到达 10 m 深度也只有 20% 的阳光,穿透 100 m 深度的阳光只有 1%。在表面下极其丰富的光合作用单细胞有机物只能在大约 100 m 深度以上存活,这个层叫做光层。从约 100 m 到海底更厚的无光深水区阳光太少,光合作用不能超过生物的氧化作用。尽管在这些深度内不可能有光合作用,但深海仍然有由死亡的有机物供应养料的各种生命,这些有机物从光层缓慢地沉积下来。

从动力学的观点,可将海洋划分为几个层。由风和波浪引起的扰动使 20~200 m 深度的海洋均匀,密度、温度和盐分和成分剖面在这个层变化很小,因此称为混合层。在混合层之下是温跃层,一直到约 0.5~1 km,温度一般随深度减小。在约 100~1000 m,盐分一般随深度变化,这个层称为盐度跃层。在北太平洋有相对新鲜的表面水,因此在混合层以下的区域盐分随深度增加。在约 100 m 和 1000 m 之间温度和盐度的变化意味着在这个层密度也随深度变化,这称为密度跃层。在温跃层、盐度跃层和密度跃层以下是深海,温度通常相对恒定在寒冷的 0~4℃。

海洋表面的温度强烈地随纬度变化,也有一点随经度变化。赤道附近表面温度达到 25~30℃,在极区迅速下降到 0℃。与之对比,在深海(大于 1 km)的温度比较均匀,全球都在 0~4℃ 之间。与纬度有关的上层海洋结构意味着温跃层和密度跃层深度随纬度减小,在赤道附近约 1 km,在极区附近几乎是零。

由于温水比冷水的密度低,在大多数海洋温跃层的存在意味着海洋最上的约 1 km 比下面深海的密度低。因此,除了极区附近的局部区域外,海洋有稳定的垂直对流。

2.5.5 大气层与海洋相互作用

许多天气与气候现象和大气层与海洋之间的相互作用有关,如果将二者中的任一个排除,就不会发生这些现象。两个最著名的例子是飓风和厄尔尼诺现象。

1. 飓风

飓风是强的涡旋,尺度为 100~1000 km,具有一个暖核,速度常达到大约 70 m/s;涡旋和周围空气间的温度差产生了压强差,并形成了强的涡旋风。强风导致海洋表面的蒸发,增强了水蒸气的供应,增强了雷暴,维持了暖核。从海洋蒸发出的水蒸气在整个飓风寿命期间连续发生,因为在飓风里面的雷暴的凝结热效应提供了能量,使涡旋克服摩擦力。由此可见,大气层与海洋起了关键作用。如果海洋的作用排除,飓风在陆地上移动将很快衰减。

2. 厄尔尼诺现象

厄尔尼诺现象是太平洋赤道带大范围内海洋和大气相互作用后失去平衡而产生的一种气候现象,就是沃克环流圈东移造成的。正常情况下,热带太平洋区域的季风洋流是从美洲走向亚洲,使太平洋表面保持温暖,给印尼周围带来热带降雨。但这种模式每 2~7 年被打乱一次,使风向和洋流发生逆转,太平洋表层的热流就转而向东走向美洲,随之便带走了热带降雨,出现所谓的"厄尔尼诺现象"。

"厄尔尼诺"一词来源于西班牙语,原意为"圣婴"。19 世纪初,在南美洲的厄瓜多尔、秘鲁等西班牙语系的国家,渔民们发现,每隔几年,从 10 月至第二年的 3 月便会出现一股沿海岸南移的暖流,使表层海水温度明显升高。南美洲的太平洋东岸本来盛行的是秘鲁寒流,随着寒流移动的鱼群使秘鲁渔场成为世界三大渔场之一,但这股暖流一出现,性喜冷水的鱼类就会大量死亡,使渔民们遭受灭顶之灾。由于这种现象最严重时往往在圣诞节前后,于是遭受天灾而又无可奈何的渔民将其称为上帝之子圣婴。后来,在科学上此词语用于表示在秘鲁和厄瓜多尔附近几千千米的东太平洋海面温度的异常增暖现象。当这种现象发生时,大范围的海水温度可比常年高出 3～6℃。太平洋广大水域的水温升高,改变了传统的赤道洋流和东南信风,导致全球性的气候反常。

厄尔尼诺现象的基本特征是太平洋沿岸的海面水温异常升高,海水水位上涨,并形成一股暖流向南流动。它使原属冷水域的太平洋东部水域变成暖水域,结果引起海啸和暴风骤雨,造成一些地区干旱,另一些地区又降雨过多的异常气候现象。

厄尔尼诺的全过程分为发生期、发展期、维持期和衰减期,历时一般一年左右,大气的变化滞后于海水温度的变化。

太平洋的中央部分是北半球夏季气候变化的主要动力源。通常情况下,太平洋沿南美大陆西侧有一股北上的秘鲁寒流,其中一部分变成赤道海流向西移动,此时,沿赤道附近海域向西吹的季风使暖流向太平洋西侧积聚,而下层冷海水则在东侧涌升,使得太平洋西段菲律宾以南、新几内亚以北的海水温度升高,这一段海域被称为"赤道暖池",同纬度东段海温则相对较低。对应这两个海域上空的大气也存在温差,东边的温度低、气压高,冷空气下沉后向西流动;西边的温度高、气压低,热空气上升后转向东流,这样,在太平洋中部就形成了一个海平面冷空气向西流,高空热空气向东流的大气环流(沃克环流),这个环流在海平面附近就形成了东南信风。但有些时候,这个气压差会低于多年平均值,有时又会增大,这种大气变动现象被称为"南方涛动"。20 世纪 60 年代,气象学家发现厄尔尼诺和南方涛动密切相关,气压差减小时,便出现厄尔尼诺现象。厄尔尼诺发生后,由于暖流的增温,太平洋由东向西流的季风大为减弱,使大气环流发生明显改变,极大影响了太平洋沿岸各国气候,本来湿润的地区干旱,干旱的地区出现洪涝。而这种气压差增大时,海水温度会异常降低,这种现象被称为"拉尼娜现象"。

20 世纪 60 年代以后,随着观测手段的进步和科学的发展,人们发现厄尔尼诺现象不仅出现在南美等国沿海,而且遍及东太平洋沿赤道两侧的全部海域以及环太平洋国家;有些年份,甚至印度洋沿岸也会受到厄尔尼诺带来的气候异常的影响,发生一系列自然灾害。总的来看,它使南半球气候更加干热,使北半球气候更加寒冷潮湿。

厄尔尼诺现象是周期性出现的,大约每隔 2～7 年出现一次。

2.6　电　离　层

电离层是地球大气被电离的部分,高度约为 60～1000 km 之内。电离源主要有太阳辐射、银河宇宙线、太阳风能量粒子及流星体。但电离层中仍然有相当多的大气分子和原子未被电离,特别是在 500 km 高度以下。电子和离子的运动除部分受地磁场影响之外,还因碰撞而显著地受背景中的中性成分所制约。由于在很大高度上空气稀薄,热容量相当小,故中性成分的温度显著提高,因此,在同一高度范围内,电离部分称为电离层,中性背景则称为热层。

事实上,从电离层向外大气越来越稀薄,电离程度越来越高,几千千米以外的大气是完全电离的,不存在背景中性成分,电离气体的运动完全受地磁场的控制,其表现形式和电离层中的有很大差异。因此,我们把部分电离的大气称为电离层,把比它更高的、完全电离的完全由磁场控制的大气称为磁层。

通常,我们将含有足量的自由带电粒子,且正负电荷的总量是相等的,宏观看它是电中性的,其动力学行为受电磁力支配的任何一种物质状态称为等离子体,电离层、磁层、太阳和其他恒星都是等离子体。

2.6.1 电离层结构与动力学

电离层等离子体的状态受电离、复合以及碰撞这三种机制的影响。为了定量描述这些机制的作用,可将电离层等离子体作为 $n+1$ 元流体处理,其中 n 表示离子种类,1 代表电子。每种都通过玻尔兹曼方程的碰撞项与中性气体耦合。

1. 连续方程

玻尔兹曼方程的一阶矩方程为

$$\frac{\partial n_j}{\partial t} + \nabla \cdot (n_j V_j) = Q_j - L_j, \tag{2-6-1}$$

这里 n_j 的 V_j 和分别是 j 类粒子的浓度和平均速度,Q_j 和 L_j 分别是 j 类粒子的产生率和损失率。

电荷守恒要求:

$$n_e = \sum_{i=1}^{n} n_i, \quad Q_e = \sum Q_i, \quad L_e = \sum L_i,$$

只要考虑的时间尺度远大于等离子体频率,空间尺度远大于德拜长度,介质就可以保持为准中性状态。从上述方程可以看出,电子方程与离子方程具有相同的形式,将上述两个方程乘以电荷 e,然后让离子方程与电子方程两端相减,得到

$$\nabla \cdot j = 0.$$

这里

$$j = e\left(\sum_{i=1}^{n} n_i V_i - n_e V_e\right) \tag{2-6-2}$$

是电流密度。这个方程表示等离子体中的电流密度场是无散场。

2. 离子产生项

高层大气原子与分子的电离有三个源:太阳的电磁辐射(主要是紫外辐射、拉曼 α 辐射和软 X 射线辐射)、能量粒子和流星体。后者是偶发的、局地电离的源。

如果给出每种电离源沿着大气层路径上能量损失的模式,就可以计算每种离子的生成函数 Q_j。对整个电离源的谱进行积分,可以得到每种离子的生成函数。图 2-6-1 给出典型的太阳紫外生成函数垂直剖面,该图也给出生成函数随太阳天顶角的变化。生成层的厚度典型值是 2 或 3 倍标高。图中的 P_0 表示垂直入射的值,高度是归一化到标高 H 的值。

如果电离是由能量粒子产生的,计算电子-离子对的生成率需要利用核物理方法。对相同的入射能量,电子的电离效率最高。产生一对极光电子-离子对需要入射电子的能量为 35 eV,因此,一个 1 keV 的电子在其入射路径上将产生平均 30 个电子-离子对。图 2-6-2 给出能量电子在地球大气层中生成的电子-离子对高度剖面。

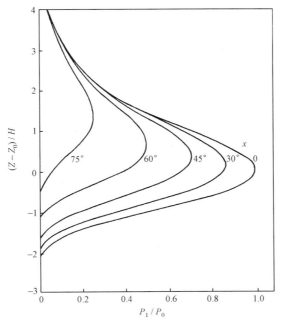

图 2-6-1　太阳紫外辐射在高层大气产生的电子-离子对垂直剖面

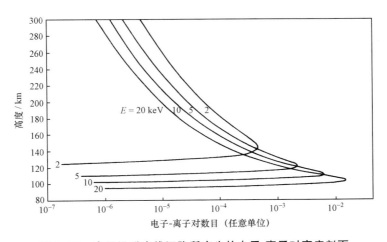

图 2-6-2　电子沿磁力线沉降所产生的电子-离子对高度剖面

3. **离子损失项**

电离层中的每种离子寿命都有限,不是被离子化学反应毁坏,就是在一定时间后与电子复合,返回到中性状态。对于指定的电子-离子对,复合的效率受复合过程中释放能量的方式支配。在一般情况下,电离的原子要求辐射复合,结合能通过辐射光子的形式释放,这种直接复合效率很低。复合链经历了预先与其他离子的电荷交换。例如

$$H^+ + O \longrightarrow O^+ + H.$$

这是基本的光子损失作用。另外,也可能通过化学作用产生一个分子离子,例如

$$O^+ + N_2 \longrightarrow NO^+ + N.$$

这是从地球大气层中排除氧离子的基本反应。在上述两种情况中,损失项 L_j 是浓度 n_j 的线性函数。

对于分子离子,与电子的复合比原子离子更快。释放的能量一般破坏了分子键,产生自由基或激发态原子。于是

$$O_2^+ + e^- \longrightarrow O^+ + O$$

是从地球电离层中排除分子氧的基本作用。这里,损失项与 $n_j n_e$ 的乘积成正比,如果离子占相当的地位,也即与 n_e^2 成正比。

4. 电离层等离子体的迁移率和电导率

在电离层中,等离子体是中性大气层中的少量成分,不同的成分与热层中的中性气体动力耦合,对其施加一个拽力,同时受到磁场的作用力,使其围绕磁力线回旋。这两种力的合力支配了电离层离子和电子的动力学特性。离子气体的运动方程是

$$m_i \left(\frac{\partial \boldsymbol{V}_i}{\partial t} + (\boldsymbol{V}_i \cdot \nabla) \boldsymbol{V}_i - \boldsymbol{g} \right) = -\frac{1}{N_i} \nabla P_i + e(\boldsymbol{E} + \boldsymbol{V}_i \times \boldsymbol{B}) + m_i \nu_{in} (\boldsymbol{V}_n - \boldsymbol{V}_i). \quad (2\text{-}6\text{-}3)$$

方程(2-6-3)的左边表示对离子总的加速作用,右边的三项分别是压力、电磁力和与中性气体的摩擦力。将角标 i 换成 e 就可得到电子的运动方程。和是碰撞频率,表示离子和电子对中性原子的动量输运,确定了它们与中性大气层的摩擦耦合效率。

在稳定的亚音速流区,可以忽略(2-6-3)式中的惯性加速项以及电子的重力项。采用中性气体参考系,它相对于观察者以速度 $\boldsymbol{V}_n$ 运动。在这个参考系中电场可写为

$$\boldsymbol{E}' = \boldsymbol{E} + \boldsymbol{V}_n \times \boldsymbol{B},$$

运动方程则简化为

$$m_i \nu_{in} \boldsymbol{V}_i - e \boldsymbol{V}_i \times \boldsymbol{B} = -\frac{1}{N_i} \nabla P_i + m_i \boldsymbol{g} + e \boldsymbol{E}', \quad (2\text{-}6\text{-}4)$$

左边是 $\boldsymbol{V}_i$ 的线性函数,右边是力 $\boldsymbol{F}_i$。将(2-6-4)两边除以 $e\boldsymbol{B}$,得到

$$\frac{\nu_i}{\Omega_i} \boldsymbol{V}_i - \boldsymbol{V}_i \times \boldsymbol{b} = \frac{\boldsymbol{F}_i}{e\boldsymbol{B}}, \quad (2\text{-}6\text{-}5)$$

这里 $\boldsymbol{b}$ 是沿磁力线方向的单位矢量,Ω_i 是第 i 类离子回旋频率。令 $r_i = \nu_i / \Omega_i$,并用 $\boldsymbol{b}$ 叉乘(2-6-5)。注意 $(\boldsymbol{V}_i \times \boldsymbol{b}) \times \boldsymbol{b} = -\boldsymbol{V}_{i\perp} = \boldsymbol{b}(\boldsymbol{V}_i \cdot \boldsymbol{b}) - \boldsymbol{V}_i$,得到

$$r_i \boldsymbol{V}_i \times \boldsymbol{b} + \boldsymbol{V}_i - \boldsymbol{b}(\boldsymbol{V}_i \cdot \boldsymbol{b}) = \frac{\boldsymbol{F}_i \times \boldsymbol{b}}{e\boldsymbol{B}}. \quad (2\text{-}6\text{-}6)$$

速度分量 $\boldsymbol{V}_{i/\!/} = \boldsymbol{V}_i \cdot \boldsymbol{b}, \boldsymbol{V}_{i\perp} = \boldsymbol{V}_i - \boldsymbol{b} \cdot \boldsymbol{V}_{i/\!/}$。

当无量纲参数大于 1 时,中性气体的拖曳占主导,小于 1 时磁力占主导。

从方程(2-6-5)和(2-6-6)中消除 $\boldsymbol{V}_i \times \boldsymbol{b}$,直接得到 i 类离子垂直速度在表达式:

$$\boldsymbol{V}_{i\perp} = \mu_{ip} \boldsymbol{F}_{i\perp} + \mu_{iH} \boldsymbol{F}_{i\perp} \times \boldsymbol{b}, \quad (2\text{-}6\text{-}7)$$

其中

$$\mu_{ip} = (1/e\boldsymbol{B})[r_i/(1+r_i^2)] \quad (2\text{-}6\text{-}8)$$

称佩德森迁移率,平行于外力。

$$\mu_{iH} = (1/e\boldsymbol{B})[1/(1+r_i^2)] \quad (2\text{-}6\text{-}9)$$

称霍尔迁移率,垂直于外力和静磁场。垂直速度的模是

$$|\boldsymbol{V}_{i\perp}| = (1+r_i^2)^{-1/2} \times |\boldsymbol{F}_{i\perp}| / e\boldsymbol{B}. \quad (2\text{-}6\text{-}10)$$

一般来说,每种离子的碰撞比 r_i 随高度指数变化,如图 2-6-3 所示。

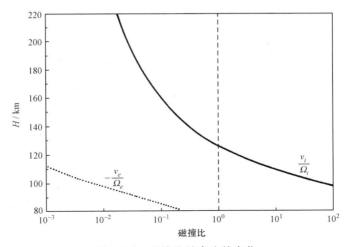

图 2-6-3 碰撞比随高度的变化

在最低层,μ_{in} 具有最高值,$r_i \to \infty$,等离子体与中性气体的碰撞为主。$V_{i\perp}$ 常常与外力共线,可表示为

$$V_{i\perp} \cong \frac{F_{i\perp}}{m_i \nu_{in}}, \tag{2-6-11}$$

由此可看出,扩散率 $V_{i\perp}$ 与 μ_{in} 成反比,随大气层浓度的增加而减小。由(2-6-4)式和(2-6-7)式得到

$$V_{i\perp} \cong (E' \times B)/B^2 + (g \times b)/\Omega_i - (\nabla P_i \times b)/NeB. \tag{6-2-12}$$

对所有电荷种类的方程相加,可以发现外加电场与总电流密度之间的比例常数 $j_\perp = Ne(V_{i\perp} - V_{e\perp})$。

$$j_\perp = \sigma_p E'_\perp = \sigma_H E'_\perp \times b. \tag{2-6-13}$$

佩德森电导率(σ_p)与霍尔电导率(σ_H)定义为

$$\sigma_{p,H} = e^2 \left(\sum_j n_j \mu_{jp,H} - N_e \mu_{ep,H} \right). \tag{6-2-14}$$

求解方程(2-6-4)可得到平行于磁场的漂移速度:

$$V_{i\parallel} = (1/m_i \nu_{in})(eE_\parallel - \nabla_\parallel P_i/n_i - m_i g \sin I), \tag{2-6-15}$$

这里 I 是局地磁场与水平方向的倾角,$E_\parallel = E'_\parallel$。

再次对所有电荷种类求和,可得到平行电导率的表达式:

$$j_\parallel = \sigma_\parallel E_\parallel, \tag{6-2-16}$$

这里

$$\sigma_\parallel = (e/B) \left(\sum_j n_j/r_j - N_e/r_e \right). \tag{2-6-17}$$

由于 $r_e \ll r_i$,在平行电导率中电子项居主要地位,可以得到

$$\sigma_\parallel = -N_e e/Br_e = N_e e^2/m_e \nu_{ei}. \tag{2-6-18}$$

5. 等离子体在中性气体中的扩散

电离层是水平分层的,在没有电流时,离子和电子的运动与等离子体准中性条件相联系。沿着磁力线,它们被限制以相同的速度 $V_i = V_e$ 扩散(横向扩散速度可忽略)。电离层的垂直输

送通过沿磁力线的这种扩散进行(磁赤道附近是例外)。等离子体的垂直扩散速度 V_{iz} 对电子和离子是相同的,因此也称双极性扩散速度。这个速度可由描述离子和电子平行扩散的 (2-6-15)式计算,从中消去平行电场。为了简化计算,假定只选一种离子(因此 $n_i = n_e$),条件是 $\boldsymbol{V}_{i//} = \boldsymbol{V}_{e//}$,则由(2-6-15)式可得到

$$\boldsymbol{E}_{//} \approx - \nabla_{//} \ P_e/n_e e. \tag{2-6-19}$$

电子压力梯度由被称为双极扩散场的静电场平衡。将(2-6-19)式应用到方程(2-6-15)中的每种离子,并假定 ∇P 是垂直方向,对于 $p_i = n_i k T_i$:

$$\boldsymbol{V}_{iz} = - D_a \sin^2 I \Big[\frac{\partial}{\partial z} \log n_e (T_i + T_e) + \frac{1}{H_p} \Big], \tag{2-6-20}$$

双极扩散系数 D_a 定义为:

$$D_a = \frac{k(T_i + T_e)}{m_i \nu_{in}}, \tag{2-6-21}$$

等离子体标高 H_p 是

$$H_p = \frac{k(T_i + T_e)}{m_i g}. \tag{2-6-22}$$

6. 电离层的垂直结构

上述结果是描述电离层垂直结构的基础。利用(2-6-20)式改写连续方程(2-6-1),在稳定区域和水平分层的情况下,可得到

$$\frac{\mathrm{d}(n_j V_{jz})}{\mathrm{d}z} = Q_j - L_j. \tag{2-6-23}$$

假定温度梯度相对于浓度梯度项可以忽略。方程左边的扩散项随 D_a 垂直变化,即与 ν_{in} 成反比,因此与中性大气的浓度成反比。对分子离子,损失项 L_j 是 n_j 的二次方函数。对于原子离子,损失主要不是直接的复合,而是产生分子离子。对每种情况,损失率或与中性浓度无关,或是后者的增函数,因此随高度指数减小。

比较损失和扩散项可揭示如下的效应:在电离层的最低层,扩散项是小的,与 L_j 比可忽略;连续方程简化为 $Q_j = L_j$,表示了光化学平衡。在高层,中性粒子浓度的减小增加了扩散系数,但趋于降低产生率和损失率(在电离层顶部离子的寿命可达到几小时到几十小时)。在稳定区,连续方程可去掉扩散项,简化为

$$n_j(z) = n_j(z_0) \exp \big[-(z - z_0)/H_p \big], \tag{2-6-24}$$

每种离子趋于达到标为 H_p 的流体静力平衡;这是扩散平衡状态。

这两种平衡方式在不同高度间重叠,明显地影响了电离层的垂直剖面。图 2-6-4 给出中纬电离层的两个典型平衡区。在低电离层,NO^+ 分子层剖面是典型的光化学平衡,位于 O^+ 离子层最大值的底部。在 O^+ 离子层上部是典型的扩散平衡区。

根据电子密度的垂直分布特征,可将电离层分成几个不同的区(或层),见图 2-6-5。

(1) D 层。高度范围是 $60 \sim 90$ km,主要电离源是太阳的拉曼 α 辐射和软 X 射线辐射,主要的正离子成分是 NO^+ 和 O_2^+。夜间 D 层基本消失,只有微弱的银河宇宙线使 D 层下部维持较低的电子数密度。由于高度较低,大气较稠密,电子与中性粒子和离子的碰撞频率较高,无线电波在这一层中的衰减严重。

(2) E 层。高度范围是 $90 \sim 160$ km,电子密度峰值出现在 $105 \sim 110$ km 之间。主要电离源是太阳紫外线和软 X 射线,主要正离子成分是 O_2^+ 和 NO^+。夜间 E 层的电子密度很低。E

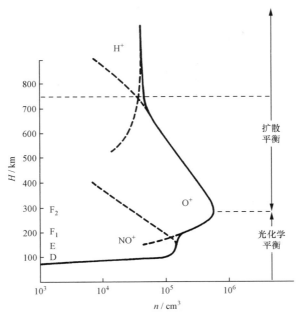

图 2-6-4　地球电离层中典型的离子浓度剖面

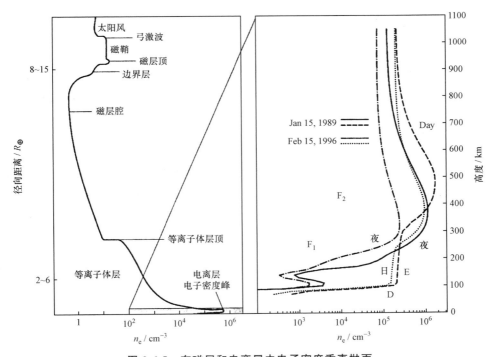

图 2-6-5　在磁层和电离层中电子密度垂直抛面

左图指在中纬和低纬；右图显示电离层不同层的电子密度

层的特点是电子密度随太阳天顶角及太阳黑子数而变化。

（3）F 层。高度范围在 160 km 以上，是电离层中持久存在、电子密度主极大所在的层次。F 层的主要离子成分是 O^+。

一般将 F 层细分成 F_1 和 F_2 两个层次。F_1 层是夏季白天在 F 层下部分裂出来的层次。在春、秋季有时也出现。高度范围是 160～180 km。在不同地磁纬度，F_1 层电子密度也不同，在磁纬 $±20°$ 处有极大值，在磁赤道上空有极小值。形成 F_1 层的主要电离辐射是波长为 30.4 nm 的太阳紫外辐射。F_2 层是电离层中持久存在的层次，最大电子密度所处的高度在 300 km 左右。F_2 层受地磁场的强烈控制。电子密度分布随纬度变化。形成 F_2 层的主要电离辐射是太阳远紫外辐射。

2.6.2 电离层不规则性

1. 电离层不均匀结构

电离层的分层结构，已经反映了电离层总体上的不规则性。在每个层之内，电子密度的分布也是不均匀的，存在着各种尺度的电离云块。有些云块内的电子密度高于背景的电子密度，称为"等离子体斑"。而另一些云块的电子密度比背景的低，这些云块称为"等离子体泡"。这些大大小小的"斑"和"泡"存在于电离层各层之中，而且不断变化，使得电离层的不规则性变得错综复杂。

电离层不规则性的尺度相差很大，最小的不规则结构只有几厘米，而大的不规则结构可达上千千米。最显著的两个不规则结构是"散见 E 层"和"扩展 F"。

散见 E 层是 E 区的密度增加区，经常出现在 90～120 km 高度之间，厚约 3～5 km，水平尺度约几十至上百公里，有沿着磁力线方向伸展的趋势，宽度只有 0.6～2 km。散见 E 层的密度一般大于背景密度的 10 倍。散见 E 层形成后，以缓慢的速度下降（0.6～4 m/s）。

扩展 F 指 F 区的不规则结构，电子密度可比背景密度低两个量级，尺度范围从几厘米到几百千米。扩展 F 是根据观测形态命名的。当用测高仪探测电离层时，垂直地向电离层发射由 1～25 MHz 连续扫描的频率，电磁波从确定的高度反射回来（每一频率对应确定的电子密度，也即对应一定的高度），这样就得到"频高图"。当扩展 F 存在时，频高图上相应于 F 区高度范围内的回波描迹不是一条线，而是弥散一片。

2. 电离层闪烁

电离层闪烁是指无线电信号通过电离层时相位和强度的快速起伏。这个现象类似于夜空星光的闪烁。电离层闪烁是由于沿传播路径电离层等离子体密度的小尺度变化（不规则性）引起的。闪烁效应在高纬和赤道区的日落到午夜扇区最严重。闪烁效应可引起信号和相敏系统相干性的损失。

2.6.3 电离层扰动

电离层中存在各种扰动，主要是由太阳上的爆发性活动引起的。最典型的扰动是突发电离层骚扰、电离层暴和极盖吸收事件。

1. 突发电离层骚扰

太阳耀斑产生的高能电磁辐射暴（紫外线和 X 射线）以光速运动，在离开耀斑位置仅 8 分钟就到达地球，远远先于耀斑中的任何粒子和日冕物质。此外，与太阳风中的电子和离子以及太阳高能粒子不同，电磁波的通道不受地磁场的影响。

高层大气对太阳耀斑产生的紫外线和 X 射线暴的直接响应，是几分钟到几小时的时间内在向阳半球电离的突然增加，短波和中波无线电信号立即衰落甚至完全中断，这种现象称突发电离层骚扰.在突发电离层骚扰期间,100 km 以下大气的电离增加特别明显。

2. 电离层暴

在磁暴(全球性的地磁场强烈扰动)期间电离层受到强烈的扰动,称为电离层暴。

伴随着磁暴发生,高纬电离层受到强烈扰动,接着中、低纬电离层发生电离层暴,F 区电子数密度一般先增加,数小时后开始减小。这种情况可持续 2～3 天,然后逐渐恢复正常。在电离层暴期间,F 区最大电子密度降低,短波高频段信号会穿透电离层而不再反射回来。由于 F 区扰动强烈,正常形态已经打乱,使短波通信适用频率的选择遇到困难。

能量大于 20 keV(eV 称电子伏,是带电粒子能量的单位,1 keV＝1000 eV)的电子引起的 100 km 以下电离层区域电离度增加并影响无线电波传播的现象称为电离层亚暴,主要在极区出现。

3. 极盖吸收事件

在太阳耀斑期间,由太阳发出的能量在 5～20 MeV 范围的质子沿着磁力线沉降到极盖区上层大气,使得地面上 50～90 km 高度范围内的电子数密度大大增加,通过极盖区的短波信号被强烈吸收。极盖吸收事件差不多总是发生着一个大的太阳耀斑之后。太阳耀斑的发生时刻和极盖吸收事件的开始时刻之间通常相差 1 小时甚至几小时。吸收增强的持续时间通常为 3 天左右,最短为 1 天,最长可持续 10 天。持续时间随纬度的增加而增加。

吸收强度的时间变化可分为暴时(以耀斑爆发时刻为零时)变化和地方时变化。在太阳耀斑爆发后几小时内,在高于磁纬 40°左右的极区发生强烈的吸收。在几小时内吸收达到极大值,然后开始衰减,在衰减期间吸收表现出明显的周日变化,白天的吸收值通常比夜间的大 4 倍。

2.7　磁　　层

地球自身的磁场使得地球在太阳风中形成一个"空腔",太阳风的离子不能轻易地进入这个空腔内,这样一个空间范围称作为地球的磁层。

彩图 3 给出了地球磁层的基本结构。在太阳风和磁层之间薄薄的边界层称为磁层顶。在磁层顶中的电流称为磁层顶电流。磁鞘在磁层顶的外面,在这个区域内,虽然主要物质来自太阳,但不是典型的太阳风,那里的等离子体平均流速要比行星际空间的等离子体流速小,流动方向偏离日地连线 20°以上。在磁层顶内,等离子体的特性从磁鞘逐渐变成为磁层。这个等离子体边界层在磁尾延伸区域也叫做等离子体幔,在低纬地区也叫低纬边界层。极尖区是边界层沿开放的磁力线深入的一个漏斗状的区域。在这个区域,由于磁力线的开放性,磁鞘的等离子体可以直接进入磁层内部,因此这个区域也是一个非常重要的区域。来自太阳风的等离子体可以从极尖区注入地球高层大气,产生极光。极光区域形状为围绕地磁极的不规则椭圆,称为极光卵。

在地球的白昼一侧,太阳风压缩地球的磁场,磁层顶通常位于距地球中心 6.4×10^4 km 的地方。不过这一距离随太阳风压力的变化而变化。当太阳风的压力增大时,白昼一侧的磁场顶被太阳风压缩到离地球较近的地方。在地球的夜晚一侧,太阳风拉伸地球的磁场,使其形成一条长的尾巴,像彗星的尾巴一样拖在地球的后面,称为磁尾。磁尾在地球后面绵延百万公里以上,远远越出了月球的轨道。

按磁场强弱,磁层可大体分为内、外两个部分。受地磁场控制的内磁层大体位于 7～8 个地球半径之内的磁层区域。在这个范围内,地球的磁场基本上可以用一个偶极场来描述,磁能大于粒子和等离子体总能量,因此带电粒子被磁场束缚,形成围绕地球的高能粒子辐射带。

在位于 4~5 个地球半径之内,存在一个稠密的等离子体区域,称为等离子体层,这些等离子体被认为是从地球的电离层直接延伸出来的。这些等离子体随着地球的自转而一起运转。等离子体层的外边界称为等离子体层顶(图中未标出)。等离子体层顶之外电子密度急剧下降。等离子体层顶的位置并不是一成不变的,随着不同程度的地磁活动,它的径向距离会发生相应的变化。一般说来,地磁活动强烈时,等离子体层顶会向低高度移动,地磁平静时,会向外移动。

等离子体片是另外一个重要的等离子体区域。在这个区域的等离子体比较热,电子的能量约 1 keV,离子的能量大约为 5 keV,等离子体的密度大约为 $0.1\sim1\,cm^3$。这个区域的形状类似一个平板,沿着地球磁尾的方向延伸大约几十个地球半径。

在等离子体片中心一个薄层称为中性片。等离子体片中流有越尾电流,使得中性片两侧地球的磁场改变方向。等离子体片两侧的具有较强磁场而较低等离子体密度的区域称为磁瓣,图中标为南瓣和北瓣。磁瓣与等离子体片交界区域称为等离子体边界层(图中未标出)。

在等离子体层顶附近,存在一个环电流区域。环电流的等离子体是很热的等离子体,离子的能量一般为几十 keV 至几百 keV。

2.7.1 辐射带

1. 辐射带的基本形态

辐射带是人类航天活动的第一个重大发现。辐射带是一个充满了被捕获的带电能量粒子的区域,环绕在地球大约 1.1~3.3 个地球半径以内和 3.3 个地球半径以外的两个区域内,分别称为内辐射带和外辐射带。内辐射带主要是能量超过 10 MeV 的质子。而外辐射带主要由高能电子组成,在赤道平面内的平均位置离地面约 $1\times10^4\,km\sim6\times10^4\,km$,其中心强度的位置离地面约 $2\times10^4\,km\sim2.5\times10^4\,km$。外辐射带粒子浓度起伏很大,当发生磁暴时浓度升高,然后逐渐减少。辐射带的结构示于图 2-7-1。图中的数字表示由仪器测量到的粒子计数

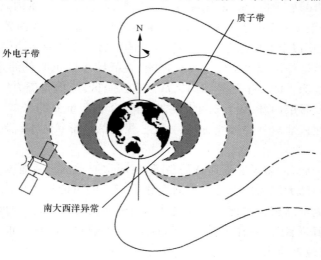

图 2-7-1　地球的辐射带

率,两个阴影区从内到外分别表示内、外带,r 表示离开地心的距离,R_E 是地球半径。图中带箭头的线表示 Pioneer-3 卫星的轨道。在外辐射带的外面,还存在准捕获的电子区,其强度随时间、地磁活动水平快速变化,因此,这个区成为不稳定辐射带。

2. 辐射带形成的机制

辐射带中的高能带电粒子是由地磁场捕获的。带电粒子在地磁场中的运动包含了三种形式:围绕磁力线的回旋运动、在磁力线南北两磁镜点间的往返弹跳运动和在赤道上空垂直于磁力线方向的漂移运动,如图 2-7-2 所示。地磁场不是均匀场,磁力线在两极比较密集。带电粒子在沿着磁力线运动时会受到一个与运动方向相反的力的作用,使得带电粒子在极区某处被反射,这样的磁场结构称为磁镜,粒子被反射的点称为磁镜点。漂移运动是由于地磁场的磁力线具有曲率和梯度引起的,质子和离子向西飘移,电子向东漂移。因此,这种漂移运动在赤道上空产生了围绕地球的电流,称为"环电流"。环电流能量主要由离子携带,大多数是质子。在环电流中也有 α 粒子,即失掉两个电子的氦原子。另外,还有一定百分比的氧离子 O^+。这些离子的混合表明,环电流粒子的源不只一个。

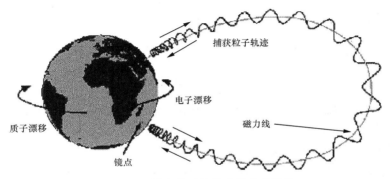

图 2-7-2 带电粒子的地磁场中的运动

一个捕获粒子在内磁层沿经度漂移的过程中,该粒子的磁镜点在南北半球高纬区分别划出两个圆,连接这两个圆的所有磁力线段形成一个磁壳,称为漂移壳。被束缚在漂移壳上运动的带电粒子可以存在很长的时间,因此被称为捕获粒子。

内辐射带相对稳定,但也随着太阳活动,有 11 年周期的变化。内辐射带质子主要来源于高能宇宙线的作用。宇宙线的质子与大气的原子相碰撞,产生了向周围运动的中子,其中一些中子到达磁层,在那里衰变成质子。内辐射带在南大西洋靠近巴西海岸附近有一个最低高度,称为南大西洋异常区。这个区域附近的粒子辐射远高于周围的辐射,许多卫星经过这个区域都容易发生操作异常。因此,有人称南大西洋异常区为太空的"百慕大三角"。

外辐射带的粒子被认为是来源于地球磁层内部的活动过程,如磁暴和亚暴的离子注入。但其加速增能的机制目前还不完全清楚。由于外辐射带受太阳活动和地磁活动的影响,因此外辐射带比内辐射带更不稳定,更容易变化。

2.7.2 磁暴

磁暴是全球范围内地磁场的剧烈扰动,扰动持续时间在十几小时到几十小时之间。

地磁场的扰动是由撞击地球的太阳风起伏引起的。扰动一般限于高纬极区,但在行星际磁场具有长期(几小时或更长)的南向分量且具有较大的幅度(大于 $10\sim15\,\text{nT}$)时,磁层连续受到压力,磁场扰动达到赤道区域。赤道磁场偏离正常值的程度,即磁暴大小的测量,通常用 Dst 指数表示,它是在中、低纬台站测量地磁场水平分量的小时平均偏离值。Dst=0 表示静日,Dst<−100 nT 表示大磁暴,−100 nT< Dst <−50 nT 表示中等暴,−50 nT< Dst <−30 nT 为弱暴。在 1989 年 3 月的大磁暴期间,Dst 达到约 −600 nT。图 2-7-3 给出 1982 年一个大磁暴期间 Dst 指数变化情况。其中,纵坐标为磁场变化值,横坐标为地方时。

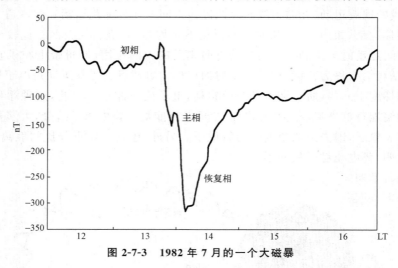

图 2-7-3   1982 年 7 月的一个大磁暴

有些磁暴具有 27 天的重现性,伴随着源于日冕洞的高速太阳风流,这些磁暴是中等的。严重的磁暴是非重现的,且难于预报。

一个完整的磁暴可分为初相、主相和恢复相三个阶段(图 2-7-3)。磁暴初相常常表现为一个磁场增强的过程,一般认为是太阳风动力压强增大后,压迫地球磁层顶,使得磁层顶电流增强造成的(这是因为磁层顶电流在地面产生的磁场与地磁场同向)。磁暴的初相可以很长,也可以很短,甚至于有些磁暴没有初相。主相是磁暴发展的主要阶段。主相期间,Dst 指数大幅下降,并常常拌有剧烈的扰动。引起磁暴期间磁场大幅减小的主要原因来源于环电流的增强。环电流的增强意味着环电流粒子通量的增大以及环电流位置向地球方向的移动。一个磁暴的主相一般为 1 天左右。磁暴的恢复相主要是由于在主相期间增加了的环电流粒子,在与中性成分的碰撞、电荷交换等过程作用下逐渐损失,引起环电流减弱造成的。恢复相通常可以持续很长的时间,例如 1～5 天。

2.7.3   磁层亚暴

磁层亚暴是发生在地球磁层中的一种非常重要的能量释放过程。一般来讲磁层亚暴发生在夜间,持续 2～3 小时,平均一天出现 4～5 次,每次释放一个中等地震的能量。磁层亚暴增强磁层-电离层电流,产生极光,加热极区电离层与热层,同时将强能和高能带电粒子注入环电流和辐射带。磁层亚暴可使地球同步轨道和极轨卫星充电,导致这些卫星 操作异常甚至完全失效。

从形态上讲,一个亚暴过程可以分为三个阶段,即增长相、膨胀相和恢复相。增长相和膨胀相可以持续 30 分钟左右,而恢复相大约持续 2 小时。

在增长相期间,存储在磁尾的能量增加,一般来讲等离子体片变薄,磁尾中的磁场被拉伸变形,偏离偶极磁场的形态(见彩图 4)。

在膨胀相开始时,存储在磁尾中的能量开始释放,在 15 个地球半径之内磁场变得更像偶极场。而在 15 个地球半径之外,越尾电流流动区域变得很薄,等离子体被注入到内磁层。在极区电离层高度范围内,夜面极光的突然增亮标志着亚暴膨胀相开始,大量的高能电子沉降到极区电离层。

在恢复相,近地磁尾和电离层开始恢复到亚暴发生前的状态,也就是极光区收缩,极光减弱。在中磁尾,等离子体片重新被填充变厚。在远磁尾经常会观测到一些磁场的扰动,现在被认为是亚暴期间产生的等离子体团沿着磁尾流入行星际空间。

2.7.4 极光

地球磁层中或直接来自太阳的高能带电粒子注入高层大气时,撞击那里的原子和分子而激发的绚丽多彩的发光现象。极光通常出现在高磁纬地区,在背阳侧主要在 100～150 km 的高空,在向阳侧主要在 200～450 km 范围内。在地磁活动时期,特别是大的地磁活动时的极光极为壮观。在磁暴期间,极光有时可以延伸到纬度较低的地区。

极光的外形有四种基本形态:宁静的均匀光弧(或光带)、射线状极光、弥散状极光和大尺度均匀光面。

根据产生极光的带电粒子种类,极光可分为质子极光和电子极光。

质子极光:高能质子注入地球高层大气时激发的极光。呈微弱的弥漫状光带,肉眼不易看见。

电子极光:电子注入地球高层大气时激发的极光。电子与氮分子、氧分子、氧原子等相撞时,导致后者电离,激发和离解,产生暗红色极光。另外,当高能电子与高层大气原子或分子碰撞时,会产生韧致 X 射线辐射,即 X 射线极光,其本质上也是一种电子极光。当均匀光弧发展为射线状极光时往往产生 X 射线暴;极光越活跃,X 射线极光越强。它往往是在磁场开始减弱时,强度显著增加。

极光的颜色与入射带电粒子的种类和能量以及高层大气成分等有关。由于入射带电粒子能谱很宽,他们与各种大气原子和分子相互作用时,可以产生波长范围很宽的光辐射,因此我们看到的极光绚丽多彩。

极光区电离层可以看做是太阳活动和地磁活动的屏幕,许多复杂的空间物理现象都可以从这个屏幕上显示出来。通过对极光强度、颜色和分布的观测,可以定量地确定粒子沉降、极区电离层加热等参数,这对于预报空间环境的变化是非常重要的。

2.7.5 地磁活动指数

地磁场发生的各种扰动统称为地磁活动,如磁暴和亚暴,等等。定量描述地磁扰动的程度的参数是地磁活动指数,它是表示一定时间间隔内地磁场扰动程度的数字。地磁扰动是十分复杂的现象,一个简单的指数只能反映地磁场扰动的某些方面。为了不同的目的曾设计过许多指数:有的反映全球性的地磁扰动,如国际磁情指数(又叫 C 指数);有的反映局部地区的扰动,如反映极光带地磁扰动的极光电急流指数(包括 AU、AE 和 AL 指数);有的与扰动幅度成比例,如赤道环电流指数(Dst 指数);有的大体成对数关系,如 Kp 指数。在 Kp 指数的基础上,还派生出 Ap 指数。

复习思考题与习题

1. 概述地球的整体结构的特征,说明板块运动有哪些效应?
2. 概述大气层分层以及各层的主要特征。
3. 地磁场是怎样产生的? 地磁场受哪些因素影响?
4. 电离层的分层结构是由哪些因素影响的?
5. 辐射带是怎样形成的? 具有哪些特征?
6. 磁暴是怎样发生的?
7. 大气层与海洋相互作用对天气与气候有什么影响?
8. 地球大气层近似为厚 $7.5\,km$、密度为 $1.3\,kg/m^3$,计算大气层的总质量,并将计算结果与地球质量做比较。

参 考 文 献

[1] Encrenaz. T et al. The Solar System. Third Edition, Springer-Verlag, New York, 2004.

[2] Eric Chaisson. Astronomy Today. Fifth Edition, The Solar System, Volume 1, Upper Saddle River, New Jersey, 2005.

[3] Bruno Bertoth, Paolo Farinella and david Vokrouhliky. Physice of the Solar System. Kluwer Academic Publishers, 2003.

第三章　月　　球

3.1　月　球　概　述

3.1.1　基本物理参数

　　自古以来,月球就是人们最注目的天体之一,并引出许多诗情画意的神话和传说。早在 1609 年,伽利略就利用望远镜观测了月球的表面特征,之后,又有许多天文学家观测和研究了月球。人类进入太空时代以后,获得了大量月球的知识,使得月球成为除了地球以外人类了解最多的天体。

　　月球的平均半径为 1738 km,相当于地球半径的 27.28%。月球并不是标准球体,偏离球体最大的是月球中心向地球方向和月球极方向差 1.09 km。月球的体积为地球体积的 2%。月球的总质量为 7.35×10^{22} kg,仅为地球质量的 1/81.3。月球的平均密度为 3.34 g/cm³,相当于地球平均密度的 60%。月球表面重力加速度为 1.62m/s²,逃逸速度为 2.38 km/s。

　　月球基本没有大气,表面气压仅为 10^{-14} 地球大气压,白天的大气密度为 10^4 分子/cm³。夜间的大气密度为 2×10^5 分子/cm³。大气的总质量约为 10^4 kg,比地球大气少 14 个量级。主要成分是氢、氦、氖和氩。氢和氖以及 90% 的氦来自太阳风,其余的氦和 ^{40}Ar 来自发射性衰变。大约 10% 的 ^{39}Ar 来自太阳风。

　　月球表面没有水体,月球在地质演化历史中也没有或只有微量的水参与,但月球的南北两级的永久阴影区可能存在水冰。

　　月球没有明显的磁场存在,但月球的岩石有极微弱的剩磁,磁化强度约为 10^{-9} T 的量级,这表明月球可能曾经有过较弱的全球性偶极磁场,但这个磁场大约在 36～39 亿年前就消失了。

　　月球与地球基本物理参数的对比列于表 3-1-1。

表 3-1-1　月球与地球比较

	月球	地球
平均轨道半径/km	384 400	149 597 890
近地(日)点/km	363 300	147 100 000
远地(日)点/km	405 500	152 100 000
赤道半径/km	1737.4	6378.14
赤道圆周 e/km	10 916	40 075
体积/km³	21 970 000	1 083 200 000 000
质量/kg	7.3483×10^{22}	3.9737×10^{24}
密度/g·cm⁻³	3.341	3.515
表面面积/km²	37 932 330	510 065 700

（续表）

	月球	地球
赤道表面重力加速度/m·s^{-2}	1.622	9.766
逃逸速度/km·h^{-1}	8568	40 248
自旋周期（1 天的长度）/恒星日	27.321661	0.99726968
轨道周期（1 年的长度）/恒星年	0.075	1.0000174
平均轨道速度/km·s^{-1}	1.023	29.786
轨道偏心率	0.05490	0.01671022
相对于黄道面的轨道倾角/(°)	3.145	0.00005
赤道平面相对于轨道平面的倾角/(°)	6.68	23.45

月球的轨道很接近圆形（偏心率约 0.0549），到地球的平均距离约 384 000 km（大约为 60 个地球半径），最小距离为 363 000 km，最大距离为 405 000 km。

月球的轨道平面称白道面，黄白交角平均 5.09°。月球的自旋轴几乎垂直于黄面的法线，两者间的夹角只有 1°32′。因为地球并非完美球形，而是在赤道较为隆起，因此白道面在不断进动（即与黄道的交点在顺时针转动），每 6793.5 天（18.5966 年）完成一周。期间，白道面相对于地球赤道面（地球赤道面以 23.45°倾斜于黄道面）的夹角会由 28.60°（即 23.45°＋5.15°）至 18.30°（即 23.45°－5.15°）之间变化。同样地，月球自转轴与白道面的夹角亦会介乎 6.69°（即 5.15°＋1.54°）及 3.60°（即 5.15°－1.54°）。月球轨道这些变化又会反过来影响地球自转轴的倾角，使它出现±0.00256°的摆动，称为章动。

月球的自转和围绕地球公转的周期相同，都是 27 天 7 小时 43 分钟，这称为"同步旋转"，因此从地球上看，月球总是以同一半球朝向地球。月球的这个公转周期称为"恒星月"，是月球在天球上相对于恒星背景运行一周的时间间隔，也是月球绕地球的平均公转周期。除了恒星月之外，根据起讫点不同，还有其他 4 种不同的月：(1) 朔望月（synodic month）。是月相变化的周期，即月球连续两次与太阳相合（朔）或相冲（望）所经历的时间间隔，长度为 29.53059 日。阴历或阴阳历都采用朔望月为月的单位。(2) 分至月（draconic month）。又称回归月，是月球黄经连续两次为零所经历的时间间隔，长度为 27.32158 日。(3) 交点月（draconic month）。是月球在天球上连续两次经过其轨道对黄道的升交点所经历的时间间隔，长度为 27.21222 日。(4) 近点月（anomalistic month）。月球两次通过近地点所用的时间，等于 27.554551 日。

月球每天东升西落的运动是地球自转的反映。月球围绕地球的转动表现于它在星座间自西向东移动，移动一周历时一个恒星月，因此，相对于背景星座，月球平均每天东移 13.2°。而天球大约每 4 分钟转 1°，所以月球穿越天球子午圈每天晚 13.2×4＝52.8 分钟。也就是说，月球升起时间平均每天推迟大约 52 分钟。一年四季中每年实际升起的时间是不一样的。例如在北京，有时月球比前一天仅晚升起 22 分钟，有时却比前天晚升起 80 分钟。原因不是月球的运动有那么大的不均匀，而是白道和地平的交角在变化。

由于月球自转，因此在月球上也像地球一样有白天和黑夜之分。月球自转一周的时间等于一个恒星月，因此月球上一天的时间相当于地球的一个月。月球任何地方一个白天的时间相当于地球的 14 天（月球自转周期的一半），一个黑夜的时间也相当于地球的 14 天。

由于没有大气的热传导,月表平均温度分别为白天的 107℃和夜晚的−153℃,向阳面和背阳面的温度分别为 120℃和−150℃,夜晚和太阳不能照射到的阴影区的温度仅为−160℃～−180℃,最高与最低温度分别为−180℃和 130℃,最大温差可达到 300℃以上。

3.1.2　表面特征

彩图 5 是由日本"月球女神"携带的激光高度计获得的月球地形图。参考高度是半径为 1737.4 km 的圆球。图的中心为 270°E,正面在右,背面在左。月球的最高点在南半球 Dirichlet-Jackson 盆地的边缘(−158.64°E,5.44°N),高度为+10.75 km;最低点在南极艾肯盆地安托尼亚迪(Antoniadi)陨石坑(−172.58°E,70.43°S)里面,高度为−9.06 km。

整体特征可分为月海(maria)和高地(highland)两大部分。细分包括月海、类月海(大型盆地)、撞击坑、山脉、峭壁、月谷、月湖、月沼和月面辐射纹等地貌类型。

1. 月海

肉眼所见月球表面上大的暗黑区域称为"月海",彩图 5 中为浅蓝色和蓝色区域。月海实际上是低洼区域或平原,一滴水也没有,反照率很小(0.05～0.08)。月面上有 22 个月海,其中有 19 个在朝向地球的半个月球(正面)上。正面的月海面积约占月球正面面积的 50%,而背面上的月海只占其半球面积的 2.5%。月海比月球平均水准面低 1～4 km,大多呈圆形或椭圆形,四周为一些山脉封闭,但也有几个海连成一片。最大的月海是风暴洋,面积约 500×10^4 km²。其次是雨海,面积约 88.7×10^4 km²。与海类似但面积较小的称湖,有梦湖、死湖、夏湖、秋湖与春湖等。月海伸向月陆的部分称为湾或沼,但两者无实质区别。月海是流动的岩浆充填到相对低的地方形成的,这些低洼地大多数在巨大的撞击盆地里面。虽然月球没有许多火山坑,它确实经历了火山活动。仔细地检验高原和月海之间的关系发现,火山活动发生在高原形成后和大多数陨击过程后。因此,月海比高原更年轻。

2. 高地、山脉与月谷

月球表面高出月海的地区均称为高地。在月球正面,高地的总面积与月海的总面积大体相等;而在月球背面,则高地面积要大得多。高地一般比月海高 2～3 km,主要由浅色斜长岩组成,对阳光的反射率较大,用肉眼看到月球上洁白发亮的部分就是高地。

月球表面上分布有连续、险峻的山峰带,称之为山脉。这些山脉大多数是以地球上的山脉命名的,如高加索山脉和阿尔卑斯山脉等。

月表还有 4 座长达数百千米的峭壁,除最长的阿尔泰峭壁组成酒海的外层环壁外,其他 3 座峭壁均突出在月海水准面之上,它们是静海中的科希峭壁、云海中的直壁和湿海中西部边缘的利克比峭壁。

在月球表面不少地区曾发现一些黑的大裂缝,绵延数百千米,宽度达几千米到几十千米。通常将月表较宽的峡谷称为"月谷"(valleys),而把细长的小谷称为"月溪"(riles)。

3. 陨石坑与撞击盆地

月球表面疤痕累累,有大量的撞击坑,其大小不一,从直径几百千米的月海盆地到岩屑表面上的微坑。最大的陨石坑是位于南极的艾肯盆地,直径 2500 km,深 9 km。据统计,月球表面直径大于 1 km 的陨石坑总数在 33 000 个以上,总面积约占月球表面积的 7%～

10％,直径大于1 m的陨石坑总数高达3万亿个。图3-1-1是我国"嫦娥1号"拍摄的陨石坑立体图。

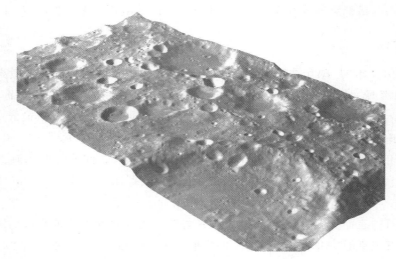

图3-1-1　"嫦娥1号"拍摄的陨石坑立体图

根据形态,可将月球上的陨石坑分为三种类型:简单陨石坑、复杂陨石坑和撞击盆地。

最小的陨石坑是简单的碗形(图3-1-2(a)),周围有圆边和抛射物表层,直径小于15 km。随着陨石坑直径增大,陨石坑的形状变得更复杂,包括平的底、中心隆起(单峰、双峰、内壁上出现阶梯形)(图3-1-2(b))或环(图3-1-2(c))。图3-1-2(d)是多环盆地,这种结构的直径为930 km。在月球上已经辨别出大约30个这样的盆地。

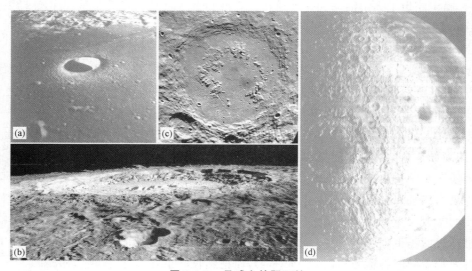

图3-1-2　月球上的陨石坑

在月球上还发现了一些陨石坑链(图3-1-3),这种结构很可能是遭到连续撞击产生的。

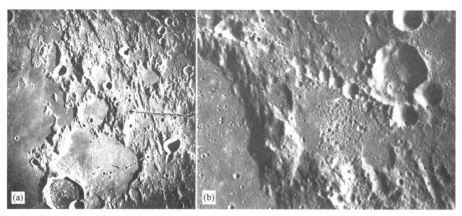

图 3-1-3 陨石坑链

(a) 两个大陨石坑间的链(箭头所指);(b) 链从 A 开始到 C

月球陨石坑为研究月球受撞击的历史提供了重要依据。月球高地受到了灾难性的撞击,而地球表面没有类似的撞击,说明这种撞击发生在前地质时期。与之对比,比高地年龄低的玄武岩月海表面,撞击率比高地的少 200 倍,逃脱了灾难性的撞击。根据从月球返回的样品分析,月海表面的年龄在 33~38 亿年之间,撞击率与地球上观测到的类似,在 2 倍以内。月球高地受到的严重撞击估计发生在 38 亿年之前。大多数高地样品的年龄在 38~43 亿年之间。大撞击所产生的抛射物覆层的年龄大约是 39 亿年,雨海碰撞的时期是 38.5 亿年前,酒海碰撞的时期是 39 或 39.2 亿年。这种令人惊讶的狭窄范围说明,正是在 38 亿年前陨击率快速地增加,由此产生了"月球灾变"或"碰撞尖峰"的概念。根据美国阿波罗飞船和苏联"月球 16"和"月球 24"不载人飞船返回的样品,重构了直径大于 4 km 的月球陨石坑产生率随地质时间的变化,如图 3-1-4 所示。图中 A 表示 Apollo,L 指苏联的"Luna"系列飞船。

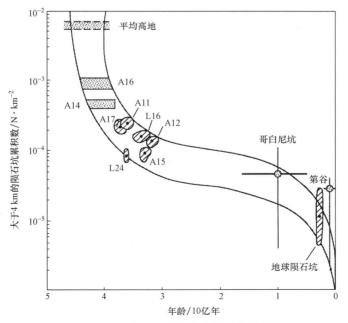

图 3-1-4 月球陨石坑产生率随时间的变化

3.1.3　月球重力场

1. 月球重力场模型

月球的重力场是指受月球重力作用的空间范围。研究月球的重力场可用以推求平均月球椭球的形状,结合月壳和月幔的物质组成、温度和密度模型,可以研究月球内核的质量和大小。月球重力场对探月卫星的定轨有巨大影响,它能强烈的影响卫星的运行高度和轨道,这对月球科学研究以及后期的飞行器安全着陆具有重要的意义。

由于月球内部质量分布的不规则性,致使月球重力场不是一个按简单规律变化的力场。但从总的方面看,月球非常接近一个旋转椭球,因此可将实际月球规则化,称为正常月球,同它相应的重力场称为正常重力场。月球重力场的非规则部分称为异常重力场。月球重力场中任一点的重力位与正常位之差值称为扰动位。扰动位是由于月球的质量分布和形状与平均月球椭球有所不同而引起的。与扰动位相应的有重力异常和扰动重力。月面某点观测所得实际重力值与正常重力场在该点的差值称为重力异常值。

根据不同的模式、采用不同的重力数据校正,将得到不同含义的重力异常,这里主要介绍自由空气重力异常和布格重力异常两类。

(1) 自由空气重力异常(free-space gravity anomaly):测点位置越高,实测重力值就越比理论重力值小。因此实测的结果需要校正,换算成为大地水准面上的数据。这种校正就称为自由空气校正或高度校正。校正后的重力异常称为自由空气重力异常。

(2) 布格重力异常(Bouguer gravity anomaly):在陆地上测量时,测点与海平面之间并非空气,而是岩石。考虑了测点高度及与大地水准面之间岩石密度的影响而进行的校正,称为布格校正。经布格校正后的重力异常称为布格重力异常。

对于卫星的轨道预报和轨迹确定,需要准确地表达月球的重力场。由于月球不是一个完美的球体,必须用由一系列球谐系数构成的位场表示,该位场满足拉普拉斯方程($\nabla^2 U = 0$)。位场可表示为

$$U = \frac{GM}{r}\left[1 + \sum_{n=2}^{\infty}\sum_{m=0}^{n}\left(\frac{R}{r}\right)^n P_{nm}(\sin\varphi)(C_{nm}\cos m\lambda) + S_{nm}\sin m\lambda\right],$$

式中 C_{nm}、S_{nm} 为归一化的位系数;R 为月球赤道的平均半径;M 为月球质量;r、λ、φ 为空间流动点的月心距、经度和纬度。

球谐函数展开的最高或截断阶次决定了模型的空间分辨率,模型的精度由观测技术的精度和解算方法的精度共同决定的。

2. 月球重力场探测

基本方法是测量环月卫星所发无线电信号的多普勒频移。由于月球重力场存在异常,这会导致环月卫星的视线加速或减速,在地面或在另一颗卫星上接收到的无线电信号会出现多普勒频移,结合卫星到地面站(或另一颗卫星)距离的数据,就可以反演出月球的重力场。

月球是行星重力学研究的第一个目标。早在 1966 年,Luna 10 就开始通过观测卫星的轨道运动研究重力场。后来的 Lunar Orbiter、Apollo 15 和 16 的子卫星,得到了较低阶次(16×16)的球谐函数展开模型。尽管阶次较低,但利用这些数据发现了月海下面存在大的质量分布异常集中区域,称为质量瘤(mascon)。Clementine(1994 年发射)的椭圆轨道改进了月球重力场的低阶项,Lunar Prospector(1998 年发射)低的圆形轨道提高了正面重力场的空间分辨

率。利用这两颗卫星的数据，美国于 2001 年获得了有效阶次在正面为 110、背面为 60 的新模型。

月球重力场模型存在的主要问题是在月球背面大约 33% 的区域没有直接观测，对于阶数高于 20 的短波长重力异常部分，还属于空白。2008 年 9 月发射的日本"月亮女神"，是由一颗主探测卫星和两颗子卫星组成的，能直接探测月球背面的重力场。

3. 月亮女神的探测结果

利用月亮女神的探测数据，日本建立了 90 阶的月球重力场模型 SGM90d，结果示于彩图 6。月球的正面在图的右边，背面在左边。底部的色标表示重力异常的单位是毫伽（1 mGal＝10^{-5} m · s^{-2}）。彩图 6 表明，月球重力的正异常大于 400 mGal，负异常小于－400 mGal，最大和最小值分别为 640 和－720 mGal。

与以前的月球重力场模式比较，在月球正面的异常基本一致。用红色表示的 5 个主要正异常区，分别是雨海、澄海、危海、酒海和湿海，这在以前的模式中也是这样。目前对月球正面质量瘤的机制存在争议。熔岩充填到月海盆地，提升了盆地下面的幔，这是重力正异常的主要机制。

在月球的背面，重力场模式显示了几个圆形特征，分别相应于莫斯科海、弗罗因德利希-沙罗诺夫、门捷列夫、赫兹思朋、克罗列夫和阿波罗盆地的地形结构（彩图 6），与以前模式的特征不一样。在南极艾肯盆地的自由空气重力异常减弱了，但阿波罗与普朗克盆地例外。

正面大质量瘤与背面盆地的异常有明显的区别，这些区别对月球的热演变是特别重要的，因为盆地的结构可能反映了岩石圈月海火山活动的早期发展。20 世纪 90 年代末的模式显示，正面大的质量瘤有尖锐的浪肩，存在重力坪以及在周围有弱的负异常。与之对比，背面盆地具有正和负异常同心圆的特征。例如，整个克罗列夫重力异常在盆地的负异常环中有一个中心重力高峰，而这负的异常环又由一个正异常包围着。彩图 6 中的圆形重力高峰很好地与盆地的地形边缘一致。

由彩图 6 还可看出，克罗列夫、门捷列夫、普朗克和劳伦兹盆地有尖锐的中心峰，自由空气重力异常几乎和布格异常相等。另外，东海、门德尔-赖德堡、洪保德海、莫斯科海与弗罗因德利希-沙罗诺夫盆地有宽的峰，自由空气重力异常的大小比布格异常小 20%～60%。前者称为类型Ⅰ，后者称为类型Ⅱ（见图 3-1-5）。大多数Ⅱ型盆地（洪保德海除外），伴随着月海充填，例如东海、弗罗因德利希-沙罗诺夫、洪保德海、阿波罗和莫斯科盆地。弗罗因德利希-沙罗诺夫盆地一直认为有唯一少量的月海熔岩；也有这种可能，更大量的月海熔岩被周围壳的喷出物覆盖，因为弗罗因德利希-沙罗诺夫盆地属于最古老的群体。另外，月海玄武岩的存在并不一定对应于正重力异常。在彩图 6 中，辨别为被月海玄武岩覆盖的一些地区并没有显示出正异常。

在正面，布格重力异常的基本特征与以前的模式一致。背面由两部分地体组成：南半球重力高，北半球重力低。这些分区相应于南极艾肯盆地地体（SPAT）和含长石高原地体（FHT）。SPAT 地区的高布格异常表明这个地体下面有较厚的壳，FHT 地区与之相反。在两种地区出现重力异常减弱表明壳-幔边界有低的地势。风暴洋 KREEP 岩体（PKT）是风暴洋与澄海之间的一个区域。在风暴洋与冷海边界的重力异常在 SGM90d 模式中是弱的正异常（彩图 7），也许与来自覆盖整个风暴洋和冷海的月海玄武岩的引力有关系。

在自由空气重力异常图上Ⅰ型盆地的正负同心重力异常环在布格异常图上是不明显的

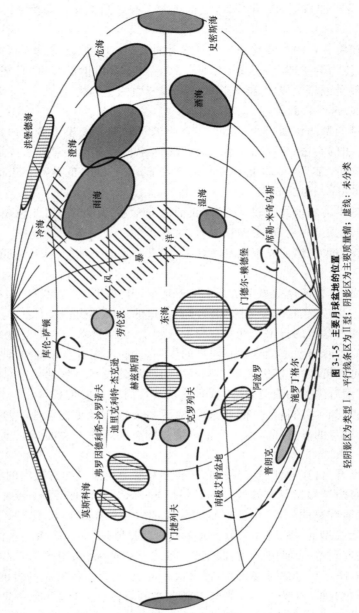

图 3-1-5 主要月球盆地的位置

轻阴影区为类型 I，平行线条区为 II 型；阴影区为主要质量瘤；虚线：未分类

（彩图 7）。这个变化意味着表面地势是这些环状重力异常的主要源。除了相对于周围底部的主要重力高峰外，与 II 型盆地类似的异常在布格异常图上消失。

在布格异常中 I 型盆地的中心重力峰表明在中心底下存在过量的质量。由于在 I 型盆地没有月海充填，中心重力高峰最像是盆地下幔上升的表现形式。I 型盆地 200～300 mGal 的中心高峰相应于 10～15 km 壳-幔边界的起伏。

II 型正布格异常的峰高为 400～900 mGal，相应的自由空气重力异常峰高范围是 250～500 mGal。这个差别归因于 II 型盆地中心的局地补偿。

3.1.4 月球的起源

月球的起源是人类极其关注的自然科学的基本问题之一。一百多年来,人们曾提出了多种有关月球起源的假说,其中最主要的有同源说、捕获说、分裂说和撞击说。但这些关于月球起源的假说只能解释部分观测事实,不能令人满意。

月球起源的同源说认为,月球与地球在太阳星云凝聚过程中同时"出生",或者说在星云的同一区域同时形成了地球和月球。在原始太阳星云内,温度和化学成分取决于与太阳的距离。太阳系的各个行星是在星云中不同的区域、由不同化学成分的星云物质凝聚、吸积而形成的。月球与地球在太阳星云中相距较近,形成过程相似,属于同时形成的"兄弟"。同源说主要的缺陷是不能解释月球在密度和成分方面与地球的差别,令人难以理解地球和月球是源于相同的早期行星物质。

月球捕获说认为,月球是在远离地球的地方形成的,后来被地球捕获,成为一颗环绕地球运行的卫星。这种形成方式不要求两颗天体的密度和成分类似。这种理论的缺陷是,月球被捕获是特别困难的事件,几乎是不可能的,因为月球的质量相对于地球太大。模式计算也表明,地球和月球不可能有合适的相互作用方式使得月球靠近地球时被捕获。另外,虽然月球和地球的成分有差别,但二者也有许多类似,特别是它们的幔,因此不像是完全孤立地形成的。

分裂说是比较老的理论,这种理论推测月球源于地球本身的外部。太平洋盆地常被描述为原始月球物质的撕裂处,被撕裂的原因是年轻的、熔化状态的地球的快速自旋。月球外幔和地球太平洋盆地的物质确实有某些化学类似,但这个理论无法解释地球为什么自旋如此之快,以至于抛射出像月球这样大的物体。另外,计算机模拟表明,月球被抛射到稳定的轨道是不可能发生的。因此,这种分裂说目前不再受到重视。

现在,许多学者赞成捕获说与分裂说的结合,即撞击说。这一假说认为,地球早期受到一个火星大小的天体撞击,撞击碎片(即两个天体的硅酸盐幔的一部分)最终形成了月球。撞击成因说可以合理地解释地月系统的基本特征,如地球自转轴的倾斜与自转加速、月球轨道与地球赤道面的不一致、月球是太阳唯一的与主行星质量比为 1/81 的卫星,月球富含 Ca、Al、Ti和 U 等难熔元素,而匮乏 K、Pb、Bi 等挥发性元素;月球的密度比地球低;月球形成初期曾产生过广泛熔融、存在过岩浆洋等事实。因此撞击成因说是当今较为合理、较为成熟的月球起源学说,逐渐获得了大多数学者的支持。

撞击说模型目前已经经历了大量修改与完善。该模型要解决的关键问题是整合月球的角动量、地球质量、月球质量和月球铁含量。这 4 个物理量的值取决于 3 个基本的碰撞参数:撞击行星的质量、原始地球的质量和撞击角度。

3.2 月 壤

月球表面似乎到处都覆盖着碎岩和细尘。这一碎屑覆盖层称为"月壤"(regolith),包括从细尘到几米大石块的所有月表物质。这是广义的月壤,狭义的月壤则是根据月球样品的分类来定义的,如把直径≥1 cm 的团块定义为月岩(lunar rocks),直径<1 cm 的颗粒是狭义的月壤(lunar soil),而将月壤中直径<1 mm 的颗粒定义为"月尘"(lunar dust)。月壤完全不同于地球土壤,是基岩被陨击的溅射碎屑沉积的连绵覆盖层,也不含腐殖质。图 3-2-1 是阿波罗飞

船在月球表面拍摄的图片,左图为航天员在月球表面收集月壤,右图显示了月球车在行进过程中扬起的尘埃。

图 3-2-1　在月球上看到的月壤

3.2.1　月壤的组成

1. 组成月壤的基本颗粒

月壤是由 5 种基本颗粒组成的:(1)结晶岩碎屑;(2)矿物碎碎屑;(3)角砾岩碎屑;(4)粘合集块岩;(5)各种玻璃。

颗粒大小的分布满足关系 $\varphi = -\log_2 d$,这里 d 是颗粒的直径(mm)。图 3-2-2 是根据阿波罗 17 号飞船的月壤样品 78221 给出的颗粒大小分布。

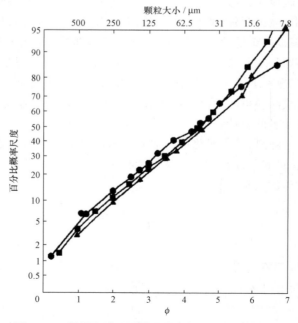

图 3-2-2　根据阿波罗月壤取样得到的颗粒大小分布

　　图 3-2-3 给出了月壤颗粒大小的上下界线,是根据阿波罗飞船着陆点的数据得到的。中等的颗粒大小在 $40\sim130\,\mu m$ 之间,平均值为 $70\,\mu m$。

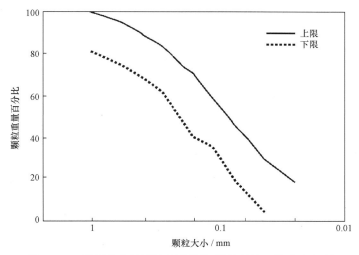

图 3-2-3　根据所有的阿波罗月壤取样得到的颗粒大小限制

　　彩图 8(a)给出 4 种月壤颗粒。(1) 是来自阿波罗 17 号飞船着陆点的 70181 样品。月壤中大多数物质是高钛的月海玄武岩,包括轻紫红-褐色辉石(pyroxenes),无色斜长石(plagioclase)、玄武岩(basalt)碎片、橘色玻璃球和 Fe-Ti 氧化物(中心下面的黑色颗粒)。许多暗色碎片是脱玻的火山玻璃和黏合集块岩(agglutinates),暗的黏合集块岩颗粒位于左上角,包含了一个无颜色的泡。(2) NASA 第 S70-55663 号样品:玄武岩(A)、斜长岩(B)、角砾石(C)和玻璃球粒(D)。(3) 高地月壤 68501 号样品,取自阿波罗 16 着陆点。它们包含了斜长岩(anorthositic)或苏长岩(noritic)的长石质(feldspathic)晶体岩石,也有许多粒子是角砾石(microbreccias)。大多数暗的、多孔的碎片是黏合集块岩(agglutinates)。明亮的碎片是斜长石。也有含长石质碎片的角砾石(Breccias)。(4) 橘色月壤 74220 号样品几乎是纯橘色的玻璃(83%),取自阿波罗 17 号着陆点,平均颗粒大小是 $40\,\mu m$。

　　彩图 8(b)中:(1) 是由橘色、部分脱玻的火山玻璃球与玄武岩颗粒的混合体,粒子大小为 $20\sim45\,\mu m$。褐色物体含有橄榄石晶体。(2) 取自阿波罗 15 号着陆点的绿色玻璃样品,直径为 $40\sim250\,\mu m$。绿玻璃富含 $Mg(\approx18\%\ MgO)$和挥发性元素,常常裹着 ZnS。(3) 具有复杂的形状,表面特征说明它们是撞击过程的产物。(4) 月壤中大小为 $30\sim100\,\mathring{A}$ 的铁粒子。

　　2. 月壤的化学组成

　　表 3-2-1 列举了阿波罗采集的月壤中的主要元素成分。月海玄武岩比高地岩石含有较高浓度的 FeO 和 TiO_2,有高的 CaO/Al_2O_3 比(但 CaO 和 Al_2O_3 的总含量是低的)。表 3-2-2 给出月球表面月壤的平均化学成分。

表 3-2-1 阿波罗着陆点月壤样品的主要元素成分（数值为重量百分比）

Apollo	11	12	12	14	15	15	16	16	17
样品	10084	12001	12033	14163	15221	15271	64501	67461	70009
SiO_2	41.3	46.0	46.9	47.3	46	46	45.3	45	40.4
TiO_2	7.5	2.8	2.3	1.6	1.1	1.5	0.37	0.29	8.3
Al_2O_3	13.7	12.5	14.2	17.8	18	16.4	27.7	29.2	12.1
FeO	15.8	17.2	15.4	10.5	11.3	12.8	4.2	4.2	17.1
MgO	8	10.4	9.2	9.6	10.7	10.8	4.9	3.9	10.7
CaO	12.5	10.9	11.1	11.4	12.3	11.7	17.2	17.6	10.8
Na_2O	0.41	0.48	0.67	0.7	0.43	0.49	0.44	0.43	0.39
K_2O	0.14	0.26	0.41	0.55	0.16	0.22	0.1	0.06	0.09
MnO	0.21	0.22	0.2	0.14	0.15	0.16	0.06	0.06	0.22
Cr_2O_3	0.29	0.41	0.39	0.2	0.33	0.35	0.09	0.08	0.41
$\sum$	99.8	101	100.8	99.8	100.5	100.4	100.3	100.8	100.5

表 3-2-2 给出月球表面月壤的平均化学成分（氧化物重量百分比）

氧化物	月海	高原
SiO_2	45.4	45.5
TiO_2	3.9	0.6
Al_2O_3	14.9	24
FeO	14.1	5.9
MgO	9.2	7.5
CaO	11.8	15.9
Na_2O	0.6	0.6
K_2O	—	—
$\sum$	99.9	100

3.2.2 月壤的厚度

月壤的厚度是不均匀的，从几厘米到几百米。这一方面反映了月球表面不同地区的地质差别，也显示了物理特征的不均匀性。

目前已经引入了许多方法确定月壤的厚度，如根据地基雷达探测，根据矿物分布和陨石坑形状。由于采用的方法不同，对于月球的同一地区，给出的月壤厚度也有很大差别。例如，对于阿波罗 16 号飞船的着陆点，目前给出多个月壤厚度值：3.5～8.7 m；10～15 m；还有的给出 22 m。在阿波罗 11 号飞船着陆点，月壤的厚度值为 3～6 m。

乌克兰学者利用 Arecibo 天文台 70 cm 波长地基雷达对月球正面观测数据，结合月球正面的铁、钛丰度图，得到了世界上第一幅整个月球正面的月壤厚度分布图。由雷达数据得到厚度图需要做理论推导和假定。这里介电常数是 8，且不随月壤表面位置变化。利用密度-深度关系，可得到 3 个与月壤厚度有关的参数：

$$A: \rho = 2.3,$$

$$B: \rho = 1.92 \frac{z + 12.2}{z + 18},$$

$$C:\rho = 1.39z^{0.056}.$$

这里 z 是表面以下的深度(cm)，ρ 是月壤密度(g/cm³)，结果示于表 3-2-3。由表 3-2-3 可见，在月海和高地的不同地区，数据是很接近的，差别在 10% 以内。为了简化，可假定月壤密度不随深度变化。得到的月壤厚度分布图示于图 3-2-4。

表 3-2-3　对不同的密度和深度关系得到的平均月壤厚度/m

	A	B	C
月海平均	5.2	5.3	5.1
高地平均	11.0	10.7	10.6
静海	4.2	4.2	4.4
危海	4.7	4.8	4.8
丰富海	5.7	5.9	5.9
冷海	6.8	7.0	6.0
雨海	5.8	6.1	5.7
湿海	4.1	4.0	4.1
酒海	8.5	9.3	7.8
汽海	5.3	5.4	5.3
云海	5.5	5.5	5.1
知海	4.9	4.9	4.8
露湾	7.0	7.5	6.8
虹湾	4.6	4.6	4.6
署湾	6.1	6.3	5.8
风暴洋	4.8	4.9	5.0

图 3-2-4 所示的月壤厚度表明，月海月壤的变化范围是 1.5～10.0 m，平均厚度及其标准偏移示于表 3-2-4。

表 3-2-4　月海中月壤的特征

	$(h)^a$/m	σ_h^b/m	Sc/(%)
澄海	4.1	0.8	19.0
静海	4.1	1.1	20.9
危害	4.6	1.6	18.7
丰富海	5.9	1.4	18.8
冷海	7.4	2.1	11.8
雨海	6.2	2.0	16.7
湿海	4.0	0.9	18.7
酒海	9.6	2.3	14.3
汽海	5.4	1.1	18.8
云海	5.7	1.7	16.4
知海	4.9	0.7	17.7
露湾	7.5	1.9	15.7
虹湾	4.6	0.6	17.3
署湾	6.5	1.4	16.5
风暴样	4.8	1.6	19.5

注：$(h)^a$ 为月壤平均厚度；σ_h^b 为月壤厚度的标准偏差；Sc 为月表月壤的($\%FeO_2 + \%FeO$)。

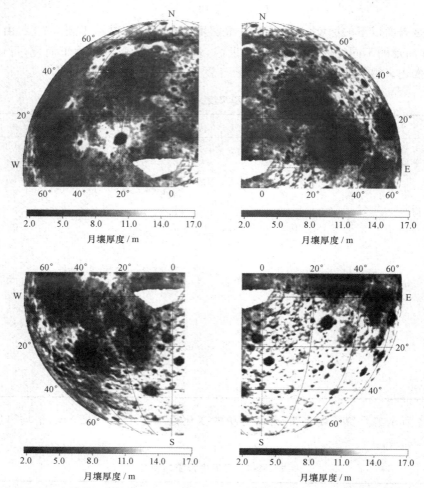

图 3-2-4　基于雷达和近红外光谱数据得到的月球正面月壤厚度分布图

3.2.3　月壤对载人探月的影响

1. 月尘带电的效应

月尘一般带有一定量电荷,而这可能是导致它们容易附着在太空服上的原因之一。

虽然月球环境通常认为是相当稳定的,但事实上是电活动的。月球表面因入射电流而带电,在它围绕地球运行时遇到各种带电环境,这些电流变化范围达几个量级。

来自"月球勘察者"飞船的测量结果表明,在日照半球,光电效应是主要效应,月球表面是低的正电位。在夜间的半球,等离子体电流居主要地位,月球表明带电到负电位,大小是电子温度的量级(在太阳风尾和磁尾典型值尾$-50 \sim -100$ V)。

在某些情况下,月球表明电位可达到很高值。当月球位于地球等离子体片的扰动等离子体中时,负电位可达到几千伏,在极端空间天气事件中,月球表明电位高达 5 kV。

表面带电也影响月尘,阿波罗飞船的观测显示,月尘可输送到约 100 km,赤道附近的带电尘埃被加速到约 1 km/s。

2．月尘对月球车的影响

当月球车在月面上行走时，会溅起月尘，这些微粒可能会导致月球车上的设备发生故障。与尘埃有关的灾害可划分为 9 种类型：视线模糊、仪器出现伪读数、出现尘埃覆盖层和污染、摩擦力减小、机械故障、热控制问题、密封失效、吸入与过敏。

（1）视线模糊。阿波罗飞船的航天员经历的第一个与尘埃有关的问题发生在登月模块着陆时。阿波罗 11 号机组报告，当距离月球表面 30 多米时，吹起的尘埃使月球表面模糊，这种情况随高度的降低而变得更加严重。对阿波罗 12 号来说，情况更加严重，在接触月球表面前 2 秒，月面是完全模糊的，因此担心着陆在陨石坑的边缘或小陨石坑中。阿波罗 14 的着陆剖面调整得更陡，航天员报告在观察着陆点时遇到一点儿困难，这可能部分是由于阿波罗 14 号的着陆点尘埃少。阿波罗 15 和 16 陡采用了陡的着陆剖面，但二者都报告在最后 1 秒难以看见着陆点。另外，因尘埃附在摄像机镜头上，使得电视图像出现晕效应。

（2）仪器出现伪读数。在阿波罗 12 号下落期间，着陆速度跟踪器锁定了运动的尘埃和碎片，给出伪读数。阿波罗 15 号机组也注意到着陆雷达读数在大约 10 m 高度上受运动的尘埃和碎片的影响。

（3）尘埃覆盖层和污染。在航天员到达月球表面后，在靴子、手套和手动工具上很快就有一层尘埃。阿波罗 11 号的航天员不得不反复去掉 TV 电缆上的尘埃。

（4）摩擦力减小。阿姆斯特朗报告有尘埃粘附的他的靴子底上，当他准备由梯子进入登月舱时出现打滑。后来，航天员在登梯子前都注意清除鞋底的尘埃。

（5）机械障碍。在每次阿波罗中都有设备出现故障的报告，包括设备运输机、摄像设备以及设计用于清除尘埃的真空清洁设备。

（6）热控制问题。在辐射器表面的绝热尘埃层如果不排除，会引起严重的热控制问题。在阿波罗 12 号飞船磁强计上 5 个不同位置测量的温度大约为 $68°F$，高于预期值。这是因为热控制表面有尘埃。类似现象也出现在阿波罗 16 和 17 号飞船上。

（7）密封失效。阿波罗 12 号的航天员经历了高于正常值的服装压力减小，这是由连接件中的尘埃引起的。一位航天员第一次舱外行走后，气体泄漏率为 $0.15\,psi/min$，第二次舱外行走后增加到 $0.25\,psi/min$。而安全限是 $0.30\,psi/min$。

（8）吸入和过敏。也许最令人担心的是航天员因吸入月尘和过敏而对健康的损害。阿波罗机组报告，月尘释放出特殊的、有刺激性的气味，闻起来像枪药味。说明在月尘粒子的表面有活性挥发物。也有的研究指出，如果航天员在月球表面停留时间长，会患上类似于硅肺病、石棉吸入病和矽肺病。

3.3　月　球　资　源

3.3.1　月球矿物

矿物定义为自然存在的固体化合物，有确定的化学成分、确定有序的原子排列。玻璃是固体，有类似矿物的成分，但在它们的内部原子缺乏有序的排列。月球上的玻璃由两个不同方式产生的，一是流星体撞击，二是火山喷发。

月球上的矿物有两种主要类型，硅和氧化物矿物。硅矿物的主要成分是硅和氧，从体积上来说,90％以上的月球岩石都是由硅矿物构成的。氧化物矿物主要由由金属和氧构成的,在月球上的丰度仅次于硅矿物。月球矿物的分类示于图 3-3-1。

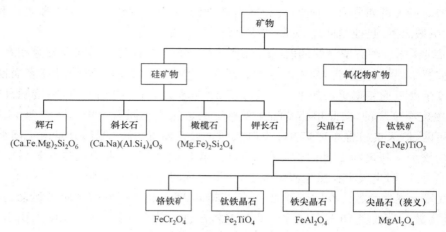

图 3-3-1　月球上硅矿物和氧化物矿物分类

人类在月岩中已经发现 100 多种矿物,其中绝大多数矿物的成分和结构与地球的矿物相同。近年来对月球样品的进一步分析表明,一些矿物在地球上未发现过。1976 年,苏联"月球 24"号探测器从月球上的危海平原地区取回了 170 克月岩样品。基于当时的技术发展水平,科研人员对岩样所含物质的认识较为有限。2002 年,俄罗斯矿床和地球化学研究所的用装有色散分光仪的电子显微镜对这些月球岩石碎屑进行了扫描。结果发现了三种新的月球矿物。一种是粒径约 0.6 μm 的纯钼微粒。钼在地球地壳中的含量仅为 0.00015％,且极难以游离态存在。在工业生产中,钼可提高合金钢的强度、韧性,参与催化剂、活化剂和化肥的制造。俄专家认为,在月球表面之所以会出现纯钼微粒,这是因为太阳风中的高能粒子在真空状态下不断作用于月球表面,使含有钼的化合物发生了还原反应,生成了纯钼微粒。研究显示,这种钼微粒属无定形体,抗氧化能力极强。其余两种新发现的矿物分别为粒径 1～3 μm 的硫化银微粒和粒径约 0.2～0.7 μm 的铁锡固溶体。被发现的硫化银存在于长石中,生成于月球早期形成阶段。铁锡固溶体到目前为止尚未在地球自然界中被发现过,但已能人工合成。除上述矿物外,研究人员还发现了呈八面体的钛尖晶石晶体和液滴状的纯铁微粒。这些物质在以前的月岩成分研究中也曾被发现过。彩图 9 和图 3-3-2～图 3-3-4 是由月球勘探者飞船测量到的月球铁和钛的分布。

1. 月海玄武岩中的钛、铁等资源

月海中的玄武岩 TiO_2 的含量范围为 0.5％～13％。月球上 22 个月海中所充填的玄武岩总体积约 10^{10} km^3。若以钛铁矿含量超过 8％,即 TiO_2 的含量＞4.2％的月海玄武岩进行估算,月海玄武岩中钛铁矿($FeTiO_3$)的总资源量约为 1300～1900×10^{12} t。尽管上述估算带着很大的推测性与不确定性,但可以肯定的是月海玄武岩中所蕴涵的丰富的钛铁矿是未来月球开发利用的最重要的矿产资源之一。

2. 克里普岩与稀土元素、钍、铀等资源

克里普岩(KREEP)是高地三大岩石类型之一,因富含 K(钾)、REE(稀土元素)和 P(磷)而得名。克里普岩在月球上分布很广泛。富钍、铀的风暴洋区的克里普岩被后期月海玄武

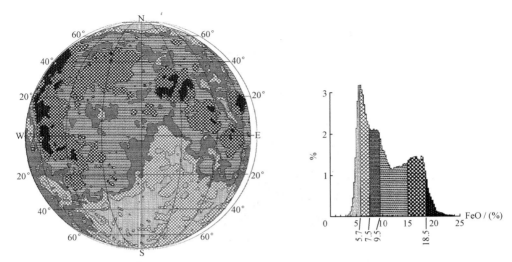

图 3-3-2 月球近边 FeO 的丰度与诊断方框图

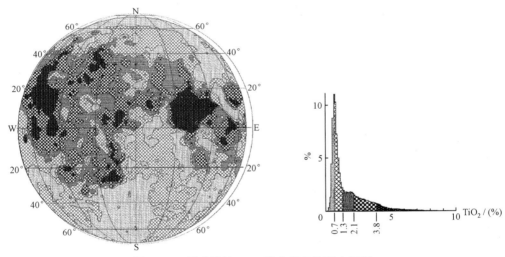

图 3-3-3 月球近边 TiO$_2$ 的丰度与诊断方框图

所覆盖,克里普岩与月海玄武岩混合并形成了高钍、铀物质,其厚度估计有 10~20 km。风暴洋区克里普岩中的总稀土元素资源量约为 225~450×10^8 t。克里普岩中所蕴涵的丰富的钍、铀和稀土元素也是未来人类开发利用月球资源的重要矿产资源之一。

此外,月球还蕴藏有丰富的铬、镍、钾、钠、镁、硅、铜等金属矿产资源,将会为人类社会的可持续发展作出贡献。彩图 10 给出月球中纬和极区钍的绝对丰度分布。在高原地区,丰度范围是 0~2 μg/g,在 SPA 区是 1~52 μg/g,在远边为 9~10 μg/g。在钍丰度最高的区域,月球勘探者的测量值比阿波罗 15 号飞船返回的月壤样品钍含量 12.7~13.2 μg/g 低。

表 3-3-3 概述了月球上的各类潜在的资源、分布与含量。单位是 μg/g(=ppm),ng/g(=ppb)或 wt%(百分比重量)。

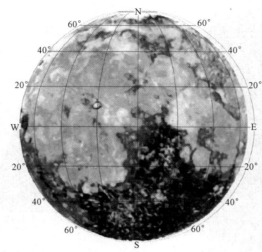

图 3-3-4   月球表面 FeO 与 TiO₂ 的组合分布,颜色深的地方表示含量高

表 3-3-3   月球上的各类潜在的资源、分布与含量

资源	主物质	浓度(平均)	浓度(可能的)*
太阳风挥发物	月壤		
H	月壤	50 μg/g	150 μg/g
³He	月壤	4 ng/g	30 ng/g
⁴He	月壤	14 μg/g	100 μg/g
C	月壤	124 μg/g	300 μg/g
N	月壤	81 μg/g	225 μg/g
贵金属			
Pd	月壤/角烁岩	12 ng/g	40 ng/g
Ir	月壤/角烁岩	9 ng/g	35 ng/g
Au	月壤/角烁岩	6 ng/g	25 ng/g
铁合金			
Fe	月海玄武岩	15wt%	20wt%
Ni	月壤	250 μg/g	1000 μg/g
Co	月壤	350 μg/g	100 μg/g
W	月壤	370 ng/g	2500 ng/g
Mn	月海玄武岩	0.2wt%	0.25wt%
Cr	月海玄武岩	0.2wt%	1wt%
Cr	高原苏长岩	0.2wt%	20wt%
非合金			
Ti	高钛月海玄武岩	7wt%	13wt%
Al	斜长岩	18wt%	18wt%
	高原	15wt%	
Zn	火山玻璃	100 μg/g	500 μg/g

（续表）

资源	主物质	浓度（平均）	浓度（可能的）*
非金属			
Ce	KREEP 岩石	175 μg/g	300 μg/g
Na	斜长岩	1～1.5wt%	1.5wt%
K	KREEP 岩石	0.35wt%	8wt%
p	KREEP 岩石	0.2wt%	3wt%
Th	KREEP 岩石	16 μg/g	100 μg/g
Zr	KREEP 岩石	0.1wt%	0.4wt%

* 根据有关数据的估计值。

3.3.2　氦3(^{3}He)

氦3是可控核聚变的重要原料,月球上的蕴藏量比较丰富。由于月球没有强磁场,也没有大气层,因此太阳风可直接入射到月球表面,冰注入到月壤里面。因为月壤经常被流星体撞击,使得月壤就翻来覆去,大约每4亿年月壤就要翻一次,所以月壤中吸收了很多氦3,且含量比较平均。月球已有46亿年的年龄,氦3储存量非常丰富,根据初步计算,氦3在月球上的储量约有100～500×10^4 t。中国一年的发电量,大约只需要最多不超过10 t 的氦3,而全世界的需求约在100 t 或者多一点。这样计算下来,月球完全可以提供人类社会用上万年的能源需求,这是非常诱人的、有巨大前景的一种资源。

氦3在月球表面的分布取决于在月壤中吸收和损失两种效应的平衡。而影响平衡结果的因素有许多方面,主要包括:

（1）与月球纬度和经度有关的、未受影响的太阳风通量;

（2）月球自旋轴相对于黄道面的倾斜;

（3）太阳风速度的非黄道分量;

（4）月壤经历的日夜温度变化剖面,这个剖面是纬度和地形斜率的函数;

（5）由热循环或流星体撞击而释放的挥发物的再沉积率,它是纬度和高纬冷凝的函数;

（6）在月壤中各种矿物、黏合集块岩和角砾岩碎块的丰度;

（7）月球与地球磁层的相互作用;

（8）撞击到月壤上部微流星体的通量。

目前,还没有建立起能全面反映以上8个因素的模式,只有个别方面的模式,如微流星体模式。最能说明月壤中氦3含量的还是来自于对阿波罗飞船返回样品的分析。表3-3-4是根据阿波罗11号飞船返回的月壤样品的分析得到的氦含量,其中 wppm 表示重量的百万分之一,wppb 表示重量的十亿分之一。在已经公布的报告中,有些只有氦4含量和氦4与氦3比,在这些情况下,氦3的含量是计算出来的,在表中标为"计算"。图3-3-5给出氦百分比含量与颗粒大小的关系。

表 3-3-4　阿波罗 11 号样品中氦的含量

样品	^{4}He(wppm)	^{4}He/^{3}He 质量比 （原子比）	^{3}He 平均 wppb	^{3}He 计算的 wppb
10010a	19.6	3240(2430)		6.06
10010b	33.6	3390(2540)		13.4
10084,18	35.9	3400(2550)	10.6	
	50.0<30 μm	3490(2620)	14.3	
	7.98 min,100~250 μm	3310(2480)	2.41	
10084,18	32.0	3400(2550)	9.38	
	38.2<30 μm,	3440(2580)	11.9	
	8.64 min, 00~150 μm	3360(2520)	2.57	
10084,29	41.1	3390(2540)		12.7
10084,40	43.9	3490(2620)	12.4	
10084,40	40.2	3670(2750)	11.0	
10084,47	49.8	3110(2330)	14.8	
	221<1.4 μm	3330(2500)	71	
	11.4,90~130 μm	3490(2620)		
10084,48	35.0	3224(2418)	10.8	
10084,48	39.5	3167(2375)	12.5	
10084,48	37.8	3003(2252)	12.6	
10084,48	34.0,25~42 μm	无数据		
	66.4<25 μm			
10084,59	38.4	2851(2138)	17.9	
10087,8	34.1	3690(2770)	9.22	
	76.1<5 μm	3610(2710)	21.0	
	4.64 min,75~120 μm	3150(2360)	1.47	

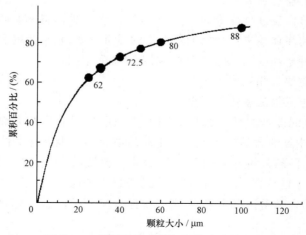

图 3-3-5　氦百分比含量与颗粒大小的关系

在根据阿波罗 11 号月壤样品评估氦资源时需注意 4 个问题：

（1）阿波罗 11 号着陆点的月壤是否代表了周围月海的月壤。

（2）经过提取和处理，在分析氦含量之前，氦可能有损失。

（3）由阿波罗 11 号返回的样品都取自表面，没有关于氦含量随深度变化的信息。但阿波罗 15、16 和 17 号的样品来自钻孔，一定程度上反映了深度变化。对三个地点钻孔的样品分析结果示于表 3-3-5。阿波罗 15 和 16 岩芯样品给出了氦含量的变化，但没有与深度相关的资料。阿波罗 15 样品的平均氦含量是 10.8 wppm，阿波罗 16 号岩芯样品的平均值是 6.4 wppm。22 个表面样品的平均值是 6.7 wppm。阿波罗 17 号岩芯样品显示了氦含量随深度增加。但阿波罗样品太不均匀，无法计算有意义的平均氦含量。

（4）来自阿波罗 11 号着陆点的样品仅是静海月壤氦含量的直接证据。整个月海的氦含量必须根据更普遍的数据推导。

表 3-3-5　阿波罗 15、16 和 17 号岩芯的氦 4 含量

阿波罗 15 号					
样品	深度/cm	含量/wppm	样品	深度/cm	含量/wppm
15001	149	15	15003	217	13
	154	11		220	14
	160	13		226	9
	163	12		231	13
	168	12		238	10
	176	9		242	10
	187	6		246	9
	206	7		253	11

阿波罗 16 号					
样品	含量/wppm	样品	含量/wppm	样品	含量/wppm
60007	4～7	60004	8～9	60001	4
60006	5～7	60003	6～8		

阿波罗 17 号					
样品	深度/cm	含量/wppm	样品	深度/cm	含量/wppm
70008,163,284	140	8	70005,10	240	23
70008,205,228	140	9	70004,10	240	21
70008,15,285	140	13	70003,10	240	20
70006,10	140	13	70002,10	290	17
			70001,10	290	21

对于月海月壤，下面的发现对描述富含氦的月壤面积是很关键的：

（1）某些月海或月海的部分地区氦含量少于 20 wppm，但某些其他地区氦含量范围是 25～50 wppm；

（2）月壤样品的氦含量基本上是成分和暴露时间的函数。TiO_2 的含量是特别重要的。对月壤样品的分析表明，富含 TiO_2 的月壤样品也富含氦，见图 3-3-6。

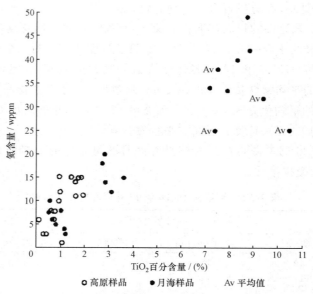

图 3-3-6　月壤样品中氦含量与 TiO_2 含量的关系

3.3.3　月球水冰问题

1. 月球自身是否含有水

月球的化学成分不同于地球,难溶元素(如铝、钙和钛)含量高出地球的 2～3 倍;而最容易挥发的元素(如钠和钾)是稀少的,水认为是最缺乏的。究其原因,月球是在地球刚形成 3000 万年时受到一个火星大小的天体撞击而成的,这种灾变性的撞击导致挥发性物质的散失。按照这种理论,长时期以来,人们普遍认为月球内部基本不含有水的成分,即使月球极区陨石坑中的水冰得到确认,那也是由彗星撞击带来的。

美国科学家于 2008 年再次检验了由阿波罗飞船带回的月球样品,用二次离子质谱仪分析了月壤中绿色与橘色玻璃珠的化学成分,发现其中含有相当数量的氯、氟、硫和水。水分的含量最高为 745 ppm,至少也有 260 ppm。地球上地幔水的含量大约为 150 ppm,整个地球(幔加表面)水的含量估计为 350±50 ppm。这结果与地球上通过海底喷发来到上地幔的凝固熔岩中的含水量惊人地相似。

用二次离子质谱仪探测到的这些挥发物出现在玻璃珠内 18 和 140 μm 之间,最大浓度集中在玻璃珠的核。这就排除了太阳风的影响,因为太阳风离子只能穿进到 0.1 μm 的深度。最简单的解释是这些挥发物存在于融化的玻璃珠内。

美国科学家的这个分析结果如果得到确认,人们将重新审视月球起源与演变的理论。

2. 月球极区水冰

美国于 1994 年发射的 Clementine 飞船使用双基雷达对月球进行了探测。根据雷达波反射的数据,估计在极区的陨石坑中可能存在水冰,如图 3-3-7 所示。轨道 301 和 302 通过北极区,轨道 234 和 235 通过南极区,234 轨道的回波尖峰处发生在南极的永久阴影区。一种解释是那里含有水冰。

美国于 1998 年发射的"月球勘探者"使用中子谱仪对月球进行了探测。中子谱仪能够测量

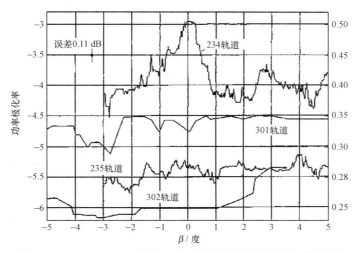

图 3-3-7　Clementine 飞船在 4 个不同轨道运行期间的回波能量

整个月球表面的含氢量,氢信号的强弱又可以反映水含量的多少。中子谱仪可探测到含量小于 0.01% 的水,探测深度约为 0.5 m,以 150 km² 的分辨率在南北纬 80° 和极地之间进行探测。探测结果表明,在月球两极,中能中子的计数率出现明显的波谷(见图 3-3-8),这是由于超热中子被月球表面氢原子减速而数量减少的结果,也是存在水冰的重要证据。彩图 11 给出超热中子通量的分布。

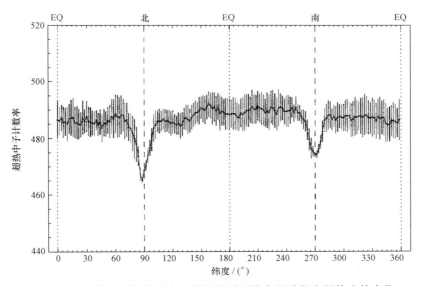

图 3-3-8　月球勘探者超热中子谱仪探测到的中子计数率随纬度的变化

尽管氢的含量与水的存在有一定的对应关系,但有氢不一定有水。因此,由这个探测结果推断极区存在水冰,遭到一些科学家的质疑。为了进一步证实水冰是否存在,当“月球勘探者”完成基本探测任务后,NASA 让它撞击在可能含冰的地区。如果这个地区确实含有大量的冰,则当“月球勘探者”撞击瞬间,将会产生大量的水蒸气。但是,通过在地面观测站和太空卫星观测,都没有观测到这种现象。因此,月球极区是否有水冰,目前还是一个谜。

日本月亮女神对南极陨石坑拍摄的图片表明,南极永久阴影陨石坑内没有水冰存在的迹象。如果存在的话,那也被陨石坑底部的月壤掩埋了。

图 3-3-9 中,图(a)由 SELENE 于 2007 年 11 月 19 日拍摄,其月牙形部分是陨石坑壁被阳关照射的地方。月球南极位于图的左上角,标为"×"的地方。图(b)是对图(a)增强处理后的图像,沙克尔顿陨石坑永久阴影部分由来自坑壁的散射光照射,在底部没有明显的反照率异常。图(c)是沙克尔顿陨石坑透视,是根据立体照相机的数据获得的,是对图(b)进行亮度增强的图像。在陨石坑内壁上有直径为几百米的小陨石坑,如箭头指示的。底部有一个约 300~400 m 山丘状的特征符号 m,大概是内壁物质下滑运动的结果。符号 h 是大约 200 m 高,带有台阶状的地形。符号 t 是几百米尺度的陨石坑。图(d)是近处观看在图(c)中标出的矩形区域。图(e)模拟的陨石坑底部温度分布,等值线间隔为 2 K,最高温度大约 88 K。底部的低温足以维持水冰存在。但单独的温度信息不能确定月球极区是否有水冰。

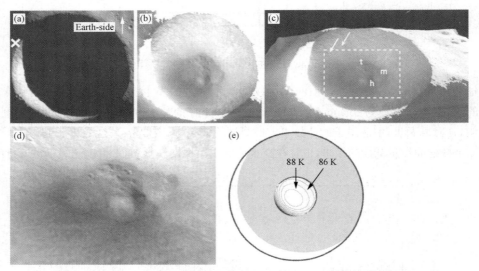

图 3-3-9　月球南极附近约 10.5 km 直径的沙克尔顿陨石坑内部透视

测量到的陨石坑底部反照率为 0.23±0.05,月球背面平均反照率是 0.22,纯水冰的反照率是 1.0,因此,陨石坑底部只能有"脏"水冰,即冰与月壤混合,冰的含量约 1%~2%。换句话说,少量水冰可能镶嵌在薄的月壤层内,在各种空间天气过程的作用下,最上面部分的冰可能都被排除了。对于月球极区富含氢的另一种解释是太阳风质子直接注入到月球表面,这种情况不要求有水冰存在。

2008 年 10 月,印度发射了本国第一颗探月卫星,该卫星搭载的两颗美国仪器月球矿物谱仪 M3 以及小型合成口径雷达都发现了月球极区有水冰。

3.4　月球探测

3.4.1　月球探测概况

月球探测始于 1958 年。至今经历了高峰期、寂静期、恢复期和新发展时期 4 个阶段。

1. 高峰期(1958—1976)

1958—1976 年是月球探测的高峰期,这一阶段的主要特点是:(1) 政治竞争色彩浓;(2) 科学目标不够明确;(3) 发射的卫星数量多,但成功率低。此期间美国和苏联共向月球发射 95 颗探测器,但完全成功的只有 42 颗;(4)成功实现了硬着陆、环绕、软着陆、取样返回和载人探测。

美国和苏联共向月球发射 95 颗探测器,主要有苏联的"月球"(Luna)系列(24 颗)、"探测器"(Zond)系列(5 颗);美国"徘徊者"(Ranger)系列(6 颗)、观察者(Surveyor)系列(7 颗)、"月球轨道器"(Lunar Orbiter)系列(5 颗)、"阿波罗"(Apollo)系列(8 颗)。在这些探测器和飞船中,完全成功的有 42 颗,包括苏联的 Luna 系列 16 颗、Zond 系列 4 颗;美国 Ranger 系列 3 颗、Surveyor 系列 4 颗、Lunar Orbiter 系列 5 颗、Apollo 系列 8 颗、"探险者"(Exploer)系列 2 颗。

2. 寂静期(1977—1993)

1977—1993 年是探月的寂静期,只有"国际彗星探索者"(ICE)、"伽利略"(Gallileo)飞船、"磁尾"(Geotail)卫星等"顺访"过月球。日本于 1990 年 1 月 24 日发射了自己的第一个月球探测器"飞天号",起飞质量 197.4 kg。1990 年 3 月 18 日,飞天号施放出 12.2 kg 重的"羽衣号"子卫星,进入绕月飞行轨道,但释放后即失去联系。飞天号本身则在地-月系统的大椭圆轨道上运行。1992 年 2 月 15 日,飞天号进入月球轨道。1993 年 4 月 10 日撞向月球。

出现探月寂静期的原因包括:(1)第一阶段的探月高峰主要是两个超级大国政治上竞争的需要。在阿波罗飞船多次成功登月后,这场竞争有了结果,苏联赢得了开始,美国笑到了最后。(2)长达 18 年的探测,使科学家获得了大量数据,对这些数据进行分析研究需要一些时间。在没有对数据详细分析之前,也提不出新的科学目标。(3)这期间美国的兴趣转向航天飞机和探测火星,而苏联的兴趣是空间站。

3. 恢复期(1994—2006)

从 1994 年 1 月到 2007 年 1 月,人类只发射了克莱门汀(Clementine)、"月球勘探者"(Lunar Prospector,LP)和"智慧 1 号"(SMART-1)等三艘月球探测飞船,另有 4 颗卫星曾飞越月球。这个阶段发射的探月卫星在很大程度上具有技术验证考虑。

1994 年 1 月 25 日,美国发射了克莱门汀(Clementine)环月飞船。2 月 3 日离开地球轨道,经 2 月 5 日和 2 月 15 日两次飞越地球后,于 2 月 19 日进入月球轨道,2 月 26 日开始对月球绘图。5 月 5 日退出月球轨道,原定计划观测近地小行星 1620 Geographos,但因飞船出现故障没有实现,于 6 月结束使命。

Clementine 携带了 4 个照相机和一个激光测距系统(LIDAR)。照相机包括紫外-可见光照相机(UV-VIS)、长波红外照相机(LWIR)、高分辨率照相机(HiRes)和近红外照相机(NIR)。另外还有两个恒星跟踪照相机,主要用于确定高度。照相机的分辨率是每个像素 $125\sim250\ m$。Clementine 的轨道是倾角为 90°的极轨轨道,因此成像范围覆盖整个月面。近月点距离月心 2162 km,远月点为 4594 km(月球半径为 1738 km)。轨道周期大约 5 小时。在这个轨道周期内,月球在飞船下面大约旋转了 2.7°。在 71 天的轨道飞行中,在可见和近红外谱段对月球的成像面积达 $3800\times10^{4}\ km^{2}$(约 100 万幅像)。此外,还获得了 62 万张高分辨率照片和 32 万幅中红外热成像,激光测距系统绘制了月球的形态,丰富了人类关于月球引力场的知识,加深了对太阳和磁层高能粒子环境的了解。

1998 年 1 月 7 日,美国发射了"月球勘探者"(LP)飞船。LP 的轨道是距离月面 100 ± 20 km 接近圆形的低极轨,因为其主要科学目的是测量月球表面成分,特别是寻找极冰,进一步确定月球的磁场和引力场,确定气体释放事件的频率和位置,这些对了解月球的状态和起源是非常重要的。基本的测量项目包括表面成分测绘、引力测绘、磁场测绘和外流气体位置测绘等四个方面。携带的仪器有 γ 射线谱仪（GRS）、中子谱仪（NS）、磁强计（MAG）、电子偏转仪（ER）、α 粒子谱仪和多普勒引力实验（DGE）。

GRS 的基本目的是提供月球表面元素丰度的全球分布。其工作原理是记录月球表层中含有的元素的放射性衰变以及被宇宙线和太阳风粒子轰击的表层中的元素的放射性衰变。GRS 要探测的最重要元素包括自然产生 γ 射线的铀（U）、钍（Th）和钾（K），以及因宇宙线或太阳风撞击而产生 γ 射线的元素铁、钛、氧、硅、铝、锰和钙。GRS 也能探测快中子，它与中子谱仪一起研究月球的水分布。GRS 输出信号与接受到的 γ 射线能量成正比。由于信噪比低，需要多次通过才能产生有统计意义的结果。因每月通过同一地区 9 次，需 3 个月才有把握计算出铀、钍和钾的丰度，12 个月计算出其他元素的丰度。

NS 的目的是测量月球上可能存在的水冰，它能探测到含量低于 0.01％ 的微量水冰。月球极区有许多永久不见阳光的陨石坑，温度持续在 −190℃。这些陨石坑可作为来自彗星或流星的水的冷收集器，进入陨石坑中的任何形式的水都会永久冻结。当正常的"快"中子与碰撞时，会产生"慢"中子（热中子）和"中等速度"中子（超热中子）。若氢原子数量足够大，就能表示水的存在。NS 就是通过测量热中子和超热中子的含量来确定水冰的。NS 的月面分辨率是 150 km。对于极冰研究，NS 以至少 10 ppm 个氢的灵敏度测量极区到 80°纬度的范围。NS 也用来测量太阳风置入的氢的丰度，这时 NS 以 50 ppm 的灵敏度测量整个极区。

APS 用于测量月球表面的氡释放事件。它记录氡气放射性衰变产生的 α 粒子和它的子产品钋。这些释放性事件排出氡、氮和氧化碳，猜测是月球稀薄大气的源，可能是月球低水平火山或构造活动的结果，也可能与月震活动相关。

多普勒引力实验（DGE）的目的是了解月球的表面和内部质量分布。直接测量的物理参数是飞船 S 波段跟踪信号到达地球后的多普勒频移，这个频移可以转换成飞船的加速度。对加速度值经过处理，可以提供月球重力场的信息，并可进一步对影响飞船轨道的质量异常的大小和位置建模。由于这种方法要求视线跟踪，因此只能计算月球近边的重力场。该方法的月面分辨率是 200 km，精度为 5 毫伽（mGal）。由于勘探者号飞行的高度比 Apollo 和 Clementine 低，因此测量的分辨率比它们大大提高。

MAG 是三轴磁通门磁强计，用于绘制月球的弱磁场。月球没有全球的磁场，只有区域的表面磁场，它们可能是先前原始磁场剩余，也可能是由于流星撞击或其他局部现象产生的。磁场测量可用来估计月球核的大小和成分，并能提供关于月球感应磁偶极矩的信息。

电子反射计（ER）的目的是收集月球剩余原始磁场的信息。ER 测量由月球磁场反射的太阳风电子。强的局地磁场以大的投掷角反射电子，弱磁场反射电子的投掷角小。因此，ER 通过测量电子的能谱和方向，确定磁场的位置和强度，其灵敏度是 0.01 nT。

ESA 于 2003 年 9 月 27 日发射了"智慧 1 号"月球探测器。探测器的主要任务是验证电火箭和其他深空探测技术，确定月球矿物分布，寻找极区水冰，研究月球的起源。探测器重量为 305 kg。2004 年 11 月 15 日进入月球轨道，由于卫星和所有仪器工作正常，ESA 决定将 SMART-1 的工作寿命由 2005 年 8 月延长到 2006 年 8 月。主要有效载荷有多波段 CCD 照相机、红外光谱仪、X 射线光谱仪和 X 射线太阳监测器、朗缪尔探针。

2006 年 9 月 3 日，"智慧 1 号"在完成了技术验证和探月任务后，撞击在月球上。

4. 新发展时期

从 2007 年开始，月球探测进入新发展时期。许多国家制订了新的探月计划，这些计划是在现有和未来可以实现的技术条件下,重新对月球进行全球性、综合性、持续性和整体性的探测。

2007 年日本发射了"月球女神",中国发射了"嫦娥 1 号",拉开了新时期月球探测的序幕。接着,印度于 2008 年 10 月 22 日发射"月球初航 1 号",美国将于 2009 年 6 月发射"月球勘察轨道器",并计划在 2018—2020 年期间将新的载人月球探测飞船送到月球。英国、德国以及俄罗斯等国家也制订了自己的月球探测计划。

日本于 2007 年 9 月 13 日发射的"月球女神"(SELenological and ENgineering Explorer,SELENE)卫星(图 3-4-1),目的是对月球进行全球观测,获得关于元素丰度、矿物成分、表面形态、地质、重力以及月球与太阳风等离子体相互作用的数据,为将来的月球探测发展关键技术,如月球极区入轨、三轴高度稳定和热控制。

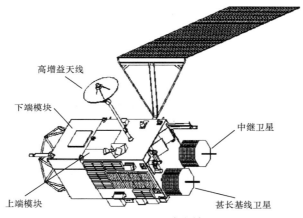

图 3-4-1　月球女神

整个系统由三颗卫星组成:载有大多数科学仪器的轨道器、甚长基线干涉仪(VLBI)和 1 颗中继卫星。后者当轨道器位于月球远边无法与地球直接联系时,接收轨道器的多普勒测距信号,另一个任务是估计背面重力场。

轨道器携带科学仪器是:X 射线谱仪(XRS)、γ 射线谱仪(GRS)、谱轮廓(SP)、多谱段成像仪(MI)、大地摄像机(TC)、月球雷达探测器(LRS)、激光高度计(LALT)、月球磁强计(LMAG)、高层大气和等离子体成像仪(UPI)。

印度的"月球初航 1 号"携带了本国研制的 5 颗仪器,另外还搭载了 6 颗国外的仪器,分别是美国的月球矿物绘图仪(M³)和小型合成孔径雷达(miniSAR);欧洲空间局的次千电子伏反射分析器(Sub-keV Atom Reflecting Analyser)、钱德拉 X 射线谱仪(CIXS)与近红外谱仪(near infrared spectrometer);保加利亚的辐射剂量检测器(Radiation Dose Monitor Experiment)。

3.4.2　新时期月球探测的科学目标

人类对月球的探测虽然经历了 50 年的历史,但对月球主要科学问题的认识仍然是极其肤浅的。航天员在月球上的实地考察位置仅有 6 处,在月球表面不载人自动采样的位置仅有 3 处。取回的样品主要集中在月球近边和赤道地区,而对远边和极区还没有获得样品。限于当时的技术水平,人类的月球探测活动还不够深入、全面。因此月球还有许多令人困惑未解的问

题,需要在今后的探测中逐步加以解决。目前月球探测关注的主要科学问题包括:

1. 月球形成、演变和当前的状态

地球形成于 46 亿年前,但 46—38 亿年前的这段地球历史是缺失的,而月球恰恰保留了这段历史,因此,月球演化历史的研究对地球早期历史的研究具有非常重大的意义。包括非月海岩石的分布规模、关系和年代;月海火山岩及相关侵入岩石的分布规模、关系和年代;确定壳的成分、结构和变化性;确定幔的成分、结构和变化性;确定核的大小和成分。与地球-月球系统形成有关的前期研究:确定壳的整体成分;确定幔的整体成分;确定月球早期热历史;确定月海的地层学;确定月球高原的地层学;确定月壳构造史。

2. 月球的内部成分

了解内部成分对于研究内部结构和月球的整体成分都是非常重要的。确定内部成分最好的方法是在月球表面设置月震仪,通过月震学的方法推断其内部结构。另一个方法是测量来自月球内部的热流,这种热流是放射性元素衰变过程中产生的。由热流测量可获得壳的厚度以及深部结构的知识。

3. 月球的矿物成分与分布

矿物成分和矿物分布测量不仅对月球资源的开发和利用有重要意义,而且对于分析月球的起源和演变过程也是非常重要的。主要的探测仪器包括 X 射线衍射光谱仪、热发射谱仪、幕斯堡尔光谱仪和激光莱曼谱仪。

4. 极区沉积物

极区沉积物的含量、成分和物理状态,包括冰的含量、纯度和厚度,极区挥发物的元素、同位素和分子成分,极区的环境特征。

5. 月球受撞击历史

通过确定月球盆地陨石坑的时间间隔检验灾变假说并确定早期地-月撞击通量曲线;估计精确的绝对年代;评估最近的撞击通量;研究次级撞击坑在陨石坑计数中的作用。

6. 月壤的分布与物理化学特性

研究的内容涉及月壤厚度的区域分布特征、不同地区月壤的物理化学特性。

7. 氦 3 的空间分布特征

包括氦 3 空间分布和随深度的分布以及氦 3 浓度与其他矿物的相关性。

8. 气体释放事件

地面观测和来自克莱门丁卫星的观测都揭示一种现象,就是月球某些地区可能存在气体释放现象。为了证实这种现象,月球勘察者卫星用 α 粒子谱仪对月球表面进行了测量,但由于来自太阳辐射的背景太强,没有获得重要结果。如果月球确实存在气体释放事件,说明这些地区或是存在较强的放射性元素,或是由地震活动产生的。不管是哪种原因,证实气体释放事件都是很有意义的。

9. 月球的重力场分布

根据月球重力场分布的测量数据,可确定月球内部结构的特征。

10. 近月空间环境

深入了解月球表面辐射环境,对确保航天员的安全具有重要意义。另外,由于月球周期地位于地球的磁尾和向阳面磁层顶的上游,探测近月空间环境可直接了解太阳风特性以及地球磁尾等离子体特性。

上述科学问题对未来月球探测提出了新的要求。未来月球探测的具体目标和要求列于表3-4-1。

表 3-4-1　月球探测的具体目标和要求

知识要求	数据或需要的测量	仪器和飞船类型
• 月球外壳的成分和结构 • 横向与垂直不均匀性 • 热斑的源	a. 绘制全球锰和铝分布图 b. 不寻常地质建造系的矿物和化学成分 c. 远边、临边和异常区取样 d. 所选区域微量和元素成分 e. 成分随壳深度的变化 f. 壳的分层和次表面结构 g. 整个壳的估计,由地震和热流数据估计幔	① X 射线荧光光谱仪/轨道器(a,b,e) ② 质谱仪＋X 射线光谱仪/着陆器(b,d,e) ③ 月壤与岩石粒子/简单的取样返回(b,c,d,e,) ④ 主动 γ 射线光谱仪 ⑤ 中心峰、平原环形山的遥感测量、实地测量和取样返回测量(b,c,d,e,f) ⑥ 全球月震和热流监测网
• 地球-月球系统撞击的历史 • 大灾变? • 过去 30 亿年通量历史 • 撞击通量的尖峰和周期性	a. 岩石的放射性年龄:月球上最古老的平原 b. 关键平原的撞击熔化,陨石坑以表征抛射物的性质和源	① 实地放射性年代测量/着陆器、漫游者(a,b) ② 岩石和月壤/简单的取样返回(a,b) ③ 特选的岩石/复杂的取样返回(a,b) ④ 实地测量,质谱仪＋X 射线光谱仪/着陆器(b) ⑤ 撞击熔化物的放射化学测量/取样返(b)
• 撞击过程特征 • 陨石坑演变,尺度 • 中心峰的起源,平原的环 • 月壤形成和演变 • 壳横向混合的作用	a. 抛射物的成分、峰和环 b. 撞击目标重构:陨石坑次表面地层学 c. 撞击熔化层的成分 d. 月壤中外来碎片的数量和成分 e. 在月海高原边界成分梯度的特征	① 陨石坑地质学探测/轨道器、着陆器、漫游者(a—e) ② 实地分析,质谱仪＋X 射线光谱仪/着陆器(b) ③ 取样特征/简单和复杂的取样返回(a,c,d) ④ 月壤的沟/漫游者,载人探测(d,e) ⑤ 抛射物径向移动和特征/漫游者,载人探测(d,e)
• 月球挥发物起源、演变和命运	a. 极区沉积物的特征、含量和成分 b. 月球外流物的成分 c. 火山碎屑气体中的挥发性外层 d. 在气孔中捕获的挥发物 e. 挥发性物质挥发的时间变化	① 雷达对极区绘图/轨道器(a) ② 冷收集器温度/轨道器,着陆器(a) ③ 冰的特征,质谱仪/着陆器(a,b,e) ④ 火山碎屑物中挥发性物体的特征/着陆器,简单的取样返回(b,c,d) ⑤ 外流气体成分/轨道器(b,c,e)
• 月球的热和构造历史 • 月海与非月海火山活动的时间、间隔和程度 • 近边-远边分界 • 风暴洋区的起源和演变	a. 月球火山岩的绝对年龄 b. 幔变形的年龄 c. 陨石坑和平原的地质均衡状态 d. 火山沉积物的成分和形态	① 实地放射性年代测量/着陆器、漫游者(a,b) ② 月壤/简单的取样返回(a,b,d) ③ 形态/雷达,激光高度计,轨道器(b,c,d) ④ 数字立体成像模块/轨道器(b,c,d)
• 月球的起源	a. 月球的整体结构	① 所有元素的全球观测/轨道器 ② 全球网,月震和热流/表面网 ③ 幔取样/轨道器,漫游者,复杂的取样返回

3.4.3　嫦娥工程

1. 概况

中国的探月工程命名为"嫦娥工程"，整个工程分为"绕"、"落"、"回"三个阶段(图 3-4-2)。

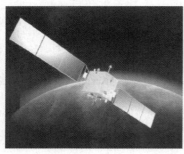

图 3-4-2　中国探月的三步走战略:绕、落、回

第一步为"绕"，即发射第一颗月球探测卫星，突破至地外天体的飞行技术，实现月球探测卫星绕月飞行，通过遥感探测，获取月球表面三维影像，探测月球表面有用元素含量和物质类型，探测月壤特性，并在月球探测卫星奔月飞行过程中探测地月空间环境。第一颗月球探测卫星"嫦娥 1 号"已于 2007 年 10 月 24 日发射。

第二步为"落"，时间定为 2013 年。即发射月球软着陆器，突破地外天体的着陆技术，并携带月球巡视勘察器，进行月球软着陆和自动巡视勘测，探测着陆区的地形地貌、地质构造、岩石的化学与矿物成分和月表的环境，进行月岩的现场探测和采样分析，进行日-地-月空间环境监测与月基天文观测。具体方案是用安全降落在月面上的巡视车、自动机器人探测着陆区岩石与矿物成分，测定着陆点的热流和周围环境，进行高分辨率摄影和月岩的现场探测或采样分析，为以后建立月球基地的选址提供月面的化学与物理参数。

第三步为"回"，时间定在 2020 年左右。即发射月球软着陆器，突破自地外天体返回地球的技术，进行月球样品自动取样并返回地球，在地球上对取样进行分析研究，深化对地月系统的起源和演化的认识。目标是月面巡视勘察与采样返回。

月球探测三期工程主要包括以下五个科学目标:

(1) 探测区月貌与月质背景的调查与研究

利用着陆器机器人携带的原位探测分析仪器，获取探测区形貌信息，实测月表选定区域的矿物化学成分和物理特性，分析探测区月质构造背景，为样品研究提供系统的区域背景资料，并建立起实验室数据与月表就位探测数据之间的联系，深化和扩展月球探测数据的研究。探测区月貌与月质背景的调查与研究任务主要内容包括:探测区的月表形貌探测与月质构造分析;探测区的月壤特性、结构与厚度以及月球岩石层浅部(1～3 km)的结构探测;探测区矿物/化学组成的就位分析。

(2) 月壤和月岩样品的采集并返回地面

月球表面覆盖了一层月壤。月壤包含了各种月球岩石和矿物碎屑，并记录了月表遭受撞击和太阳活动历史;月球岩石和矿物是研究月球资源、物质组成与形成演化的主要信息来源。采集月壤剖面样品和月球岩石样品，对月表资源调查、月球物质组成、月球物理研究和月球表面过程及太阳活动历史等方面都具有重要意义。月壤岩芯明岩样品的采集并返回地面的任务主要内容包括：

在区域形貌和月质学调查的基础上，利用着陆器上的钻孔采样装置钻取月壤岩芯；

利用着陆器上的机械臂采集月岩/月壤样品；

在现场成分分析的基础上，采样装置选择采集月球样品；

着陆器和月球车都进行选择性采样，月球车可在更多区域选择采集多类型样品，最后送回返回舱。

（3）月壤与月岩样品的实验室系统研究与某些重要资源利用前景的评估

月壤与月岩样品的实验室系统研究与某些重要资源利用前景的评估任务主要内容包括：

对返回地球的月球样品，组织全国各相关领域的实验室进行系统研究，如物质成分（岩石、矿物、化学组成、微量元素、同位素与年龄测定）、物理性质（力学、电学、光学、声学、磁学等）、材料科学、核科学等相关学科的实验室分析研究；

月球蕴涵丰富的能源和矿产资源，进行重要资源利用前景的评估，是人类利用月球资源的前导性工作，可以为月球资源的开发利用以及人类未来月球基地建设进行必要的准备；根据月球蕴含资源的特征，测定月球样品中氦 3、H、钛铁矿等重要资源的含量，研究其赋存形式；

开展氦 3 等太阳风粒子的吸附机理和钛铁矿富集成矿的成因机理研究；

开展氦 3、H 等气体资源提取的实验室模拟研究。

（4）月壤和月壳的形成与演化研究

月壤的形成是月球表面最重要的过程之一，是研究大时间尺度太阳活动的窗口。月球演化在 31 亿年前基本停止，因此月表岩石和矿物的形成与演化可反映月壳早期发展历史；月球表面撞击坑的大小、分布、密度与年龄记录了小天体撞击月球的完整历史，是对比研究地球早期演化和灾变事件的最佳信息载体。

（5）月基空间环境和空间天气探测

当"绕、落、回"三步走完后，中国的无人探月技术将趋于成熟，中国人登月的日子也将不再遥远。

2. 嫦娥 1 号奔月路线图

嫦娥 1 号于 2007 年 10 月 24 日下午发射后，首先进入近地点约 200 km、远地点约 51 000 km、周期为 16 小时的大椭圆轨道。当嫦娥 1 号第二次到达远地点时，发动机点火，将近地点高度提升到 600 km。10 月 26 日下午，当卫星再次到达近地点时，卫星主发动机再次打开，巨大的推力使卫星上升到轨道周期为 24 小时的轨道。在 24 小时轨道上运行 3 圈后，卫星上的主发动机第三次点火，实施第二次近地点变轨，嫦娥 1 号进入周期为 48 小时的轨道。这一时刻发生在 10 月 29 日。这几次变轨都是通过卫星上的发动机使卫星加速。从理论上讲一次变轨就可以实现，但为了充分利用燃料，也为了方便地面控制，因此将变轨逐步分解。

在 3 条大椭圆轨道上经过 7 天"热身"后，嫦娥 1 号卫星正式奔月。10 月 31 日，当卫星再一次抵达近地点时，主发动机打开，卫星的速度在短短几分钟内提高到 10.916 km/s，进入地月转移轨道，真正开始了从地球向月球的飞越。

嫦娥 1 号卫星选择这样的奔月方式有三方面的优点：一是可以确保重力损失控制在 5% 以下；二是将几次近地点机动安排在同一地区，有利于地面监测；三是安排了 24 小时轨道，可以比较方便地解决发射日期延后的问题。

11 月 5 日，当嫦娥 1 号卫星到达距离月球 200 km 的位置时，需要进行减速制动，也就是

"刹车"。只有这样,才能被月球引力捕获,成为绕月卫星。这是实现绕月飞行的一个重要步骤。这个过程要求发动机点火的时间、发动机工作的持续时间以及关机的时间都要准确控制。如果控制不合适,则嫦娥1号有可能撞击到月球上,或飞越月球,飘向太空。

嫦娥1号被月球引力场捕获后,进入12小时环月轨道,11月6日第二次制动后,卫星进入3.5小时轨道,并在这个轨道上运行7圈。11月7日,嫦娥1号进行第三次制动,进入127分钟工作轨道。这个轨道为圆形,离月球表面约200 km。

3. 嫦娥1号有效载荷

根据科学目标的要求,嫦娥1号选用的有效载荷有6套24件,包括CCD立体相机、激光高度计、成像光谱仪、γ/X射线谱仪、微波探测仪和太阳风粒子探测器等。

CCD立体相机是拍摄全月面三维影像的专用相机,在中国属首次使用。其立体成像的原理如图3-4-3所示。CCD立体相机有3个CCD阵,中间的CCD接收来自星下点的图像,前后两个CCD阵分别接收来自星下点前、后的图像。将这3幅图像合成并经计算机处理后,就可以得到立体图像。

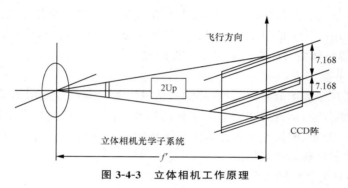

图 3-4-3 立体相机工作原理

成像光谱仪用于获取月面光波图谱;γ/X射线谱仪用于探测月球表面元素;微波探测仪除用于获取月壤厚度信息外,还能给出月球背面的亮度温度图和月球两极地面的信息。

3.4.4 美国的 LRO 与 LCROSS 卫星

1. 月球勘察轨道器

美国计划于2009年6月17日发射月球勘察轨道器(LRO),主要科学目标包括探测月球轨道附近的空间辐射环境、确定全球地质形态、绘制氢分布的高分辨率图形、绘制极区阴影区的温度分布图形、对永久阴影区成像、辨别极区近表面水冰、为人类重返月球确定着陆点。

LRO在探测阶段的轨道是30～50 km的圆形极轨轨道,设计工作寿命为1年,预期可扩展到5年。

月球勘察轨道器总重1000 kg,携带了6个科学仪器(见图3-4-4):

(1) 激光高度计(LOLA):以高分辨率确定整个月球的表面形态,确定着陆点的坡度和寻找极区阴影地区的水冰。窄角摄像头(NACs)的幅宽为5 km,分辨率为0.5 m;广角摄像头(WAC)的分辨率为100 m。

(2) 摄像机(LROC):获得能分辨月球表面小尺度特征的图像,极区多波段广角图像。

(3) 月球探索中子探测器(LEND):绘制月球表面中子通量图以寻找水冰存在的证据,并测量空间辐射环境,为未来的载人探月做准备。

（4）多通道太阳反射和红外滤波辐射计（DIVINER）：测量月球表面温度，水平分辨率为300 m，辨别潜在的冰存储区。

（5）莱曼 α 绘图（LAMP）：在远紫外观测整个月球表面。LAMP 将寻找表面冰和极区的霜，仅在星光照射条件下提供永久阴影区的图像。

（6）辐射效应宇宙线望远镜（CRaTER）：研究银河宇宙线对人造细胞的效应，将其作为对背景空间辐射生物学响应模式的限制。

此外，LRO 还携带了一个高级单孔雷达技术验证装置（mini-RF），工作在 X 波段和 S 波段，目的是验证新的轻型单孔径雷达、新通信技术和极区水冰测量技术。

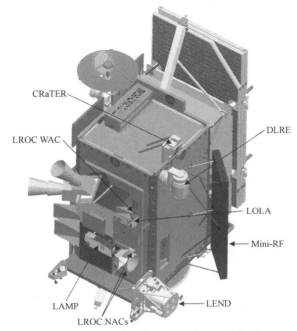

CRaTER

LROC WAC

DLRE

LOLA

Mini-RF

LAMP

LEND

LROC NACs

图 3-4-4　月球勘察轨道器及其科学负载

2. 月球陨石坑观测与遥感卫星

美国在发射 LRO 时，将用同一运载火箭将"月球陨石坑观测与遥感卫星"（LCROSS）送入月球轨道，进一步证实月球南极是否有水冰。LCROSS 由导引飞船 （S-S/C）（重 700 kg）和人马座上面级（EDUS）（重 2000 kg）两部分组成。发射大约 1 小时后，LRO 与 LCROSS 分离，沿地月转移轨道奔向月球。而 LCROSS 采用"月球引力助推-月球返回轨道（LGALRO）"。LGALRO 利用月球的引力助推作用脱离转移轨道，进入一个环绕整个地月系统的大椭圆轨道，目的是使 LCROSS 几乎垂直地撞击月球表面。LGALRO 轨道大约需 86 天（5 天月球飞越，81 天地球拉长轨道）。彩图 12 给出 LGALRO 轨道的结构。

在撞击前大约 7 小时，S-S/C 与 EDUS 分离，然后减速以便尾随在 EDUS 之后，并调整自己的位置以对撞击过程成像和收集撞击羽烟的数据。在 EDUS 撞击后的 15 分钟时间内，S-S/C 将收集和传输数据，然后稍微偏离原来的轨道，在 EDUS 撞击目标 15 分钟后，撞击同一地区，可能偏离前一目标几百米。

EDUS 撞向南极的表面时，估计撞击坑直径为三分之一足球场那样大，深度约 5 m，溅射物的高度预计达 60 km,撞击能量是月球勘察者撞击时的 200 倍。当撞击产生的烟尘升起时,S-S/C 飞船正好飞越其上空,所携带的仪器将分析云的成分,寻找水冰和其他化合物存在的迹象。其他天基仪器和地基望远镜也将观测和研究这些烟尘。

在观测了烟尘后,引导飞船自己也将变成一个撞击器,产生第二个烟尘,其他月球轨道器和地面望远镜将观测这第二个烟尘柱。图 3-4-5 表示 EDUS 正撞向月球,图 3-4-6 比较了几个撞击器的撞击角,其中 LP 表示月球勘察者。

对撞击结果的分析表明,撞击羽烟中水冰的含量为 56%。

图 3-4-5　EDUS 撞向月球

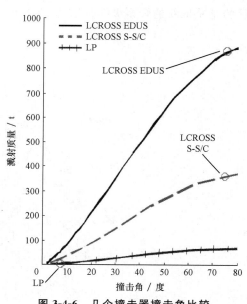

图 3-4-6　几个撞击器撞击角比较

3.4.5　人类重返月球

早在 1969 年 7 月,美国阿波罗 11 号飞船就实现了人类首次登月。在 40 年以后,人类为什么要重返月球呢? 重返月球在技术和科学目标等方面与上个世纪阿波罗计划究竟有什么不同呢?

1. 重返月球的意义

技术意义:登月技术涉及运载技术、飞船技术、软着月技术、返回技术和月球车技术等。经过 40 年的时间,人类在上述技术方面取得了许多新的成就,使得人类重返月球更加安全、更加经济、在月球上的活动范围更大、停留时间更长。这些技术的发展,可带动一个国家许多领域高科技的发展。

月球的中转站作用:月球是距离地球最近的较大天体,在月球上建立基地,不仅对深入研究月球有重要意义,而且还可以将月球作为载人探索火星和其他更远天体的中转站。在这个中转站可开展的工作包括培训航天员、摸索就地资源利用的方法、验证新技术,甚至从月球直接发射航天器。

科学意义:航天员在月球上可以开展许多深入细致的研究工作。这些工作可分为三种类型:

(1)关于月球的科学(science of the moon),即深入研究解决 3.4.2 节所列举的科学问题。

（2）来自月球的科学（science from the moon），利用月球表面环境的优点，开展多学科的科学观测和研究。

月球提供了观测太阳系和宇宙的优良平台。在月球上从事的观测和研究利用了月球环境的下列特点：没有大气层，没有电离层，没有风，侵蚀小，没有次级宇宙线；高稳定性、低程度的月震；在月球远边没有来自地球的电磁辐射；非常低和稳定的温度，在极区陨石坑中没有阳光；很低的自旋率，允许长时期的观测。

在月球进行观测和研究受益的学科有天文学、天体物理学、太阳物理学、空间物理学和高能物理学。相关的研究领域是：地球和地-月空间科学，涉及地球大气层、海洋循环、大气层加热平衡、海洋加热平衡、高层大气紫外散射、红外温度探测、极光-气辉、极光区电子沉降、磁尾等；研究太阳和太阳系，涉及太阳色球层与日冕、太阳射电暴噪声、紫外太阳物理学、X 射线太阳物理学、太阳能量粒子、太阳磁场、外行星、行星大气层等；深空探测与研究，包括黯淡和明亮天体、宽带光度学、恒星高能现象、恒星的外轮廓、低频无线电天文学、星系核与电子研究、银河粒子散射、紫外天文学及 X 射线天文学等。

（3）人类生活在月球上所衍生的科学（science on the moon）。尽管月球缺乏维持生命存在的必要条件，但载人探月为生命科学提供了新的、大有希望的机遇。在地外环境中有关医学和生理学方面的知识将不断积累，为人类踏上其他星球做好准备。在月球上的科学所涉及的学科包括：人类生理学（营养学、肌肉研究、心血管研究及骨质疏松研究）；免疫学（免疫功能、淋巴分布）；放射生物学（辐射防护、免疫系统）；动物学（再生、系统发展、骨质疏松、大脑功能）；微生物学（放射生物学、基因工程）；社会学和心理学；进化生物学（胚胎学、有机繁殖）。

对于人类整个太空探索计划来说，重返月球是非常重要的一步。在月球上建立人类的长期基地，可大大减少今后进行太空探索的成本，使人类实现更雄心勃勃的探索计划成为可能。将沉重的太空飞船和燃料送入太空代价高昂，而在月球上进行太空飞船的组装和发射准备，只需要摆脱很小的引力、只需要很少的燃料，因此只会花费很小的成本。

月球上还蕴藏着丰富的资源。它的土壤里含有的原料，也许可以加工成发射火箭用的燃料，或者可以呼吸的空气。我们可以在月球上研制和试验新的太空探索技术、系统和方法，以便在其他更具挑战性的太空环境里进行更深入的研究。人类重返月球是我们取得更多进步和成就的合乎逻辑的步骤。

如果我们把太空比作海洋，月球则是离我们最近的海岛。遨游大海自然要将最靠近的岛屿作为一个中转站。有了在月球上得到的经验和知识，然后我们就可以做好进行下一步太空探索的准备了，将人类送上火星甚至更远的星球去。

2．美国的重返月球计划

美国已经制订了系统的重返月球计划，其要点是：

继承航天飞机的发射技术，研制新型运载火箭，包括载人和载物火箭。火箭的名称为"火星"（Ares），Ares 是火星的同义词。因此载人火箭命名为火星 I，载物火箭命名为火星 V。

研制新型飞船，取代目前的航天飞机。这种飞船既可以将航天员送到月球，将来还能将航天员送到火星。新型飞船不同于 20 世纪登上月球的阿波罗飞船，可载 6 人。这种飞船最初称为"乘员探索飞行器（CEV）"，现在的正式名称为"猎户座"。因为猎户座是最亮、最熟悉和最容易辨认的星座。"猎户座"第一次载人飞行到国际空间站不晚于 2014 年，第一次载人到月球不晚于 2020 年。"猎户座"模仿了以往飞船的形状，但利用了最新的计算机技术、电子学技术、生命保障系统、推进和热防护系统。返回舱的锥形形状在载入大气层时是最安全和最适用的，特别是以从月球返回的速度载入地球大气层时。

　　"猎户座"的直径为5 m，质量为25 t，比阿波罗飞船返回舱的体积大2.5倍。图3-4-7(a)是猎户座飞船，图3-4-7(b)是登月舱"牵牛星"。

图 3-4-7　猎户座飞船(a)与牵牛星登月舱(b)

　　载人运载火箭将"猎户座"送入太空，并与国际空间站对接，航天员可在空间站做好登月的前期准备工作。

　　巨型运载火箭将登月舱(牵牛星)和"脱离地球级"运载火箭送入环地球轨道。

　　机组人员与国际空间站脱离，乘"猎户座"环绕地球运行，并择机与登月舱和"脱离地球级"运载火箭对接。

　　"脱离地球级"运载火箭点火，将"猎户座"和登月舱送到月球轨道。"猎户座"和登月舱与"脱离地球级"运载火箭分离。

　　"猎户座"和登月舱环绕月球飞行，航天员进入登月舱，在适当位置登月舱与"猎户座"分离。"猎户座"继续环绕月球飞行，航天员乘登月舱在月球表面软着陆。

　　航天员完成在月球的考察任务后，乘登月舱的返回装置进入环月球轨道，并与"猎户座"对接，航天员进入"猎户座"，与登月舱分离，"猎户座"点火，将航天员送回地球。

　　进入环地球轨道后，"猎户座"返回地面时，与一般飞船返回地面的方式相同。

3.5　月 球 基 地

3.5.1　概述

1. 月球基地概念

　　月球基地的概念最早是由科学幻想作家在20世纪初提出的。英国行星学会(BIS)于1933年成立后，关注的主要问题是探索将人送到月球表面的方法，并首次提出了月球飞船的设想。BIS理事长甚至撰文写到，尽管月球的环境是极端恶劣的，但在那里建立一个前哨是可能的。在20世纪50年代，BIS会员发表了许多关于月球基地计划和发展的论文，涉及运载工具、月球基地结构、月球资源利用和在月球上耕种等许多方面。

　　20世纪50年代末期，美国军方开始对月球基地感兴趣，并提出了"地平线计划"，深入、全面地阐述了月球基地的技术设计。按照这个计划，月球基地由10个分系统构成，其中3个是气闸舱。整个基地需要运送 245 t 材料和设备。基地所需的电源是 4 台功率分别为 60、40、40 和 5 kW 的核反应堆。准备往月球运送 12 名航天员，先期到达的 2 名航天员的主要任务是研究月球表面环境、选择基地位置，在后面的 10 人到达后，用 15 天的时间建设营地。虽然"地平线计划"没有执行，但对月球基地的技术研究，为后来的阿波罗计划打下了基础。

NASA 在 1969 年公布了"美国在空间的下一个 10 年"的报告，该报告建议在阿波罗计划后分三阶段建设月球基地，但这个报告所提出的建议没有被采纳。在 20 世纪 70 年代，美国还有一些研究机构和大学提出了月球基地研究的计划。

美国于 1981 年发射第一架航天飞机后，对月球基地的研究再次升温。1984 年 10 月在华盛顿召开了"21 世纪的月球基地与空间活动"的学术会议。1986 年，美国总统里根提出，美国重返月球，不只是短暂的探索，而是要长期系统的探索，并逐步停留在那里。1987 年宣布成立一个办公室，协调"人类在地球以外存在"的活动。同年，NASA 提出了在 2010—2030 年间人类将在月球表面生活和工作几个月的建议。1989 年 7 月 21 日，美国总统乔治·布什启动了"太空探索开创"计划（SEI），该计划提出美国应承担起重返月球的义务，SEI 被称为"斯坦福报告"。虽然美国总统克林顿后来取消了 SEI 计划，但人类重返月球和载人探测火星的研究一直在进行。

1992 年，欧洲空间局（ESA）公布了"奔向月球"的报告，提出了在月球上进行各种科学研究的可能性。

1994 年在瑞士召开了第一次国际月球研讨会，ESA 在会上散发了"月球计划"的小册子，描述了人类分 4 个阶段建立月球基地的计划。虽然 ESA 的这个计划没有执行，但这次会议促使"国际月球探索工作组（ILEWG）"的成立。中国于 2006 年在北京承办了第八次 ILEWG 会议。

2004 年 1 月 14 日，美国总统小布什宣布了美国新的太空发展计划，这个计划包括重返月球和在月球上建立长期基地。此后，有关月球基地的研究进入了实质性的阶段。

2. 月球基地位置选择

位置选择是月球基地建设的重要问题。选址的主要依据是战略目的、月球科学与环境、资源利用和操作限制（轨道与月球表面的关系）。战略目的是总目标，是选择位置的决定性因素。科学方面涉及月球的地质和地理特征、实地矿物和岩石成分、太阳照射条件、月壤的工程性质、月球车下落和上升的轨道。无论是基地的建设，还是维持航天员的日常生活，都需要大量的资源。因此，就地资源的可利用性，是需要充分考虑的条件。操作限制涉及飞船的轨道、基地与地面的通信等。在综合考虑各种因素后，月球基地不同地点的优缺点列于表 3-5-1。

表 3-5-1　月球基地候选位置优缺点比较

	特征	极区	赤道（近边）	赤道（远边）	月球临边
资源	H	少；潜在水冰	有	有	有
	^{3}He	可能少/没有	有	有	有
	钛铁矿	可能有	有	有	有
	斜长石	有	低	低	低
	温度变化	小	大	大	大

（续表）

特征		极区	赤道（近边）	赤道（远边）	月球临边
表面环境	照明	恒定，长时间阴影	月变化	月变化	月变化
	流星灾害	减小	有	有	有
	辐射	减小	有	有；无地球射电噪音	有
地形地貌		很粗糙	平坦	很粗糙	平坦
科学	地理学	未来探索对所有地点都感兴趣			
	天文学	视场减小	全天空，有地球噪音	全天空，无地球噪音	全天空，有地球噪音
	太阳观测	持续	每月球日两周	每月球日两周	每月球日两周
安全	辐射屏蔽	部分屏蔽	另加屏蔽	另加屏蔽	另加屏蔽
	通信	持续	持续	与地球通信不可行	地球日夜分界线可行
	易进入性	极轨连续	赤道轨道连续限制较高高度	赤道轨道连续限制较高高度	赤道轨道连续限制较高高度
电源	太阳电源	持续可用	每14天变化	每14天变化	每14天变化
热控制	热衰减	好	白天困难	白天困难	白天困难

最终地点的确定还需由月球勘察轨道器和着陆器的观测结果来确定。但目前美国的倾向是在南极沙克尔顿（Shackleton）陨石坑（直径19 km）的边缘。主要理由是：

（1）极区有丰富的阳光，有利于建设太阳能电源；

（2）极区的环境相对温和（气候、风土等），容易设计居住区。极区全年温度变化不超过50℃，而赤道地区的温度日夜变化250℃；

（3）月球的南极富含氢，对未来能源、推进剂等是潜在的资源；

（4）极区可以使机器人和人类探索者了解到许多关于月球的知识，因为极区是最复杂、同时也是人类目前了解最少的区域；

（5）在南极附近将设备和科学负载着陆，可使用较少的推进剂，可节约成本。

图3-5-1给出沙克尔顿陨石坑附近的环境状态。

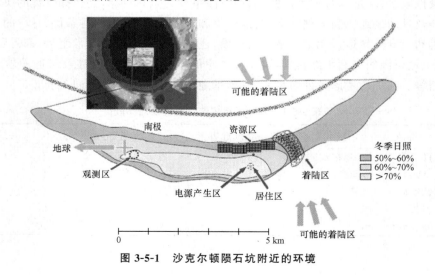

图 3-5-1　沙克尔顿陨石坑附近的环境

3．月球基地的构成

月球基地最基本的构成应包括电源、居住区、实验室、施工和运输工具。

（1）基础设施和设备：基本模块（实验室、科学观测设备、控制中心、居住区）、气闸舱、热控制系统、电源供应系统、生命保障系统、通信导航系统、科学器材、辐射屏蔽、运输系统、存储设备、发射和着陆设备。与阿波罗月球车不同的是，未来月球基地的运输工具将载重矿物和货物等，因此要求有更大的运输能力。这样，对轮胎和车辆的设计以及所使用的材料都提出了新的要求。

居住区有刚性模块和可伸展模块两种形式。刚性模块是增压单元，内部结构和设备的大部分甚至全部是在地球上完成的，然后送到月球。刚性模块的优点立即可以利用，而且可以利用空间站的技术。主要缺点是因运输的限制，体积和质量都受到限制。

可伸展模块是在发射时可以折叠，送到月球后再展开，这样就不受发射和运输时体积的限制。

气闸舱是居住区内部和月球表面之间的界面，功能类似于空间站的气闸舱。

（2）生产设施和设备：采矿设施与设备、化学处理设备、机械设备、电子设备、制造设备、生物学生产设备（蔬菜和肉等）。

3.5.2 生命保障系统

月球基地生命保障系统的主要目标是保障机组具有合适的生存和工作环境。系统的构成包括：

大气控制：包括成分控制、温度和湿度控制、压强控制、大气再生和污染控制等，统称为环境控制与生命保障系统（CELSS）；水管理：饮用水的供应、废水处理；食品的生产和存储；医学和安全方面；辐射屏蔽。

CELSS 科学和技术发展的有关问题示于表 3-5-2。

表 3-5-2 要求的 CELSS 科学和技术发展

领 域	发展和设计问题
环境	材料选择、大气选择、重力选择、辐射屏蔽要求和方法、生态系统协调研究、污染和有毒物的化学分析与控制、照明要求、太阳反射器和滤波器
管理和控制	关键的生物学性能参数、生物学传感器、生物学稳定性判据的确定、CELSS 管理和控制原理
农业	确定适合的庄稼种类、高产出和高营养植物的种植、最佳生长和收割技术、没有土壤情况下的植物生长、遗传变异的辐射效应、植物的强迫生长效应、光合作用效率、微重力环境下植物的内分泌活动、有毒性气体中植物的生长、动物的潜在利用
水产养殖	潜在的养鱼和（或）海藻
食品处理	食品处理、储存和放置的新概念，以减少设备和资源要求
膳食计划	人类的营养要求、基于废物转化的食品生产生态学、改进的食物防护和密封方法
废物处理	物理-化学处理，如矿物分离与排除、废物处理技术、空气处理技术、植物蒸发水的利用、废物的新陈代谢转换为营养物、微生物处理技术、化学分离方法、植物废物副产品循环

彩图 13 给出的月球基地包含了相关的生命保障系统。这个系统处于半地下，里面种有植物。

月球上最主要的辐射源是太阳高能粒子与银河宇宙线。屏蔽方法有三种：被动整体屏蔽、电磁屏蔽与静电屏蔽。

被动整体屏蔽的效果与屏蔽材料性质、厚度以及入射粒子的能谱有关。常用的屏蔽材料有铝、铅、水、聚合物与月壤。利用月壤屏蔽时，一般居住区为地下和半地下，凡是暴露部分都用厚的月壤屏蔽，这种方法是就地取材，可大大降低成本。这种方法还能屏蔽流星体。

电磁屏蔽的对象是来自太阳和地球的电磁辐射。月球表面也存在静电场，为了屏蔽静电场，目前已经提出了一些设计方案。

3.5.3　月球就地资源利用

人类能否在月球长期居住，重要的条件是月球就地资源利用的水平与程度。最重要的可利用资源是水冰、氢、氧、铁和铝。

水冰是人类生存的最重要物质，可在极区提取。氧是维持生命的重要气体，另外，氧还可以用做运载火箭的推进剂。氢可以与氧合成水，同时还是火箭的推进剂原料。铁和铝在月球上蕴藏丰富。如能在月球上就地提炼铁和铝，将使月球基地的建设迈入新的阶段。目前，许多学者已经提出了在月球上就地资源利用的方法。彩图14a给出月球就地资源利用的方法和形式。

随着月球基地建设的逐步完善，一些学者甚至提出了月球基地商业应用的设想，彩图14b是其中的典型代表。

1. 提取氧和氢

在月球上利用本地资源和材料生产氧，是月球基地建设头等重要的事情。目前已经提出了许多种生产氧的方法，如表3-5-1所示。对于在月球上提取氧，最重要的两种材料是钛铁矿和钙长石类的硅酸盐。

表 3-5-1　月球上生产氧的方法和过程

固体-气体相互作用

过程名称	化学方程式
氢对钛铁矿的还原作用	$FeTiO_3(s) + H_2(g) \longleftrightarrow Fe(s) + TiO_2(s) + H_2O(g)$（还原）
	$H_2O(g) \longleftrightarrow H_2(g) + 1/2 O_2(g)$（电解）
CO 对对钛铁矿的还原作用	$FeTiO_3(s) + CO(g) \longleftrightarrow Fe(s) + TiO_2(s) + CO_2(g)$（还原）
	$CO_2(g) \longleftrightarrow CO(g) + 1/2 O_2(g)$（电解）
甲烷对钛铁矿的还原作用	$FeTiO_3(s) + CH_4(g) \longleftrightarrow Fe(s) + TiO_2(s) + CO(g) + 2H_2(g)$（还原）
	$2CO(g) + 6H_2(g) \longleftrightarrow 2CH_4(g) + 2H_2O(l)$
	$H_2O(l) \longleftrightarrow H_2(g) + 1/2 O_2(g)$（电解）
氢对玻璃的还原作用	$FeO(s) + H_2(g) \longleftrightarrow Fe(s) + H_2O(g)$，电解水产生氧
硫化氢的还原作用	$MO + H_2S \longrightarrow MS + H_2O$（还原）
	$MS + 热量 \longrightarrow M + S$（热分解）
	$H_2O \longrightarrow H_2 + 1/2 O_2$（电解）
	$H_2 + S \longrightarrow H_2S$（氢硫化物再生）
用氟提取	氧化 $M + F_2 \longrightarrow$ 氟化 $M + O_2$
	氟化 $M + K \longrightarrow$ 金属 $+ KF$　（M＝Ca, Al, Fe, Si, Mg, Fi）
	$KF + 电 \longrightarrow K + 1/2 F_2$
氯等离子体还原	$Cl_2 + MO \longrightarrow MCl_2 + 1/2 O_2$

（续表）

过程名称	化学方程式
硅-氧化物熔解	
熔化硅电解	$Fe^{2+} + 2e^- \longleftrightarrow Fe^0$
	$Si(IV) + 4e^- \longleftrightarrow Si^0$
	$4(SiO^-) \longleftrightarrow 2(Si\text{-}O\text{-}Si) + O_2 + 4e^-$
热碳还原	$Mg_2SiO_4 + 2CH_4 \longrightarrow 2CO + 4H_2 + Si + 2MgO$
	$2MgO \longrightarrow O_2 + 2Mg$
Li 和 Na 还原钛铁矿	$2Li + MO \longrightarrow LiO_2 + M$ （M＝金属/Si,Fe,Ti 的氧化物）
热解	
蒸汽复原	
离子（等离子体）分离	
等离子体复原钛铁矿	
水溶解法	
HF 酸溶解	
H_2SO_4 溶解	$FeTiO_3(s) + H_2SO_4(l) \longleftrightarrow FeSO_4(l) + TiO_2(s) + H_2O(l)$
	$FeSO_4(l) + H_2(O)(l) \longleftrightarrow H_2SO_4(l) + Fe(s) + 1/2O_2(s)$

2. 提取氦 3

将月壤加热到 200℃以上,氦 3 就开始释放出来。温度到 600℃时,会释放出 75％的氦气。假定每克月壤含有 3～4 ng 的氦 3,仅处理表面下 60 cm 厚度的月壤,则处理 33 km² 面积的月壤可获得 1 t 氦 3。

3.5.4 电源与能量存储

月球基地的电源系统可划分为两种基本类型:太阳能与核电源。除了直接使用这两种类型外,还包括各种类型的存储能源及辐射能源。这些电源系统以及实现方案示于图 3-5-2。

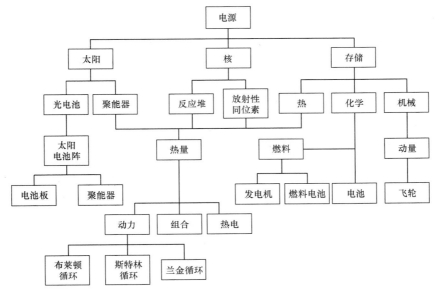

图 3-5-2 电源转换方案

1. 太阳能电源系统

包括光电池(PV)和太阳热系统两种类型。

光电池的主要优点是直接将太阳能转换为电能,目前在各类航天体上已经得到广泛的应用,技术比较成熟。

太阳热系统包括热电偶和太阳动力系统两类。热电偶是广泛使用的一种热-电转换装置,其优点是结构简单。缺点是热电转换效率低,一般在 5%~8%左右。

太阳动力系统(SD)的工作流程是先将太阳能聚集在热接收器上,然后将热量输送到热电转换器,后者将热能转换为电能。与 PV 技术相比,SD 可获得高的功率(>100 kW)。这种系统虽然还没有应用到空间技术中,但模拟空间条件证实系统转换效率为 17%。

如图 3-5-2 所示,SD 系统有三种热电转换单元,即布莱顿循环、斯特林循环和兰金循环。在布莱顿循环中,气体工质(如 He-Xe)被热接收器加热,在涡轮发动机中膨胀。涡轮发动机驱动一个交换器,将机械能转换为电能。如果将这种系统应用到月球基地,预计效率为 25%。

斯特林循环的主要优点是效率高,在 50%~75%左右,相应于卡诺循环的效率。预期在月球基地应用时,效率在 35%左右。

在兰金循环中,液体工质在高压下被泵到加热器,在那里被加热并转换为蒸汽。涡轮发动机从高温、高压的的蒸汽中提取能量,然后蒸汽凝结,废热被辐射器排除。预期在月球基地应用中,效率为 22%~25%。

2. 核电源系统

核电源主要有三种类型:放射性同位素电源、核反应堆以及核聚变电源。但在空间应用中,目前只有放射性同位素电源。

放射性同位素电源是利用放射性同位素在衰变过程中所释放出的热能,再把热能直接转化为电能的一套装置。故又称放射性同位素热电发生器(RTG)。RTG 比功率高,寿命长,工作稳定可靠,环境适应能力强,便于空间活动使用。放射性同位素电源一个突出的优点就是不依赖阳光,可在阴影周期性变化的地球轨道、在具有漫长黑夜的月面(黑夜长达 14 天,温度从 140℃下降到零下 180℃)、在离太阳很远因而阳光很弱的外层空间都能正常运行。

美国在过去的近 40 年中,共发射成功 21 艘载有 RTG 的航天器。其中 8 艘为不同类型的人造卫星,用于地球轨道飞行;5 艘为登月飞船,用于"阿波罗"计划;8 艘为星际探测器,用于外行星探索,总计使用了 38 台 RTG。其中未包括发射失败的 3 艘航天器携带的 RTG。前苏联也向空间发射过放射性同位素电源(或热源)供卫星与月球车使用。近年来俄罗斯也在积极开发寿命更长的空间同位素电源。

目前同位素温差发电器制造工艺趋于成熟,早期采用过钋-210,后来绝大多数采用钚-328(半衰期 87.7 年)作为燃料,电功率为 1~500 W,使用寿命达 10 年,热电效率 8%~10%,比功率已达到 5 W/kg。近年来为了提高装置的热电转换效率,除继续改进静态同位素发电体系外,业已开始发展由"通用型热源组件"与"封闭的布莱顿循环"相结合的动态同位素发电系统(DIPS)。它所提供的电功率范围为 1~10 kW,热电转换效率达 25%,可为众多现实和潜在的应用提供服务,如为军用卫星,星际探测,深空飞行,火星与月球越野车提供动力等。

放射性同位素空间电源目前的功率还较小,因而不断提高电源的热电转化效率是问题的关键。此外,空间应用的放射性同位素电源大多用钚-238 作为热源燃料,用量较大,而且具有潜在的危害性,必须保证电源设计在火箭升空时承受各种空气力学冲击,即使在事故条件下,例如重返大气层,也不致造成放射性物质对地球生物圈的污染。

3. 能量存储系统

对月球基地来说,设计太阳能电源系统最困难的工程问题是为漫长黑夜的能量存储,但对核电源不存在这个问题。潜在的能量存储方案包括燃料电池、电池和飞轮等。

燃料电池是一种将氢和氧的化学能通过电极反应直接转换成电能的装置。这种装置的最大特点是由于反应过程中不涉及燃烧,因此其能量转换效率不受"卡诺循环"的限制,其能量转换率高达 $60\%\sim80\%$,实际使用效率则是普通内燃机的 $2\sim3$ 倍。另外,它还具有燃料多样化、排气干净、噪声低、对环境污染小、可靠性及维修性好等优点。阿波罗飞船和航天飞机中燃料电池的平均功率分别为 $1.42\,kW$ 和 $7.0\,kW$,电源的重量分别为 $110\,kg$ 和 $91\,kg$。

电池有可充电电池与非充电电池两种。

飞轮是一种机械能存储装置。一个旋转盘或飞轮可存储能量的理论值与飞轮转动惯量成正比,与转动角速度的平方成正比。目前,商业化的飞轮系统可存储的能量密度为 $10\sim50\,Wh/kg$,发展中的飞轮系统能量密度可达 $100\,Wh/kg$。

3.5.5 热控制系统

月球基地热控系统(TCS)的基本任务是将居住场所的温度维持在人感到舒适的范围内。由于月球表面的日夜温差很大,热控问题是一个具有挑战性的问题。

根据热力学的基本原理,热传递有传导、对流和辐射三种方式。由于月球没有空气,月壤的热导率很低,辐射就成为主要的热传递形式,辐射方程是 $Q=\varepsilon\sigma AT^4$。这里 σ 是斯特藩-玻尔兹曼常数,A 是表面面积,T 是绝对温度,ε 是辐射系数,在 0 和 1 之间。由此看出,在相同温度下,发射系数支配着通过辐射而损失到空间的热量。物体还吸收外界(主要是太阳)的热量,吸收本领用吸收系数 α 表示。一个物体的温度由该物体辐射出的热量和吸收的热量决定。

月球基地的热控制系统可分为被动热控制系统(PTCS)和主动热控制系统(ATCS)两种类型。

1. 被动热控制系统

PTCS 是利用绝热物质减少月球基地设备对热量的吸收,也可以在设备外部加涂层材料,改变对入射热量的反射和吸收特性。表面涂层的性质由吸收和发射率的比值决定。对典型的抛光金属,$\alpha/\varepsilon=5$,对于暗涂层和亮涂层,这个值分别是 1 和 0.2。为了控制外壳与内部设备之间的辐射,可以使用各种热导率的材料。金属的热导率一般在 $7\sim430\,W/mK$ 之间,塑料的热导率在 $0.017\sim0.28\,M/mK$ 之间,绝热材料的热导率在 $0.00002\sim0.085\,M/mK$ 之间。低端数值对应于多层绝热,由许多真空隔离的薄反射层构成。

2. 主动热控制系统

如果对热控制系统的温控效果要求较高,就需要采用主动热控制系统。所谓主动,意思是具有某种类型的流体循环环路,允许对流热输送以增强传导和辐射。ATCS 由内部热控制系统(ITCS)、外热控制系统(ETCS)以及两者之间的界面构成。内控系统的作用是调节机组人员居住区的温度,使其维持在合适的范围内。外控系统的任务是将来自内控系统的热量通过液体环路排放到外面。主要装置是各类热辐射器。

复习思考题与习题

1. 月球表面形态具有哪些特征？
2. 分析月球是否存在水冰的理论根据与观测证据。
3. 月壤的分布有哪些特征？受哪些因素影响？
4. 试进行月球起源模式的分析比较。
5. 月壤对载人探月有什么影响？
6. 月球氦 3 的分布具有哪些特征？
7. 未来月球探测的科学目标是什么？
8. 人类为什么要重返月球？
9. 建立月球基地要解决哪些环境问题？

参 考 文 献

[1] Encrenaz. T et al. The Solar System. Third Edition，Springer-Verlag，New York，2004.

[2] Eric Chaisson，Astronomy Today，Fifth Edition，The Solar System，Volume 1，Upper Saddle River，New Jersey，2005.

[3] Harrison Schmitt，Reurn to the Moon，Praxis Publishing，LTD，New York，2006.

[4] Edited by Mak V. Sykes，The future of solar exploration，2003—2013. United States of America by Sheridan Books，Chelsea，Michigan，2002.

[5] Edited by david M. Harland，Lunar Exploration，Springer-Verlag Berlin Heidelberg New York.

[6] Edited by Peter Eckart，Lunar Base Handbook，The McGraw-Hill companies，New York.

[7] Edited by Lucy-Ann McFadden，Paul R. weeissman，Torrence V. johnson，Encylopedia of the Solar System. Academic Press，2006.

[8] Science 13 February 2009：Vol. 323. no. 5916，pp. 897～905.

第四章 水 星

4.1 轨道特征与宏观性质

4.1.1 轨道特征

水星是最靠近太阳的行星,也是太阳系最小的行星。轨道的近日点和远日点分别是 0.31 AU 和 0.47 AU,到太阳的平均距离为 0.387 AU,轨道偏心率是 0.205,轨道平面对黄道面的倾角为 7.00487°。水星绕太阳公转的周期为 87.97 天,平均轨道速度为 47.8275 km/s,是地球的 1.607 倍。而在近日点的速度为 56.6 km/s,远日点的速度也高达 38.7 km/s。水星是太阳系围绕太阳跑得最快的行星,如果飞机以水星的公转速度飞行,绕地球飞行一周不到 12 分钟。

当水星走到太阳和地球之间时,我们在太阳圆面上会看到一个小黑点穿过,这种现象称为水星凌日。其道理和日食类似,不同的是水星比月亮离地球远,视直径仅为太阳的 $1/190 \times 10^4$。水星挡住太阳的面积太小了,不足以使太阳亮度减弱,所以,用肉眼是看不到水星凌日的,只能通过望远镜进行投影观测。水星凌日每 100 年平均发生 13 次。

水星的自转周期为 58.63 个地球日,即水星每绕太阳运行两周,绕自己的轴线旋转三周,一个水星日等于 2/3 个水星年(见图 4-1-1)。0 表示初始时刻,在"4"的位置自转了一周,在"8"的位置自传了 2 周,在"12"的位置自传了 3 周,正好绕日运行 2 周。行星的这种自旋周期与轨道周期的关系称为自旋-轨道耦合。对于水星的情况,自旋与轨道周期的关系是 3∶2 的谐振。月球也存在自旋-轨道耦合,由于它每绕地球运行一周,正好围绕自旋轴转动一周,因此有 1∶1 的谐振关系。大多数外行星的卫星也有这种类型的谐振。

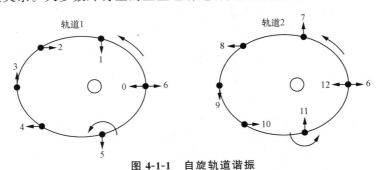

图 4-1-1 自旋轨道谐振

箭头表示水星长轴的取向,围绕太阳公转两圈回到初始的取向。

3∶2 的自旋-轨道耦合使得一个水星太阳日(日升到日升)持续 2 个水星年,或者说 176 个地球日,88 个地球日是白天,88 个地球日是夜间。这是由于水星围绕太阳的高速运动减小了其自旋的效应。以图 4-1-2 为例,初始时经度为 0°的位置是日升,从日升到中午,水星完成了 3/4 的自旋,围绕太阳运行了半周,到达近回点。再经过 3/4 的自旋,水星回到日升的位置,此时为日落,这样,一个水星白天是 88 个地球日。依次分析,再经过 88 个地球日后又一次到日升。

3∶2谐振的另一个效应是同一半球在通过近日点时总是交替面向太阳,这是由于在一个近日点面向太阳的半球将自旋一圈半后到另一个近日点,因此它背向太阳;再自旋一圈半,也就是再经过一个轨道后,再一次面向太阳。由于0°和180°经度的星下点发生在近日点,所以它们被称为热极。在90°和270°经度的星下点称为暖极,因为它们发生在远日点。

3∶2谐振以及大偏心率的第三个结果是对于在水星上(与位置有关)的观察者来说,一天将看到两次日升或两次日落,或者在中午经过近日点时看到太阳后退。

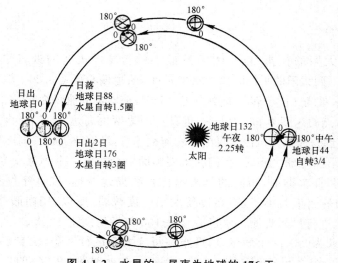

图 4-1-2　水星的一昼夜为地球的 176 天

4.1.2　大小和密度

水星直径为 4878 km,质量为 3.30×10^{23} kg(是地球质量的 0.05527 倍),体积大约是地球的 6%。表面重力加速度为 3.70 km/s²,是地球的 0.378 倍。

水星的密度为 5.44 g/cm³,仅次于地球,远高于月球的密度(见图 4-1-3)。地球的平均密

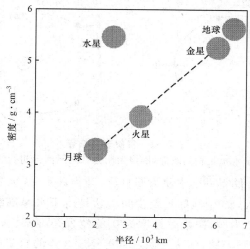

图 4-1-3　类地行星和月球的密度比较

度为 $5.5\,g/cm^3$,由于地球很大,内部的压力极高,因此在地球深处岩石或金属的密度高于地球表面相同岩石或金属的密度。当根据地球的压力梯度对这个密度进行矫正时,地球未被压缩的平均密度只有 $4.0\,g/cm^3$ 。水星远小于地球,内部压力比地球的内部压力低得多。如果考虑这个因素,水星未被压缩的平均密度仍高于 $5.3\,g/cm^3$,高于地球的未压缩平均密度。这意味着,水星在很大程度上是由重元素组成的。铁是太阳系中丰度最大的重元素,是流星体和类地行星的重要成分。地球的地震学数据也显示,地核大部分是由铁构成的。由此可以推断,水星的高密度主要起因于铁的含量高,水星的重量大约 70% 是铁,只有 30% 来自岩石物质。水星单位体积内铁的含量是太阳系其他行星或卫星的 2 倍以上。水星的铁大概集中于核,核的直径大约是水星直径的 75% ,构成了水星大约 42% 的体积。与地球对比,地球的铁核大约是地球直径的 54% ,但仅构成地球 16% 的体积。水星怎样获得如此大的铁核? 这个问题对研究水星的起源有重要意义。

4.1.3 表面特征

水星的地质演变可划分为 5 个时期:托尔斯泰前期(pre-Tolstojan)、托尔斯泰(Tolstojan)、卡洛里(Calorian)、曼苏尔(Mansuria)和开珀(Kuiperian)期。图 4-1-4 给出直径大于 10km 的陨石坑的年代分布。

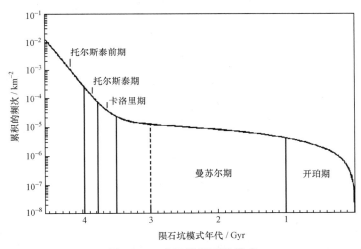

图 4-1-4 水星的陨石坑模式

托尔斯泰前期从壳的形成到托尔斯泰多环盆地的形成。撞击产生了大多数高原和大量的多环盆地。坑际平原也是在这个时期产生的。比较老的高原显示了潮汐断裂线的构造印痕。在这个时期末,行星变冷并开始收缩,产生了悬崖和悬崖系统。

托尔斯泰盆地是在 $3.97\,Gyr(10^9$ 年)前形成的,平坦平原由火山活动或撞击而产生。潮汐消旋和行星收缩继续,产生断裂线和悬崖系统。

卡洛里时期:在大约 3.77 Gyr 前的一个大的小行星撞击产生了卡洛里盆地。

曼苏尔与开珀期:在严重的撞击以后,陨石坑的产生率恒定下来。新的陨石坑叠加在旧的陨石坑表面,形成多环的盆地和悬崖系统。在水星表面最年轻的形式是亮的射线坑,如直径为 62 km 的开珀陨石坑。

1. 陨石坑

水星表面最显著的特征是大大小小的陨石坑,从直径 1300km 的盆地到飞船的照相机刚好能分辨(100m)的陨石坑,如图 4-1-5 所示。水星表面布满了环形山,但在环形山之间,也有不少山间平原。

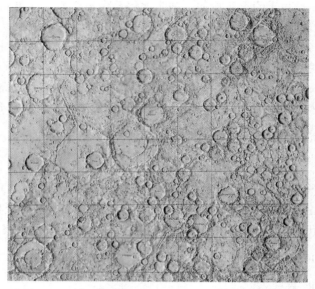

图 4-1-5　由美国地质学会制作的水星部分表面图形

水星是太阳系受到陨击最严重的天体之一,这些陨石坑记录提供了太阳系过去撞击过程的陨石坑特征的信息。由于水星是太阳系最内的行星,它提供了关于类地行星区域内撞击物体起源的重要限制因素。

所有相对新撞击的陨石坑有 3 个基本特征:(1)接近圆形的隆起边缘;(2)比陨石坑周围深的底部;(3)围绕陨石坑的相对粗糙的抛射物层。

内部为碗形的小陨石坑称为简单陨石坑。大陨石坑有台阶式的内壁,相对平坦的底部,中心有峰,称为复杂陨石坑(图 4-1-6)。

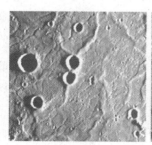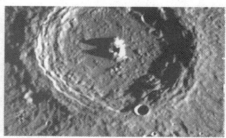

图 4-1-6　水星的陨石坑:小陨石坑、碗形陨石坑与复杂陨石坑

陨石坑直径与速度和质量等许多参数有关,包括撞击体的大小、撞击体与表面密度之比、表面重力和撞击角等。平均来说,小行星以 34 km/s 的速度撞击水星,分别以 22 km/s 和 19 km/s 的速度撞击月球和火星。来自外太阳系边缘的彗星对水星的撞击比对其他天体的撞击更频繁,水星 41% 的陨石坑、月球和地球约 10% 的陨石坑以及火星不到 3% 的陨石坑源于彗星撞击。对于水星,彗星撞击的平均速度为 87 km/s,而对月球和火星的撞击速度分别为 52 km/s 和 42 km/s。因此,在相同大小的撞击物作用下,水星上的陨石坑一般比较大,并产生比其他行星更多的熔化和抛射物。

卡洛里盆地是 1974 年由"水手 10 号"飞越水星时发现的,是太阳系最大的撞击盆地之一。但水手 10 号飞越水星时,仅盆地的东边一半受阳光照射。信使号在 2008 年 1 月 14 日飞越水星时,对盆地西半边进行了高分辨率成像。图 4-1-7 是由水手 10 号(右边)和信使号(左边)两艘飞船拍摄的图像合成的。根据水手 10 号的成像,卡洛里边缘结构的直径大约是 1300 km,图中用实线显示。而根据信使号的高分辨率成像,卡洛里盆地的直径大约是 1550 km(虚线)。

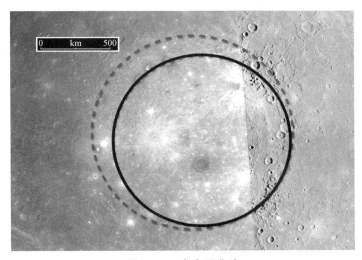

图 4-1-7 卡洛里盆地

卡洛里盆地是水星温度最高的区域,由此给它取名为"卡洛里盆地"(Caloris Basin),即热盆地的意思。

图 4-1-8 所示的这个双环陨石坑,外直径大约 260 km。陨石坑似乎充填了平坦的平原物质,可能是自然火山。从图中还可以看到小的次级陨石坑链,径向地向外扩展。

图 4-1-8 双环陨石坑

2. 平原

水星上有两种平原,即坑际平原(见图 4-1-9(a))和平坦平原(见图 4-1-9(b))。坑际平原是严重陨击区中大陨击坑群之间和周围的较平到平缓起伏的单元。其上面叠有较密集的小(15 km 以下)陨击坑(可能是成链或群的次生坑),这说明它们是水星上的最老单元,但某些坑际平原可能比严重陨击区年轻些。坑际平原是水星表面分布最广的单元,约占水手 10 号所摄水星高地的 45%。如同平坦平原成因那样,对坑际平原也有火山成因和陨击成因两种看法。水星上坑际平原可能代表火山成因的古老原始表面,至少有些是火山成因的。

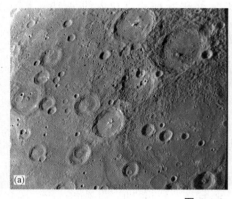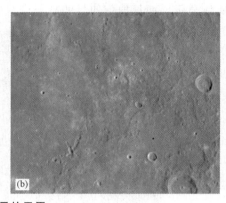

图 4-1-9 水星的平原

(a) 坑际平原;(b) 平坦平原

平坦平原是陨击坑少的较平坦区域,陨击坑少及叠置关系说明它们是水星的最年轻表面单元。它们在卡洛里盆地内及周围、北极区,其他盆地和大陨击坑底部也有较小的平坦平原。它们看来是类似于月海的区域,其上也有许多脊和悬崖,但不是像月海脊那样的细皱褶脊,而是较宽;平坦平原跟周围严重陨击区的反照率差别小于月海相应区情况,似乎像月球高地上的浅色平原。因此,提出争议的平坦平原两种成因:火山喷发和陨击溅射沉积。虽然平坦平原没有诸如火山丘、蜿蜒溪或岩溶流峰,但现有证据有利于火山成因假说。这些证据是:平坦平原分布广,比盆地及其周围年轻,反照率、其上面的陨击坑状况等跟月海形态相似。

3. 水星表面的剧烈活动

图 4-1-10 是由信使号窄角照相机距离水星表面 11 588 km 高度获得的。由该图可辨别出在水星这个区域历史上发生的五个事件,反映了水星表面剧烈活动的历史。

图 4-1-10 水星表面剧烈活动的历史见证

第一个事件是大的撞击,产生了图左下角的大陨石坑,该陨石坑的直径约 230 km;第二个事件是这个陨石坑的南边又受到一次撞击,产生了一个直径约 85 km 的陨石坑;第三个事件是这两个陨石坑后来被充填了流动形式的物质,可能来自火山活动,因为这两个陨石坑的底部都很平坦,大陨石坑几乎被这些物质充填到边缘;第四个事件是发生了表面挤压,在图中的下半部形成了一个西南-东北取向的线性特征,这个特征是一个断裂的陡坡;第五个事件是在这个区域的顶部受到撞击,形成了一个大陨石坑。这次撞击产生的溅射物径向地抛到很大的距离。

4. "蜘蛛"地形

信使号的窄角相机获得了卡洛里盆地底部的高分辨率成像(图 4-1-11)。盆地中心的约 40 km 直径的陨石坑是水手 10 号没有看见的,突出的特征是从中心径向分布着 50 多条向外延伸的沟槽,外形看上去像蜘蛛一样。这种结构在太阳系是首次发现。一种可能的解释是,当卡洛里盆地以某种方式形成时,撞击产生的熔化岩石热柱在盆地的中心底部升高,使盆地底部隆起,导致外壳破裂,形成沟槽。

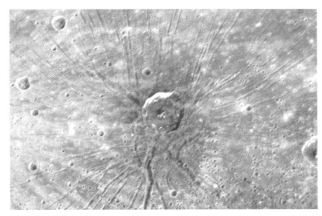

图 4-1-11　蜘蛛地形

5. 水星陨石坑的密度

信使号在飞越水星时成像了以前没有看见的大部分地区,从这些图像中可辨别出陨石坑。行星表面的陨石坑密度可用于分析不同地区的相对年龄,表面积累的陨石坑越多,这个地区越古老。确定水星表面不同地区陨石坑的数量,可以构造水星的地质演变历史。水星有许多陨石坑,彩图 15 只是信使号窄角相机获得的一帧图像的一部分,在水星表面的宽度为 276 km,从中可辨别出 763 个陨石坑和 189 座山丘(黄色)。

6. 水星的真实颜色

信使号的广角相机在 2008 年 1 月 14 日获得了水星接近真实颜色的图片(见彩图 16)。由该图片可以辨别出水星的一些特征。浅蓝色的亮斑是相对新的陨石坑。一些亮的陨石坑有亮的条纹,图的右上方大的圆形区域是卡洛里盆地内部,水手 10 号仅看到了这个巨大盆地的东部(右边)。

水星的直径大约 4880 km,彩图 16 的空间分辨率大约 2.5 km,拍摄时飞船距离水星表面大约 12 800 到 16 700 km。

4.2 水星的外逸层

4.2.1 水星外逸层的构成

水星的引力场不足以维持一个稠密的大气层,大气极其微小,因为从内部释放出的任何气体都有效地逃逸到行星际空间了。水手 10 号飞船上的紫外光谱仪探测出水星大气的主要成分是氢和氦,地面光谱测量还发现水星大气中有钠和钾。此外,水星大气中还有少量的氖、氩、氙、碳。氢和氦主要来自太阳风,但水星内部放射性元素衰变也放出氦、氩、氙等气体,而钾、钠是因为太阳风轰击水星岩石表面而排出的。

水星表面压强只有约 10^{-12} bar。由于气体稀薄,原子和分子很少碰撞,只有与行星表面碰撞,因此,更适当的词应当是外逸层而不是大气层。几十年来,一直认为 CO_2 最像是水星外逸层的气体,因为在火星和金星上发现了它。20 世纪 60 年代和 70 年代进行的地面光谱观测没有发现 CO_2 的吸收带。

水手 10 号上的紫外光谱仪在 1216 Å 和 584 Å 通道分别测量了 H 和 He 的分布。在日下点以上的 He 的标高相应于 575 K 的温度,表面数密度为 6000 cm^{-3}。在日下点以上的 H 的分布揭示了两个热分量特征,白天温度(420 K)夜间温度(110 K),相应的表面数密度分别是 23 和 230/cm^3。星下点冷的分量可能是源于水的光离解或表面的化学作用。在任何情况下,白天存在那么多的冷氢是令人惊讶和难以理解的。

大气层中氧的含量大概可与 Na 相比较,或比 Na 大一些。预期水星上氧的同位素(^{16}O, ^{17}O,^{18}O)成分不同于其他太阳系天体(地球上的比是:$^{18}O/^{16}O=1/490$,$^{17}O/^{16}O=1/2700$)。

根据水手 10 号和地面的光谱观测,水星外逸层的气体成分如表 4-2-1 所示。天顶柱丰度指沿垂直方向从地面延伸到外逸层顶部的气体密度的积分值。由于测量实际上不是直接沿着垂直方向,天顶柱丰度与计算模式有关。地球大气层的垂直柱丰度大约是 2×10^{18} 分子/cm^2。在一个位置出现多个数字,表示数据来源不同。

表 4-2-1 大气层丰度和损失率

成分	表面丰度 /cm^{-3}	总柱丰度 /cm^{-2}	通量 /$cm^{-2}\cdot s^{-1}$ $T=550$	光电离寿命 /s $R=0.386$ AU	光电离率 /$cm^{-2}\cdot s^{-1}$ $R=0.386$ AU
H	23;230	3×10^9	2.7	2.0×10^6	1.5×10^3
He	6.0×10^3	$<3\times10^{11}$	5.3	2.83×10^6	1.1×10^5
Li		$<8.4\times10^7$			
O	4.4×10^4	$<3\times10^{11}$	6.3×10^{-9}	7.43×10^5	4.0×10^5
^{20}Ne	6.0×10^3(白天) 7.0×10^5(夜间)				
Na	$1.7\sim3.8\times10^4$	2×10^{11}	6.9×10^{-15}	$5500\sim14\,000$ $14\,000\sim38\,000$ $25\,000$	2.1×10^7 7.4×10^6
Mg	7.5×10^3	3.9×10^{10}			
Al	6.54	3.0×10^9			

（续表）

成分	表面丰度 $/cm^{-3}$	总柱丰度 $/cm^{-2}$	通量 $/cm^{-2}\cdot s^{-1}$ $T=550$	光电离寿命 $/s$ $R=0.386\,AU$	光电离率 $/cm^{-2}\cdot s^{-1}$ $R=0.386\,AU$
Si	2.7×10^3	1.2×10^{10}			
S	5.0×10^3	2.0×10^{10}		1.3×10^5	1.5×10^5
	6.0×10^5	2.0×10^{13}			1.5×10^8
Ar	$<6.6\times10^6$	$<9.0\times10^{14}$		4.8×10^5	4.2×10^7
		1.3×10^9			
K	3.3×10^2	2.0×10^9		6700	1.5×10^5
	5.0×10^2				
Ca	387				
	<239				
Fe	340	$<1.2\times10^9$			
		$<7.4\times10^8$			
		1.1×10^8			
H_2	$<1.4\times10^7$	$<2.9\times10^{15}$		2.3×10^6	8.8×10^8
O_2	$<2.5\times10^7$	$<9\times10^{14}$		2.6×10^5	2.7×10^9
N_2	$<2.3\times10^7$	$<9\times10^{14}$		4.1×10^5	4.5×10^4
OH	1.4×10^3	1×10^{10}		6.2×10^5	2.7×10^6
CO_2	$<1.6\times10^7$	$<4\times10^{14}$		1.9×10^8	2.0×10^8
H_2O	$<1.5\times10^7$	$<1\times10^{12}$		$3.76.2\times10^5$	2.0×10^8
		$<8\times10^{14}$			

4.2.2 外逸层与磁层相互作用

在水星轨道（$0.30\sim0.47\,AU$，平均距离为 $0.387\,AU$）的太阳风与 $1\,AU$ 处的状态有相当大的差别。根据 Parker 的模式，在水星轨道处螺旋线与太阳风径向成大约 $20°$ 角，小于在地球轨道值（约 $45°$）的一半；这意味着，相对于近地情况行星际磁场（IMF）分量相对比值的变化，于是调整了太阳风-磁层关系。因此，IMF B_y 在行星太阳磁坐标系中分量的贡献相对在地球的情况是小的，在白天磁层顶的磁重联基本上是由 IMF B_z 分量驱动的。然而，IMF B_x 分量的增加可能在水星磁层与太阳风的联系方面起重要作用。平均太阳风密度大约是在 $0.3\sim1.0\,AU$ 之间获得的数据，$N=6.4\times R^{-2.1}\,cm^{-3}$。在远日点（$0.47\,AU$），$N_{min}$ 是 $32\,cm^{-3}$，在近日点（$0.31\,AU$），N_{max} 为 $73\,cm^{-3}$，平均值 N_{ave} 是 $46\,cm^{-3}$（$0.39\,AU$），而在 $1\,AU$ 处这个值约为 $6\,cm^{-3}$。表 4-2-2 给出了一些重要的平均值。

表 4-2-2　水星轨道的太阳风参数

参数	平均值	近日点	远日点
太阳风速度/km·s^{-1}	430	430	430
太阳风密度/cm^{-3}	46	73	32
动力压强/nPa		16	
IMF/nT	30	46	21
螺旋角/(°)	21	17	25
质子温度/K	15×10^4	17×10^4	13×10^4
电子温度/K	20×10^4	22×10^4	19×10^4
离子声速/km·s^{-1}		74	70
阿尔芬速度/K	97	120	82
比热/γ	5/3	5/3	5/3
马赫数/M		5.8	6.1
阿尔芬马赫数/MA_∞	4.4	3.6	5.2

4.3　水星的磁层

　　水手 10 飞船在 1974 年 3 月到 1975 年 3 月期间曾 3 次飞过水星。在第一次和第三次飞过时比较适合观测磁场。第一次是在距水星表面 723 km 高度的夜间飞过水星，在这个高度的场强接近 100 nT，这是这个高度的最大场强。第三次也是在夜间飞过水星，距离表面约 327 km，观测到的最大场强为 400 nT。水星磁场的偶极矩是 $2\sim6\times10^{12}$ Tm^3。四极矩的强度和偶极矩的倾角是不知道的，偶极矩像地球一样指向南。

　　水手 10 号的所有水星飞越都发生在日心距离 0.46 AU，而水星的近日点与远日点分别为 0.31 和 0.47 AU。飞船的轨道在第一次（MI）和第三次（MⅢ）次与水星的小磁层相遇。第一次相遇目标是行星的"尾流"，这是为了观测与太阳风的相互作用。到水星表面的最近距离为 723 km，测量到的峰磁场为 98 nT。第三次相遇取样了极区的磁场，证实了磁场的全球性和偶极性特征，极区最大磁场强度为 400 nT，这是在 327 km 的高度上获得的。

　　第三次相遇时获得的磁场数据示于图 4-3-1。行星际磁场（IMF）在相遇前后都指向北，因此，条件不适合白天的磁重联。图 4-3-1 还显示了输入到磁层的能量和平缓的磁场剖面。第三次磁场测量是特别重要的，因为它们证实了磁层确实是由太阳风和全球尺度的磁场相互作用产生的。经过对不同接近距离进行校正，在 MⅢ 期间测量到的极区磁场大约是沿着低纬 MI 轨道值的 2 倍。这表明，水星磁场基本上是偶极场。虽然磁层电流系对水星高阶磁场有贡献，水星磁场测量存在相当大的不确定性，可以推算水星偶极矩的大小为 300~500 nT R_M^3 之间，相对于行星自转轴的角度为 10°。由 MI 和 MⅢ 提供的空间覆盖不足以将高阶多极子的贡献分离出来。未来的工作不仅要求更大的空间探测覆盖，还要发展准确的磁层电流系模式。

　　信使号飞船已于 2008 年 1 月 14 日和 2008 年 10 月 6 日两次飞越水星，提供了进一步研究水星磁层的机会。特别是第二次飞越水星时，行星际磁场（IMF）有强的南向分量，强磁场垂直于白天磁层顶（MP），在近磁尾观测到磁重联线，在磁鞘中观测到大的通量传输事件；在水

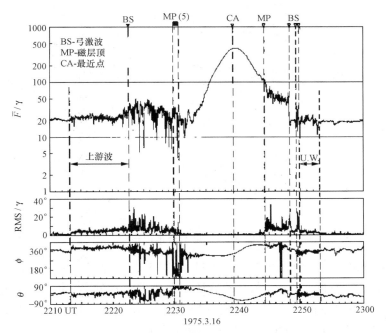

图 4-3-1　水手 10 号在第三次飞越时观测到的磁场

星磁尾观测到等离子体团抛射，多个太阳向（SN）和逆太阳向（NS）的移动压缩区（TCR）。这些观测结果表明，水星磁层的状态对行星际磁场的方向更敏感，磁重联效应对磁层形态起决定性作用。根据两次飞越水星的观测结果，勾画出水星磁层的整体结构，见彩图 17。

4.4　水　星　探　测

4.4.1　引力助推

在行星探测中，不管是探测水星，还是探测遥远的外行星，常常借助于邻近行星的"引力助推"作用，使其在不消耗燃料的情况下，对轨道做较大的调整，以达到目标行星。由于这种方法在行星探测中具有普遍性，因此我们专门加以描述。

当轨道在主天体的飞船靠近飞越第二个天体（其轨道也在主天体）时，第二个天体对飞船的引力将影响其对主天体的轨道。对行星际轨道情况，主天体是太阳，第二个天体是行星。对行星轨道，主天体是行星，次天体是行星的卫星之一。引力助推飞越可以改变速度的大小和方向、改变飞船轨道相对于主体的倾角等。

引力助推作用的原理示于图 4-4-1。图中表示了两种类型引力助推的速度矢量图，即相应于能量增加和能量减少。在分析过程中假定，在相对于主天体轨道的时间尺度上，次天体双曲线飞越的效应发生在瞬时。

在图 4-4-1 中，v_p 是次天体相对于主天体的速度，$v_{\infty in}$、$v_{\infty out}$ 分别是飞船接近和离开次天体时的速度。因此，飞船接近或离开次天体时相对于主天体的速度 v_{scin}、v_{scout} 分别是 v_p 与 $v_{\infty in}$、v_p 与 $v_{\infty ou}$ 的合成。

首先考虑能量增加情况。飞船相对于次体的轨道是双曲线，以恒定的速度 v_∞ 沿双曲线的

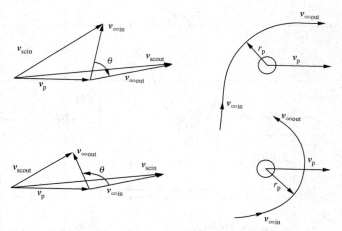

图 4-4-1 引力助推作用

渐近线接近和离开次体。飞船在最靠近次体时,相对于它的速度最大。入射和出射速度矢量间的角 θ 称为飞越的"弯曲角"。v_∞ 矢量的旋转取向是顺时针的,因为飞船在飞越时在次体的后面通过。在飞越时次体相对于主体的速度矢量标为 v_p。将入射和出射速度矢量与次体速度矢量合成,得到飞越前后飞船相对于主体的速度矢量。

在次体中心参考框架中双曲线飞越的效应是简单地将 v_∞ 矢量旋转与弯曲角 θ 相等;相对于次体的飞船轨道没有净能量变化。然而,v_∞ 矢量的旋转在主体中心参考框架中有速度矢量大小增加的效应。

对能量减少情况,飞船通过次体的前面,因此,v_∞ 矢量的旋转在逆时针方向,与能量增加情况相反。结果,速度矢量大小相对于主体将减小。

下面分析引力助推的物理基础。首先考虑能量增加情况。注意,次体运动的方向是水平向右的,飞船的运动相对于主体在大致相同的方向。因为飞船直接通过次体的后面,次体的引力加速也指向右边。次体的加速与飞船运动方向相同,因此增加了飞船的速度。另外,对能量减少情况,飞船在次体前面通过。次体的加速与飞船运动方向相反,于是飞船速度减小。对于引力助推,一般来说,为了增加能量,飞船必须在次体后面通过,反之亦然。

若最靠近处的半径为 r_p,速度是 v_∞,则经引力助推作用下,飞船的速度变化为

$$\Delta v = 2v_\infty \sin \frac{\theta}{2} = \frac{2v_\infty}{1 + \dfrac{r_p v_\infty^2}{GM}}.$$

这个方程证实了一个基本事实,不管是低的靠近速度(小的 v_∞)还是更靠近的飞越(小的 r_p),都将引起矢量 v_∞ 较大的旋转,因此在主体中心坐标中产生大的速度变化。

由 $\partial \Delta v / \partial v_\infty = 0$,可以得到 $\Delta v_{max} = (GM/r_p)^{1/2}$。表 4-4-1 给出飞越 8 颗行星可能获得的最大速度增量。

表 4-4-1 飞越 8 颗行星可能获得的最大速率增量/km·s⁻¹

水星	金星	地球	火星	木星	土星	天王星	海王星
3.01	7.33	7.91	3.55	42.73	25.62	15.18	16.75

引力助推作用不仅可使飞船的速度发生变化,还可以改变轨道倾角。

如果探测外行星,需多次利用引力助推作用。在飞船获得到达目标行星所需要的速度和方向之前,往往要多次飞越地球、火星等内行星。这样,到达目标行星所需要的时间也大大增加。

4.4.2 水手 10 号

1. 概况

美国于 1973 年 11 月 3 日发射的水手(Mariner)10 号飞船(见图 4-4-2),是第一艘对水星进行直接探测的飞船,也是第一个利用行星(金星)的引力助推作用到达另一个行星(水星)的飞船。在 20 世纪 60 年代早期,有许多行星探测任务被考虑,特别是到火星。然而,在 1962 年发现,地球、金星和水星在 1970—1973 年的位置适合于发射一艘飞船,利用金星的引力助推作用可以接近水星的轨道,既能探测金星,又能探测水星。但发射必须在 1970 年或 1973 年进行,因为下一个最合适的时机将发生在 80 年代中期。这就促成了美国尽快制订了水星探测计划,并于 1973 年 11 月 3 日得以实施。1974 年 2 月 5 日,水手 10 号飞越金星上空后,利用金星的引力改变飞行轨道,进入近日点在水星轨道上的日心轨道,成为人造行星,公转周期为 176 天,正好是水星公转周期的 2 倍,因此在 1974 年 3 月 29 日与水星第一次相遇(距水星表面 703 km)后,1974 年 9 月 21 日第二次在离水星 48 069 km 处飞过,1975 年 3 月 16 日又第三次飞过水星,距水星 327 km,"水手"三次飞越水星,拍摄了 2700 多张水星图片,覆盖大约 45%的水星表面。大部分图像的分辨率为 20 km,只有小部分区域的分辨率优于 1 km。

图 4-4-2 水手 10 号飞船

水手 10 号携带的仪器包括电视摄像机、磁强计、等离子体诊断仪器、红外辐射计、紫外光谱仪和射电探测器。1973 年 11 月 3 日,水手 10 号在发射 25 分钟后被置入停泊轨道,然后进入围绕太阳的轨道。绕太阳的运行方向与地球运行方向相反。1974 年 2 月 5 日,水手 10 号飞越金星,距离金星 4200 km。获得了 4000 多张关于金星的照片。1974 年 3 月 29 日,水手 10 号到达水星,距离水星表面 705 km 高度上飞过。第二次与水星相遇发生在 1974 年 9 月 21 日,距水星表面 47 000 km,对水星的向阳面和南极区进行了拍照。第三次与水星相遇发生在 1975 年 3 月 16 日,距水星表面高度为 327 km,拍摄了约 300 张照片,并进行了磁场测量。

2. 探测水星的技术困难

在制订水手 10 号探测计划时,人们从没有考虑发射一艘环绕水星的飞船,因为飞船通过水星时速度太快（约 50 km/s）,需要携带巨量燃料才能使飞船速度下降到可以切入水星的轨道。这种反冲火箭的大小等效于这个领域中等大小的运载工具,要求运载火箭的大小可与发射阿波罗飞船的"土星 5 号"相比较。那时,还不知道利用行星的引力助推作用可以使飞船减速。是意大利数学家 Bepi Colombo 经过计算,提出了利用金星引力助推的建议,这才使水手 10 号得以三次飞越水星。

如果直接飞向水星,需要用泰坦ⅢC/人马座运载火箭,但由于飞船高速通过水星,只能使飞船在很短的时间获得数据。采用了引力助推的方案后,只要用较小推力的运载火箭 Atlas/人马座就可以到达水星,而且飞船与水星的相对速度比较小,适于观测。水手 10 号的引力助推飞行轨道如图 4-4-3 所示。

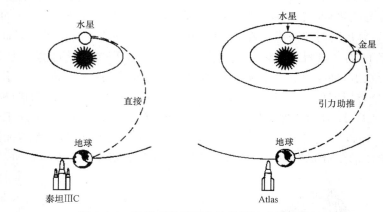

图 4-4-3　直接与利用引力助推到达水星比较

4.4.3　信使号飞船

1. 轨道设计

2004 年 8 月 3 日,美国发射了"信使"号（MESSENGER）飞船。MESSENGER 是"水星表面、空间环境、金星化学和测距"的英文缩写。为了使飞船最终切入水星轨道,需要对飞船的轨道进行调整。地球与水星轨道的大小和相对取向示于图 4-4-4。由图可知,地球的近日点与水星的近日点相差 26°,水星轨道相对于地球轨道有 7°的倾角。因此,利用地球、金星和水星引力助推的作用,就是要使飞船近地点夹角旋转 26°,轨道倾角旋转 7°,近日点距离缩小 0.388 AU。

2005 年 8 月 2 日,信使号返回到地球轨道附近,借助于地球的引力助推作用,改变飞行方向,使轨道靠近太阳,在 2006 年 10 月和 2007 年 6 月飞越金星,利用金星的引力助推作用,使其轨道靠近水星的轨道。引力助推有弯曲、旋转和收缩相对于太阳轨道的作用。三次水星飞越分别发生在 2008 年 1 月、2008 年 10 月和 2009 年 9 月,计划于 2011 年 3 月切入水星轨道。飞越地球、金星和水星后,轨道变化的情况示于表 4-4-2。

在飞越地球时,飞船到地球的最小距离为 2347.5 km;飞船相对于地球的最大速度为 10.389 km/s。飞越地球后,平均轨道速度增加到 33.1 km/s,轨道周期缩短为 266 天。

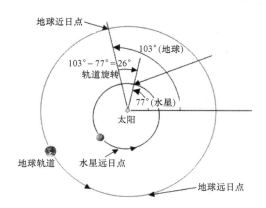

图 4-4-4　地球与水星轨道的大小和相对取向

　　第一次飞越金星发生在 2006 年 10 月 24 日,最接近金星的距离是 3140.5 km,相对于金星的最大速度为 12.345 km/s,轨道周期缩短为 225 天。第二次飞越金星发生在 2007 年 6 月 6 日,最接近金星的距离是 300.00 km,相对于金星的最大速度为 13.567 km/s,轨道周期缩短为 144 天。第一次水星飞越发生在 2008 年 1 月 14 日,到水星表面的最小高度为 200.0 km,飞船相对于水星中心的最小速度为 7.104 km/s。第一次水星飞越后,轨道周期缩短为 132 天,相对于太阳的平均速度增加到 41.9 km/s,到太阳的平均距离减小到 0.507 AU。第二次水星飞越发生在 2008 年 10 月 6 日,到水星表面的最小高度为 200.0 km,飞船相对于水星中心的最小速度为 6.587 km/s。第二次水星飞越后,轨道周期缩短为 116 天,相对于太阳的平均速度增加到 43.7 km/s,到太阳的平均距离减小到 0.466 AU。第三次水星飞越计划在 2009 年 9 月 30 日,到水星表面的最小高度为 200.0 km,飞船相对于水星中心的最小速度为 5.302 km/s。第三次水星飞越后,轨道周期缩短为 105 天,相对于太阳的平均速度增加到 45.2 km/s,到太阳的平均距离减小到 0.435 AU。飞船切入水星轨道计划在 2011 年 3 月 18 日,到水星表面的最小高度为 197.0 km。主要操作过程示于图 4-4-5,飞越行星后轨道参数变化情况示于表 4-4-2。

表 4-4-2　飞船轨道随速度增加而缩小

事件名称	轨道周期/天	平均速度/km·s^{-1}	平均距离/AU
发射	365	29.8	1.000
地球飞越	266	33.1	0.809
第一次金星飞越	225	35.0	0.724
第二次金星飞越	144	40.6	0.539
第一次水星飞越	132	41.9	0.507
第二次水星飞越	116	43.7	0.466
第三次水星飞越	105	45.2	0.435
到达水星	88	47.9	0.388

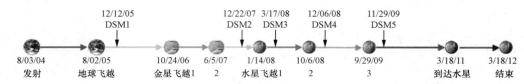

图 4-4-5　信使号飞越行星和深空机动的时间序列

DSM 表示深空机动

4.4.4　比皮科伦坡飞船

1. 概述

由欧洲空间局和日本太空探索协会共同研制的比皮科伦坡（Bepi Colombo）探测器于 2018 年 10 月 20 日发射，整个飞船由水星行星轨道器（MPO）和水星磁层轨道器（MMO）组成。在行星际飞行阶段，使用太阳电推进器，并利用月球和金星的引力助推。在进入水星轨道后，用化学火箭将 MPO 和 MMO 切入到极轨。

行星轨道器（MPO）是三轴稳定的飞船，轨道是近地点为 480 km、远地点为 1500 km 的极轨轨道。携带的仪器有成像仪（包括广角和窄角摄像机）、光谱仪（包括红外、紫外、X 射线、γ 射线波段和中子）。广角摄像机（WAC）能对表面进行全球摄像，分辨率优于 100 m，使用二维 CCD 探测器。窄角摄像机（NAC）将探索选择的表面特征，分辨率优于 20 m，最好分辨率达到 5 m。红外绘图谱仪的主要功能是提供矿物图，在带宽 $0.8 \sim 2.8\ \mu m$ 范围内提供 128 通道的谱分辨率。X 射线、γ 射线和中子谱仪用于探测表面的元素成分。紫外谱仪用于测量大气层中各种成分的丰度。

磁层轨道器（MMO）用于研究水星的波与粒子环境。飞船是自旋稳定的，自旋轴垂直于赤道平面，轨道为极轨，偏心率高。主轴位于赤道平面，以便对磁层进行全球探测。携带的仪器有磁强计、离子谱仪、电子能量分析器、冷和热等离子体探测器、等离子体波探测器、大气层成像仪和尘埃监测器。

2. 科学目标

Bepi Colombo 的科学目标可概括为以下方面：

（1）探索水星未知的半球；

（2）研究水星地质演变；

（3）了解水星高密度的原因；

（4）分析水星内部结构并寻找可能的液体核；

（5）研究水星磁场的起源和结构；

（6）研究水星磁场与太阳风的相互作用；

（7）水星表面成分的特征；

（8）辨别在极区雷达亮斑的成分；

（9）确定全球表面温度；

（10）确定水星外逸层的成分及其变化、结构；

（11）研究水星环境中粒子增能机制；

（12）验证爱因斯坦的广义相对论。

复习思考题与习题

1. 分析水星日与水星年的关系。
2. 水星的密度为什么那样高?
3. 分析水星磁场的源。
4. 水星的磁层有哪些特点?
5. 分析探测水星的技术难点。
6. 什么是引力助推作用?

参 考 文 献

［1］ Encrenaz. T et al, The Solar System, Third Edition, Springer-Verlag, New York，2004.
［2］ Eric Chaisson，Astronomy Today，Fifth Edition，The Solar System，Volume 1，［Upper Saddle River，New Jersey，2005.
［3］ Encyclopedia of the solar system, second edition，Lucy-Ann McFadden，Paul R. Weissman and Torrence V. Johnnson，Elsevier，2007.
［4］ A. MILILLO1，et al.，Surface-Exophere-Magnetosphere System of Mercury. Space Science Reviews（2005）117：397～443.
［5］ Richard A. Kerr，MESSENGER Flyby Reveals a More Active and Stranger Mercury. Science 8 February 2008：Vol. 319. no. 5864，p. 721.

第五章 金 星

5.1 金星的整体特征

金星在外表上与地球有不少相似之处,其半径只比地球小 400 km;平均密度约为地球的 95%;质量为地球的 81.5%;体积是地球的 0.88 倍。另外,金星周围也有大气和云层。它和水星是太阳系中仅有的两个没有天然卫星的行星。金星的公转轨道很接近于正圆,偏心率小于 1%,且与黄道面接近重合。其公转周期约为 224.7 日,但其自转周期却为 243 日,也就是说,金星的"一天"比"一年"还长。人们常把不可能办到的事情比喻成"太阳从西边出",这句话在金星上却是绝对真理。金星是太阳系内唯一逆向自转的行星。金星的逆向自转周期是以恒星为基准测得的。如果在金星上观测,由于自转周期太长,在一个自转周期内公转轨道已移动了很大距离,所以在一个金星日内可看到两次日出和日落。一个金星日是 116.8 个地球日。

金星与月球一样本身并不发光,金星的光辉来自金星表面反射的太阳光。金星也像月球一样会出现周期性的圆缺变化,这是由于金星、地球和太阳的相对位置在不断变化,从地球上看到的金星被太阳照亮的部分有时多些有时少些,这就叫位相变化。事实上,凡是位于地球公转轨道以内的行星(如水星)都有这种变化。17 世纪初,伽利略发现了金星的位相变化,从而为哥白尼的日心体系提供了一个强有力的证据。

金星稠密的二氧化碳大气使地球和飞船上的照相机无法对金星表面拍照,"水手 10 号"仅仅窥视了上层大气的云团。自 1978 年起,"先锋-金星"号探测器从环绕金星的轨道上发回雷达测高资料。这些资料反映了 93% 的表面积。60% 金星表面的高度与平均半径相差不超过 500 m,而仅有 3% 的面积与平均半径相差 2 km 以上。

每过 584 天,金星从地球与太阳之间经过一次。不过,由于其轨道相对于地球的轨道有倾斜,在太阳视圆面上看到金星黑影经过的机会(称作"凌日")却很难见到。最近二次金星凌日分别发生在 1882 年和 2004 年。

5.1.1 轨道特性

金星的轨道在地球的轨道以内,因此总是在它靠近太阳时才能看见,如果地球-金星视线与地球与太阳视线间的角度大于 47°,我们就不可能看见金星(见图 5-1-1)。

地球的旋转率是每小时 15°,这意味着金星至多在日升以前或日落以后 3 小时才能看见,因此,中国古时称金星为"启明"或"长庚"。金星的基本参数列于表 5-1-1。

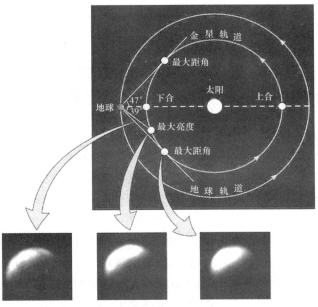

图 5-1-1 金星的亮度与轨道

表 5-1-1 金星的基本参数

半主轴	0.72 AU	质量	0.87(地球＝1)
偏心率	0.007	平均密度	0.95(地球＝1)
近日距	0.72 AU	赤道半径	0.95(地球＝1)
远日距	0.73 AU	表面重力	0.91(地球＝1)
平均轨道速度	35.0 km/s	逃逸速度	10.4 km/s
恒星轨道周期	224.7 太阳日	恒星自旋周期	−243.0 太阳日*
会合轨道周期	583.9 太阳日	平均表面温度	730 K
轨道倾角	3.39°	轴的倾角	177.4°

* 负号表示逆向旋转。

金星是全天中除太阳和月亮外最亮的星,最亮的时候,它比天空中看起来最亮的恒星天狼星还要亮,其亮度是后者的 10 倍。金星很亮,一方面是它距太阳很近;另一方面是因为整个行星包裹着一层白中透黄的反光云,到达金星的阳光大约 70% 被反射到太空。由于金星如此明亮,于是古希腊人称它为阿佛洛狄忒(Aphrodite)——爱与美的女神,而罗马人则称它为维纳斯(Venus)——美神。天文上金星符号,即美神梳装打扮时用的宝镜。

天文学上对太阳系行星"北"和"南"的定义是按传统的习惯,即行星总是自西向东旋转。而金星的自旋是倒转的,按照这个定义,金星的北极应位于黄道面的下面,与其他类地行星不同。

由于金星缓慢地逆向旋转,其太阳日(从中午到中午)与 243 天的恒星日有很大不同。

为什么金星逆向旋转? 为什么自旋那么慢? 目前的解释是金星早期受到一个较大天体的撞击,使得其自旋速度几乎为零。

5.1.2 表面形态与成分

1. 表面形态

金星表面状态可比作地狱。在行星平均高度处的温度为 437℃,最高处的温度比这个值低约 10℃。一年内温度的变化只有大约 1℃,因为大气层非常稠密。表面压强 93 bar,等效于 1 km 深处水的压强。

虽然金星被厚重的大气层包围着,但雷达探测还是揭示了其本来面目。最早是地面雷达探测,后来是"先锋-金星"号和"麦哲伦"飞船,特别是后者,对金星表面的雷达成像覆盖了金星 98% 的面积,分辨率为 120~300 m,高度测量的精度为 200 m。根据麦哲伦的探测结果,金星表面可划分为:(1) 低洼平原,约占金星表面积的 27%,位于金星平均半径(即金星的平均表面至中心的距离 6051.4 km)以下约 0~2 km。(2) 丘陵山地,约占总面积的 65%,高度在平均半径以上 0~2 km。(3) 高原,约总面积的占 8%,高度在平均半径 2 km 以上。金星表面惊人地平坦,80% 的表面高度差在 ±1 km 以内,90% 的表面高度差在 −1 km 和 +2 km 之间。从低地 Diana Chasma(−2 km)到麦克斯韦山(12 km),最大表面高度差约 14 km。图 5-1-2 给出金星不同高度的面积占总面积的百分比。彩图 18 是麦哲伦飞船雷达探测的合成图像,中心分别在 0°经度和 180°经度。图中蓝色表示地势低,红色表示高地。

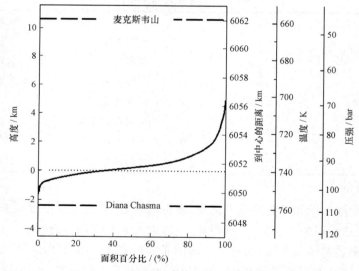

图 5-1-2 表面面积分布与金星高度的关系

大部分金星表面由略微有些起伏的平原构成,也有几个宽阔的洼地,如阿塔兰大(Atalanta)平原、纪尼叶(Guinevere)平原和拉维尼亚(Lavinia)平原。

Atalanta 平原中心在北纬 64°、东经 163°,是金星最辽阔的低地,其表面陨石坑稀少,类似于月海的火山平原。低于金星平均半径 1.4 km。这些低地可能是火山平原。平原上有弯曲"河床",但不是水流,而是熔岩流形成的谷。这里有太阳系行星上最长的巴尔提斯(Baltis)谷,长度达 6800 km(见图 5-1-3)。

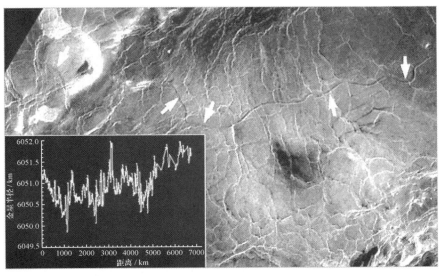

图 5-1-3 巴尔提斯峡谷(左下角标出了谷的长度)

冕(corona)是金星上一种圆形或拉长圆形的结构,由中心隆起和断面围绕。在金星上已经辨别出 500 多个冕,最大的冕是阿特弥斯(Atemis)冕,尺度为 2500 km。在冕的内部常常有火山,许多冕由外延的岩浆流包围。冕一般比周围的平原至少高出 1 km,但一些冕是凹陷的。大多数冕沿断层线或峡谷系统就位。冕是热岩浆上升到达外壳,使外壳部分熔化和崩塌,产生径向结构的火山流和断层图形。图 5-1-4(a)是金星上的两个大冕。

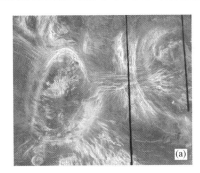 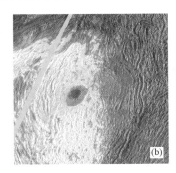

图 5-1-4 金星地形
(a)金星上的两个大冕;(b)麦克斯韦山

金星有 4 大高原:伊什塔尔大陆(Ishtar Terra)、拉达大陆(Lada Terra)、阿芙拉迪特大陆(Aphrodite Terra)和由 Phoebe 及 Themis 区限定的区域(图 5-1-5)。

金星上最大的高原是北半球的伊什塔尔大陆,比喜马拉雅高原的面积还大。它有三个山脉:东部麦克斯韦山脉是金星之巅,高达 12 km,在其顶部看地看到一个直径为 105 km 的陨石坑。北部山脉高约 3 km;西部山脉高约 2 km。其次是赤道南一些的阿夫罗迪特高原(Aphrodite Terra),面积相当于南美洲,地形崎岖,西部山脉区高达 5.5 km,中部复杂山脉低些,东部是弯曲山带,高达 5.7 km,有很宽的鞍状复杂脊系。其东端有两个(Diana、Dali)峡谷。

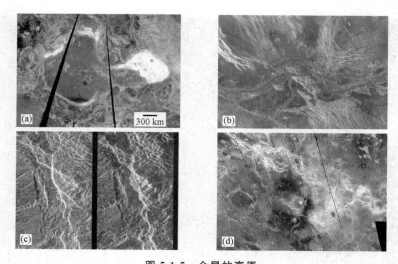

图 5-1-5　金星的高原

（a）伊什塔尔大陆；（b）拉达大陆；（c）阿芙拉迪特大陆；（d）Themis 地区

金星表面由火山结构和构造结构组成,但与地球相应的特征有明显的差别。火山可划分为 3 种类型:(1) 火山筑积物,尺度大于 100 km,显示出大的岩浆流动,比周围高出 3~5 km。目前已发现 150 多个这种结构。撒帕斯(Sapas)火山是典型的大盾形火山,基底 400 km,高 1.5 km,山顶有坍塌的破火山口,熔岩流延展几百千米。西弗(Sif)盾形火山是最近还活动的,其直径为 200 km,高 2 km,有系列的亮、暗熔岩流,较宽的最亮熔岩流是最近活动流出的,它们叠在较老的(因而暗的)熔岩流上面。赛娅(Theia)盾形火山底部直径 820 km,顶部火山口 60 km×90 km,它是太阳系最大的火山,其周围延展 500 km 的粗纹可能是熔岩流或径向断裂。(2) 中等大小(20~100 km)火山构造有些是盾形火山;也有外貌似"烤饼"的平顶、盾穹陡的火山穹,平均直径 25 km,最大高度 750 m,熔岩可能是较粘性的。目前发现了 300 多个。(3) 小火山,大约发现 500 个,成群地分布在全球。

在金星表面已经观测到各种类型的构造结构,一些极大型的可达 1000 km(包括山、谷和悬崖),最典型的是麦克斯韦山(图 5-1-4(b))。其他(直径一般小于 300 km)似乎伴随着火山活动,冕属于这种情况(彩图 19 和彩图 20)。

金星表面也有一些陨石坑,分布是不均匀的。因为金星大气层特别厚,小的流星体不能到达金星表面,因此没有观测到小于 3 km 的陨石坑。总的来看,金星表面大直径陨石坑的生成率仅为月球月海的 1/10。金星最大的陨石坑是 Mead 陨石坑,直径为 275 km。

苏联的"金星 9 号"和"金星 10 号"于 1975 年在金星表面软着陆,获得了金星表面实地拍摄的图片。图 5-1-6(a)显示"金星 9 号"发回的金星表面图片。图片中典型的岩石尺寸为 50 cm×20 cm。后来的"金星"系列发射给出了金星表面更详细的图像。图 5-1-6(b)显示了小的岩石。图 5-1-7 给出各类飞船所拍摄的金星表面图片。

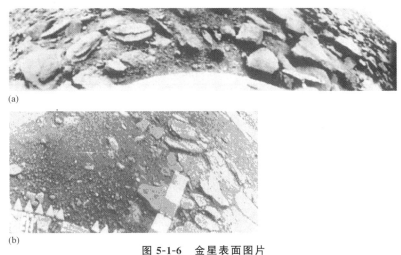

(a)

(b)

图 5-1-6　金星表面图片

（a）"金星 9 号"发回的图片；（b）"金星 14 号"发回的图片

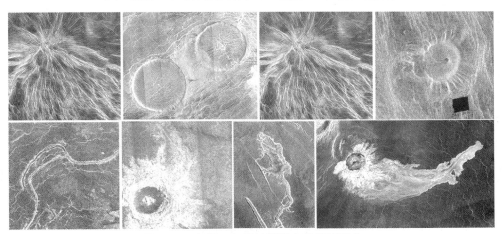

图 5-1-7　各类飞船所拍摄的金星表面图片

2. 表面成分

最早的金星表面成分测量是"金星 8 号"（1972 年）、"金星 9 号"和"金星 10 号"（1975 年）进行的。它们的着陆容器携带了 γ 射线谱仪，可以探测放射性元素 U、Th 和 K。测量结果表明这些元素的丰度有很大不同，见表 5-1-2，金星 8 号对土壤的分析表明有玄武岩的成分。

表 5-1-2　金星表面岩石中的放射性元素含量

着陆点岩石和	放射性元素含量		
地球上岩石	钾/（%）	铀/（10^{-4}%）	钍/（10^{-4}%）
Venera 8	4.0 ± 1.2	2.2 ± 0.7	6.5 ± 0.2
Venera 9	0.47 ± 0.08	0.60 ± 0.16	5.65 ± 0.42
Venera 10	0.30 ± 0.16	0.46 ± 0.26	0.70 ± 0.34
Venera 13	4.0 ± 0.6	—	—
Venera 14	0.2 ± 0.1	—	—
玄武岩（地球上岩石）	0.76	0.86	2.1
花岗岩（地球上岩石）	5.24	9.04	21.9

最准确的结果是由金星 13 号和 14 号飞船得到的,它们于 1982 年 3 月在金星着陆;Vega 2 飞船在 1985 年 6 月释放了一个金星着陆器。它们都携带了能测量土壤样品 X 射线荧光的仪器(见表 5-1-3)。荧光是由两个放射源 [55]Fe 和 [238]Pu 激发的。

表 5-1-3　由金星 13 和 14 号飞船分析的金星岩石化学成分

元素	金星 13 号	金星 14 号	拉班玄武岩
MgO	11.4 ± 6.2	8.1 ± 5.3	6.3
Al_2O_3	15.8 ± 5.0	17.9 ± 2.6	14.1
SiO_2	45.1 ± 5.0	48.7 ± 5.6	50.8
K_2O	4.0 ± 0.63	0.2 ± 0.07	0.8
CaO	7.1 ± 0.96	10.3 ± 1.2	10.4
TiO_2	1.59 ± 0.45	1.25 ± 0.41	2.0
MnO	$0.2 \pm .1$	0.16 ± 0.08	0.2
FeO	9.3 ± 2.2	8.8 ± 1.8	9.1

5.2　大　气　层

5.2.1　成分

1. 基本概念和一般特征

为了定量描述金星大气层的特征,首先引进三个物理量:体混合比(下面简称混合比)、数密度和柱密度(柱丰度)。体混合比是一个无量纲的量,也称为气体的摩尔分数,是气体分压强(P_i)除以总压强(P_T)。对主要气体,混合比以百分数表示;对微量气体以百万分之一(ppm)、十亿分之一(ppb)和太分之一(ppt)表示。

气体 i 的数密度用 $[i]$ 表示,量纲是单位体积中的粒子数,例如粒子数/cm^3。它等于 $P_i N_A/RT, P_i/kT$。这里 N_A 阿伏伽德罗常数,R 是理想气体常数,k 是玻尔兹曼常数,T 是温度(K)。作为参考,在海平面,地球大气层的数密度是 $2.55 \times 10^{19}/cm^3$,这里 $T = 288.15$ K,$P = 1$ atm。在 0 km 高度上金星大气层的数密度为 $9.36 \times 10^{20}/cm^3$,这里 $T = 740$ K,$P = 95.6$ bar。金星的零 km 高度是模式半径。

气体的柱密度是整个大气层柱中的粒子数,量纲是单位面积的粒子数。柱密度实际上是 $[i]dz$ 从指定的高度 z_0(例如行星表面)到大气层顶($z = $ 无穷)的积分。柱密度可以由 $P_i N_A/gM$ 计算,这里 M 是气体的化学式量,g 是重力加速度,它是高度的函数。注意,每单位面积总的大气质量简化为 P_T/g。在海平面,地球大气层的平均分子重量、柱密度和柱质量分别是 28.97 g · mol^{-1}、$2.15 \times 10^{25}/cm^2$ 和 1034.2 g/cm^2。相应的金星大气层在 0 km 的值为 43.46 g · mol^{-1}、$1.49 \times 10^{27}/cm^2$ 和 107 531 g/cm^2。

金星的大气成分列于表 5-2-1。

表 5-2-1 金星大气层的化学成分

气体	丰度	源	耗
CO_2	$96.5 \pm 0.8\%$	放气	碳酸盐形成
N_2	$3.5 \pm 0.8\%$	放气	
SO_2	150 ± 30 ppm（22～42 km） 25～150 ppm（12～22 km）	放气和 OCS、H_2S 产生	H_2SO_4 和 $CaSO_4$ 形成
H_2O	30 ± 15 ppm（0～45 km） 30～70 ppm（0～5 km）	放气	H 逃逸和 Fe^{2+} 氧化
^{40}Ar	31^{+20}_{-10} ppm	放气（^{40}K）	
^{36}Ar	30^{+20}_{-10} ppm	原始的	
CO	45 ± 10 ppm（云顶） 30 ± 18 ppm（42 km） 28 ± 7 ppm（36～42 km） 17 ± 1 ppm（12 km）	SO_2 光分解	CO_2 的光氧化
^4He	0.6～12 ppm	放气（U,Th）	逃逸
Ne	7 ± 3 ppm	放气,原始的	
^{38}Ar	5.5 ppm	放气,原始的	
OCS	4.4 ± 1 ppm	放气和硫化物风化	转换为 SO_2
H_2S	3 ± 2 ppm（<20 km）	放气和硫化物风化	转换为 SO_2
HDO	1.3 ± 0.2 ppm（云下）	放气	H 逃逸
HCl	0.6 ± 0.12 ppm（云顶） 0.5 ppm（35～45 km）	放气	Cl 矿物形成
^{84}Kr	25^{+13}_{-18} ppb	放气,原始的	
SO	20 ± 10 ppb（云顶）	光化学	光化学
S_{1-8}	20 ppb（<50 km）	硫化物风化	转换为 SO_2
HF	$5^{+5}_{-2.5}$ ppb（云顶） 4.5 ppb（35～45 km）	放气	F 矿物形成
^{132}Xe	<10 ppb	放气,原始的	
^{129}Xe	<9.5 ppb	放气（^{129}I）	

由表 5-2-1 可见,金星大气层的 CO_2（96.5％）和 N_2（3.5％）是最主要的成分,少量的成分有 SO_2、H_2O、CO、OCS、HCl、HF 和惰性气体,活性成分如 SO 是由光化学作用产生的。CO_2、N_2、惰性气体、HCl 和 HF 的丰度在整个金星大气层中基本是恒定的,但其他气体,如 SO_2、H_2O、CO、OCS 和 SO 的丰度随空间和时间变化。水蒸气、CO 和硫气体丰度的变化是特别有趣的,因为这些变化源于太阳紫外辐射驱动的光化学作用,这种作用保持了金星全球的硫酸云覆盖。

除了表 5-2-1 列举的气体外,地基和飞船的微波观测显示在云下面有 H_2SO_4 蒸气（混合比为几十个 ppmv）。没有观测到的三氧化硫预期也将存在于云下,以与 H_2SO_4 蒸气平衡。在金星 11—14 号飞船的谱光度学观测还发现了在金星低层大气吸收蓝光。这归于金星低层大气中具有混合比大约为 20 ppbv 的硫蒸气。

2. 碳、硫和卤族气体

在金星大气层中 CO_2、SO_2、OCS、HCl 的高丰度是由于金星表面的高温。所有这些气体在地球上的丰度都很低。例如,在地球对流层 CO_2、SO_2、OCS、HCl 的丰度分别是 360 ppmv、$20\sim90$ pptv、500 pptv、1 ppbv 和 25 pptv。地球上这些气体主要的源和汇也与金星上的不同。火山排气大概是金星 CO_2 的主要来源。在云上,CO_2 由光分解作用转换成 CO 和 O_2,而在表面,碳酸盐的形成可能是重要的汇。与之对比,地球大气层中的 CO_2 有人类活和生物活动产生的,还有地质源,估计工业化前的 CO_2 水平为 290 ppmv 或更小。主要的汇是生物活动(例如由光合自养生物的消耗)、海洋中的分解和岩石风化(比前两种的作用时间尺度长)。地球大气层中 CO_2 的柱密度大约是 $5.1\times10^{21}/cm^2$,比金星的低 2.75×10^5 倍。但是,地球上壳中的碳含量与金星的 CO_2 柱密度几乎相同(地球壳中的碳是 0.7×10^{27} 个 C 原子$/cm^2$,1.4×10^{27} 个 CO_2 分子$/cm^2$)。这种类似是否意味着金星上的所有 CO_2 都以气体的形式? 目前这个问题还不清楚。

CO 是金星大气层中第二个最丰富的含碳气体,在金星低层大气中的丰度与高度有关,在表面最低,具体数据如下:45 ± 10 ppmv(约 64 km),30 ± 18 ppmv(42 km),20 ± 3 ppmv(22 km),17 ± 1 ppmv(12 km)。这个梯度与在金星高层大气中由 CO_2 经光化学过程生成的 CO 一致。CO 也会通过光-氧化过程返回到 CO_2。

地球对流层中的平均 CO 混合比是 0.12 ppmv。这个区域的 CO 是由各种人类活动和生物活动的源产生的,例如矿物燃料燃烧、生物体燃烧以及甲烷和其他碳氢化合物的氧化等。地球大气层中的大多数 CO 是由与 OH 基作用毁坏的,这种作用对于在金星上促使 CO_2 的再生也是很重要的。

SO_2 是最丰富的含硫气体,在金星低层大气中的丰度仅次于 CO_2 和 N_2。在云下 SO_2 的混合比是 150 ppmv,其丰度随高度也可能随时间变化。火山排放和含硫气体(OCS 和 H_2S)的氧化可能是金星 SO_2 的主要源。对液态硫酸滴的光化学氧化作用有效地将 SO_2 从金星的高层大气中排除(例如,云下是 150 ppmv,云上是 10 ppbv)。SO_2 再生成 OCS 以及 SO_2 与含钙矿物的作用生成硫酸钙($CaSO_4$)可能是 SO_2 在近表面大气层中重要的汇。

与金星对比,SO_2 在地球大气层中仅是微量气体,其平均柱丰度大约为 $4\times10^{15}/cm^2$,而在金星大气层中的大约 $2.2\times10^{23}/cm^2$。地球对流层大气中的大多数 SO_2 是人类活动产生的,火山活动释放的比这少 $1\sim2$ 个量级。SO_2 通过硫酸盐氧化从地球的对流层排除,这种作用通过在气相、云滴和粒子的光化学和热化学过程实现。

在金星云下大气层,羰基硫化物是最丰富的还原硫(reduced sulfur)气体。在 33 km 高度,OCS 的混合比是 4.4 ± 1.0 ppmv。地基红外观测表明,在 $26\sim45$ km 之间,OCS 的混合比随高度的减小而增加。由此计算在金星表面 OCS 的丰度可达到几十个 ppmv。OCS 的增加可由低高度上 SO_2 的减小平衡。理论模式和实验室研究都表明,金星上 OCS 的主要源是火山活动释放以及铁硫矿物(例如磁黄铁矿,成分的范围从 FeS 到 Fe_7S_8)的风化。OCS 主要的沉是对 SO_2 的光化学氧化。某些 OCS 可能与单原子 S 作用形成 CO 和 S_2 蒸气而损失。

羰基硫化物也是地球对流层中最丰富的还原硫气体,但原因完全不同。OCS 的火山源与生物活动源相比可忽略,生物活动发射是地球对流层几种还原硫气体(例如 OCS,H_2S,$(CH_3)_2S$,$(CH_3)_2S_2$,CH_3SH)重要的源。许多这些气体最终转换为对流层中的硫酸盐气溶胶,但 OCS 主要因输送到平流层而损失掉,在那里它被光化学氧化成 SO_2,然后是硫酸气溶胶,在地球平流层约 20 km 处形成荣格(Jung)层。

火山释放可能是金星大气层中 HCl 和 HF(氟化氢)的主要源。热化学平衡计算表明,含 Cl 和含 F 矿物的形成是这两种气体重要的汇。观测结果给出的 HCl 和 HFO 柱密度分别约是 7×10^{20} 和 7×10^{18} cm^{-2},比地球对流层中的柱密度(约 2×10^{16} 和 5×10^{14} cm^{-2})大许多量级。另外,在地球对流层中大多数 HF 和一些 HCl 来自于人类活动,而不是火山释放。对流层 HF 主要来自于工业释放,还有一部分是从平流层向下输送的,这部分 HF 是含氯氟烃(CFC)气体光分解的产物。然而,在地球对流层中大多数氟和氯是以含氯氟烃的气体形式,只有少量的氟化氢(HF)和 HCL。

3. 水蒸气

金星的大气层非常干燥,地基和飞船测量水蒸气丰度都是极其困难的。历史上,许多实地水蒸气测量值远比实际水蒸气含量高。但现在可从几个源获得可靠的值,包括"先锋-金星"号飞船的质谱仪、"金星"11—14 号飞船的光谱仪、对金星低层大气在夜间测量的地基傅立叶变换红外光谱仪以及伽利略飞船和卡西尼飞船在飞越金星时的红外观测。

云下平均水蒸气混合比大约是 30 ppmv。与之比较,地球对流层水蒸气混合比为 1%～4%。水蒸气在金星大气层中虽然是微量气体,但它是金星云下大气层氢的主要储存器,是化学作用中的重要反应物,并被假定是缓冲或调节了大气层 HCl 和 HF 的丰度。水从金星通过表面氧化和氢逃逸到太空而损失,最终调节了大气层和表面的氧化状态。进一步,在大气层水蒸气中高的 D/H 比表明,金星曾经是湿的,等效于至少 4 m、可能 530 m 深的全球海洋。

长期存在的问题是金星低层大气中水蒸气的丰度是否随高度变化。最初对"金星"11—14 号飞船光谱仪测量的解释是从 50 km 的约 200 ppmv 到表面的约 20 ppmv 单调减小。但大多数测量显示在整个低层大气有一个恒定的混合比 30 ± 15 ppmv。虽然金星比地球干燥,但火山发射可能是大气层水蒸气主要的源。主要的沉是含水硫酸云的形成。另一个沉是水蒸气与金星表面含铁矿物作用形成三价铁矿物和氢气,这发生在长的时间尺度。氢气然后在金星的高层大气中分解成氢原子并损失到太空。

金星的高层大气比低层大气更干燥,云上的平均水蒸气混合比只有几个 ppmv。如此低的 H_2O 混合比是难以解释的,直到认识到金星的云由 75% 的硫酸组成,硫酸是强有力的干燥因素。当酸分解时,大多数水与 H_2SO_4 作用形成水合离子(H_3O^+)与硫酸氢盐(HSO_4^-)离子。结果,"自由"水在酸溶液和其蒸汽中的浓度是极低的。在金星云顶的水分压低于相同温度过水冰的。于是,云是造成金星高层大气极其干燥的主要原因,并在金星大气光化学稳定性方面起重要作用。

4. 氮和惰性气体

虽然 N_2 是金星大气层第二丰富的气体,但其丰度的测量是困难的。在"先锋-金星"号和金星 11—12 号飞船上的质谱测量给出在 22 km 高度上的 N_2 混合比是 4%,但在同一飞船上的气体色谱仪(GC)却给出不同值。例如,金星 11～12 GC 报告在 22～42 km 区域是 2.5 ± 0.3%,而先锋-金星 GC 报告 N_2 的混合比在 22 km 为 3.4%,在 42 km 为 3.54%,在 52 km 是 4.6%。气体色谱仪数据是难以解释的。目前推荐的 N_2 丰度值是 3.5 ± 0.8%,反映了质谱仪和色谱仪测量结果的不一致性。

火山释放大概是 N_2 的主要源,因闪电而形成氧化氮(NO_x)可能是金星上 N_2 的一个汇。这两个过程的时间尺度是不确定的,可能很长。

地球上的 N_2 大概也是由于火山释放。现在，主要的 N_2 源是土壤和海洋中的脱氮细菌。在地球上 N_2 的主要汇是土壤和海洋的固氮细菌。这些源和汇导致地球上大气层中 N_2 的寿命大约是 1700 万年。如果排除生物源和汇，闪电和森林火灾仍保持它们现在的发生率，则大气层中 N_2 的寿命将增加到 8000 万年。然而，如果不存在生物活动，地球大气层将含有更少的 O_2，燃烧和闪电对氮将是低效率的汇。在这种情况下，N_2 的寿命将大约是 10^9 年。

观测到的惰性气体丰度和同位素比列于表 5-2-1 和表 5-2-2 中。金星和地球间的主要区别是金星明比地球显富含 ^4He、^{36}Ar 和 ^{84}Kr，另外，金星的 $^{40}Ar/^{36}Ar$ 比很低，大约是 1.1，比地球上的低约 270 倍。低的 $^{40}Ar/^{36}Ar$ 比可能反映了太阳风更有效地将 ^{36}Ar 注入到金星。

5. 同位素成分

表 5-2-2 列出了金星大气层同位素成分的数据。除惰性气体之外，金星和地球之间最重要的差别是高的 D/H 比，地球上"标准平均海水（SMOW）"的 D/H 比是 1.558×10^{-4}，金星上的 D/H 比比这个值大约 150 倍。高的 D/H 比有力地说明（不是证明）金星过去有更多的水，随着时间的推移，大多数水消失了。这个推论是基于金星最初有相同 D/H 比的假设。在其他行星、流星体、行星际尘埃粒子（IDPs）和哈雷彗星上观测到的 D/H 比的范围是宽的，因此这个假设可能不正确。C、N、O 和 Cl 同位素与地球上的值相同，但具有相当大的不确定性。然而，金星和地球上氧同位素的差别大概只有千分之几（或更小），不能根据现有数据鉴别。最感兴趣的是三个稳定的氧同位素（16、17、18），因为已经知道了它们在流星体和行星际尘埃（IDPs）中的变化，也因为氧在类地行星中不是第一就是第二最丰富的元素。但在金星上没有测量 ^{17}O 同位素的丰度。在金星上测量这三个同位素的丰度（不确定性 $< 0.1‰$）是非常重要的，这样可以知道地球和月亮是否有相同的氧同位素成分。精确的测量金星高层大气中 O、H、C 和 S 同位素比是必要的，因为光化学作用可能引起这些比的变化。

表 5-2-2　金星大气同位素成分

同位素比	观测值	方 法
D/H	0.0016 ± 0.002	先锋-金星（PV）MS
	0.019 ± 0.006	红外谱仪
$^3He/^4He$	$< 3 \times 10^{-4}$	PV MS
$^{12}C/^{13}C$	86 ± 12	红外谱仪
	88.3 ± 1.6	金星 11/12 MS
$^{14}N/^{15}N$	273 ± 56	PV MS
$^{16}O/^{18}O$	500 ± 25	PV MS
	500 ± 80	红外谱仪
$^{20}Ne/^{22}Ne$	11.8 ± 0.6	金星 11/12 MS
$^{21}Ne/^{22}Ne$	< 0.067	金星 11/12 MS
$^{35}Cl/^{37}Cl$	2.9 ± 0.3	红外谱仪
$^{36}Ar/^{38}Ar$	5.35 ± 0.1	PV，金星 11/12 MS
$^{40}Ar/^{36}Ar$	1.11 ± 0.02	PV，金星 11/12 MS

5.2.2 热结构和温室效应

金星的反照率在行星中是最高的(例如金星是 0.75,地球为 0.29)。虽然在金星处的太阳常数为 2613.9 W/m^2,比在地球的值大 1.9 倍,但金星只吸收了约 66% 的太阳能,即约 160 W/m^2,而地球是 243 W/m^2。能量沉积与在地球上的完全不同,在地球,约 66% 吸收的太阳能存储在表面,而大约 70% 吸收的阳光存储在金星高层大气和云,19% 沉积在低层大气,只有约 11% 到达表面。在金星表面的"阳光"比地球表面的少 5 倍。

金星表面的高温高压(740 K、95.6 bar)是由于低层大气中的 CO_2、SO_2 和 H_2O 吸收了金星表面的红外辐射,产生超级温室效应。金星超级温室效应的起源、持续时间和稳定性现在仍是一个谜。目前有一个问题是清楚的,那就是足够强的红外不透明度维持了温室效应。早期的温室效应模式采用大的水蒸气混合比(1000 ppmv 或更高),但现在知道,金星云下的水蒸气混合比大约是 30 ppmv。另外一个问题是,CO_2、SO_2、H_2O 和其他可能的温室气体在高温和高压的金星低层大气条件下红外不透明度的知识还不完整。最后一个问题是应将云的因素考虑在内。

图 5-2-1 给出金星大气层 0~100 km 的温度和压力剖面。0~65 km 区是对流层,65~95 km 区是平流层(有时也称为平流-中间层),95 km 以上称为高层大气(包括热层和外层),外层将在 5.2.5 节中讨论。图 5-2-2 是由"金星快车"掩星探测数据得到的中层大气温度剖面的细致结构,三个不同的高端边界条件分别是 170、200 和 230 K。彩图 21 是地球和金星温室效应比较。

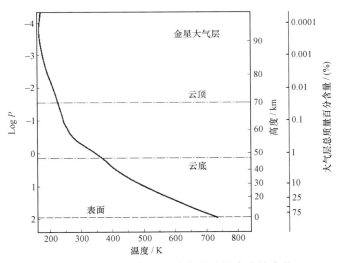

图 5-2-1 金星大气层温度和压力随高度的变化

金星和地球大气层之间有几个重要的区别。地球大气层在对流层顶有明显的温度逆变,这个逆变是由于臭氧吸收了太阳的紫外辐射,但金星的 O_2 太少(<0.3 ppmv),不能形成臭氧层。金星对流层约 8 K/km 的温度梯度很接近干燥(即无冷凝云)绝热梯度。温度梯度的表达式是 $dT/dz = -gM/C_P = -g/\gamma_p$,这里 C_P 和 γ_p 分别是金星大气层(96.5% CO_2 + 3.5% N_2)平均摩尔热容量和比热。地球对流层的平均温度梯度大约是 6.5 K/km,与干燥的绝热梯度约 10 K/km 相比是亚绝热。不透明度是由地球对流层水云的凝结引起的,凝结过程释放了蒸发

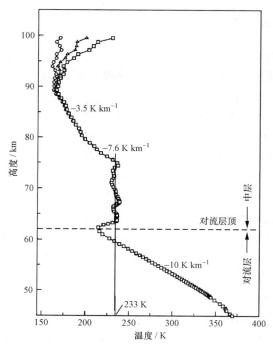

图 5-2-2　金星中层大气温度剖面

时的潜热,于是温暖了周围气体。金星平均表面温度大约是 450 K,远高于地球的平均表面温度 288 K。对温度和风速的数据分析表明,金星表面子午圈温度梯度只有几度,而在地球上约为 50 K。然而,对金星的实地温度测量只扩展到 60°N。金星表面温度随高度变化,在麦克斯韦山顶(高约 12 km)的温度约为 648 K,压强约为 43 bar。

5.2.3　云和光化学循环

金星中层大气最主要的特征是全球云层,在约 45 km 高度开始,延伸到约 70 km,在这些高度上下有一个薄的雾层。金星大气在可见光呈黄-白色,但在 19 世纪 20 年代的第一个紫外成像显示了暗的“Y”形或“V”形云特征。这种特征是由不知道的紫外吸收体形成的,它吸收了沉积在云上大约一半的、波长≤500 nm 的阳光。紫外吸收体可能是元素硫、Cl_2、S-Cl 气体、在云滴中分解的氯化合物或者其他含硫气体。

所有的云都是低密度的,因为在云的最稠密区里面的能见度仅几千米。在可见光范围,所有云层的平均和最大光学深度(τ)分别是 29 和 40,而地球云平均和最大光学深度为 6 和约 350。金星云的平均质量密度是 0.01~0.02 g/m³,而地球云的相应值是 0.1~0.5 g/m³。金星云层一般划分为云下雾层(32~48 km)、低云(48~51 km)、中云(51~57 km)、高云(57~70 km)和高层雾(70~90 km)。

金星 9-11 号飞船和先锋-金星飞船利用散射光测量了粒子大小和数密度。测量结果表明,云层由 3 种不同类型的粒子组成。第一种类型是约 0.3 μm 直径的气溶胶(模式 1 粒子),出现在高和中层云。第二种类型是直径约 2 μm 的球形液滴,由 75% 的硫酸($H_2SO_4 \cdot 2H_2O$)组成,出现在整个云层。第三种类型是模式 3 粒子,直径约 7 μm,成分未知,出现在中和低云层。与之对比,地球的雾云由直径为 $0.5 \sim 30\,\mu m$ 的液滴组成。含水的硫酸滴构成了在地球上可见的云。模式 1 和 3 粒子液也可能是硫酸粒子。一些数据表明,模式 3 粒子可能是晶体,可能由氯化铁、氯化铝、固体高氯酸水合物或氧化磷组成。

云中的含水硫酸滴源于 SO_2 的紫外光分解,这个作用将 SO_2 的丰度从云下的约 $150\,ppmv$ 降低到云顶的约 $10\,ppbv$。SO_2 与 CO_2 的光化学是紧密耦合的。由 CO_2 光分解产生的 O_2 用于转换成 SO_2 到 SO_3,然后形成硫酸。光谱观测显示了云顶 SO_2 丰度的时间变化趋势。这些观测到的变化大概是源于大气层动力学。

金星大气层中的 CO_2 因紫外光的作用而不断转化为 O 和 CO:

$$CO_2 + h\nu \longrightarrow CO + O(^3P) \quad (\lambda < 227.5\,nm), \tag{5-2-1}$$

$$\longrightarrow CO + O(^1D) \quad (\lambda < 167.0\,nm), \tag{5-2-2}$$

在式(5-2-2)作用中形成的激发态(^1D)氧原子通过与其他分子碰撞快速转换为基态(^3P)。氧原子与 CO 直接组合

$$CO + O(^3P) + M \longrightarrow CO_2, \tag{5-2-3}$$

这里 M 是任何气体,由量子力学自旋禁戒,氧原子组合以形成 O_2:

$$O(^3P) + O(^3P) + M \longrightarrow O_2 + M. \tag{5-2-4}$$

光分解将完全毁坏云上的所有 CO_2,时间尺度为约 14 000 年,毁坏金星大气层中所有的 CO_2,时间尺度约为 500 万年。此外,CO_2 光分解将在 5 年内产生可观测到的 O_2 量,除非 CO_2 由其他途径重新形成。然而,在金星大气层中没有发现 O_2,光谱上限低于 $0.3\,ppmv$。一种解释是气相催化作用由 H、Cl 或 N 气体重新生成 CO_2。催化模式的相对重要性取决于金星平流层-中层 H_2 的丰度,这是不知道的,因为 H_2 包含在化学形成的 OH 基中。例如,下列反应

$$CO + OH \longrightarrow CO_2 + H, \tag{5-2-5}$$

在几十个 ppmv H_2 的水平上是重要的。在约 $0.1\,ppbv$ 这样很低的 H_2 水平上,式(5-2-5)不再是重要的,催化循环是:

$$CO + Cl + M \longrightarrow COCl + M, \tag{5-2-6}$$

$$COCl + O_2 + M \longrightarrow ClCO_3 + M, \tag{5-2-7}$$

$$ClCO_3 + O \longrightarrow CO_2 + Cl, \tag{5-2-8}$$

$$Net: CO + O \longrightarrow CO_2, \tag{5-2-9}$$

$$CO + Cl + M \longrightarrow COCl + M, \tag{5-2-10}$$

$$COCl + O_2 + M \longrightarrow ClCO_3 + M, \tag{5-2-11}$$

$$ClCO_3 + Cl \longrightarrow CO_2 + ClO + O, \tag{5-2-12}$$

$$ClCO_3 + ClO \longrightarrow CO_2 + O_2 + Cl, \tag{5-2-13}$$

$$Net: CO + O \longrightarrow CO_2, \tag{5-2-14}$$

CO 到 CO_2 是再循环。在约 $0.1\,ppmv$ 这样中等的 H_2 水平上,反应

$$NO + HO_2 \longrightarrow NO_2 + OH$$

先于式(5-2-5),然后是 CO 到 CO_2 的再循环。

5.2.4 大气层动力学

1. 大气层超旋

金星大气层动力学的主要特征是在约 16 km(即第一标高 $H=RT/gM$)以上,大气层旋转比金星自身旋转得块,这称为大气层超旋。金星在 243 天内自旋一周,而在云顶(70 km),纬向旋转周期为 4～5 天(即速度大约是 100 m/s)。实地探测结果显示,从表面到云层,纬向风速度随高度的增加而增大,在表面的风速只有约 1 m/s 或更小(见图 5-2-3)。超旋可能起因于行星波(特别是在日下点局地加热产生的热源),这些波将来自固体行星的动量向上输送到高层大气。

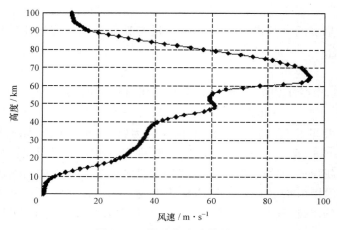

图 5-2-3　风速与高度的关系

2. 极区涡旋

有证据表明,金星上有哈得莱环流(图 5-2-4),即在赤道的热空气上升,并在高层大气极向输送,产生一个巨大的极区涡旋,具有不寻常的双眼特征。这种特征减少了云覆盖,并伴随着快速的下降气流。先锋-金星号和金星 15 号飞船在北极区观测到这种涡旋。

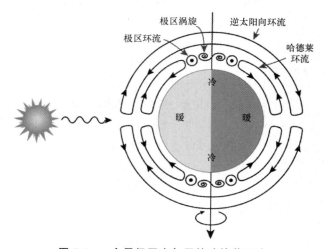

图 5-2-4　金星极区大气层的哈德莱环流

欧洲空间局(ESA)的金星快车第一次证实了在金星南极也存在"双眼"大气涡旋,如彩图22所示。白天是黄色的,夜间是淡蓝色的。目前对为什么形成双涡旋的机制还不清楚。

5.2.5　电离层与磁层

从1962年开始,已经有不少于30个飞船探访过金星。但关于金星电离层的信息实际上大多数来自"先锋-金星轨道器"(pioneer venus orbiter,PVO)。PVO携带有10种仪器,其中8个仪器与金星高层大气相关。在其14年的观测寿命期间,该轨道器获得了关于金星高层大气和电离层的大量资料。最新的一个探测金星的任务是欧空局的金星快车,其携带的仪器可以对金星大气和电离层做精度更高的观测。

1. 向日面电离层的离子成分和垂直结构

(1) 离子成分

在向日面,金星电离层主要是由光电离反应和光子-电子碰撞过程产生,其光化学反应已经被较好地研究过。金星电离层主要是由于CO_2被太阳极紫外辐射所电离造成的,但是CO_2^+并不是电离层中的主要离子成分。虽然CO_2是金星大气的主要中性成分,但是由于离子-原子的电荷交换反应,金星电离层的主要离子成分是O_2^+,受光化学过程控制,这点与火星电离层相同。在200 km以上,金星电离层的主要离子成分变为O^+,主要受扩散过程控制。而在电离层所有高度,CO_2^+都是次要离子成分,其他的离子成分还包括C^+,N^+,CO^+,N_2^+和H^+。电离层等离子体成分是随高度,太阳天顶角和太阳活动而变化的。图5-2-5显示了模式计算和实地观测的金星电离层离子密度剖面。

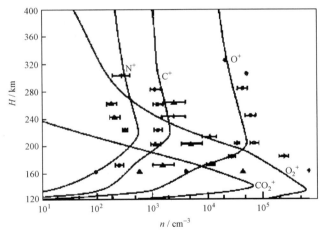

图 5-2-5　模式计算和实地观测的金星向日面电离层离子密度剖面

图5-2-6是由金星快车飞船的无线电掩星试验获得的电子密度剖面。图中的SZA表示太阳天顶角,lat.表示纬度。图(a)是金星电离层电子密度高度剖面的主要特征。V1和V2分别表示电子密度的次级和主层。V3区在180 km以上形成,由O^+控制。在160和180 km高度之间(箭头所示)是观测到的白天剖面的主体。电离层顶位于250和275 km之间。图(b)是在不同的白天、不同天顶角和不同纬度观测到的电子密度剖面。

(2) 垂直结构

由于缺乏行星大尺度磁场,因此金星电离层与地球电离层有很大差异。金星上层大气或

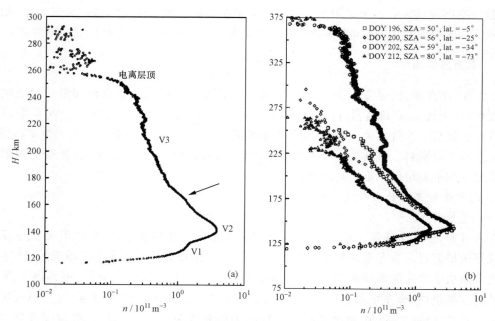

图 5-2-6　金星快车观测到的白天电离层电子密度剖面

电离层不受磁场控制而直接与太阳风相互作用,因此金星大气很容易逃逸到行星际空间。太阳辐射会加热中性大气,使其向太阳风中扩展。电离层压力包括热压和磁压两部分,它们与太阳风动压达到动态平衡。电离层的上边界又称为电离层顶,在这里等离子体密度突然减小。当太阳风压力增加时电离层顶会移动到较低高度。电离层顶的距离基本满足压力平衡规律,即随着太阳天顶角的增加,电离层顶的高度也随之增加。根据 PVO 利用无线电掩星法观测的结果,向日面电离层顶从日下点的 350 km 增加到日夜交界面的 1000 km。

金星电离层的垂直电子密度剖面是利用无线电掩星法获得的,如图 5-2-7 所示。主电子密度峰值出现在大约 140 km 高度,典型的峰值电子密度是 $5\times10^5\ cm^{-3}$。从电子密度剖面中还可以清楚地看到金星电离层电子密度的第二个峰值存在,高度在 115 km 左右,对应的电子密度为 $5\times10^3\ cm^{-3}$。金星电离层电子密度第二个峰值的出现被认为与流星活动有关。行星

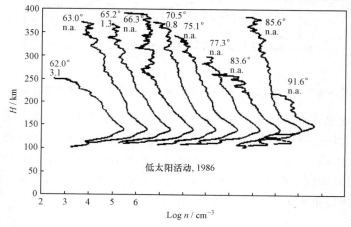

图 5-2-7　在太阳活动低年金星电离层的垂直电子密度剖面

际尘埃粒子与行星大气层相互作用研究是行星科学中的一个新兴领域。其中一个重要的影响就是由流星产生的电离层,其过程如下:当行星际尘埃进入行星大气层的过程中,尘埃粒子会破碎并沉积各种原子,分子和离子,包括金属元素,如镁、铁等。这些金属元素与临近的离子发生反应或者也可以被太阳极紫外辐射所电离,从而形成电离层中的另一个峰。类似的电离层峰值已经在地球电离层和火星电离层中被观测到。因此,有理由相信金星电离层中也有类似的电离层峰值。

2. 昼夜差异

根据以前的推测,金星的夜间电离层被认为是不存在的(金星夜间的时间大概有地球 58 天)。但是根据 Mariner 5 的观测结果,发现金星有明显的夜间电离层。金星夜间电离层通常很弱,这可能与金星很慢的自转速度有关。但金星的夜间电离层总是存在的,其结构显示出很丰富的时间和空间变化。电离层空洞和细丝可以很深地扩展到离子尾和磁尾。维持金星夜间电离层存在的机制曾引起科学家长期的争论,其中比较有影响的观点是日夜传输和能谱较软的电子沉降。它们的相对重要性随着给定离子成分和太阳风压力,太阳周期活动等条件而变化。现在被广泛接受的机制是在太阳最大和最小条件下金星夜间等离子体的主要来源是传输过程。根据观测,有一个通量很高的尾向 O^+ 离子流以几千米/秒的速度穿越日夜交界面。这一运动是由于很大的日夜压力梯度和限制磁场的缺乏造成的,因此在太阳活动高年可以维持较强的夜间电离层。当电离层顶向行星表面运动时(即当太阳风动压很高时),电离层压力梯度就会减小,则向夜间流动的 O^+ 离子流就会消失。但是在一些变化事例中沉降电子对金星夜间电离层的影响是不可忽略的,能量电子的通量足以产生大量电离。

图 5-2-8 是由金星快车无线电掩星试验获得的金星夜间电离层的 4 个电子密度剖面。图(a)剖面是高纬−84° 且接近于日夜分界线,太阳天顶角为 92.4°,此时高层大气还可被太阳照射。峰电子密度在 145 km 处,比中纬白天电离层的小一个量级。图(b)—(d)剖面是不同纬度的高度剖面,太阳天顶角为 113°和地方时 05:00(此时在 500 km 以下没有阳光照射)。

3. 热力学

PVO 携带的 Langmuir 探针和 RPA 阻滞势分析器测量了金星电离层电子和离子温度,与预期的一样,在 140 km 以上,电子和离子温度均高于中性大气温度。但与地球的情况不同,金星电离层等离子体如此高的温度并不能用极紫外加热和经典的热传导来解释。造成金星电离层上层等离子体温度偏高的可能的原因有两种,一个是在电离层顶部存在某种点对点的能量输入,或是由于磁场扰动电离层等离子体的热导率降低了。这两种原因可能同时起作用,但哪一种是主要原因目前还不清楚。

4. 超热等离子体

当研究一个行星的电离层时,一个基本的问题是理解其中超热(几电子伏以上)电子的行为。这些粒子可以电离行星大气层并对热等离子体的能量平衡起十分重要的作用。同时,这些粒子还是研究高层大气与太阳风相互作用中十分重要的因素:太阳风与高层大气相互作用会感生一个水平磁场,从而限制电子和热传导的垂直传输。

金星向日面和背日面的超热电子通量已经被广泛研究过。在向日面,由于产生超热电子的主要来源是太阳极紫外辐射,因此两者的谱分布基本一致。热电子的热量沉积太小以至于无法用它来解释等离子体温度的异常增加。因此这说明太阳风与大气相互作用感生的磁场无法阻止垂直的热量传输。Spenner et al. (1980)曾在幔区观测到混合有光电子和被激波加热

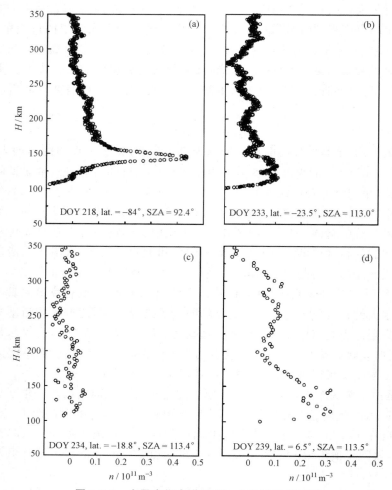

图 5-2-8　金星夜间电离层的 4 个电子密度剖面

的太阳风的等离子体。

在背日面也观测到超热电子。这些超热电子可能是夜间电离层等离子体。

5. 金星磁层

1980 年，PVO 利用其携带的磁强计发现金星磁场比地球磁场弱的多。而且这些弱小的磁场不是来自类似地球的内部发电机，而是由金星电离层与太阳风相互作用产生的。金星磁层很弱，不能保护其大气层不受各种来自宇宙的各种辐射的影响。

金星的大小与地球相似，因此科学家本来以为在其内核中同样有一个发电机。发电机的产生要具有三个条件：导电的流体，旋转和对流。金星内核被认为是导电的。虽然金星的自旋速度很慢，但模式模拟结果表明其现有的自旋速度足以产生一个发电机。这意味着金星发电机的缺失可能是由于内核中不存在对流。在地球，由于内部流体层底部温度远高于顶部温度，因此在流体内核的外层会发生对流。由于金星的地壳结构无法使热量释放，因此它可能不存在固体内核，或者其内核现在并没有冷却，因此其核心的全部流体部分几乎是等温的。另一种可能性是金星内核已经完全凝固了。

图 5-2-9 是根据金星快车飞船的磁场测量数据得到的弓激波位置和感应的磁层顶边界。

实心圆是弓激波穿越数据,实线是拟合线。空心圆表示感应磁层的磁层顶穿越,虚线是拟合曲线。阴影区是光学阴影。细线是飞船轨道,沿轨道的箭头方向表示磁场方向,箭头的长度与投影在这个平面上的磁场成正比。x 是太阳的方向;y 的方向与行星运动反向;z 是北向,垂直于金星的轨道平面。

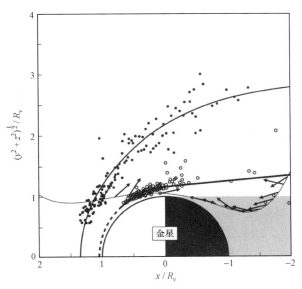

图 5-2-9　弓激波位置和感应的磁层顶边界

5.2.6　大气层与表面相互作用

高温和高压驱动了 CO_2、SO_2、OCS、H_2S、HCl 和 HF 与金星表面岩石和矿物的相互作用。在 20 世纪 60—70 年代,美国和苏联的一些学者就建立了气体与金星表面矿物热化学平衡的模式。这些模式预言,CO_2、SO_2、OCS、H_2O、HCl 和 HF 的丰度将受这些气体与金星表面活性矿物的作用控制。从目前的分析看,似乎 CO_2、HCl 和 HF 的丰度是受控制的,或者说是受表面矿物的缓冲作用;而水蒸气、CO 和硫气体的丰度由表面-大气层作用和气体相化学组合动力控制。

1. 碳酸盐平衡

金星上 CO_2 的压强可能由下列反应控制:

$$CaCO_3(方解石) + SiO_2(氧化硅) = CaSiO_3(硅灰石) + CO_2,$$

$$\log_{10} P_{CO_2} = 7.97 - 4456/T. \tag{5-2-16}$$

在 740 K 温度时 CO_2 约 92 bar 的压强实际上与上述反应的平衡 CO_2 压强相同,问题是目前金星上存在碳酸盐吗?

赞成碳酸盐存在的证据包括:金星表面某些流动特征看上去像是由岩浆(如碳酸盐)组成的,具有水那样的流变特征。如果这是正确的,这些地貌解释意味着金星存在碳酸盐。在金星 13 号着陆点计算的方解石丰度(根据质量)为 4%,在金星 14 号着陆点计算的值是 3%,在维伽 2 号点计算的值是 10%。含碳酸盐的岩石也提供了含氯和氟的矿物,这些对控制活性氢卤化物的大气层丰度是必要的。

关于碳酸盐主要有两种争论。地球上的大多数碳酸盐是沉积的,而金星是干燥的,没有液体水。然而高的 D/H 比说明,金星在过去层是潮湿的,那时可能形成了碳酸盐。另外,计算和实验预言,金星上的碳酸盐将与 SO_2 作用以形成硬石膏($CaSO_4$)。但是,"金星"飞船的 XRF 分析表明 CaO/SO_3 比小于1,因而金星表面不是硬石膏饱和。再有,风的侵蚀也可能磨蚀硬石膏层,暴露了下面的碳酸盐。但现在的问题是,金星是否存在碳酸盐,是否在缓解大气层的 CO_2 仍没有弄清。这个问题的解决需要取样返回或实地探测。

2. HCL 与 HF 的平衡

HCl 和 HF 是在20世纪60年代后期在金星大气层中发现的。此后不久就有人提出, HCl 和 HF 是由包括含氯和含氟矿物(如方钠石或氟金云母)的平衡控制的。一种包含霞石、钠长石和方钠石的反应

$$2HCl(g) + 9NaAlSiO_4(霞石) \Longrightarrow Al_2O_3(刚玉) + NaAlSi_3O_8(钠长石)$$
$$+ 2Na_4[AlSiO_4]_3Cl(方钠石) + H_2O(g)$$

$$(5-2-17)$$

可能减缓 HCl,而包含钾长石和氟金云母的反应

$$2HF(g) + KAlSi_3O_8(K\text{-}spar) + 3MgSiO_3(enstatite)$$
$$\Longrightarrow KMg_3AlSi_3O_{10}F_2(fluorphlogopite) + 3SiO_2(silica) + H_2O(g) \quad (5-2-18)$$

可能减缓 HF。这些反应以及对 HCl 和 HF 其他可能的缓解方式与地球上碱性岩石共同的岩石相有关,在金星上也类似。这是个有趣的观点,因为在地球上稀少的碱性岩石似乎在"金星"和"维伽"飞船的着陆点存在。金星可能比地球有更多的镁铁质碱性壳。

3. 含铁矿物的氧化还原作用

玄武岩(以及金星表面其他挥发性岩石)中含 Fe^{2+} 矿物的氧化对水的的损失是非常重要的,整个过程是

$$H_2O(气体) + 2FeO(岩石) \Longrightarrow Fe_2O_3(赤铁矿) + H_2(气体) \quad (5-2-19)$$

和

$$H_2O(气体) + 3FeO(岩石) \Longrightarrow Fe_3O_4(磁铁) + H_2(气体), \quad (5-2-20)$$

这里的 FeO 表示含 Fe^{2+} 的辉石和橄榄石等。生成的 H_2 逃逸到太空。几艘飞船的观测指出了在今天的金星上发生含 Fe^{2+} 玄武岩的演化。金星9号和10号飞船的广角光度计以及金星13号与14号飞船的电视摄像机都显示了在金星表面赤铁矿或其他三价铁的存在。金星13号和14号着陆点土壤电阻的测量发现比相同温度下玄武岩的电阻低1~2个数量级。导电矿物如磁铁或赤铁矿可能存在。"先锋-金星(PV)"大探测器的中性质谱仪报告25 km 以下 H_2 的丰度是 0~10 ppmv。PV 轨道器离子质谱仪探测到一个质量2峰,这解释为来自 D^+ 和 H_2^+。在140 km 以下得到的 H_2 混合比是 <0.1~10 ppmv。金星13号和14号气体色谱仪报告在49~58 km H_2 的丰度是 25±10 ppmv。后者的探测是有争论的。在许多情况下,在金星低层大气报告的的 H_2 混合比从 <0.1 ppmv 到 10~25 ppmv。这些 H_2 混合比大于在金星表面温度下从水-气作用

$$CO + H_2O \Longrightarrow CO_2 + H_2 \quad (5-2-21)$$

得到的值,并指示了含 Fe^{2+} 矿物被 H_2O 的氧化可推测产生观测到的氢。

4. 金星硫循环与气候变化

目前的观点认为,金星上的火山气体释放产生了 SO_2 并减少了 S_2、OCS 和 H_2S。在金星

火山气体中这些种类的相对比例是不知道的。在地球玄武岩火山气体中，SO_2 通常是主要的硫气体。硫化氢是第二丰富的硫气体，有时与 SO_2 同样丰富甚至比它多。羰基硫化物和硫蒸气的丰度低于 SO_2 或 H_2S。如果金星的玄武岩喷发在温度和氧逸度与地球上的玄武岩火山类似，那么 SO_2 将比 S_2，OCS 或 H_2S 更丰富。金星大气层中非常低的 H_2O 丰度并考虑化学平衡，这些因素意味着在金星火山气体中 S_2 和 OCS 将比 H_2Si 更丰富。现在，金星大气层中 SO_2 的丰度大于下列反应中 SO_2 平衡压强的 $35\sim110$ 倍：

$$SO_2 + CaCO_3（方解石）=\!=\!=CaSO_4（硬石膏）+CO, \qquad (5\text{-}2\text{-}21)$$

这个反应是 SO_2 的一个汇。Vega UV 谱仪的数据给出相应的倍数是 35，而 PV，金星 11 号、12 号和地基红外谱仪给出的数据高于 110。式 (5-2-21) 的反应率是知道的，在没有火山源存在的情况下，足以在大约 1900 万年内排除金星大气中所有的 SO_2。类似地，但较缓慢的 SO_2 反应发生在含钙矿物中，如钙长石、透辉石和硅灰石。在金星 13 号、14 号和维伽 2 处 Ca/S 比的测量大于 1。如果所有的钙与硫组合在硬石膏中，这些比值比预期的（即 1）大。于是大气层中 SO_2 经金星表面含钙矿物的化学风化大概是一个正在进行的过程。

维持大气层 SO_2 当前的浓度要求每年喷发约 $1\,km^3$ 的熔岩，平均成分与金星 13 号、14 号和维伽 2 着陆点的成分类似。这个火山发生率与地球陆上火山平均发生率相同，是每年地壳板块生成率约 $20\,km^3$ 的大约 5%。保持金星 SO_2 在稳定的状态要求硫喷发率是每年约 28 Tg。这与根据地球火山 SO_2 发射率的估计值 9（陆地），19（海底）和 28（总）Tg 一致。

地球和 Io 上的火山是阵发式的，金星上的火山也应是阵发式的，这可能是为什么没有看见金星活动火山的原因。但现在要求金星有 SO_2 的火山源存在。如果 SO_2 的火山源和 SO_2 的火山源汇不平衡，那将发生什么情况呢？如果喷发的 SO_2 少于形成硬石膏所损失的，大气层中留下的 SO_2 少，产生的 H_2SO_4 少，形成的云少。金星大气层和表面的温度可能降低，因为 SO_2 和火山挥发物如 CO_2 和 H_2O 是温室气体。当温度下降时，可能造成磁铁矿（$MgCO_3$）和其他碳酸盐的不稳定并消耗大气层的 CO_2。反过来，如果喷发的 SO_2 多于形成硬石膏所损失的，大气层中的 SO_2 将增多，产生更多的 H_2SO_4，形成更多的云。在这种情况下，因更多的温室气体进入大气层，大气层和表面温度将增加。金星表面稳定在 740K 温度下的矿物可能随温度的增加而分解。这其中的某些效应可能发生在未来，也可能在过去已经发生了，这些效应一直在气候模式中研究，并结合了金星云和大气层中 SO_2、H_2O 丰度的变化。气候模式预报了公认的 500 ± 200 百万年前金星全球表面重构时大的温度变化。根据这个模式，高的表面温度扩散到金星内部，引起相当大的热压力，影响了全球尺度构造变形。这个模式可以解释今天金星表面 60%～65% 起皱脊状平原的形成。最后，需要考虑 OCS 和 H_2S 在金星硫循环中等作用。除了可能的火山源之外，硫化铁的化学风化可能产生 OCS 和 H_2S。这些源作为下列反应的例子：

$$4CO_2 + 3FeS（磁黄铁矿）=\!=\!=3OCS + CO + Fe_3O_4（磁铁矿）, \qquad (5\text{-}2\text{-}22)$$

$$4H_2O + 3FeS（磁黄铁矿）=\!=\!=3H_2S + H_2 + Fe_3O_4（磁铁矿）. \qquad (5\text{-}2\text{-}23)$$

这个推导出的 OCS 变化率与 PV 质谱仪在 22 km 以下观测到的 3 ± 2 ppmv H_2S 与这些观点一致。在较高的高度，OCS 和 H_2S 通过光化学反应转换为 SO_2：

$$2H_2S + 6CO_2 \longrightarrow 2H_2O + 2SO_2 + 6CO, \qquad (5\text{-}2\text{-}24)$$

$$2OCS + 4CO_2 \longrightarrow 2SO_2 + 6CO. \qquad (5\text{-}2\text{-}25)$$

SO_2 然后光致氧化成含水的硫酸滴。硫循环按照下面顺序闭合。硫酸云滴蒸发在云底变

成 H_2SO_4、SO_3 和 H_2O 的气体混合物。SO_3 通过下列反应再生成 SO_2：

$$CO + SO_3 \longrightarrow SO_2 + CO_2. \qquad (5\text{-}2\text{-}26)$$

经过反应(5-2-26)形成的 SO_2 逐渐与金星表面含钙的矿物作用，当硫气体再次挥发外流时，循环重复。

5.3　金　星　探　测

5.3.1　金星探测概况

1961 年 2 月 12 日，苏联发射了"金星 1 号"飞船，这艘飞船重 643 kg，在距金星 9.6×10^4 km 处飞过，进入绕太阳轨道后失去联络，结果一无所获。

1962 年 8 月 27 日，美国发射了"水手 2 号"飞船，它于 1962 年 12 月 14 日到达金星附近。星载微波辐射计测量了大气深处的温度，红外辐射计测量了云层顶部的温度。磁强计的测量结果表明金星磁场很弱，在它的周围不存在辐射带。

1967 年 6 月 12 日，苏联发射了"金星 4 号"飞船，同年 10 月 18 日进入金星大气层。在着陆舱向金星表面降落期间探测金星周围的大气压力、温度、密度、风速、云层结构和大气的化学成分。"金星 4 号"的着陆舱直径 1 m，重 383 kg，外表包着一层很厚的耐高温壳体，设计极限压强为 25 个大气压。它携带两个温度计，1 个气压计，1 个无线电测高仪以及大气密度测量计，11 个气体分析器等探测仪器。着陆舱进入大气层后展开降落伞，在降落伞的作用下缓慢下落，探测数据及时发送道轨道舱，然后返回地球。当着陆舱下降到距离金星表面为 24.96 km 时，信号停止发射，估计是着陆舱被金星的高气压压瘪了。

"金星 5 号"的发射时间为 1969 年 1 月 5 日，它的设计同"金星 4 号"非常接近，只是更结实一些。探测方式同"金星 4 号"。在着陆舱下落过程中，获得了 53 分钟的探测数据。当着陆舱下落到距离金星表面约 24～26 km 时被大气压坏，此时的压力为 26.1 个大气压。

"金星 6 号"于 1969 年 1 月 10 日，同年 5 月 17 日到达金星。着陆舱一直下降到距离金星表面 10～12 km。

1970 年 8 月 17 日，苏联发射了"金星 7 号"，并于 1970 年 12 月 15 日到达金星。该飞船的着陆舱能承受 180 个大气压，因此成功地到达了金星表面，成为第一个到达金星实地考察的人类使者。它在降落过程中，考察了金星大气层的内部情况及金星表面结构。传回的数据表明，着陆舱受到的压力达 90 多个大气压，温度高达 470℃。大气成分主要是二氧化碳，还有少量的氧、氮等气体。至此，人类撩开了金星神秘的面纱。

1972 年到达金星表面的"金星 8 号"化验了金星土壤，还对金星表面的太阳光强度和金星云层进行了电视摄像转播，金星上空显得极其明亮，天空是橙黄色，大气中有猛烈的雷电现象，还有激烈的湍流。

1975 年至 1984 年是金星探测的高潮期。1975 年 6 月 8 日和 14 日先后发射的"金星 9 号"和"金星 10 号"，与同年 10 月 22 日和 25 日分别进入不同的金星轨道，并成为环绕金星的第一对人造金星卫星。两者探测了金星大气结构和特性，首次发回了电视摄像机拍摄的金星全景表面图像。1978 年 9 月 9 日和 9 月 14 日，苏联又发射了"金星 11 号"和"金星 12 号"，两者均在金星成功实现软着陆，分别工作了 110 分钟。特别是"金星 12 号"于 12 月 21 日向金星下降的过程中,探测到金星上空闪电频繁、雷声隆隆,仅在距离金星表面 11 km 下降到 5 km 的这段时间就记录到 1000 次闪电,有一次闪电竟然持续了 15 分钟!

从 1978 年起,美国把行星探测活动的重点转移到金星。1978 年 5 月 20 日和 8 月 8 日,分别发射了"先锋-金星 1 号和 2 号",其中"1 号"在同年 12 月 4 日顺利到达金星轨道,并成为其人造卫星,对金星大气进行了 244 天的观测,考察了金星的云层、大气和电离层;还使用雷达测绘了金星表面地形图。"先锋-金星 2 号"带着 4 个着陆舱一起进入金星大气层,其中一个着陆舱着陆后连续工作了 67 分钟,发回了一些图片和数据。金星上降雨时,落下的是硫酸而不是水;金星地形和地球相类似,也有山脉一样的地势和辽阔的平原;存在着火山和一个巨大的峡谷,其深约 6 km、宽 200 多 km、长达 1000 km;金星表面有一个巨大的直径达 120 km 的凹坑,其四周陡峭,深达 3 km。

到目前为止,探测金星的飞船已达 28 艘。表 5-3-1 概述了这些飞船的情况。彩图 23 是"先锋-金星 2 号"飞船。图 5-3-1 显示了苏联一部分金星探测飞船。

表 5-3-1　金星探测飞船概况

飞船名称 (所属国家)	发射时间 或间隔	重量/kg	概况
Venera 1 (USSR)	1961-2-12	645.5	在距离金星 10×10^4 km 处飞过,电波中途中断
Mariner 2 (USA)	1962-8-27— 1965-1-3	201	1962 年 12 月 14 日从距金星 36 000 km 处飞过,用红外辐射计和微波辐射计测量了金星表面温度
Venera 4 (USSR)	1967-6-12	1104	1967 年 10 月 18 日到达金星,进入大气层,对金星大气参数作了测量,证明 CO_2 是主要气体
Mariner 5 (USA)	1967-6-14	244	1967 年 10 月 19 日从距金星 3900 km 处通过,研究了金星磁场,进行了大气测量
Venera 5 (USSR)	1969-1-5	1128	1969 年 5 月 16 日到达金星,下降过程中对大气进行了测量,在 26 km 高度处失效
Venera 6 (USSR)	1969-1-10	1128	1969 年 5 月 17 日进入金星大气层,获得了大气层数据,在距金星表面 11 km 处失效
Venera 7 (USSR)	1970-8-17	1180	1970 年 12 月 15 日在金星软着陆,是第一艘在金星软着陆的飞船。测量了大气层成分、压力和温度,向地球发送了 23 分钟的探测数据
Venera 8 (USSR)	1972-5-27	1180	1972 年 7 月 22 日在金星表面软着陆,第一次分析金星表面,用 γ 射线谱仪测量了 K、U、Th,返回 50 分钟的数据
Mariner 10 (USA)	1975-11-3— 1975-5-24	526	1974 年 2 月 5 日从距金星 5760 km 处通过,它是第一个有成像系统的飞船,对金星大气层作了电视摄影
Venera 9 轨道器与着陆器 (USSR)	1975-6-8	4936	1975 年 10 月 22 日进入环绕金星轨道,11 月 25 日登陆舱在金星表面软着陆,在 53 分钟的时间内,传回了金星表面的黑白电视图像;轨道器拍摄了云的照片,发现了不同的云层
Venera 10 (USSR)	1975-6-14	5033	1975 年 10 月 25 日到达金星,观测了 65 分钟,结果同上

飞船名称 （所属国家）	发射时间 或间隔	重量/kg	概况
Pioneer Venus 1 轨道器 （USA）	1978-5-20— 1992	582	1978 年 12 月 4 日到达金星，从 1978 年一直工作到 1992 年 10 月 8 日。轨道器是第一个用雷达成像行星表面的飞船。电场实验探测到由闪电引起的射电暴；没有探测到磁场
Pioneer Venus 2 轨道器与探测器 （USA）	1978-8-8	904	携带 4 个大气层探测器，1978 年 12 月 9 日到金星。在 70～90 km 处探测到雾层，在 10～15 km 之间探测到小的大气对流
Venera 11 （USSR）	1978-11-9	4940	1978 年 12 月 25 日在金星软着陆，返回 95 分钟的数据，成像系统失败
Venera 12 （USSR）	1978-11-14	4940	1978 年 12 月 21 日在金星软着陆，返回 110 分钟的数据，记录到可能是由闪电引起的放电
Venera 13 （USSR）	1981-10-30	5000	1982 年 3 月 1 日登陆舱在金星着陆，拍摄了金星表面照片；利用 X 射线分光计分析了土壤
Venera 14 （USSR）	1981-11-4	5000	1982 年 3 月 5 日登陆舱着陆，工作情况同上
Venera 15 轨道器 （USSR）	1985-6-2	5000	1983 年 10 月 10 日到达金星，其高分辨率的成像系统给出 1～2 km 分辨率的像
Venera 16 轨道器 （USSR）	1985-6-7	5000	1983 年 10 月 14 日到达金星，工作情况同上
Vega 1 （USSR）	1984-12-15	4000	1985 年 6 月 11 日飞越金星，向金星释放了登陆舱和气球以研究金星中层云。登陆舱的土壤实验失败，气球浮在大气中 54 km 的高度 48 小时
Vega 2 （USSR）	1984-12-21	4000	1985 年 6 月 11 日飞越金星，工作情况同上
Galileo	1989-10-18—	2222	1990 年 2 月 10 日飞越金星，对其进行了观测
Magallan	1989-5-3— 1994	3545	1990 年 8 月 10 日到达金星，其基本目的是用合成孔径雷达对金星成像，分辨率为 300 m，绘制了金星表面 99% 的图像
Galileo 飞越	1989-10-18		1990 年 2 约 10 日飞越金星，对金星进行了成像和光谱测量
Cassini 飞越	1997-10-15		1998 年 4 月 26 日第一次飞越金星，1999 年 1 月 24 日第二次飞越金星。对金星大气层进行了成像观测
Venus Espress	2005-11-9	1270	2006 年 4 月 11 日到达金星。2006 年 5 月 6 日进入科学观测轨道，轨道周期约 24 小时，准极轨轨道，250 km×6600 km。携带了 7 种科学仪器，主要研究金星的大气层。设计工作寿命不少于 500 天

图 5-3-1 苏联的金星探测系列飞船

（a）金星 1 号；（b）金星 2 号；（c）金星 3 号；（d）金星 4 号；（e）金星 6 号；（f）金星 7 号；（g）金星 11 号

5.3.2 麦哲伦飞船

1. 概况

1989 年 5 月 4 日，亚特兰蒂斯号航天飞机将"麦哲伦"号金星探测飞船带上太空，并于 1990 年 8 月 10 日到达金星。麦哲伦飞船重量达 3460 kg，长 4.6 m，装有一套先进的合成孔径雷达系统，雷达天线的孔径为 5.7 m。"麦哲伦"的主要目的是：（1）获得金星表面分辨率为 1 km 的全球雷达图像；（2）获得全球地形图，空间分辨率为 50 km，垂直分辨率为 100 m；（3）获得全球重力场数据，分辨率为 700 km，精度为 2~3 miligal（1 gal＝1 cm/s²）；（4）增强对行星地质学的了解，包括密度分布和动力学特征。

麦哲伦初始轨道是椭圆极轨轨道，近地点和远地点分别为 294 km 和 8543 km，轨道周期为 3 小时 15 分钟。在轨道靠近金星期间，麦哲伦的雷达成像一刈幅的金星表面，大约 17~28 km 宽。在每个轨道的末端，飞船将绘制的图形发送到地球。金星自旋周期为 243 个地球日，当金星在飞船下面旋转时，麦哲伦收集一条又一条的图像数据，在 243 天的轨道周期末，逐渐地覆盖整个金星。在 1990 年 9 月到 1991 年 5 月的第一个轨道周期之间，麦哲伦发送到地球的图像覆盖金星 84% 的表面。飞船然后在 1991 年 5 月到 1992 年 9 月之间进行 8 个多月周期的雷达绘图。获得了金星 98% 以上面积的详细图形。接下来的周期可以使科学家了解一年时间内表面的变化。此外，由于观察角的变化，科学家可以构造金星表面三维图形。在 1992 年 9 月到 1993 年 5 月的麦哲伦第四个轨道周期之间，飞船收集了关于金星重力场的数据。这期间麦哲伦没有进行雷达绘图，而是向地球发送恒定的无线电信号。如果飞船通过金星高于正常重力的区域，飞船在轨道上将稍微加速，这将引起麦哲伦无线电信号频率的变化，这就是多普勒效应。NASA 的深空通信网测量频率的精度是非常高的,由此可构造金星重力场变化的图形。

在麦哲伦第四个轨道周期的末期(1993 年 5 月),飞行控制者利用气动制动技术降低了飞船的轨道;这次机动使麦哲伦每个轨道进入金星大气层一次;大气层对飞船的拽力使麦哲伦速度和轨道高度降低。在气动制动完成后(1993 年 5 月 25 日到 8 月 3 日之间),麦哲伦的轨道近地点为 180 km,远地点为 541 km,轨道周期为 94 分钟。这个新的、更圆的轨道使得麦哲伦在接近极区时能收集更好的重力数据。

在第五个轨道周期末期(1994 年 4 月),麦哲伦开始第六个也是最后的轨道周期,收集更多的重力数据和进行雷达及无线电科学实验。在探测的末期,麦哲伦获得金星 95% 表面的高分辨率重力数据。

1994 年 9 月,麦哲伦再次降低轨道以便进行一项称为"直升飞机"的试验。在这项试验中,飞船的太阳电池帆板调整为直升飞机螺旋桨的构形,飞船的轨道降低到大气层薄的外层,延伸到稠密的大气层。此时测量保持飞船取向和免于自旋所需要的力矩。这个试验可获得关于金星高层大气分子特性的数据以及对飞船设计有用的新信息。

1994 年 10 月 11 日,飞船的轨道最后一次降低,但第二天失去了无线电信号,13 日坠入大气层。虽然飞船的大部分在大气层中被烧毁蒸发,但某些部分可能撞击到表面。

2. 行星际飞行轨道

如果麦哲伦飞船在 1988 年 5 月发射,允许飞船经由 I 型轨道用 4 个月的时间到达金星。所谓 I 型轨道,就是从发射点到目标,飞船围绕太阳飞行少于 180°。在 1989 年 10 月也有类似的机会,但此时指定要发射伽利略飞船。

在 1989 年 4 月底到 5 月底的期间内,地球与金星间的相对位置要求采用 IV 型轨道(见图5-3-2),即飞船将围绕太阳飞行 1.5 圈到 2 圈(稍大于 540°),并于 1990 年 8 月 10 日到达金星。IV 型轨道的缺点是旅行时间长(15 个月),优点是可减小发射能量和到达金星的速度。

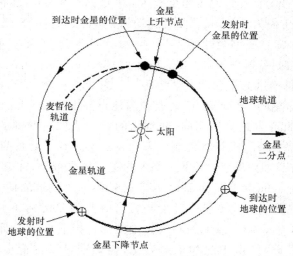

图 5-3-2　麦哲伦飞船的 IV 型轨道

5.3.3 金星快车

金星快车(venus express)是 2005 年 11 月 9 日发射的,2006 年 4 月到达金星。这里所说的"快车",并不是因为它跑得快,而是研制速度快。欧洲空间局在设计"金星快车"时曾利用了"火星快车"和"罗塞塔"探测器的结构和相当多的仪器。"金星快车"项目提出于 2001 年,从提出最初构想到探测器准备发射总共只用了 4 年。正如欧洲空间局金星探测项目领导人所说的:"我们的探测器是名副其实的'快车',因为此前还没有任何一个行星探测项目进展得如此之快"。

1. "金星快车"的使命

探索金星大气上层围绕金星快速旋转以及金星两极地区强旋涡形成之谜;

研究金星全球气温平衡状况和金星上温室效应的形成机制以及金星温室效应的作用;

研究金星云层的结构及动态发展,研究较早前在其云层上部发现的神秘的紫外线斑;

研究金星大气随高度增加而发生的成分变化,金星大气如何与金星表面相互影响,太阳风是如何影响金星大气的等;

研究在不同的高度上,云和雾是怎样形成和变化的;

研究什么过程支配大气层的化学状态;

研究什么因素支配大气层的逃逸过程。

2. 科学负载

金星快车科学载荷由 7 个仪器组成:

空间等离子体和高能粒子分析器(ASPERA)、高分辨率红外傅立叶分光计(PFS)、用于恒星遮掩和最低点观测的紫外和红外分光计(SPICAM)、金星无线电科学仪器(VeRa)、紫外-可见光-红外成像分光计(VIRTIS)、低频雷达探测器(VENSIS)和金星检测照相机(VMC)。其中 VMC 是新开发的仪器,以取代"火星快车"工程视频监测照相机。

(1) ASPERA-4:测量高能中性原子(ENA)、离子和电子;探测太阳风和金星大气间的相互作用;获得全球等离子体和中性气体分布;调查近金星环境的等离子体区;提供未受干扰的太阳风参数。

(2) PFS:其科学目标是:温度场的三维测量和在高度范围 55~100 km 风;测量 SO_2、CO、H_2O、HCl、HF 的丰度并寻找在 60~70 km 范围内的其他气体;气辉的监测;外流的流体的测量(辐射平衡);云的成分研究;0~10 km 的温度梯度和地表温度的测量;寻找火山活动。

(3) SPICAV:紫外谱段的 SPICAV 服务于下面的目标:测量云上层的 SO_2 和 SO 的丰度;确定紫外反照率;运用恒星掩星对高达 170~180 km 的大气的垂直密度剖面的测量。红外谱段的 SPICAM 的科学目标是:在云上面的 H_2O 的丰度的确定;在 0.7~1.3 μm 窗口探测地表;在云下面的 H_2O 含量的测量;监测 1.27 μm 的气辉发射。

(4) VeRa:VeRa 的科学目标有:从大约 80 km 到电离层顶(300~600 km 高度,依赖于太阳风条件)的无线电探测,并推出电子密度的垂直剖面,确定电离层顶的高度,研究金星电离层和太阳风的相互作用的关于地方时、行星纬度和太阳风活动的函数;从云层(35~40 km)到 100 km 高度的中性大气层的无线电探测,由此获得中性质量密度、温度和压力的垂直剖面;通过收发分置的雷达试验,测量金星表面的介电性能,粗糙度和化学成分。

(5) VIRTIS:VIRTIS 主要的科学目标如下:从背阳面的观测研究在云下的低层大气成分

及其变化(CO、OCS、SO_2、H_2O);在 $60\sim100$ km(背阳面)高度范围温度场的测量和带状风的确定;搜寻闪电(背阳面)。

(6) MAG:用于测量磁场强度和方向。这些信息被用来确定各种等离子体区域之间的边界,研究太阳风与金星大气的相互作用,并为其他仪器的测量提供支持数据。

(7) VMC(金星监测照相机):把火星快车的照相机修改成多通道金星检测照相机。修改包括增加几个紫外、可见光和近红外光谱范围的窄带滤波器。VMC 的科学目标是对金星进行全球成像;在紫外和近红外光谱范围观测全球云的运动;研究在云顶部未知的紫外吸收物;绘制表面亮度温度分布并寻找火山活动。

复习思考题与习题

1. 比较金星大气层与地球大气层的异同点。
2. 金星大气层中二氧化碳的含量为什么那样高?
3. 描述金星高层大气的动力学特征。
4. 金星大气层与表面是怎样相互作用的?
5. 描述金星表面形态的主要特征,与地球的主要区别是什么?
6. 金星上活动火山的证据是什么?
7. 计算金星和水星的轨道角速度(度/天),假设它们的轨道都是圆形轨道。根据这些速度,水星需要经过多长时间超过金星一圈?
8. 金星大气层近似厚 50 km,均匀的密度为 21 kg/m^3,计算金星大气层总的质量,并与地球大气层质量作比较。
9. 根据斯蒂潘辐射定律,计算金星表面在 730 K 单位面积(m^2)的辐射和地球表面在 300 K 的辐射。
10. 在没有任何温室效应时,金星的平均表面温度同地球相似,大约是 250 K,事实上是 730 K。利用这个信息和斯蒂潘定律估算离开金星表面与被大气层二氧化碳吸收的红外辐射之比。

参 考 文 献

[1] Encrenaz. T et al, The Solar System, Third Edition, Springer-Verlag, New York, 2004.

[2] Eric Chaisson, Astronomy Today, Fifth Edition, The Solar System, Volume 1, Upper Saddle River, New Jersey, 2005.

[3] S. W. Boughera,, S. Rafkinb, P. Drossart., Dynamics of the Venus upper atmosphere: Outstanding problems and new constraints expected from Venus Express. Planetary and Space Science. Volume 54, Issue 13~14, pp. 1371~1380.

[4] M. Pätzold, B. Häusler, M. K. Bird, S. Tellmann, R. Mattei, S. W. Asmar, V. Dehant, W. Eidel, T. Imamura, R. A. Simpson & G. L. Tyler, The structure of Venus' middle atmosphere and ionosphere, Nature 450, 657~660 (29 November 2007).

第六章 火 星

6.1 火星概述

火星按离太阳由近及远的顺序为第四颗行星,其大小在太阳系中居第七位。火星的 1 天几乎与地球的 1 天相等,但火星的一年却几乎是地球的 2 倍(表 6-1-1)。由于火星的自旋轴相对于轨道平面倾斜,因此,同地球一样有季节变化。火星轨道的偏心率比较大,使得它的一个极在近日点时向太阳倾斜,这个极的夏天比另一个极的夏天温暖。目前南极的夏天温暖,但由于自旋轴的倾斜方向以及近日点的取向缓慢变化,热和冷极以 51 000 年为周期变化。偏心率也引起季节有不同的长度。目前,火星的黄赤交角与地球的相似,但地球的黄赤交角变化小,火星的黄赤交角变化不规则,范围从 0°到大于 60°。在低黄赤交角情况下,由于大多数 CO_2 凝聚在极区而使大气层变薄。在高黄赤交角情况下,含水冰的极盖消融,低纬地区的冰浓缩。

火星的大气层很薄,几乎不能提供热保护层,因此,表面温度有大范围的变化,主要由纬度、表面反射率和表面物质的热性质控制。在 ±60° 纬度内,夏季的表面温度在夜间的 180 K 和中午的 290 K 之间变化,如果表面由不寻常的、低密度的、小颗粒物质构成,则变化范围会更大。不过这些温度有点虚假,因为在表面以下几厘米的深度,日平均温度为 210~220 K。在冬季的极区,温度降低到 150 K,在这个温度下,CO_2 从大气层中凝结出来,形成季节性的极冠。表面的大气压范围从 Hellas 盆地底部的 14 mbar 到奥林匹斯山顶的 3 mba。

表 6-1-1 火星与地球一般特征比较

	地球	火星
平均赤道半径/km	6387	3396
质量/×10^{24} kg	5.98	0.624
到太阳的平均距离/10^6 km	150	228
轨道偏心率	0.017	0.093
黄赤交角	23.5°	25.2°
日的长度	24 h	24h39min35s
年的长度(地球日)	365.3	686.9
季节(地球日)		
北半球春季	92.9	199
北半球夏季	93.6	183
北半球秋季	89.7	147
北半球冬季	89.1	158
大气层成分	79%N_2, 21%O_2	95%CO_2, 3%N_2, 2%Ar
表面压强/mbar	1000	7
平均表面温度/K	288	210
表面重力加速度/cm·s^{-2}	981	372
卫星数量	1	2

6.1.1 全球形态和地理特征

1. 全球形态

彩图 24 显示了火星全球的形态,是由"火星全球观测轨道器"的激光高度计获得的。在赤道地区的空间分辨率大约 15 km,垂直精度小于 5 m。彩图 24 中(a)是南极,图(b)为北极,图(c)是整个火星的平面图。从彩图 24 可看出火星全球形态最明显的 4 个特征:(1) 在东半球(彩图 24(a))有一个巨大的撞击盆地 Hellas (45°S,70°E),它深约 9 km,直径约 2600 km。(2) 在彩图 24(b)显示的塔尔希斯(Tharsis)山地,是一道宽阔的地形隆起带,由古老的密集环形山单元与年青的盾状火山组成的。它横跨 8000 km,中心位置为 14°S,101°W,高出周围地区 10 km 左右。几个主要的火山位于 Tharsis 地区,包括奥林匹斯山(Olympus Mons)(18°N,225°E)、Alba Patera (42°N,252°E)、Ascraeus Mons (12°N,248°E)、Pavonis Mons (0°,247°E)和 Arsia Mons (9°S,239°E)。火星上的沟纹和断裂绝大多数都围绕塔尔希斯地区展开。(3) 是有一条与赤道大体平行的、长达 4000 km 的"水手"大峡谷(彩图 25),它们从塔尔希斯地区伸延出去,可能与伴随塔尔希斯演化的断裂活动有关。(4) 是火星明显的南北不对称。这反映在高度变化、外壳厚度变化和陨石坑密度变化上。南半球高原的平均高度比北半球的平原高 5.5 km,南半球高原的外壳厚约 25 km,而且大多数高原布满陨石坑。而北半球则相对低洼和平坦。

奥林匹斯山是太阳系最大的火山,其直径约 600 km,高 26 km。其最令人费解的特征之一是那个巨大的悬崖,高达 4 km,环绕在奥林匹斯山底部(见图 6-1-1)。

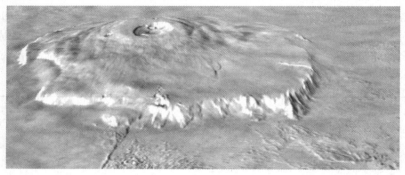

图 6-1-1　奥林匹斯山

2. 河床与冲击平原

最古老的火星地形含有许多河床,类似于在地球上出现的树枝状河流系统。个别河段一般不长于 50 km,宽达 1 km,而整个树枝状系统可能长达 1000 km。陨石坑边缘和火山有时被这些河道冲蚀。除了这些树枝状系统外,火星上还有其他河流作用特征,类似大的河床系统,或称为"外流河床"(outflow channels)(图 6-1-2),起始于高原,排泄到低的北部平原。某些河床几十千米宽,几千米深,数百千米长。在外流河道中出现的泪滴状"岛屿"表明,巨大的水流淹没了平原。某些火星河床可能是由岩浆流动形成的。大多数河道的形态(树枝状或外流)表明,它们肯定是被水流切割了,即由流体的流动维持着。

在图 6-1-2 中,可以看到一些陨石坑。小的火星陨石坑一般是碗形的,具有恒定的深度-直径比。随着直径的增加(到 8～10 km 左右),形状变得复杂,中心出现一个峰,深度-直径比减小。

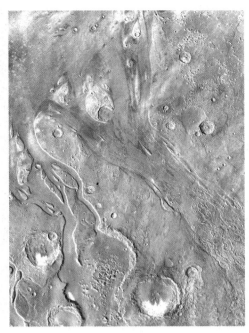

图 6-1-2　火星的外流河道

3. 极冠

火星的两极呈白色,气温在冰点以下,这些冰域称为极冠。以前一直认为极冠是由二氧化碳凝结形成的干冰组成的,欧洲空间局(ESA)的"火星快车"探测结果表明,极冠也含有大量水冰。极冠的范围随季节有亮区和暗区的变化。火星极区一到冬季,由于气温下降,大气中的二氧化碳开始凝结,使得极冠加大,颜色逐渐变淡,北极冠可扩大到北纬 65°,南极冠可扩大至南纬 57°。一到夏季冰雪融化,极冠的范围也就缩小了,暗区就逐渐扩大和变暗。两极的极冠分别延伸到北纬 80°和南纬 84°。

4. 风

风是形成目前火星表面形态的主要过程。在飞船探索火星表面之前,一致怀疑火星上的风。风的存在是由水手 9 号证实的。水手和海盗飞船也揭示了火星表面明显由风形成的特征,包括各种类型的沙丘和风成条纹。

火星上的风速一般为每秒几米,但有时会刮起 50 m/s 的飓风。局地沙尘暴在火星上是司空见惯的,几乎每年都有区域或全球性的沙尘暴。由于火星土壤含铁量甚高,导致火星沙尘暴染上了桔红的色彩,空气中充斥着红色尘埃,从地球上看去,犹如一片桔红色的云。

彩图 26 是火星全球观察者热发射谱仪观测到的火星沙尘暴发展的情况。图中蓝色表示清洁的大气,红色表示沙尘密度增加。

由于风的侵蚀,尘埃的输送和沉积,对火星表面状态有很大影响。像沙丘、沟槽、磨蚀面和凹地,都是在风的长期作用下形成的,图 6-1-3 给出这些丰富多彩小尺度形态的实例。

5. 表面成分

火星部分表面覆盖着以冰的形式存在的水和二氧化碳,冬天的极盖扩展到纬度 60°。春天,它们部分升华,在另一个极冷凝。火星上水和二氧化碳的冷凝温度分别是 190 K 和 150 K。

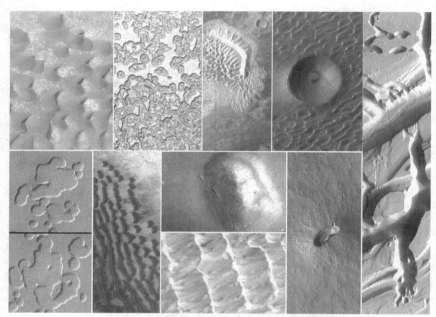

图 6-1-3　风作用下火星表面的小尺度形态

因此有 H_2O 和 CO_2 极冰盖,在两个极间大气层气体交替地蒸发和再冷凝。另外,冬天几乎在所有的纬度水以霜的形式凝结。在纬度高于 45°时,整年都有冰。

近些年来,火星全球勘察者(MGS)的"热发射谱仪"(TES)得到了火星表面完整的矿物分布图。火星表面主要是玄武岩。在北半球,谱显示出含水氧化铁的特征。

"海盗"飞船着陆器携带的 X 射线谱仪分析了着陆点的样品,得到的矿物成分列于表 6-1-2。表中的 1、2 和 3 是海盗 1 号的样品,4 是海盗 2 号的样品。海盗 1 号与 2 号的着陆点相距很远,但得到的结果很相似。海盗飞船的最主要发现是高丰度的 SiO_2(45±5%)和 Fe_2O_3(19±3%)。另外值得注意的是硫,这是没有料到的,其浓度是地球表层硫浓度的 100 倍。而钾是稀少的,上限是 0.25%,比地球表层内的少 5 倍。

表 6-1-2　火星表面的矿物成分

	1	2	3	4	绝对误差
SiO_2/m%	44.7	44.5	43.9	42.8	5.3
Al_2O_3/m%	5.7	—	5.5		1.7
Fe_2O_3/m%	18.2	18.0	18.7	20.3	2.9
MgO/m%	8.3	—	8.6		—
CaO/m%	5.6	5.3	5.6	5.0	1.1
K_2O/m%	<0.3	<0.3	<0.3	<0.3	—
TiO_2/m%	0.9	0.9	0.9	1.0	0.3
SO_3/m%	7.7	9.5	9.5	6.5	1.2
Cl/m%	0.7	0.8	0.9	0.6	0.3
总计	91.8		93.6		
Rb/ppm	≤30			≤30	
Sr/ppm	60±30			100±40	
Y/ppm	70±30			59±30	
Zr/ppm	≤30			30±20	

6. 火星着陆器观测到的特征

目前已经有两个"海盗"号着陆器、火星探路者和两个火星漫游车"机遇"号与"勇气"号以及"凤凰"号等 6 个着陆器曾在火星表面进行探测,这些实地探测给出了更清晰的火星表面图形,看到这些图形,给人一种身临其境的感觉。彩图 27 中,上图是勇气号拍摄的哥伦比亚山,下图是机遇号拍摄的维克多利亚陨石坑。而"机遇"号提供的图片具有 0.8 mm 的分辨率(见彩图 29)。

6.1.2　火星的气候

1. 现在的气候

火星以二氧化碳为主体的薄大气层提供了小的温室效应,使火星平均表面温度比没有大气层的情况升高了大约 5℃。在冬天的极盖区,CO_2 凝结,引起大约 30% 的表面压力季节变化。在南极有小的季节剩余 CO_2 极盖,但非常薄。如果完全升华进入大气层,会使 CO_2 压力大概增加不到 2 mbar。大气层水蒸气浓缩由饱和及凝结控制,因此有季节变化以及日变化。水蒸气与极盖经历一年的交换,特别是与北极盖。夏天,极盖表面的中心部分是水冰,是冬季 CO_2 极盖升华后的遗物。水蒸气在北半球春天和初夏升华,向南输送,但大多数在到达南半球高纬之前沉降到表面或被表面吸收。

除了气体之外,大气层还含有数量可变的构成云和尘埃的冰粒子,尘埃加载可变得相当显著,特别是在北半球的冬季。尘埃从表面被风侵蚀的区域向尘埃沉储区域输送出现了今日的气候。经过几十亿年风侵蚀的作用、尘埃输送和尘埃沉储,强烈地改变着表面。可见光学深度达到全球平均值大约是 5,在局地尘埃暴中甚至更大。可见光学深度 5 意味着直接可见的太阳光被衰减了 $1/e^5$ 倍,大约是 1/150。直接被尘埃衰减的大多数阳光作为散射扩散光到达表面。中等大小的尘埃粒子尺寸约 1 μm,所以这个光学深度相应于柱尘埃粒子质量约为 3 mg/m²。水冰云发生在冬季极盖周围的"极冠",在北半球夏季跨越低纬,特别是跨越高原。对流的 CO_2 云出现在整个极盖,它们很少作为高高度的 CO_2 卷云出现。

轨道参数引起了火星冷和干燥的气候具有季节变化性,这与地球的大陆气候有些类似。现在火星轴的倾角是 25.2°,类似于地球的 23.5°。一年是 687 个地球日,或 1.9 个地球年。因此经历了与地球类似的季节变化,但火星的季节持续大约地球平均值的 2 倍。然而,火星轨道的偏心率(0.09)远大于地球的(0.015),近日点当前发生在接近北半球冬至。结果,北和南半球季节的不对称性比地球更明显,大气层被大量输送阳光,因而热被从固体表面向上输送到大气层。这些是控制大气层力和运动的主要因素。结果,火星和地球的大气层动力学类似。二者由单个弯曲中纬射流占主要地位,冬季最强,在低纬有一个热驱动的哈德莱环流。哈德莱环流在双至最强,特别是北半球冬至,此时接近近日点,在夏天半球(南半球)发生强的上升运动,在冬天半球(北半球)发生强的下降运动。

火星缺乏臭氧层,薄的、干燥的大气层允许短波紫外辐射穿透到表面。特别是波长在 190～300 nm 之间的太阳紫外辐射大大地被地球的臭氧层屏蔽,但可以达到火星的低层大气和表面。这允许接近火星表面的水蒸气分解($H_2O + UV \longrightarrow H + OH$),这个光化学作用的结果,在近表面产生氧化自由基。其次,接近表面的任何有机物快速分解,近表面土壤被氧化。这些条件以及缺乏液体水大概防止了近日火星表面生命的存在。

虽然表面不可能完全没有液体水,但确实是稀少的。基本原因是低温。即使在低纬接近中午时表面温度升高到冻结点以上,冻结点以上的温度只能发生在表面上下几厘米或几毫米。第二个因素是相对低的压力。在火星大部分区域,压力低于捕获点,在捕获点以下,暴露的液体水将快速沸腾。

2. 过去的气候

火星上 3 种地理特征强有力地证明,在各个地质时期内,火星表面经历了流体的冲刷。这些地质时期包括:35 亿年以前的诺亚时期、35 亿至 25 亿和 20 亿年之间的 Hesperian 时期和 20 亿年以前至现在的亚马逊古陆时期。这 3 种特征是河谷网、沟壑与外流河道(有关这 3 种特征的详细描述见 6.3 节)。如果火星表面特征确实是由流体流动产生的,则说明火星过去的气候是温暖和潮湿的,与现在的气候截然不同。

3. 产生温暖气候的机制

对火星历史上出现温暖气候的原因,目前提出了 5 种机制:

(1) CO_2 温室效应。在 1972 年"水手 9 号"轨道器任务后,人们提出了这个建议。认为早期的大气层比现在含有更多的 CO_2,这些 CO_2 产生通过直接的红外辐射效应和增多水蒸气的附加温室效应增强了整个火星的温室效应,使大气层保持在较高的温度。将这个理论应用到诺亚后期解释河谷网形成遇到了困难,因为在 35 亿年前太阳输出仅为现在的 75%,这就要求有更多的 CO_2 以产生足够的温室效应。要使大范围表面温度保持在冻结温度以上,要求 CO_2 的压强在几巴以上。但如此厚的大气层在物理上是不可能的,因为 CO_2 在大约 1 bar 时就凝结成云。目前的研究表明,CO_2 冰云不能使表面温暖到冻结温度以上,因为 CO_2 粒子将快速增长并沉降,导致云的快速消失。

如果含有大量 CO_2 的大气层确实曾存在,可持续几千万年,但随着溶于液体水而逐渐消失。CO_2 溶于水将形成碳酸盐沉积物。但是,尽管人们进行了不懈的努力,还没有发现外露的碳酸盐沉积物。与之对比,已经在火星一些地区发现硫酸盐沉积物。

(2) 撞击加热。大的小行星和彗星撞击将蒸发大量岩石,蒸发的岩石随即在行星上扩散、凝结并再入大气层,放出的闪光将表面加热到很高的温度。这个过程将很快地将表面的冰以水的形式释放到大气层,随之降雨,大量降雨产生的洪水冲刷大面积区域。水将反复进入大气层,只要地表是热的。这对于解释所观测到的河谷网络是一个合适的机制。但这种热气候不会扩展很长时期,但在诺亚晚期和 Hesperian 后期之间,可能反复发生短期的温暖气候。撞击时间及河谷网络形成的许多问题还需要进一步验证。

(3) SO_2 温室效应。表面岩石、尘埃以及火星流星体中高的硫酸丰度表明,火星上的火山可能富含硫酸。火山活动释放的硫酸可能等于甚至超过水蒸气的释放量。在含有水蒸气的大气层中,减少的硫将快速氧化为 SO_2,也许还有碳基硫酸 COS。SO_2 是强的温室气体,但在液体水中将被分解,并随降雨从大气层中很快排除。

(4) 甲烷酸温室效应。甲烷也是强的温室气体,但由于它在大气层中不稳定,在研究早期气候变暖问题时没有得到应有的重视。直到最近在大气层中直接探测到甲烷,甲烷酸温室效应问题的研究才开始得到重视。但使火星早期气候变暖所需要的甲烷量是很大的,要求来自火星表面的全球甲烷通量与现在地球生物圈中产生的甲烷量类似。

(5) 在寒冷气候中产生大量流动特征的机制。除了上述机制外,其他因素也有可能产生流动及其效应。脱水硫酸盐在当前还在蔓延,在火星早期也会出现。火山或撞击加热可引起硫酸盐的快速脱水以及表面卤水的流动。在某些情况下,大量含水硫酸盐灾难性的脱水可能发生,引起的大量流动可能产生外流河道特征。火星的火山可能产生富含硫酸的流动岩浆,这已经在高分辨率的图像中辨别出来。这种流动的岩浆也可能产生外流河道的特征。事实上,这种特征已经在金星上发现了。

6.1.3　磁场

　　水手4号飞船于1965年飞越火星时,首次证实火星有弱的磁场。在最靠近火星处(3.9个火星半径)没有发现有地球那样的偶极子场,一个激波状的太阳风扰动表明存在一个大约火星大小的障碍物。在火星附近随后的磁场测量是由苏联的"火星"系列飞船于1971—1974年间进行的。这些飞船的测量也证实了水手4号的结果并测量了由火星阻挡而引起的行星际磁场扰动。但这些飞船没有一艘距离火星表面1300 km以内,或者说距离火星中心约1.3个火星半径以内,也没有探测光学阴影内的太阳风尾流,在这里,可以发现本征磁层弱的磁尾。海盗着陆器在1976年到达火星的表面,但没有携带磁场测量仪器。苏联的"火卫二"飞船于1989年进入火星的深尾,第一次提供了光学阴影处的磁场数据,该飞船距离火星的最近和最远点分别是2.7和20个火星半径。"火卫二"飞船的数据明显地显示出在火星尾的磁场是由行星际磁场的取向决定的,与地球的不同,至少在近赤道飞船轨道平面是这样。当前对火星偶极矩估计的上限是地球的3×10^{-4}倍,等效于赤道磁场小于100 nT。

　　对火星磁场进行较长时间观测的是"火星全球观测者"(MGS)飞船。MGS的观测数据表明,尽管火星的本底磁场比地球弱得多,但火星上局部地区的磁场很强,这是因为一定的矿物质保留了远古时期火星的剩余磁场。彩图28给出MGS飞船在400 km高度上观测到的火星磁场三分量$(B_r, B_\theta, B_\varphi)$,从南纬30°和东经180°观察。

　　1. 火星的壳磁场

　　彩图30是由MGS飞船测量的火星磁场ΔB_r的全球分布,从矢量场中虑掉了径向场的低频成分。飞船的轨道是接近于圆形的极轨,轨道高度基本恒定(370~438 km)。每个轨道穿越赤道时比前一轨道西移28.6°,每28天获得火星的全球覆盖。彩图30是由两个完整火星年测量数据绘制的,颜色等值图覆盖磁场两个数量级。磁场图形叠加在地形图之上,ΔB_r的阈值约为± 0.3 nT/度$(5 \times 10^{-3}$ nT/km)。

　　在上述轨道测量的磁场主要是源于外壳的场和太阳风与火星大气层相互作用产生的外场。火星壳比地球壳磁化强一个量级,在MGS轨道上的测量值达220 nT。外场是高度变化的,反映了在火星附近太阳风的时间变化性,范围从几nT到100 nT,后一种情况很少见。夜边典型的外场为10 nT,方向随机分布,稍微偏向于火星-太阳连线方向。以往给出的磁场数据的真实性和分辨率受剩余外场的限制,这里给出的图形利用了长期观测数据(完整的2个火星年),去除了平均外场。

　　由彩图30可看出,在撞击平原(如Hellas盆地、Argyre、Isidis、Utopia和Chryse平原)和火山区(如Elysium、奥林匹斯山、塔尔希斯山和Alba Patera)缺少磁化,这起因于大的撞击和热事件的消磁作用。该图也显示了北部低地扩展区具有相对弱的磁痕迹,表明北部许多平原在更古老的磁化壳的下面。

　　由彩图30还可看分析磁特征与已知断裂带的关系。至少两个大断裂带沿着磁场的等值线。Cerberus Rupes是一个扩展裂口的一部分,Cerberus Fossae从大约12°N,154°E扩展到6°N,175°E,Elysium的东南。这个系统的东北向的裂口和裂缝分开了Cerberus平原。这个地区的磁等值线沿着这个系统的裂口延伸 2000 km 以上。要求有很大体积的强磁化岩石以产生在 400 km 高度观测到的磁场,这个可见的特征使得一个扩展的磁化对比(强度或磁化方向沿着裂口系统)。

磁场等值线沿水手峡谷的东向扩展。水手大峡谷长 4000 km,在赤道以南的一个平行地堑,从经度 250°E 到 320°E。谷的深度达 8~10 km。磁等值线,从大约 285°E 到 300°E,表明沿着这个系统有相当大的壳磁化物。

彩图 30 为火星板块构造理论提供了新的依据。该理论认为火星和地球一样,地表的大板块间会发生相互挤压分裂的情况,而这塑造了火星的地貌。根据这张图,科学家能够查出信号转换断层,而这也正是目前地球上板块构造理论借以建立的基点。图中的火星磁场"条纹",就是火星地表以下的磁场线。这种条纹表示着磁场正反不同指向。而磁场则是当岩浆涌上来将两个板块间的岩石熔化使两板块分离时产生的。例如,相似的磁场线表明地球上大西洋中部的山脊就是同一类型的板块构造活动造成的。

从这张图上,科学家能够得出结论,火星上也一样有新地壳向上运动并扩展到地表,同时将其他地壳区域压下去的情况。

彩图 30 给出了关于特性和转换断层的依据,而这正是地球上板块构造理论建立依据。板块构造理论为一系列火星地貌特征提供了基本依据。从这一理论出发就能够解释塔尔希斯火山群为什么呈直线状分布。这与夏威夷群岛形成的原因类似,都是由于一个板块运动,盖过了地壳下面的一个固定的热区而造成的。

火星的地壳曾经像现在的地球地壳一样漂移过,它表面的形成方式与地球相同,都是通过巨大的地壳拉伸分裂或挤压形成的。

早在 1999 年,MGS 就观测到火星南半球有这种地壳活动发生。这张新的地图是基于四年来所观测到的数据而描绘出的。例如,火星上的塔尔希斯火山群和水手谷,它们的形成与地球上夏威夷岛和大峡谷的形成过程相似。

地壳位于地幔上,也就是熔岩的顶层。当这些熔岩向周围滑动的时候,就会形成科学家所提及的"条带"。当熔岩从地幔上升时,熔岩会冲破地壳,使得板块分裂。一旦熔岩到达星球表面,就会冷却并且改变星球磁场的方向。

从此以后,新形成的表面将不断地被上涌的物质分裂。在地球上,磁场的方向每 100 万年都会改变几次。因此,一个阶段内熔岩的上涌和冷却会改变磁场的方向。这种条带的交替改变同时证明了强大磁场和地质活动的存在。

这种地质活动在地球上是普遍存在的,特别是大西洋中脊。但是,直到最近才证实这种活动也存在于火星。

这张地图证明并且拓展了 1999 年的研究成果。早期的数据表明火星存在局部的磁场条带,这张新地图表明条带无处不在。更重要的是,新的地图为地表特征和穹窿的转化提供了证据,而这些恰好是地球板块地质学的信号器。

通过板块地质学证实了火星地貌的形成,同时也揭示了火星地质学的奥秘,如塔尔希斯火山群,包括了太阳系最大的火山;奥林匹斯山,呈直线形,但是直到现在科学家也无法解释为什么会这样。从这张新地图上可以看出,塔尔希斯火山群和奥林匹斯山是由于地壳板块的漂移而形成的,它们位于地幔上被称为"热点"的地方,这就像是人们认为夏威夷岛是如何形成的一样。

2. 壳磁场异常

在 MGS 气动制动操作期间,83 次通过火星近地点,最低高度在 100 和 170 km 之间,大多数近地距离为 110 km,在 32°N 和 35°N 纬度之间。在许多近地通过期间,MGS 上的磁场探测仪器在飞船飞到电离层之下时记录到大的磁场。在第 264 天、第 6 个轨道期间观测到的磁场剖面显示了一个局地磁信号,位于飞船轨道靠近火星壳的一段(图 6-1-4 上)。在这个轨道上分别观测到两个不同的磁异常,最大的接近于 32.9°N 纬度、22.4°W 经度,较小的在 22.8°N 纬度和 23.6°W 经度附近。

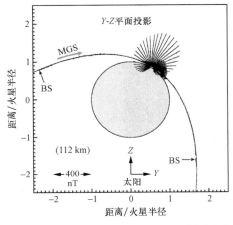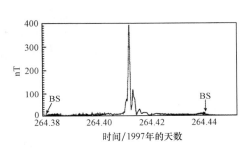

图 6-1-4　壳场的磁异常

6.1.4　火星的卫星

火星有两颗卫星,Phobos(火卫一)和 Deimo(火卫二)。它们都是小天体,形状也不是球形。Phobos 是火星的两颗卫星中较大的一颗,比太阳系中的任何其他卫星更靠近主体,到火星表面的距离小于 6000 km,也是太阳系最小的卫星之一。Phobos 没有大气层,表面温度的变化范围是 -112℃～-4℃。其基本参数列于表 6-1-3。

表 6-1-3　Phobos 的基本参数

质量/kg	$1.08×10^{16}$	自旋周期/天	0.3191
质量(地球=1)	$1.8072×10^{-9}$	轨道周期/天	0.3191
半径/km	13.5×10.8×9.4	平均轨道速度/km·s^{-1}	2.14
半径(地球=1)	$2.1167×10^{-3}$	轨道偏心率	0.01
平均密度/gm·cm^{-3}	2.0	轨道倾角/度	1.0
到火星中心的平均距离/km	9380	逃逸速度/km·s^{-1}	0.0103

1. 火卫一

Phobos 是在 1877 年发现的,1971 年水手 9 号飞船第一次在近距离对其拍照。后来,海盗 1 号飞船、"Phobos"飞船以及"火星快车"等都对其进行了成像探测。图 6-1-5 是"火星快车"高分辨率立体摄像机拍摄的图片,当时火星快车距离 Phobos 约 200 km,拍摄的是朝向火星的那一面,分辨率为几米。

图 6-1-5　火星快车拍摄的 Phobos

　　Phobos 最重要的表面特征是有一个直径约 10 km 的大陨石坑。根据这个坑的大小可以判断,当年 Phobos 受到撞击时,几乎被击碎。表面的沟纹和划痕可能也是由这次撞击产生的。

　　Phobos 可能是由富含碳的岩石构成的,但它的密度太低,不可能是纯粹的岩石。痕可能是由岩石与冰混合而成的。来自火星全球观测者的图像表明,Phobos 表面由大约 1 m 厚的小尘埃层覆盖,类似于月壤。

　　Phobos 的命运令人担忧。由于它的轨道太低,潮汐力缓慢地使其轨道降低。目前的降低率为每世纪 1.8 m。依此计算,在大约 5000 万年以后,Phobos 或是坠毁在火星上,或是破裂成环。

　　2. 火卫二

　　Deimo 是一颗暗淡的小天体,可能由富含碳的岩石构成的。图 6-1-6(a)是海盗 2 号飞船距离 Deimo 表面 500 km 拍摄的图片。在这个距离上看,Deimo 表面也有许多陨石坑,但比较

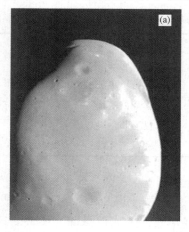
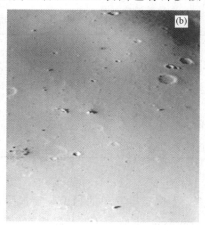

图 6-1-6　海盗 2 号飞船拍摄的 Deimo 表面图像

(a) 距离表面 500 km;(b) 距离表面 30 km

平坦,许多陨石坑部分被"月壤"隐藏了。图 6-1-6(b)是海盗 2 号飞船距离 Deimo30 公里拍摄的图片,覆盖的区域是 1.2 km×1.5 km,分辩率为 3 米。注意,许多陨石坑被"月壤"覆盖,厚度约 50 米。

Deimo 的一些基本参数列于表 6-1-4。

表 6-1-4 Deimo 的基本参数

质量/kg	1.8×10^{15}	自旋周期(天)	1.26244
质量(地球=1)	3.0120×10^{-10}	轨道周期(天)	1.262441
半径/km	7.5×6.1×5.5	平均轨道速度/km·s⁻¹	1.364
半径(地球=1)	1.175×10^{-3}	轨道偏心率	0.00
平均密度/gm·cm⁻³	1.7	轨道倾角(度)	0.9~2.7
到火星中心的平均距离/km	23 460	逃逸速度/km·s⁻¹	0.0057

6.2 火星大气层

火星是最早被人们观测的行星之一,用最简单的望远镜就可以观测到火星大气层中的一系列活动事件,例如极盖区物质的季节性交换等。1947 年在火星谱线的近红外部分确认了火星大气主要成分 CO_2 的吸收线。1960 年后,陆续发现了 H_2O,CO 和 O_2 的微弱的吸收线。对火星的探测计划使近距离观测火星成为可能。利用飞越火星的太空船(Mariner 4,1960;Mariner 6,7, 1969)对火星大气层进行了首次遥感观测,随后利用环绕火星运行的飞船(Mariner 9;Mars 3, 1971—1972;Mars 5, 1974;Viking 1、2, 1976—1980;Phobos 2, 1989;Mars Global Surveyor,1997—现在)以及着陆器丰富了实地观测手段,Viking 1、Viking 2 和 Mars Pathfinder 都取得了丰硕成果。在轨观测为我们提供了照片,光谱(激光雷达、临边观测),无线电掩星法(利用地球的深空网接收火星轨道飞船的信号,当飞船接近或离开行星边缘时,无线电波会被电离层或对流层折射使其相位改变和功率衰减),光学和红外观测。着陆器可以提供实地的化学成分和气象观测。所有的观测结果不仅揭示了火星大气层的现状,而且显示出在很久以前火星有更稠密的大气层,更热的气候以及表面的液态水。

6.2.1 大气成分和同位素组成

对火星大气成分的直接测量来自火星着陆器器。与金星大气类似,火星大气层的主要气体成分是二氧化碳(其体积混合比例——即数密度占总数密度的百分比——为 95%),氮气(2.7%)和氩(1.6%)。CO_2 的大气柱密度约为 80 m atm,是地球大气层的 20 倍。在均质层顶(火星约为 125 km)以下的火星大气平均分子重量为 43.4 amu。均质层顶是指涡流扩散系数与分子扩散系数相同的高度,它将大气层分为两个部分,其下为均质层,其上为非均质层。在均质层中涡流扩散为主,所有气体成分被均匀地混合,平均分子重量是常数,可应用于统一的浮力方程。在非均质层,每种气体只随自己的浮力方程变化。因此,像氢和氦等轻的气体成为火星上层大气(>500 km)的主要成分。水汽的平均柱密度为 1 cm atm,相当于在火星表面有 10 μm 厚的液态水。目前火星上绝大部分水存在于永冻地带、极盖区和含水矿物质中。大气非常干燥。水汽的密度随纬度,季节,地方时和地点而变化,这主要是与凝结/升华和吸收/解吸过程有关。臭氧最初只在极区被发现,但随后在低纬地区也被观测到,但密度很低。其全球

平均混合率为 1.7×10^{-8}。表 6-2-1 列出了火星大气的主要成分及混合比。

表 6-2-1　火星大气成分

主要气体	百分含量/(%)	微量气体	ppm
CO_2	95.3	^{36}Ar	5
N_2	2.7	Ne	2.5
^{40}Ar	1.6	Kr	0.3
O_2	0.13	Xe	0.08
CO	0.07	O_3	0.04~0.2
H_2O	0.03		

火星的表面气压很低,只有大约 6.1 mbar,季节变化范围大约是 30%。

在火星大气层中,几种重要的元素同位素比值是:$D/H = 5$,$^{15}N/^{14}N = 1.7$,$^{38}Ar/^{36}Ar = 1.3$,$^{13}C/^{12}C = 1.07$。

6.2.2　热结构

火星的全球年平均表面温度约为 210 K,这仅比没有大气的情况高 4 K。因此火星的温室效应(由于大气对太阳辐射的不透明性低于行星表面热辐射而造成的加热;可定量描述为 $\Delta T = T_s - T_e$,其中 T_s 为全球平均表面温度,T_e 为行星的有效温度(黑体辐射温度),在地球 $\Delta T = 38$ K,是火星的 10 倍)比地球弱很多,这与火星稀薄的大气有关。火星的最小表面温度出现在冬季的极区,为 145 K,在那里 CO_2 可以部分地转换为固态形式。而最高温度(中纬度夏天中午)可达 300 K。

火星着陆器在经过火星大气层的下降过程中,测量了大气温度的垂直分布。火星大气层的典型热结构剖面如图 6-2-1 所示,在所有高度温度都比地球低。一般地球和火星大气层的热垂直结构可被分为三层:低层大气,中层大气(中间层)和高层大气(热层)(见图 6-2-1)。(1)对流层厚度随地理位置和季节变化。然而在夜间对流层实际上是消失的。因为火星大气很稀薄且没有水汽等可以起调节作用的物质,因此火星表面及其以上几公里的对流层温度具有剧烈的日变化。在 Viking 探测器着陆点附近的空气温度在夏季白天最高温度在 −30℃,而地面温度在午后偶尔会超过冰点温度。在这样的条件下,大气会发生对流,对流层厚度一般在 10~20 km。反过来,在夜间地面,空气温度都降低到冰点 100 度以下。在极区也有类似低的表面温度。此时对流停止,大气变得非常稳定。在地球,由于大气层厚得多,其昼夜变化小得多,因此对流层对流很少完全停止。(2)中间层的温度最低,在这里来自表面和对流层(由太阳可见光和近红外辐射加热)以及来自热层(由太阳极紫外辐射加热)的热能通量达到最小值。中间层热平衡中一个重要部分是 CO_2 对太阳近红外辐射的吸收。在对流层和中间层中温度日变化的幅度依赖于大气中浮尘的含量。在沙尘暴发生时对流层和中间层的上部会更热,而温度日变化比正常条件更剧烈。(3)高层火星大气(热层,高于 120 km)的温度依赖于太阳活动,其平均温度为 210 K,最低为 135 K,最高 310 K。这一变化的原因是热层加热来自太阳极紫外辐射。EUV 辐射随太阳周期变化,在太阳活动最大时最强,而接近太阳活动最小时要弱得多。火星高层大气(高于 125 km,均质层顶)的化学组成随高度变化,不同成分按照各自的分子重量分布。然而在平均热层温度条件下,在 200 km 以下主要还是 CO_2。在 200~400 km 高度主要是原子氧(O),而以上主要是氢原子。火星的外层大气由氢原子组成,因此又叫"氢冕"，根据 Lα 线的观测它可以延伸到行星表面以上 20 000 km。外层底部（exobase）高度在大约 200 km。在这个高度以上，氢原子可以逃逸出火星大气。

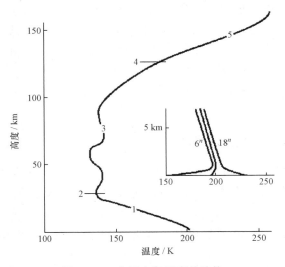

图 6-2-1　火星大气垂直热结构

1——对流层，有很大的温度递减率；2——对流层顶；3——中层；4——均质层顶；5——高层大气

在火星上被太阳正射的区域热空气上升，流向他处，而低层气流又流向被加热区，从而形成"热潮汐"风。温度的水平方向差异会造成气压差，但风会使这些差异减小。风会造成空气质量和热量的转移，这将影响局部的温度剖面。而沙尘也会被风带离火星表面从而改变太阳对火星大气的加热过程。另一个形成浮尘的方式是凝结，这也会引起温度变化。风受到地形的强烈影响。Viking 着陆器实地观测到的在 1.6 m 高度处火星大气风速可从 1 m/s 变化到 10 m/s，并且有很强的日变化和季节变化。通常在地方时 12 点观测到日最大风速。在大沙尘暴期间仪器观测到最大风速。

6.2.3　气压变化和大气环流

火星表面的全球年平均气压约为 6 mbar。表面气压随季节变化可达 25%，从全球尺度讲这主要是由于二氧化碳在极区的季节性凝结和升华过程引起的大气总质量的变化造成的，而从局部看是由大气一般环流的效应引起。火星的平均对流层大气标高为 10 km，与地球的接近（8 km）。而局地的气压显著地依赖于地形，例如在火星的最高点（巨型火山奥林匹斯山）为海拔高度以上 25 km，而最低点（Hellas Planitia）为海拔高度以下 6 km。

在地球上，从太阳获得的多余热量会通过大气运动从赤道地区传输到极区，或以行星热红外辐射的方式释放。Coriolis 力将减少大气的经向流动而增加纬向流动，形成了纬度对称的 Hadley 环流。火星的自旋跟地球相似，因此预料火星大致有类似地球的大气环流。例如，低纬区有子午方向的哈德莱环流，一定季节在中纬出现斜压涡旋，地势高程差大（最高有 25 km）的地方出现驻波等。但火星低层大气环流也跟地球有差别。首先，由于火星大气非常稀薄（表面的热惯性很低，特别是与地球的海洋相比），火星地面永远不会达到辐射平衡；而大气的热量传输对辐射平衡的影响比地球弱得多。第二，除了在春秋分点附近的大多数季节中，总有一个半球比另一个半球更热。特别在夏至时，在夏天极区的平均表面温度达到最高，温度从夏半球到冬半球单调递减。因此,哈德莱环流变成在夏半球和冬半球之间只有一个单一而很强烈的环流。火星的一般循环模型(GCM)显示在一年的大多数时间中火星风的分布基本保持纬向对称的模式。(一般循环模型是预测行星 3D 风行为的计算工具。输入参数是行星大气和表面的热状态,输入通量,表面拓扑结构等。利用流体力学方程,该模式可以提供一个大气运动随时间的变化。)然而,在秋冬季,北半球中纬地球经常受到大气行波的控制。大气中悬浮尘埃含量的变化会造成大气环流和热结构的时间变化(年、季节、区域、天变化)。另外,由于火星没有海洋,其表面对热量的反射很强且具有很低的热惯性。这些"热大陆"可能对大气的一般环流产生很大影响。

6.2.4 沙尘暴及其对火星大气层的影响

与地球的沙尘暴不同,在火星会出现几乎覆盖整个星球的大沙尘暴。当大沙尘暴发生时,沙尘会充满中低纬度的火星大气层。当火星在近日点(南半球夏季)附近通常会产生大沙尘暴,可有一个、两个甚至三个峰值组成,历时可长达 150 天。大沙尘暴发展和衰减的机制目前还不是很清楚。然而,定性来说,其发展顺序如下:如果风速达到一定阈值,会将表面的小沙尘颗粒带到空中,而要达到阈值需要在特定的季节和局地条件下。实验结果表明并不是最小的沙尘颗粒(100 μm 量级)首先被带到空中。但,它们很快坠落并使表面分解为许多更小的颗粒。很快被带到空中的沙尘量增加到足以使大部分阳光被遮蔽,造成表面附近的大气变冷,而表面以上几千米处大气变热。风速的增加会使沙尘迅速扩散。在几天之内这一原本很小的沙尘中心会扩散为环绕行星的沙尘云。然后温度差消失导致风速降低。衰减相开始:被带到几十千米高度的沙尘开始按不同颗粒大小逐步沉降,10 μm 大小的颗粒回到行星表面需要几天时间,而 1 μm 的粒子需要几个月的时间。

在火星,大气中悬浮的尘埃可以影响大气层热结构和大气环流,其程度比地球上大得多。包括沙尘的传输和大气中尘埃造成的透热加热等各种非线性反馈使得火星大气层的季节和逐年变化变得非常复杂。其他火星特有的对其大气一般环流具有重要影响的现象是占火星大气总量相当大比例成分的凝结和升华过程以及火星的地形结构。在大沙尘暴发生时火星 Hadley 环流的一个特征是由环流的下降气流中很强的下降和绝热加热造成的从赤道向极区的温度梯度的反转。随着沙尘量以及沙尘覆盖区域随时间的变化,相对热的空气的位置也会移动。

火星大气层与地球大气层相比有几个重要的不同点:(1)火星大气压很低,大气层的主要气体(CO_2)参与凝集/升华过程,这会造成大气压有很强的季节变化;(2)火星表面温度的日变化可达 100 K;(3)火星中层大气中没有一个温度峰值,而在地球会由于臭氧而产生一个温度极大值;(4)在火星由浮尘造成的大气加热更强;(5)与地球相反,在火星上由水的蒸发和凝结造成的热量的重新分布可以忽略不计。

6.2.5 火星电离层

1. 火星电离层探测

火星电离层的第一次探测热潮出现在 20 世纪 60—70 年代。火星电离层的首张电离层电子浓度剖面的数据由 1965 年水手 4 号飞越火星时获得的。由此推出火星的表面气压为 5 mbar,大气标高为 9 km。随后水手系列、火星系列探测器和海盗 1、2 号轨道器通过无线电掩星法获得了火星电离层的电子浓度剖面。无线电掩星法原理如图 6-2-2 所示。当无线电波从一种介质进入另一种介质时会发生折射,从而改变电波传播的方向。当卫星从火星轨道向地球发射无线电波时,火星大气和电离层会使电波发射折射,根据所收到的电波的强度、频率、相位以及卫星位置等信息,可以得到电波折射的角度,根据电波的折射角就可以反演出火星大气层和电离层的密度、温度随高度的变化。无线电掩星法的优点是可以获得火星电离层电子密度的整个剖面,但缺点是所得到的电离层电子密度是电波所经路径上的平均值,且由于地球与火星的轨道位置,该方法只能观测大太阳天顶角的火星电离层。

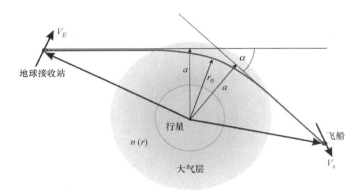

图 6-2-2　无线电掩星法原理

　　火星电离层的第二次观测热潮起始于 20 世纪 90 年代初期,并一直延续至今。其中比较有影响的飞船是 Mars Global Surveyor(MGS)和 Mars Express(火星快车)。MGS 仍然用无线电掩星法观测火星电离层,它首次实现了对火星电离层的长期连续观测,获得了大量数据。而火星快车利用顶部探测雷达(MARSIS)对火星电离层进行观测,其原理如图 6-2-3 所示。图中 f_p 是电离层等离子体频率,f_1 是雷达发射信号的频率。上图表示火星电离层电子等离子

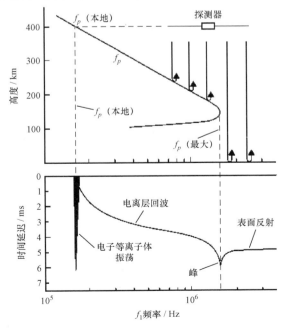

图 6-2-3　火星电离层顶部探测

体频率 f_p 剖面与高度 z 的关系,上图显示了相应的电离图,即探测脉冲的延迟时间 Δt 与返回到飞船的信号频率 f 的关系。在本地电子等离子体频率 f_p(本地)强的垂直尖峰是由探测器脉冲激发的电子等离子体振荡引起的。探测到的电离层回波范围从 f_p(本地)到电离层中的最大频率 f_p(max),接着是从表面反射的较高的频率。电离层回波踪迹和表面反射踪迹形成一个中心在 f_p(max)的峰。

顶部探测雷达垂直向下发生一组扫频无线电波(频率范围 0.1~5.4 MHz),电波向下传播,电离层电子密度越来越大,等离子体频率越来越高,当等离子体频率增加到与电波频率相同时电波就会被反射回去,因此不同频率的电波会在不同高度被反射回来。雷达接收被电离层反射回来的电波信号,并根据电波从发生到反射回来之间的时间延迟,通过反演可以得到火星电离层顶部电子密度剖面。这种方法很早就被应用于地球底部和顶部电离层观测,但是对地球以外的行星电离层的观测还属于首次。这种方法的优势在于它可以得到局部电离层的准确信息,而不是路径平均值;另外该方法不受地球轨道的限制,可以观测所有太阳天顶角情况下的火星电离层,因此火星快车的观测对火星电离层研究具有十分重要的意义。

彩图 31 选择了两张电离图以描述由 MARSIS 发现的典型特征。电离图显示了回波强度(彩色编码)与频率 f 和延迟时间 Δt 的函数关系,时间延迟沿垂直轴向下是正的。反射点($ct/2$,c 是光速)的视在范围显示在右边。电离图(a)是在高度为 778 km、太阳天顶角 89.3°、接近晚上得到的。电离图(b)是在白天得到的,太阳天顶角 47.9°,高度为 573 km。在两张图上都可看到电子等离子体振荡谐波以及来自电离层的强回波。电离图(b)沿左边有一系列水平、等间距的回波。这些回波发生在电子回旋周期,称为电子回旋波。是由发射脉冲加速引起的电子回旋运动产生的。虽然在电离图(a)中有强的表面反射,但在电离图(b)中没有表面反射。在太阳天顶角小于 40°或在强的太阳活动期间,表面反射是随机看见的。

2. 火星电离层分层结构和光化学

根据无线电掩星观测结果,火星电离层的电子浓度剖面大都呈现明显的两层结构。观测到的火星电离层上层的峰值(主峰)高度约为 135 km,下层的峰值高度约为 110 km。Rishbeth 等将火星电离层的下层和上层分别类比于地球电离层的 E 和 F_1 层。上层主要是吸收太阳 EUV 辐射形成的,而第二层与太阳软 X 射线辐射有关。根据火星快车最新的观测结果,火星电离层还存在一个散见的第三层,高度在 65~100 km 之间。

火星电离层离子组成数据是由 Viking 1 和 2 的着陆器上的阻滞势分析仪(RPA)实地观测到的,如图 6-2-4 所示。在向日面,电离层主峰值的主要离子成分是 O_2^+,在 300 km 左右,O^+ 的数量增加到与 O_2^+ 同量级。我们知道火星大气的主要成分是 CO_2,它吸收太阳 EUV 辐射后,发生光电离反应,生成 CO_2^+,但很快发生电荷转换反应转化为 O_2^+。火星第二层的主要离子成分是 O_2^+ 和 NO^+,O_2^+ 部分通过与 N 和 NO 作用损失。控制火星电离层的主要光化学过程如表 6-2-2 所示。由于资料的缺乏,表 6-2-2 中列出的实际是控制上层的光化学反应。

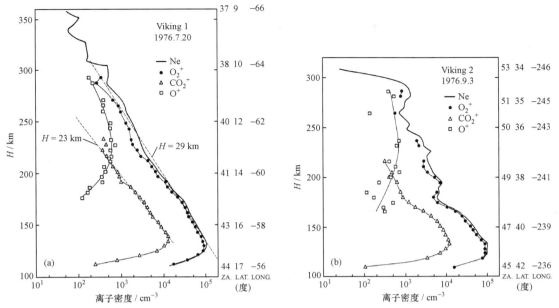

图 6-2-4　Viking 1 和 2 的着陆器观测到的火星电离层离子组成

表 6-2-2　火星电离层第一层光化学反应

反应	类型	反应率
$O + h\nu \longrightarrow O^+ + e$	光电离	$J = 7.5 \times 10^{-8} / s$
$CO_2 + h\nu \longrightarrow CO_2^+ + e$	光电离	$J = 2.18 \times 10^{-7} / s$
$CO_2 + h\nu \longrightarrow O^+ + CO + e$	光电离	$J = 3.3 \times 10^{-8} / s$
$O^+ + CO_2 \longrightarrow CO + O_2^+$	电荷交换	$k = 9.4 \times 10^{-10} \ cm^3 / s$
$O + CO_2^+ \longrightarrow CO + O_2^+$	电荷交换	$k = 1.6 \times 10^{-10} \ cm^3 / s$
$O + CO_2^+ \longrightarrow CO_2 + O^+$	电荷交换	$k = 1.0 \times 10^{-10} \ cm^3 / s$
$O_2^+ + e \longrightarrow O + O$	离解复合	$k = 8 \times 10^{-8} (10^3 / Te)^{0.63} \ cm^3 / s$
$CO_2^+ + e \longrightarrow CO + O$	离解复合	$k = 3.8 \times 10^{-7} \ cm^3 / s$

　　在 200 km 以下,电离层电子密度分布主要受光化平衡控制,而在 200 km 以上,光化平衡不再起主要作用。根据 Viking 任务的观测结果,在高高度 O_2^+ 仍然是主要的离子成分,然而根据光化平衡在 250 km 以上 O^+ 应该变为主要离子成分。这一观测结果说明从低电离层到高电离层由一个很强的向上的离子传输过程。

　　3. **火星电离层特征及其变化**

　　(1) 太阳影响

　　火星电离层的行为受很多因素影响,其中最主要的控制源是太阳。由电离层 Chapman 理论可知,随着太阳天顶角的增加,电离层峰值电子密度降低而峰值高度增加。根据水手系列、火星系列探测器和海盗 1、2 号轨道器用掩星法观测到的数据,Hantsch 和 Bauer(1990) 得到了火星电离层主峰值电子密度 n_m 和主峰值高度 h_m 随太阳天顶角 χ 变化的经验公式:

$$n_m = n_{m0} \times \cos^{0.57}\chi,$$
$$h_m = h_0 + H \times \ln(\sec\chi),$$

其中 $n_{m0} = 2 \times 10^5 \ \mathrm{cm}^{-3}$，为日下点峰值电子密度，$h_{m0} = 120 \ \mathrm{km}$，为日下点峰值高度，$H = 10 \ \mathrm{km}$，为中性大气标高，$k = 0.57$ 为光化过程决定的一个参数，对于一个标准的 Chapman 层来说，$k = 0.5$，因此根据观测结果火星电离层近似于一个标准的 Chapman 层。图 6-2-5 为水手系列、火星系列探测器和海盗 1、2 号轨道器观测到的火星电离层主峰值电子密度，峰值高度随太阳天顶角的变化，可见峰值电子密度随 χ 增加而减小，而峰值高度随 χ 增加而增加。

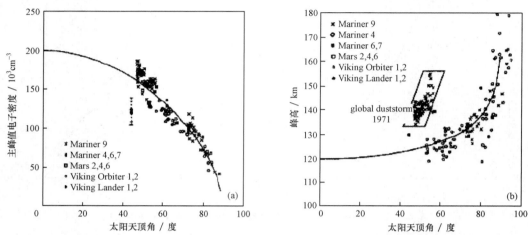

图 6-2-5 水手、火星和海盗系列飞船观测到的火星电离层主峰值电子密度，峰值高度随太阳天顶角的变化

根据电离层光化学理论，太阳 EUV 极紫外辐射强度的变化对电离层峰值高度的影响不大，但直接影响峰值电子密度。根据 MGS 卫星对火星电离层的长期观测数据，电离层主峰值电子密度与经修正的火星轨道 $E_{10.7}$ 指数（与 $F_{10.7}$ 类似，为太阳 EUV 辐射强度指数）有很好的相关性，而且相关性随太阳天顶角减小而增大，如图 6-2-6 所示。可见火星电离层主峰值电子密度受太阳辐射强度的调制，有明显的 27 天周期变化。

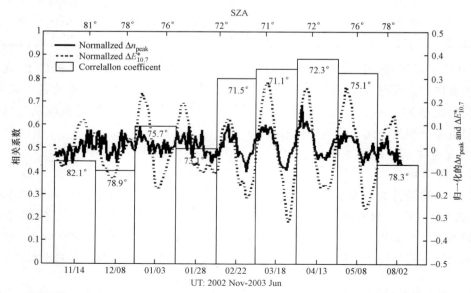

图 6-2-6 2002 年 11 月—2003 年 6 月期间归一化峰值电子密度与 $E_{10.7}^*$ 的相关性随太阳天顶角的变化

太阳耀斑也可以使火星电离层峰值电子密度显著增加。根据 MGS 卫星的观测结果,通常 X 射线耀斑只造成第二层及更低区域的电子密度的增加。

另外,由于火星与太阳之间的距离随季节变化(在北半球夏季,火星到达远日点,1.66 AU,在北半球冬季,火星到达近日点 1.33 AU),火星电离层也存在季节变化。

(2) 中性大气影响

另一个影响火星电离层行为的重要因素是火星中性大气的变化。比较典型的例子包括:在沙尘暴期间,由于低层大气中的沙尘吸收太阳辐射,造成中性大气密度的增加,进而导致火星电离层峰值高度的抬升;根据 MGS 卫星对火星电离层和中性大气的观测和 MGCM、MT-GCM 模型模拟结果,火星电离层峰值高度的经度变化主要是受中性大气中的非迁移波驱动的;由于南北半球季节相反,特别是在中高纬度地区中低层大气密度和标高具有明显的季节变化,这导致了火星电离层峰值高度的南北半球差异;另外,由于火星地形变化比地球剧烈(火星最低−6000 m,最高为 27 000 m),表面高度的变化造成中性大气密度的变化,并产生电离层峰值高度的地形效应。在这些例子中,各种影响因素最终造成中高层火星中性大气的变化。由于火星电离层峰值区域主要受光化学过程控制,因此火星中性大气密度、标高等参数的变化将直接引起到电离层的变化。

(3) 壳磁场影响

根据利用无线电掩星法对火星电离层的观测结果和 MGS 卫星观测到的火星壳磁场结果,发现在强壳磁场区域火星电离层的电子密度比壳磁场弱的区域要高。可能的原因是在强磁场区域,高能太阳粒子可以从类似极尖区的开放磁场区域沉降到电离层,产生附加电离,并加热中性大气,进而影响电离层光化学过程。

(4) 火星电离层研究中待解决的问题

Shinagawa 在关于火星电离层当时的了解状况的文章指出,关于火星电离层,以下问题有待解决:

怎样的过程控制着火星电离层的动力学?

为什么类似金星的电离层顶很少在火星电离层中观测到?

火星的壳磁场影响火星电离层的程度如何?

什么物理过程控制着等离子体温度?

火星的自转如何影响火星电离层?

低层大气的物理过程对电离层的影响如何?

热层风对电离层的影响如何?

在火星上有夜间电离层吗? 如果有,主要的电离源是什么?

这些问题仍然是引导火星电离层研究的重要问题。

6.2.6　火星磁层

由于火星没有显著的全球性偶极磁场,因此火星并没有大尺度磁层。其大部分区域太阳风直接与火星电离层和大气层相互作用,这与没有磁场的金星和彗星与太阳风相互作用的情况相似。超声速的太阳风遇到火星,在火星向日面形成弓激波,而太阳风等离子体对火星电离层的压缩也会形成电离层顶。电离层顶之内的电离层是稳定的,之外的电离层等离子体会被太阳风"吹走"离开火星。在弓激波和电离层顶之间,MGS 卫星还观测到第三个等离子体边界：磁堆积边界（magnetic pileup boundary，MPB），如图 6-2-7 所示。在向日面，由于火星电离层的阻挡，太阳风等离子体被减速，而冻结在等离子体中的磁场就在向日面堆积起来，形成了一个有较高磁场强度的边界，称为磁堆积边界。

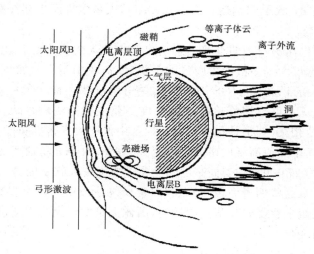

图 6-2-7　火星与太阳风相互作用示意图

1965 年，水手 4 号飞船到达离火星中心约 $3.9R_m$（$R_m = 3390$ km，为火星半径）处，第一次探测到了火星磁场，等离子体和磁层顶。此后，火星-2、3 和 5 及火卫二等飞船探测都表明，火星磁层顶前方有一个像地球磁层顶那样的弓形激波存在，在火星磁层和弓形激波之间有一过渡区，其中还存在着两个边界层，在两个边界层内部，行星离子起主导作用，磁场强度达 $10 \sim 20$ nT，且磁场有强烈的扰动。

火卫二飞船观测还发现，火星弓形激波的位置在不断变化，大概平均离火星中心 $2.6R_m$，随太阳活动有明显的变化。在太阳活动的最大年，火星日下点处的弓形激波位置靠近火星，可达火星距离 $1.5R_m$，火星弓形激波的位置与经度无关。但与上游太阳风的压力有很弱的相关关系。

火星磁鞘区的等离子体，主要特征为观测到的太阳风成分（H^+）向火星大气成分（主要是 O^+）过渡的变化，磁鞘区磁场增强，但也观测到了弱区。

飞船还观测到，火星磁层顶离火心的距离为 $1.4R_m$，比地球磁层顶的地心相对距离小得多。

火星-2、3 和 5 飞船的观测资料表明，火星磁尾中磁场相对较强，且为可压缩型，随着太阳风压力的增大，其厚度减小。火卫一、二号飞船还发现，火星背阳面磁场 B_x 分量显著，且在 $2.8R_m$ 以外的火星磁尾，行星际磁场（IMF）起控制作用。说明这一区域中，有感应磁场存在，但仍有很弱的固有磁场。

火星磁尾瓣区磁场约为 14 nT，B_x 分量经常变化并改变方向，有时指向太阳，有时背向太阳。

对火星磁尾的局地披盖角（磁场与 X 轴之间的夹角）和磁尾的张开角（太阳风流与磁尾表面（磁层顶）间的夹角）与太阳风动压的关系的探测资料表明，这两个角随太阳风压力的增大而减小，资料分析还表明，在火星磁尾 $2.8R_m$ 处的张开角只有地球磁尾 $17R_e$ 处张开角的 1/2。

火卫二飞船携带的仪器资料分析表明,火星的磁尾有等离子体片存在,其中的等离子体主要由来自火星电离层的 O^+ 组成,其能量为 $1\,keV$,数密度为 $1\,cm^3$。在火星磁尾的等离子体片中,重离子的通量为 $2.5\times10^7\,cm^{-2}\,s^{-1}$, O^+ 的平均损失率为 $5\times10^{24}\,s^{-1}$ 或 $150\,g/s$。 O^+ 的损失为火星大气演化的重要因素之一。

火星磁尾宽度约为 $4.4R_m$,其中等离子体片的宽度约为磁尾宽度的 10%,约 $1000\,km$ 左右。

火星有类似于地球那样的磁层顶,说明火星上存在着由星体内部结构而产生的固有磁场,火卫二飞船观测到火星磁场有 8 小时、12 小时和 24 小时的周期扰动,且这些扰动主要由太阳风与火星相互作用所产生,从而说明火星上的固有场是很弱的。由水手 4 号飞船的观测数据分析表明,火星的磁偶极矩上界为 $2\times10^{13}\,T\cdot m$,以后用火星-2、3 和 5 飞船的磁场数据,对火星磁矩的估计都偏高。1989 年以来,根据火卫二飞船的观测数据分析,火星磁矩的上界约为 $4\times10^{11}\,T\cdot m^3$,比地球磁矩低约 3 个量级。

火星全球观测者(MGS)飞船于 1993 年到达火星,第一次与弓激波相遇发生在距火星 $2.33R_m$ 处。磁强计和电子反射计(MAG/ER)观测到能量电子、磁场的突然增加和磁鞘的起伏(彩图 32)。白天鞘区的磁场是扰动的,等离子体被增能,激波强度达到理论最大值。飞船进入电离层和从电离层出来时的磁场特性说明太阳风直接与火星电离层和中性大气相互作用。在飞船进入时看到电离层中磁场减小和正好在低电离层边界以上的磁场峰,这是典型的金星-太阳风相互作用的特征。

彩图 32 给出 MGS 观测到的火星电子通量和磁场。电子通量用 5 条线表示,对应 5 个能量(10、50、30、300 和 $1000\,eV$)。上数第二图用彩色谱图给出了冷电子($<10\,eV$)密度。第三图给出了磁场幅度、方均根和飞船高度。垂直线指示了弓激波(BS)、磁积累边界(MPB)和电离层主峰(Nm)。

在火星南半球的一些区域,具有很强的壳磁场,它们可以延伸到火星表面以上 $1000\,km$。在这些区域,强的壳磁场与太阳风相互作用会形成一些迷你磁层和极尖区。根据最近的报道(Bertaux,2005,"*nature*"),火星快车上的紫外光谱仪 SPICAM 在强壳磁场区域的一个极尖区上空观测到了极光爆发,这可能与太阳风高能粒子在极尖区的沉降有关。

6.3　火星上的水

根据目前的观测结果,火星是一颗干燥、寒冷的天体,其表面的温度范围是 $140\sim310\,K$,平均温度为 $215\,K$。因此火星表面不可能有液体水存在。但火星历史上是否存在温暖潮湿的时期? 是否曾经存在液体水? 这是人类探测火星极为关心的问题之一,也是重点问题之一。为了证实火星历史上是否有液体水存在,人类主要从火星上目前是否存在含水矿物、表面下是否存在水层、泥石流痕迹、陨石坑的特征、古河道特征等方面进行探索。

6.3.1　火星上的含水矿物

1. 含水矿物

火星上的含水矿物提供了这颗行星历史上有关水的信息,涉及火星是否适合于生命的必备因素。这些矿物提供了环境演变过程的线索,包括水的丰度、存在的时期以及化学作用对环境演变的重要性。含水矿物的辨别,例如火星上的氢氧化铁/羟基氧化物、碳酸盐、硫酸盐、页硅酸盐、沸石和蛋白(猫眼)石等的存在,意味着在表面矿物的变更期间存在水。某些矿物的形成要求长期的水化过程,而另一些矿物是在短期的水热过程或在很小湿度的条件下形成的。

可见光及红外光谱仪(VNIR)对遥感辨别含水矿物是特别有用的。在目前和未来火星探测中,中红外和穆斯堡尔光谱仪将提供关于火星表面矿物信息的重要工具。

矿物是原子以特殊的结构形成的,具有共同的性质,例如颜色、结构和硬度。矿物有时在完全裸露的地方被发现,但经常出现在多种矿物组合的岩石中。含水矿物通常认为它们的结构包含水或氢氧根(OH^-),表 6-3-1 中给出一些实例。含水矿物也包含因表面带电而使表面颗粒容易吸附水的矿物。

表 6-3-1　一些含水矿物的分子式

矿　物	分子式
针铁矿(Goethite)	$\alpha\text{-}FeOOH$
纤铁矿(Lepidocrocite)	$\gamma\text{-}FeOOH$
正方针铁矿(Akaganeite)	$\beta\text{-}FeOOH$
六方纤铁矿(Feroxyhyte)	$\delta\text{-}FeOOH$
水铁矿(Ferrihydrite)	$Fe_5HO_8 \cdot H_2O$ 或 $Fe_{1.55}O_{1.66}(OH)_{1.33}$
水铝矿(Gibbsite)	$Al(OH)_3$
水镁石(Brucite)	$Mg(OH)_3$
高岭石(Kaolinite)	$Al_2Si_2O_3(OH)_4$
蛇纹石(Serpentine)	$Mg_3Si_2O_5(OH)_4$
蒙脱石(Smectite)	$(Na,Ca)(Al,Fe^{3+},Fe^{2+},Mg)_{2-3}(Si_{4-x}Al_x)O_{10}(OH)_2 \cdot nH_2O$
伊毛缟石(Imogolite)	$SiO_2Al_2O_3 2H_2O$
沸石(Zeolite)	$(Na_2,K_2,Ca,Ba)\{(Al,Si)O_2\}_x \cdot nH_2O$
蛋白(猫眼)石(Opal)	$SiO_2 \cdot 2H_2O$
水铝英石(Allophane)	$SiO_2(Al_2O_3)_x \cdot nH_2O, n>2, x>1$
明矾石(Alunite)	$(Na,K)Al_3(OH)_6(SO_4)_2$
荒钾铁矾(Jarosite)	$(Na,K)Fe_3(OH)_6(SO_4)_2$
硫酸钙(Gypsum)	$CaSO_4(H_2O)_2$
水镁矾(Kieserite)	$CaSO_4 H_2O$
胶铝矿(Alunogen)	$\{Al(H_2O)_6\}_2(SO_4)_3(H_2O)_{4.4}$
一水方解石(Monohydrocalcite)	$CaCO_3 \cdot H_2O$
水纤菱镁矿(Artinite)	$Mg_2CO_3(OH)_2 \cdot 3H_2O$
水菱镁矿(Hydromagnesite)	$Mg_5(CO_3)_4(OH)_2 \cdot 4H_2O$
硝酸钾(Niter)	$KNO_3 \cdot H_2O$
钠硝石(Nitratine)	$NaNO_3 \cdot H_2O$
磷灰石(apatite)	$Ca_5(PO_4)_3(OH,F,Cl)$

束缚水包括实际矿物结构一部分的 H_2O 分子,也包括化学吸附在矿物表面的 H_2O 分子。对某些含氧化铁的矿物,H_2O 是矿物结构的必要部分,例如水铁矿以及某些页硅酸盐,如蒙脱

石。约束或吸附水意味着一个化学键将 H_2O 分子保持在矿物表面,并要求表面带电。如果不改变矿物的结构,束缚水一般不能从矿物中排出。吸附水只能是物理吸附在矿物表面,当潮湿环境变化时,容易附着或脱离。束缚水、吸附水和 OH 可根据谱特征进行遥感探测,常用的一些谱线列于表 6-3-2 中。

表 6-3-2　含水和氢氧根矿物的反射/发射谱线

	波数/cm^{-1}	波长/μm	振动
OH 带	7240～7170	1.38～1.39	$2\nu Mg_2 OH$
	7160～7060	1.40～1.41	$2\nu Al_2 OH$
	4620～4520	2.16～2.21	$\nu+\delta Al_2 OH$
	4380	2.28	$\nu+\delta Fe_2 OH$
	4330～4270	2.31～2.34	$\nu+\delta Mg_2 OH$
	3690～3630	2.71～2.75	$\nu Al_2 OH$
	3585～3570	2.79～2.80	$\nu Fe_2 OH$
	3695～3645	2.70～2.74	$\nu Mg_2 OH$
	955～930	10.5～10.8	$\delta Mg_2 OH$
	940～915	10.6～10.9	$\delta Al_2 OH$
	845	11.8	$\delta Fe_2 OH$
	820	12.2	$\delta Fe_2 OH$
	795	12.6	$\delta Mg_2 OH$
	705	14.2	$\delta Mg_2 OH$
水带	7000～7100	～1.41	$\nu+2\delta H_2 Ob$
	6800～6850	1.46	$\nu+2\delta H_2 Oads$
	5230～5250	1.91	$\nu+\delta H_2 Ob$
	～5100	～1.97	$\nu+\delta H_2 Oads$
	3600～3520	2.76～2.84	$\nu H_2 Ob$
	3350～3450	2.90～2.99	$\nu H_2 Oads$
	～3230	～3.10	$2\delta H_2 O$
	～1650	～6.0	$\delta H_2 Oads$
	1617～1630	6.1～6.2	$\delta H_2 Ob$

注:OH 和 H_2O 振动分别标为 ν(价电子振动)和 δ(偏移)。标记 OH、$H_2 Ob$ 和 $H_2 Oads$ 分别指 OH 的结构,被束缚的 H_2O 和被吸收的 H_2O。

2. 火星上含水矿物的探测

关于火星含水矿物的信息,主要来自对火星的遥感和就地探测以及对来自于火星陨石的分析。

根据早期对火星光谱学、化学和磁场数据的分析,认为火星表面矿物是含有氧化铁/羟基氧化物、硅和硫酸盐的玄武岩土壤。从光谱数据中已经辨别出赤铁矿和灰铁矿。来自火星探路者、火星全球勘探者以及火星奥德赛的数据也证明火星历史上曾含有水。2004 年 1 月,美国发射了"机遇"号和"勇气"号两个火星漫游者。这两颗火星车的就地探测进一步提供了火星历史上可能存在液体水的证据。

"机遇"号提供的证据包括:火星岩石中含有硫酸盐、岩石中的洞、岩石交错层(图 6-3-1)和"蓝莓果"(图 6-3-2)。在火星上发现的硫酸盐是黄钾铁矾,这种矿物一般在有水的环境中存在。在岩石发现一些扁平的洞穿过岩石,表明在岩石中曾存在含盐矿物的晶体,后来在水的冲蚀下形成了洞。

图　6-3-1

(a) 岩石中的洞；(b) 岩石交错层

对于岩石交错层分层结构的解释有三种可能：风、火山尘埃和水。由于这些层不总是平行的，称交错层，某些层的厚度不超过手指，还有凹进去的特征。因此，这些层很可能是溶于水的矿物经沉积而成。

在火星上还发现一些颗粒状的结构，俗称"蓝莓果"。对存在"蓝莓果"的解释有三种可能：漂浮大气中的火山灰、流星撞击产生的熔化岩石凝结、水带着溶解的矿物沉积成颗粒。若是前两种情况，小球的分布应具有某种方向性，但小球不是集中在外露岩石特殊层内，而是不规则的，因此前两种可能性比较小。

图 6-3-2　火星岩石上的"蓝莓果"

美国宇航局 2004 年 12 月 13 日发表声明说，"勇气"号在火星的哥伦比亚山脉岩石中发现针铁矿。针铁矿只在有水存在的情况下形成，无论水处于气态、液态还是固态。

6.3.2　表面下水层的分布

1. 火星表面中子和 γ 射线的生成

对火星表面下水层的测量，是从"火星奥德赛"探测器开始的，所采用的方法是测量来自火星的 γ 射线和中子的分布。

由于火星没有行星磁场，大气层很薄，银河宇宙线可以传播到表面并与表面物质相互作用。在宇宙线的轰击下，在火星地表以下 1～2 m 深度内产生大量的次级中子。向外逸出的中子与表面下元素的核相互作用,产生中子与 γ 射线向外泄漏通量(见彩图 33 和彩图 34)。有两种主要类型的相互作用:一是中子对核的非弹性散射,激发核产生发射线以及中子向热能量的慢化。二是中子捕获作用,中子被吸收,产生新的核,这种核通常处于激发态,随即在退激发过程中产生 γ 射线。第一个过程对高能中子更有效,而第二个过程对低能中子有大的作用截面。所产生的 γ 射线的谱线明显地表示了表面下 1～2 m 深的物质的核成分,因为每种特殊的核相应于确定能量的 γ 射线组。

在核谱线中光子的通量相应于特殊的核与中子的相互作用率,因此人们可通过确定核的丰度知道中子的通量。γ 射线谱线的测量通过测量中子完成,中子在衰减过程后从表面下逸出。

第一个通过核方法成功地研究火星表面下元素成分是由"火星奥德赛"实现的。"火星奥德赛"携带了 γ 射线传感器头(GSH)、中子谱仪(NS)和高能中子探测器(HEND)等 3 个仪器。这些仪器目前仍在轨运行。

2. 火星不同区域水的含量

仅用中子数据不能计算出火星表面下水的含量,必须依据一定的模式,目前使用的模式是均匀的深度分布模式。根据这个模式,表面下沿着深度是均匀的,每个质量单位含有 ζ_{hom} 部分的水,$(1-\zeta_{hom})$ 部分的土壤,土壤具有 50:50 的沙子和岩石,主要元素的丰度是根据火星探路者的探测数据。根据来自 HEND 的四个传感器的信号 S_{SD}、S_{MD}、S_{LD} 和 S_{SC},皮尔逊(Pearson)判据用于验证这个模式:

$$S(P_j) = \sum_i \left[\frac{C_i - M_i(P_j)}{\sigma_i} \right],$$

这里 C_i 是来自不同传感器的计数,$i=1～4$,M_i 是这些计数的模式预测,σ_i 是测量误差,P_j 是模式参数(对于均匀模式,仅有一个参数 ζ_{hom})。

根据"海盗-1"、"海盗-2"和"火星探路者"的直接测量,土壤中水的含量大约是 1～3wt%(wt%表示重量的百分比)。

彩图 35 是 2004 年 7 月根据 γ 射线谱仪的数据获得的。氢含量高的区域在北极和南极,用暗蓝色和紫色表示,这些区域含有很高浓度被掩盖的水冰。在这些区域,土壤中冰的体积超过 50%。除个别地方外,火星的赤道区域非常干燥,用红色和黄色表示。5 个着陆器成功着陆位置标为 VL1(海盗-1)、VL2(海盗-2)、PF(探路者)、G(在古谢夫的勇气号)和 M(在梅里迪亚尼平原的机遇号)。

3. 主要结论和未来探索需解决的问题

根据中子探测数据得到火星表面下水的分布,这还是关于火星表面下水分布研究的初级阶段,更可靠的结果需要有其他手段的探测数据和发展新的模式。依据这些初始数据,可以得到以下结论:

(1) 四种区域表面下薄层的水含量

具有干燥土壤的区域:这些区域水的含量为 2wt%。

水冰含量高的北部永冻区(NPR):在北极周围,有很大的区域含有丰富的表面下水冰。从顶部到 1～2 m 深,表面下有均匀的土壤和水冰,水冰的区域变化从极区的大约 50wt% 到 NPR 边界的 10wt%。最大水冰含量为 53wt%,是在极盖发现的(见彩图 36)。水冰含量为 40wt% 的大面积区位于纬度为 60°N、210～240°E 的扇区。值得指出的是,仅根据中子数据不能估算冰的厚度,来自火星快车和火星勘查轨道器的雷达数据,可能解决这个问题。

彩图 37 给出火星南极富含冰的沉积层厚度分布,是由火星快车"次表面与电离层探测雷达"(MARSIS)获得的。MARSIS 数据显示,沉积区主要由水冰构成,只含少量的尘埃。沉积层的厚度是由颜色表示的,紫色表示最薄的区域,红色表示最厚的区域。沉积层内总的水冰体积等效于覆盖整个火星 11 m 深的水层。图中黑色圆形区是南纬 87° 以内的区域,MARSIS 不能收集这个区域的雷达数据。该图覆盖 1670 km×1800 km 的面积。

水冰含量高的南部永冻区(SPR):与 NPR 区类似,SPR 区有很高含量的水冰,但这个区域有双层表面下结构。含水冰的层被上面的厚度约 20 g/cm² 的干燥层覆盖。中子数据允许通过干燥层观测含水层。在南极周围有很大面积的 SPR 区,那里的水冰含量大于 60wt%。

中纬土壤中富含水的区域:在火星赤道纬度,几个区域(Arabia,Memnonia)有 10wt% 的富水层,这些层被大约 30 g/cm² 厚的土壤干燥层覆盖着。在火星上这种类型含水层的存在确实是令人惊讶的。现在,这些区域的富水层被相当厚的升华层(脱水层)与大气层隔离开,因此,它们只可能是在火星过去历史上形成的。

(2) 三种类型水

有三种类型的水伴随着这些区域的富水层:在土壤颗粒中被物理吸收的水、矿物中的化学束缚水和自由水冰。

物理吸收水由土壤颗粒表面水分子的非冻结层构成,这种水可能因大气层的冷凝作用而向下传输,也可能在温度和蒸汽压力始于脱水时而渗漏。

化学束缚水伴随着矿物脱水作用,而水分子本身为矿物的化学结构。束缚水的含量从几个 wt% 到 10wt%。吸收和束缚水的主要区别是脱水温度,二者分别为大约 200℃ 和高于 300℃。

第三种形式的水是冰。相应于 NRR 和 SPR 层的底部。

6.3.3 土壤中的地下冰

由于火星的气候长期以来都是极冷的,因此火星的外层是全球冻结的,形成全球性的永冻壳——冻结层。根据火星表面现代的热状态和行星的热流值,在赤道区和极区冻结层的厚度分别是 1～2 km 和 5～6 km。这样大尺度冻结层的存在,火星水的大部分可能以地下冰的形式捕获在永冻壳中。

1. 地下冰的全球蕴藏量

与地球类似,火星不断地通过向壳的外层热传导损失热量,设热通量为 Q,它是热导率 κ 和冻结层热梯度 G 的函数。为了近似计算火星冻结层的厚度,假定均匀层从表面延伸到深度 Z_0,在这个深度,火星任何纬度的长期平均温度等于冰的熔化点温度 Z_m。在冻结层底部(冰-液体水混合相),在冻结和解冻的岩石中热通量取相等值。因此,在冻结层中的温度分布可由直线描述,其系数由因子 Q/κ 确定,这里 κ 是土壤物质的热导率。于是,冻结层内的热梯度将是相同的,在任意深度的温度可表示为

$$T = Q/\kappa \times z - T_{as}, \tag{6-3-1}$$

这里 $Z_0 < Z < Z_m$,T_{as} 是表面年平均温度。于是,冻结层厚度的表达式为

$$Z_m = \kappa(T_m - T_{as})/Q, \tag{6-3-2}$$

这里 T_m 是冰的熔化点温度(或是在冻结层底部的温度)。

火星冻结层潜在的地下冰存储量与它的厚度以及冻结层中沉积物的孔隙率有关。考虑火星土壤的平均孔隙率为 20%，在中低纬存在脱水土壤的上层，在冻结层中潜在的含水量大约是 5.4×10^{19} kg。等效于整个行星均匀地有大约 380 m 深的水。

2. 地下冰存在的形态特征

除了理论预测之外，关于火星地下冰分布的信息也可从观测到的表面形态特征中推断出来，通常的特征有壁垒形陨石坑（具有流体抛射物）、泥石流、多边形地体、沟壑以及外流河道等。

（1）具有流体抛射物的陨石坑

大小为 1～80 km 的范围大多数新陨石坑具有流体抛射物图形，与月球和水星上的陨石坑有明显的不同。许多研究者认为，这种陨石坑的抛射物是在陨石坑形成时该地方有地下冰或地下水所导致的结果。图 6-3-3 显示了几个有液体水流动痕迹的陨石坑。

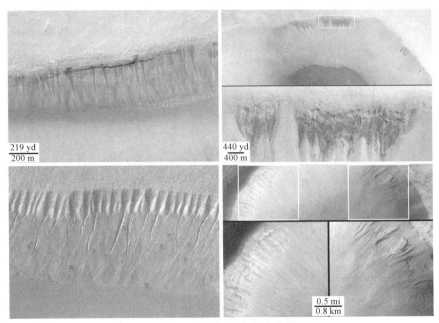

图 6-3-3 有液体水流动痕迹的陨石坑

利用"海盗"号探测器的观测数据，在火星表面共发现 9089 个、直径为 1～60 km、带有抛射物的陨石坑。而直径的 1～10 km、没有抛射物的小陨石有 14 630 个。

特别值得注意的是，通过对先前成像陨石坑的再成像，发现这些陨石坑发生了一些变化，这种变化很可能说明这些地区目前仍是活动的，包括液体水的活动。

目前观测到的变化有两种情况。一种情况是在一个陨石坑壁的冲刷沟，在 1999 年 8 月 26 日的成像示于图 6-3-4 左，该图没有什么值得注意的。但在 2005 年 9 月 25 日的成像（图 6-3-4 右）显示了新的轻微变色的特征。

图 6-3-5 左是在 2005 年和 2006 年获得图像的合成，显示了陨石坑轻微变色的冲刷痕迹。右图是将 2005 年获得图像放大，详细地显示了新的、变色的冲刷痕迹。新物质覆盖了整个冲刷沟，从冲刷沟出现到陨石坑底。在斜坡的底端，冲刷沟分成 5 或 6 指状，图中标为"digitate termination"，即指状末端。

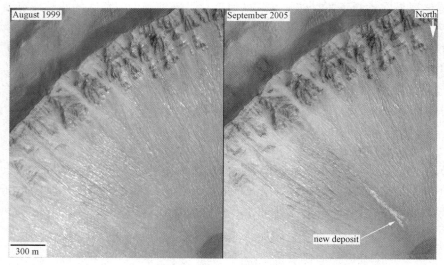

图 6-3-4　陨石坑壁状态比较

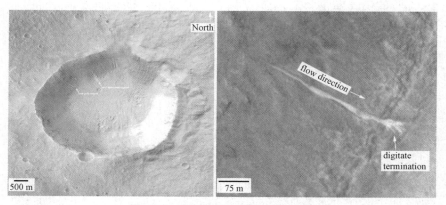

图 6-3-5　陨石坑冲刷沟及详细结构

（2）存在水冰的陨石坑

欧洲空间局发射的火星快车在 2005 年 2 月 2 日拍摄到火星陨石坑中仍存在水冰的图片（彩图 38）。这个陨石坑位于火星 70.5°N、103°E。陨石坑的直径为 35 km，深约 2 km。照相机的地面分辨率为 15 m。在陨石坑的边缘和坑壁上也可以看见水冰的痕迹，但沿着西北方向的边沿和坑壁上没有发现冰，可能是由于这个区域因太阳的取向而接收较多的阳光，所以看不到冰。

（3）泥石流痕迹

泥石流是一种饱含大量沙石泥块和巨砾的固液两相流体，是介于流水与滑坡之间的一种地质作用。在适当的地形条件下，大量的水体浸透山坡或沟床中的固体堆积物质，使其稳定性降低，饱含水分的固体堆积物质在自身重力作用下发生运动，就形成了泥石流。在地球上的一些地区，泥石流是在雨季经常发生的一种自然灾害。

根据多颗探测器的观测数据，在火星的一些区域也保存着泥石流冲刷地表的痕迹（见图 6-3-6），主要出现在南北半球 30～60°的纬度带。另外，泥石流地势大都排列在经度为 280

～360°W、将北面的低地与南面的高原分割开的被侵蚀的地带。这类地带由大量被低的平原包围的或被平坦的河谷分开的高原似的残余形式组成。

图 6-3-6　火星上具有泥石流特征的地形

如果火星上确实存在泥石流,说明当时地下冰的含量相当丰富,当温度变化到一定程度时,产生黏性流动。因此,泥石流痕迹是火星历史上曾经有水或水冰的重要证据。

目前观测到的火星泥石流痕迹主要有四种类型,如图 6-3-7 所示。图中(a)是舌状泥石流沉积平原;(b)是岩石-冰川状的泥石流;(c)是充有像是地球冰川中碛的线条形河谷;(d)是填充的陨石坑。

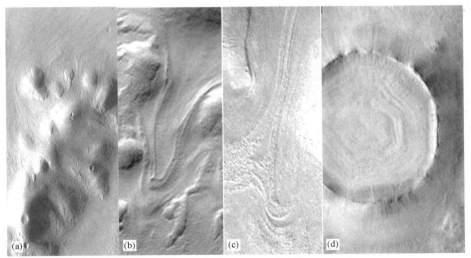

图 6-3-7　火星上泥石流痕迹的四种类型

（4）多边形地形

在地球的永冻区,多边地形具有普遍性的特征。它是地面冰沉储的基本形态指示器。多边地形形成的主要机制是是冰热收缩引起的表面破裂。当土壤的热张力超过土壤的强度阈值时就会发生冻结破裂。在地球上,典型的冰楔多边形尺度为 $10\sim30$ m,最大值为 $100\sim150$ m。地球上冰楔多边形的尺度取决于冬季的温度起伏以及冻结沉积物的强度和物理化学特性。

　　海盗号探测器的轨道器和 2 号着陆器最早在火星上发现了多边形特征,其尺度为 5~
10 m,深度约 20 cm。后来的许多探测器都观测到这种多边形特征。火星全球观察者(MGS)
提供了许多高分辨率的图像,图 6-3-8 是 MGS 上的火星轨道器摄像机(MOC)1999 年 5 月 6
日获得的图片。

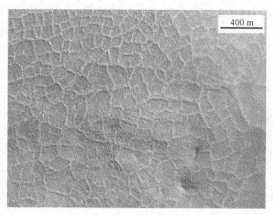

图 6-3-8　多边形地形

　　根据对多变形地形的形态研究,观测到的火星多边形地形可分为 4 种类型(见图 6-3-9):
一是小尺度的多边形网(图 6-3-9(a)),最小块的尺寸为 7~30 m。二是大尺度的多边形网,具
有垂直和六角形结构(图 6-3-9(b)),一般位于高纬平原。三是大多数具有径向垂直和矩形结
构的大尺度多边形网(图 6-3-9(c)),主要位于陨石坑的底部。四是大多数是直角形、沿楔形槽
的边缘有平行脊的大尺度多边形网(图 6-3-9(d))。

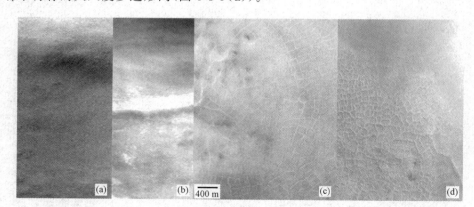

图 6-3-9　火星上的四种多边形地形

　　(5) 沟壑

　　在北半球许多陡的、面向极向的坡上有许多宽几米、长几百米的沟壑,它们是在近代形成
的。有许多像是在雪融化时形成的,在雪融化期间,水流向低纬地区并作为冰积累起来。在朝
向极区的斜坡的积累可能在夏季当斜坡面向太阳时融化的。图 6-3-10 是沟壑的一个实例,位
于火星约 35°S, 131°E。这个系统显示了独特的地层年代标志,图 6-3-10(a)显示了沟壑及其
下游的冲积扇,在冲积扇上有东西两条河道。冲积扇还可以细分为两组(见图 6-3-10(b)),第
一组(1)是最老的部分,含有许多次级陨石坑。第二组(2~4)是较为年轻的部分,反映了更近

期的沟壑活动,覆盖了一些次级陨石坑。由此可推断,产生这个沟壑的源很可能是由于上游雪或冰的融化。

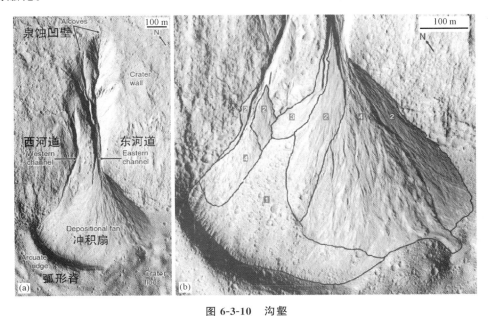

图 6-3-10　沟壑

(a) 东西河道与冲积扇;(b) 冲积扇放大图

(6) 外流河道

外流河道不同于河谷网,一般宽几十千米,长几千千米。有流线型壁和冲蚀的河床,还含有泪滴型的岛屿。目前我们不知道这种河道是否曾有水或有多少水,如果按河道大小估算,图 6-3-11 所示河道的流量将是地球上密西西比河流量的 1000～10 000 倍。

图 6-3-11　在 Cryse 盆地附近的外流河道

（7）极区土壤中存在的水冰

彩图 39 分别显示的是"凤凰"号火星探测器 6 月 15 日（左）和 18 日（右）拍摄的图片。从图中可清楚看到经过铲子挖掘后，土壤里面有水冰存在。

6.4　火星上的生命

火星是一颗类似地球的行星，有着四季的更替，它的两极被冰覆盖并相应作着周期的变化。冰雪的存在证明了水分的存在，也就是生命存在的前提。有人还曾提出火星上面的暗区可能是植物带。因此，火星生命之谜深深地吸引着人们。为了探索火星的秘密，人类向火星发射了轨道器和着陆器，拍摄了大量火星图片，并在火星表面采集和分析了土壤及岩石样品。所有探测结果表明，火星上没有江河湖海，土壤中也没有植物、动物或微生物的任何痕迹，更没有"火星人"等智慧生命存在。

1996 年 12 月美国科学家宣布：1984 年在南极洲发现的 ALH84001 陨石来自火星可能含有原始生命的微化石（见彩图 40）。这表明几十亿年前的火星很可能相当温暖潮湿，适合生命的存在与维持。来自火星漫游者"机遇"号和"勇气"号的一系列发现，更加激起了人们在火星上寻找生命的热情。

6.4.1　什么是生命

当我们仰望上苍，面对漫天星斗，常常情不自禁地想起这类问题：宇宙中还有哪个星球可能存在生命？什么地方有像地球这样的文明社会？如果有"外星人"，我们如何与他们沟通？

说到地外生命的问题，我们首先要界定什么是生命，生命有哪些共同属性。

日常生活中，人们可以很容易地区分生物与非生物。但是从科学的角度，什么是生命确实是一个很难全面而准确回答的问题，这是因为人们很难用简单的概括来定义如此复杂而又丰富多彩的生命现象。

《辞海》对生命给出如下定义：由高分子的核酸蛋白体和其他物质组成的生物体所具有的特有现象。能利用外界的物质形成自己的身体和繁殖后代，按照遗传的特点生长、发育、运动，在环境变化时常表现出适应环境的能力。

这个定义主要从生物学的角度出发，许多学者还从不同角度给出生命的定义：

生命是物质运动的一种高级的特殊实在形式，是一个不断与外界进行物质和能量交换的开放系统；

生命如同热量，既不是一件东西，也不是某种流体。我们看到的是一群有别于世界上其他东西的奇怪家伙，他们具有某些奇特的性质，如生长、繁衍和处理能量的独特方式等。

生命就像冲浪中神奇而缓慢的波浪一样，它先将物质分隔开，然后又合拢起来。它是一场受到控制的、精彩的混乱，一组惊人的、复杂的化学反应。

生命不属于物质，也不属于精神，而是介于这两者之间的某种东西，某种通过物质——比如挂在瀑布中的彩虹或一团火焰——来传达的东西。之所以说它不是物质，是因为它过分敏感于欲望与厌恶，而不像毫无羞耻的物质，对自己的存在状态始终无法自制。它是呆板单调的宇宙的神秘和激情的涌动。它是剽窃来的、充满着感官刺激的彼此吸吮与融合的肮脏结果，是充满着神秘起源和构成的、会排放二氧化碳和其他不洁之物的东西。

尽管生命有不同的定义,但凡是生命都有共同的属性:

(1) 化学成分的同一性。从元素成分看,都是由 C、H、O、N、P、S、Ca 等元素构成的;从分子成分来看,生命体中有蛋白质、核酸、脂肪、糖类、维生素等多种有机分子。

(2) 严整有序的结构。生命的基本单位是细胞,细胞内的各结构单元都有特定的结构和功能。

(3) 生物具有从环境中提取能量、并将其转化以具有生长和再生的能力。

(4) 新陈代谢。生物体不断地吸收外界的物质,这些物质在生物体内发生一系列变化,最后成为代谢过程的最终产物而被排出体外。

(5) 生长特性。生物体能通过新陈代谢的作用而不断地生长、发育,遗传因素在其中起决定性作用,外界环境因素也有很大影响。

(6) 遗传和繁殖能力。生物体能不断地繁殖下一代,使生命得以延续。物的遗传是由基因决定的,生物的某些性状会发生变异;没有可遗传的变异,生物就不可能进化。

(7) 应激能力。生物接受外界刺激后会发生反应。

(8) 进化。生物表现出明确的不断演变和进化的趋势。

上述关于生命的定义和生命的共同属性,是我们寻找地外生命的根据和理论基础。当然,生命的这些共同属性,主要是根据地球上生命的特征确定的,在宇宙其他星球上,生命可能具有不同的特征。例如,维持生命所需的能量有不同的形式,转化能量的方式也可能不同。我们不能完全按照地球生命存在的条件去寻找地外生命。

6.4.2　火星上生命存在的条件

1. 地外生命存在的条件

根据生命的定义和共同属性,在地球以外行星上存在生命的必要条件应包括:液态水、生命在新陈代谢中必需的元素、生物体可用的能源和足够稳定的合适环境。

为生命提供动力的所有化学反应具有一个共同的因素,就是水的基本作用。首先,液态水允许化学物质从细胞输入输出;第二,液态水是使蛋白质具有合适功能的必要组成部分,而蛋白质的作用是生命的化学反应催化剂;第三,与其他液体相比,水有维持生命时存在的一些特有性能,如水在很大的温度范围(0～100℃)内呈液态,其温度上限接近于复杂有机分子可以存活的最高温度。在适当条件下,水甚至可能在更低温度(例如盐水)和更高温度(如地壳深处或洋底的压力)下呈液态;水在冻结成冰时,浮在水面上,下面的液体水继续维持生命;水分子是有极性的,具有稍微负的一边和稍微正的一边,水分子的每一边吸引带电粒子。像糖和盐这类对细胞生存是必要的有极性物质,容易溶结在水中。而非极性物质,像油和构成细胞膜的类脂体,则很难溶解;水有强的保持能量的能力,防止损坏生命的温度摆动。第四,水容易电离,产生非常高的分子扩散率,能有效地溶解各种离子,于是,水提供了对生命化学最适合的介质。

氨(NH_3)、甲烷(CH_4)或乙烷(C_2H_4)等的液体,也可能是维持生命的后选者。然而,他们呈现液态的温度范围比水窄得多,而且仅在很低的温度才呈液态(表 6-4-1)。虽然乙烷作为液态存在的范围接近 100℃,但在(一个标准大气压)温度高于 −89℃ 时不能作为液态而存在。在这样低的温度下,(可能的)生物体内的化学反应进行的速率慢得多。一般来说,温度每降低 10℃,就造成化学反应率减少 1/2。尽管生命有存在于氨或甲烷这样的液体中的可能,但水是维持生命最适当的液体。

表 6-4-1 几种可能作为生命介质的液体的熔点和沸点

液体	熔点	沸点	液态的温度范围
水(H_2O)	0℃	100℃	100℃
氨(NH_3)	−78℃	−33℃	45℃
甲烷(CH_4)	−182℃	−164℃	18℃
乙烷(C_2H_4)	−183℃	−89℃	94℃

除了水之外，生命还要求各种参与有关生物化学反应的元素存在。值得注意的是，在宇宙中天然产生的 92 种元素中，仅有 21 种在地球生命中起主要作用。衍生生命的主要元素是 C、H、O、N、S 和 P。

能量有许多种形式，但维持生命的能量必须是可驱动生物化学反应的适当形式。这些形式包括太阳光（通过光合作用）、闪电（通过闪电产生的有机分子的新陈代谢）、热液系统的加热（通过有机体或化学作用产生的其他还原物种的利用）和化学能。

地球上曾不断地发现在极端条件下有生命存在，如极端的温度、高盐分环境、酸和碱环境、高压环境和地球次表面环境等。综合各方面的资料，地球上的有机物可以长期存活的温度范围是−12℃～113℃。单价和二价盐（如 K^+、Na^+、Mg^{2+}、Zn^{2+}、Fe^{2+}）对地球上的生命是必要的，但能承受的盐的浓度很低（<0.5％）。嗜盐微生物可承受的盐的浓度范围是 1％～20％（NaCl）。从地球上的生命化学来说，中性 pH 值是最佳的。某些微生物能适应极端的 pH 条件，从 pH0（极端的酸）到 pH12.5（极端的碱）。目前还不清楚地球上生命能承受的极端压力条件，但在压力为 1100 bar 的海洋深处曾发现嗜压微生物。

对于地外生命，除了要考虑上述环境因素外，还要考虑真空环境、电磁辐射环境和粒子辐射环境。

维持生命长期存在的另一个重要条件是环境的稳定性，即地质稳定性和气候稳定性。影响环境稳定性的因素主要涉及天体撞击、强的电磁辐射和粒子辐射。

值得注意的是，上述条件是必要条件而不是充分条件。另外，这些条件主要是根据地球上生命的特征总结出来的，其他地方的生命可能与地球上的生命不同。但在寻找地外生命时，首先还应寻找具备我们知道的生命可能存在条件的地方。

2. 火星上可能存在生命的区域

在火星上选择生命可能存在的区域基于两方面的考虑：一是早期火星与地球非常类似，具有适合生命起源与发展的环境；二是火星生命系统的基本要求（或它们以化石的形式保存下来）可与上述条件相比。

这些概念导致两个主要方面的研究：现存的和已经死亡的生命。

正如前面已经描述的，在火星目前的条件下不可能在表面有液体水，液体水只可能存在于表面以下具有高温和高压的地方。这意味着要在几米以下的深度，目前还不具备这种探测能力。因此，今天只能寻找古代生命可能维持的环境，或者寻找可能将现存表面下生命带到更适合深度的自然过程。

当前火星薄的大气层不具有防护紫外线的能力，气候寒冷而干燥，不适合生命存在。但在过去，已经证实了液体水活动和含水沉积盆地的存在。水活动的时期和液体聚集处也是关键问题。虽然在火星历史上前 15 Gyr 可能更适合，但在亚马逊古陆时期没有大的盆地是活动的证据。更令人感兴趣的是大流量河谷的证据，以及在高原陨石坑中小尺度湖泊的发展，例如古谢夫(Gusev)和风暴(Gale)陨石坑。形态学证据表明,这些湖在很长时期内存在,可能提供了较近的生命的绿洲。

　　在高原和火山坡地由河流冲刷作用形成的河谷网、古代平原和湖泊是过去富含水的最好证据。这些证据与地球上在与火星类似的环境中保存完好的微生物群的发现,使研究者能够为在火星上探索生命辨别候选地点。主要依据是古代水流的地质和地理证据、池塘、冰和水热活动。表 6-4-2 列举了火星上可能存在生命的地区的特征。

表 6-4-2　火星上可能存在生命的地区的特征

沉　积	特　征
河流冲击	树枝状水系网:简单、复杂 河道形态:下流展宽、弯曲、洪积平原、河流阶地 可达到性:分层、陨石坑
湖积河道	排水平原:简单河道、复杂河道 海岸线特征:湖阶地、三角洲 可达到性:岩浆流、风成层、陨石坑
热泉	排水系统:简单河道、点源 局地热源:表面(火山中心)、表面下热喀斯特
表面冰	高纬(>60°):纹层状
表面下冰	中纬(30~60°):网纹地、热融喀斯特洼地、冰丘

　　3. 已亡生命存在区域的特征

　　如果火星和地球在其历史上的头 1.5 Gyr 都经历了相当类似的条件,那么,在同一时期火星也应存在生命。如果这些生命早已死亡,在火星上的证据可能以化石和各种生物特征的形式保存下来。从地外古生物学的角度来看,优先考虑的地区是曾经有液体水、表面有含水矿物沉积。优先考虑的矿物沉积是有很长的驻留时间,成岩作用稳定,对化学风化有抵抗力。最好的保存方式是有机物快速充满小颗粒的硅或磷酸盐。

　　已经死亡的生命的证据包括结构标记、生物化学标记、同位素标记、分子标记、手性标记和光谱观测。结构标记:观测沉积物中的微化石结构。生物化学标记:确定沉积物质中有机物的元素丰度。同位素标记:无机物向有机物转化期间同位素 ^{12}C 与 ^{13}C 比的增加,可以指示早期的生物活动。分子标记:某些生物化学成分能经受长期的衰变,它们可用有机溶剂从残余物和化石中提取。通过手性和同位素分析,可以得到原始物体特征的信息。手性标记:生命的这个结构特征被保存在死亡的有机物中,在火星那样的冷和干燥条件下,消旋过程进行得很慢。用光学仪器可以探测出手性特征。光谱观测:有机成分的振动谱提供了有价值的分析工具,可应用它揭示沉积的、含碳样品的特征,也能辨别沉积物的矿物含量。

　　4. 寻找火星上现存的生命

　　如果火星上目前有生命存在,大概驻留在表面下有液体水的地方,最像是化学合成的形式。

　　现存生命的证据包括结构标记、培养物标记、新陈代谢标记、同位素标记、手性标记和光谱观测。结构标记:用显微镜观测细胞和亚细胞结构、大小分布、分离细胞以及选择染色以辨别特殊的细胞元。培养物标记:对采集的样品进行分离和培养,然后用生物化学分析方法,提供现存生命存在的确切证据。新陈代谢标记:新陈代谢的化学生成物可在培养物中观测,也可以就地观测。同位素标记:将同位素组成数据与结构标记信息相结合,可以了解现存生命的特征。手性标记：纯手性是生命的一个特征，没有它，聚合作用和模板复制不能有效进行。光谱观测：可以探测生物系统中的各种有机化合物。

6.4.3 寻找火星上的生命

尽管人类在验证火星过去曾有液体水的方面取得了很多成果，但还没有发现任何生命存在的迹象，包括现存生命和以化石存在的古代生命。目前人类已经发射了大量的飞船，对火星全球形态和环境进行了深入探测，但对于寻找生命来说，则需要发射更多的漫游车，携带更高级的仪器，在有可能曾经存在生命的地方进行表面取样甚至钻探取样探测。因此，如何确定着陆点就成为首先要确定的问题。

探索火星生命着陆点的选择根据两个原则：一是着陆点或其附近具有维持生命的特殊环境。在这种情况下，将应用生物地球化学方法以及直观地检验生命是否存在；二是着陆区域为岩石学、矿物学和古生物学研究提供了大量的岩石，但可能不适合于地球化学测试。

含有化石生命的表面下环境将包括多孔的沉积物，或者具有早期成岩作用粘结物的沉积物，在撞击角砾石中有空隙，撞击熔化物，火山岩石中的气泡以及任何形式的破裂岩石。那样的表面下岩石将暴露在混杂地形的表面、峡谷的陡坡上、侵蚀的河床上，还有撞击抛射物中。对潜在着陆点的基本要求是：

（1）岩石的时代：温暖、潮湿的早期火星假说适用于早期的诺亚洪水时代，大量的湖、河道和其他适合生命的环境可能延续到亚马逊古陆中期。

（2）Concentration：最像是含有丰富生命的环境是含水的沉积物、蒸发盐、水热喷泉沉积。有些生命存在的证据可能存在于钙质壳和冰川沉积等其他环境中。

（3）保存：有机分子化石和微生物化石像是保存在快速掩盖的、厌氧的小颗粒沉积物（例如湖床）中，虽然它们也可能以退化的形式（如油母岩）保存在完全石化的化石中。微生物壳可能保存在表面下的环境中。

（4）薄的尘埃覆盖层：火星表面普遍覆盖着由风产生的尘埃层，因此着陆点应选择在覆盖薄的地方。

（5）目标的区域：特殊的环境，例如湖床、盐沼或水热喷泉将被选作着陆区，而且也将是漫游车的活动地区。

此外需要考虑的因素包括物理要求，如纬度不能太高，最好在赤道附近，还有表面的地形。综合以上因素，欧空局专家提出了 5 个可供选择的着陆点：

（1）Marca Crater（10.4°S/158.2°W），毗邻湖积陨石坑；

（2）SE Elysium basin（3°N/185°W），有河道及湖泊；

（3）Apollinaris Patera（8.6°S/187.5°W），可能有伴随着火山的水热系统和各种年龄的岩屑；

（4）Gusev Crater（14°S/184.5°W），具有湖积物和大量外流河道；

（5）Capri Chasma（15°S/47°W），具有混杂地形和沉积物。

这里列出的着陆点都在赤道或赤道附近，是火星上最像是有稳定的液体水，因此是可能含有微生物化石的地方。事实上，由 40°纬度为边界的区域大概是最干燥的，即使在表面以下也是这样，预期有助于保存火星上最近已亡生命的记录。在北半球古老的沉积地区可能含有古老的化石，也许是生命一个源的踪迹，但它们遭遇来自流星体撞击的严重扰动。

美国 NASA 提出的着陆点列于表 6-4-3。图 6-4-1 给出几个探索火星生命着陆点的特征。

表 6-4-3 探索火星生命着陆点

区域(地点名称)	位置	优先度
河湖成的 Eridania NW	37.0°S/230.0°W	高
Parana Valles	22.0°S/11.0°W	高
Mare Tyrrhenum	22.8°S/230.0°W	高
Terra Tyrrhenum	24.8°S/285.8°W	高
Aeolis SE	15.5°S/184.5°W	高
Aeolis NE (Gusev)	7.3°S/305.0°W	高
Iapygia NW	8.5°S/159.5°W	高
Mangala Valles 6.3°S/149.5°W	8.5°S/159.5°W	高
Ismenius Laous SW	33.5°N/342.5°W	高
Sinus Sabeus NE	8.0°S/335.0°W	高/中
Diacria SE	39.5°N/135.5°W	中
Iapygia	11.0°S/279.5°W	中
Terra Cimmeria	43.2°S/208.1°W	中
Candor Mensa	6.05°S/73.75°W	中
Eridania SE	57.0°S/197.0°W	中
Ares	2.0°N/16.0°W	中
Hebes Chasma	1.5°S/76.5°W	中
Memnonia NW	14.5°S/175.0°W	中
Phasthontis NCW	37.5°S/146.0°	中
Oxia Palu NE W	21.3°N/0.8°	中
热泉 Dao Vallis	33.2°S/88.4°W	高
Ares	2.0°N/16.0°W	中
地冰 Ismenius Lacusm SC	44.3°N/333.0°W	高
Cassius SE	38.0°N/256.0°W	中
Oxia Palus NW	21.1°N/36.7°W	中

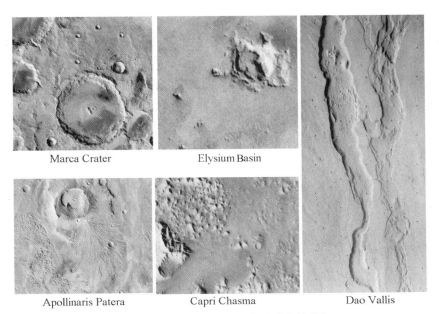

Marca Crater   Elysium Basin

Apollinaris Patera   Capri Chasma   Dao Vallis

图 6-4-1 几个探索火星生命着陆点的特征

6.5 火 星 探 测

6.5.1 火星探测概况

到目前为止,火星探测经历了 3 个阶段:飞越、环绕火星飞行和在火星上着陆。

随着 1957 年 10 月苏联人造地球卫星上天,紧接着人类就开始了火星探测。1962 年 11 月,苏联发射了"火星 1 号"探测器,1963 年 6 月 19 日飞越火星,获得了太阳风、行星际磁场和流星等的探测资料,这是人类首次成功的火星探测飞行,揭开了人类探测火星的序幕。

1971 年 2 月 8 日,苏联的"火星 3 号"探测器发射升空,其登陆舱同年 12 月在火星上软着陆。

1976 年 7 月 20 日和 8 月 7 日,美国"海盗 1 号"和"海盗 2 号"探测器的着陆舱分别在火星着陆成功。登陆舱主要进行了生物探测试验,两个登陆舱着陆点都选择在估计水分较多,生命存在性较大的地方。两个登陆舱上的仪器从火星表面取土样,用 ^{14}C 作示踪原子,并用气相分析分光仪来寻找有机化合物的痕迹。实验结果表明,土样在实验期间发生了某种变化,但无法完全肯定这种变化是土壤中微生物的新陈代谢造成的。因此火星上存在生命的可能性是非常微小的。

美国的"火星探路者"代表了火星探测的重要阶段,主要目的是让有轮子的火星车(索杰纳号)在地面工作人员的遥控下在火星上行驶,以实现对火星较大范围的移动考察。

索杰纳火星车于 1997 年 7 月 4 日在火星上名为"战神谷"的地区着陆,7 月 6 日凌晨 1 时 40 分,索杰纳驶下探测器的坡道,踏上火星表面。这是人类的车辆首次在火星大地上行驶。数小时后开始传回火星表面彩色图像。1997 年 9 月 27 日,索杰纳与地面失去联系。它在火星上移动了大约 100 m,传回 16 500 幅照片,取得了火星岩石、土壤和火星大气等方面许多重要科学成果。

1996 年 11 月 7 日,美国发射了"火星全球勘探者"(MGS),于 1997 年 9 月 11 日到达火星,1998 年 3 月中旬开始绘制火星图形。该卫星获得了大量火星地貌、气候等资料。2006 年 11 月结束探测使命。

2003 年 6 月 10 日和 7 月 8 日,美国发射了火星漫游者"勇气号"与"机遇号",分别于 2004 年 1 月 4 日和 1 月 25 日到达火星,绘制火星表面化学元素和矿物的分布图形,寻找火星的水源。

2003 年 6 月 2 日,欧洲空间局发射了"火星快车",同样将探测火星是否有水作为重要目标。

2005 年 8 月 12 日,美国发射了火星勘察轨道器,2006 年 3 月 10 日进入环火星轨道。

2007 年 8 月 4 日,美国发射了"凤凰"号火星极区着陆器,2008 年 5 月 25 日到达火星,2008 年 11 月 10 日结束运行。

火星探测的基本情况列于表 6-5-1,典型的火星探测器示于彩图 41。

表 6-5-1　火星探测概况

探测器名称	所属国家	发射日期	发射及任务完成情况	类型
Mars 1960A	苏联	1960-10-10	没有达到地球轨道	探测器
Mars 1960B	苏联	1960-10-14	没有达到地球轨道	探测器
Mars 1962A	苏联	1962-10-24	最后一级火箭爆炸,没能离开地球轨道	火星飞越
Mars 1	苏联	1962-11-1	在通往火星的旅途中通信系统失效	火星飞越
Mars 1962B	苏联	1962-11-4	1963 年 1 月 19 日坠入地球大气层	着陆器
Mariner 3	美国	1964-11-5	没有到达火星	火星飞越
Mariner 4	美国	1964-11-28	1965 年 7 月 14 日飞越火星	火星飞越
Zond 2	苏联	1964-11-30	通往火星的旅途中失去联系	火星飞越
Mariner 6	美国	1969-2-24	距离火星表面 3431 km 飞越	火星飞越
Mariner 7	美国	1969-3-27	距离火星表面 3430 km 飞越	火星飞越
Mariner 8	美国	1971-5-8	发射失败	火星飞越
Cosmos 419	苏联	1971-5-10	发射失败	探测器
Mars 2	苏联	1971-6-19	着陆器软着陆失败,轨道器返回了测量数据	轨道器/着陆器
Mars 3	苏联	1971-5-28	着陆器成功着陆,但在 20 秒后通信中继失效。轨道器返回测量数据	轨道器/着陆器
Mariner 9	美国	1971-5-30	美国第一颗环火星运行的探测器,获得大量数据	轨道器
Mars 4	苏联	1973-7-21	没能进入环火星轨道	轨道器
Mars 5	苏联	1973-7-25	成功进入环火星轨道	轨道器
Mars 6	苏联	1973-8-5	进入环火星轨道,着陆器在下降过程中返回大气层数据,后来失去联系	轨道器/着陆器
Mars 7	苏联	1973-8-9	1974 年 3 月 9 日到达火星,但没能进入环火星轨道	轨道器/着陆器
Viking 1	美国	1975-8-20	成功着陆,获得大量探测数据	轨道器/着陆器
Viking 2	美国	1975-9-9	成功着陆,获得大量探测数据	轨道器/着陆器
Phobos 1	苏联	1988-7-7	在旅途中失去联系	轨道器/着陆器
Phobos 2	苏联	1988-7-12	切入火星轨道,到达距离火卫二800 公里处,随之失效	飞越/着陆器
Mars Observer	美国	1992-9-25	在切入火星轨道之前失去通信联系	轨道器
Mars Global Surveyor	美国	1996-11-7	成功进入环火星轨道,获得大量数据	轨道器
Mars 96	俄罗斯	1996-11-16	坠毁于地球大气层	轨道器/着陆器
Mars Pathfinder	美国	1996-12-4	1997 年 7 月 4 日在火星表面着陆,1997 年 9 月 27 日失去联系	着陆器/漫游者

（续表）

探测器名称	所属国家	发射日期	发射及任务完成情况	类型
Nozomi（Planet B）	日本	1998-7-3	没能切入环火星轨道,进入日心轨道	轨道器
Mars Climate Orbiter	美国	1998-12-11	切入火星轨道时失败,坠毁于火星大气层	轨道器
Mars Polar Lander	美国	1999-1-3	在着陆过程中失去联系	着陆器
Deep Space 2（DS2）	美国	1999-1-3	在着陆过程中失去联系	穿进器
Mars Odyssey	美国	2001-4-7	成功进入环火星轨道,获得大量数据	轨道器
Mars Exploration Rovers A（Spirit）	美国	2003-6-10	2004 年 1 月 4 日在火星表面成功着陆,获得大量数据	漫游者
Mars Exploration Rovers B（Opportunity）	美国	2003-7-8	2004 年 1 月 25 日在火星表面成功着陆,获得大量数据	漫游者
Mars Express	欧洲空间局	2003-6-2	轨道器成功切入火星轨道,获得大量数据。但漫游者"猎兔犬 2 号"着陆失败	轨道器/漫游者
Mars Reconnaisance Orbiter	美国	2005-8-12	2006 年 3 月 10 日进入环火星轨道。最终的科学探测轨道是 255 km×320 km 的极轨轨道	轨道器
Phoenix	美国	2007-8-4	2008 年 5 月 25 日在火星极区着陆,2008 年 11 月 10 日完成使命	着陆器

6.5.2 典型的探测飞船

1. 火星全球勘探者(MGS)

1997 年 9 月 11 日,MGS 进入了绕火星轨道,轨道是高偏心的椭圆,周期为 45 小时。然后采用"空气制动"技术,使轨道逐渐接近圆形的极轨轨道,周期大约 2 小时,轨道最高点约 450 km。这种操作方式虽然花费了一些时间,但可节省轨道机动所需的燃料。1999 年 3 月,MGS 开始对火星绘图,并收集火星形态、地貌、重力、天气和气候、表面和大气层以及行星际磁场的数据,每 7 天完成一次对火星全球的绘图。MGS 携带的仪器有 6 项:火星轨道器照相机(MOC)、火星轨道器激光测高仪(MOLA)、磁强计、热发射谱仪(TES)、火星中继实验(MR)和极稳定震荡器(USO)。

MOC 是一台线扫描照相机,有宽角(140°)和窄角(0.4°)两种光学系统,可获得全球覆盖(7.5 km/像素)、中等分辨率(280 m/像素)和高分辨率(1.4 m/像素)成像,用以观测火星表面和大气层,研究天气、气候和有关的表面变化。

MOLA 通过测量飞船到表面的距离,确定火星表面状况,它的垂直分辨率分别是 2 m(局地)和 30 m(全球),水平分辨率为 160 m。当飞船在高山、峡谷、陨石坑和其他特征表面上空飞行时,测量的高度是不断变化的。将 MOLA 的探测数据与 MOC 的成像相组合,就可以构造火星表面的详细形态。

2. 火星奥德赛

火星奥德赛(Mars Odyssey)于 2001 年 4 月 7 日发射,于 2001 年 10 月 24 日到达火星轨

道。在对火星进行科学探测之前,火星漫游者经历了行星际飞行、火星轨道切入和轨道制动阶段。从地球到火星的行星际飞行阶段持续约 200 天,在这期间,对飞船进行 4 次操纵,校正飞船的速度和方向,以确保进入火星轨道。

按照计划,飞船于 2001 年 10 月 24 日在北半球最靠近火星,此时飞船的主发动机点火(持续 19.7 分钟),使飞船被捕获到围绕火星运行的椭圆轨道,轨道周期为 17 小时。经过 3 个周期后,飞船发动机再次点火,使轨道周期降为 11 小时。

制动阶段是使飞船的椭圆轨道向圆形轨道转移,以利于科学探测。在这个过程中,利用火星大气的阻力作用,最后保持飞船在 400km 高的圆形轨道,轨道倾角为 93.1°接近太阳同步轨道。

科学探测活动将持续 917 个地球日,然后,该飞船作为计划在 2003 年或 2004 年火星着陆器的通信中继站。

火星奥德赛的科学目的有四个方面:确定火星是否有生命、火星气候特征、火星地质特征和为载人探测火星做准备。

为达到上述目的,火星漫游者携带了三种科学仪器:热发射成像系统(THEMIS)、γ 射线谱仪(GRS)和火星辐射环境实验(MARIE)。

THEMIS 在可见光和红外部分观测火星表面发射谱,用以确定火星矿物的分布。

GRS 系统由 γ 射线谱仪、中子谱仪(NS)和高能中子探测器(HEND)组成,用来观测火星表面发射谱的 γ 射线部分,以便寻找 20 种元素,其中 HEND 是由俄罗斯制造的。

MARIE 用一个能量粒子谱仪测量火星的辐射环境。

3. 火星勘察轨道器

2005 年 8 月 12 日,美国发射了"火星勘查轨道器",2006 年 3 月 10 日进入环火星轨道。然后利用火星大气的制动作用逐渐降低轨道高度,最后经过轨道机动,进入大约 450 km 高度的圆形轨道,即科学观测轨道。MRO 正常科学探测活动为 2 年,此后,将扩展科学探测活动,并作为计划于 2007 年发射的"凤凰"着陆器和 2009 年发射的"火星科学实验室"的通信中继。

MRO 的主要目的是寻找火星上曾经存在水的证据,表征火星气候和地质特征。作为一个轨道器,要想在找水方面取得新进展,必须在仪器的空间分辨率和光谱分辨率方面有所提高。而为了寻找地下水,则必须配备雷达装置。MRO 携带了四种科学仪器,即摄像机、光谱仪、辐射计和雷达。其中摄像机类有高分辨率成像科学实验仪器(high resolution imaging science experiment,HiRISE)、背景成像仪(context imager,CTX)和火星颜色成像仪(mars color imager,MARCI);光谱仪是火星小型勘察成像光谱仪(compact reconnaissance imaging spectrometer for mars,CRISM);辐射计是火星气候探测器(mars climate sounder,MCS),雷达是浅层地下雷达(shallow subsurface radar,SHARAD)。SHARAD 是由意大利空间局提供的地下探测雷达,其主要科学目的是在特选的地点,绘制火星地下几百米深的介电层,确定岩石、土壤、水和冰的分布,垂直分辨率约 10 m,水平分辨率为 300~1000 m。根据界面散射、表面和体散射波特征,可以从轨道上辨别地下物质的性质。当发生强的内反射时,可辨别出含水层位置。雷达数据可以解决火星的关键问题,如被掩盖的古河道的存在与分布,地下分层结构,进一步了解"神秘"地区的电磁性质,极区冰盖的表面特征。

4."凤凰"着陆器

"凤凰"号的科学任务包括:

（1）研究在火星演化各阶段水的历史

当前，在火星表面和大气层中水以两种形式存在：气体和固体。在极区，表面和次表面固体水冰与大气层中水蒸气之间的相互作用是火星天气和气候变化的关键因素。"凤凰"将第一次收集火星北极区的气象数据，以便使科学家能准确地对火星过去的气候建模，并预报未来的天气过程。

目前火星表面不存在液体水，但来自火星全球观测者、火星奥德赛和火星漫游者勇气号与机遇号的数据表明，在几十亿年内前液体水曾经在河道中流动并持续存在浅湖中。"凤凰"将探测北极地区的液体水的历史，通过分析土壤和冰的化学与矿物学成分，使科学家能更好地了解火星北极的历史。

（2）寻找可居住区的证据并评估冰-土壤边界的生物学潜力

最近的发现表明，生命可能存在于最极端的条件。有芽孢细菌可能在极冷，干燥和无空气的条件下休眠几百万年，一旦条件适合可能激活。这些休眠的微生物菌落可能存在于火星北极。由于行星周期的变动，液体水可能每 10 万年存在短的时间，使得北极的土壤环境变得可适于居住。"凤凰"利用先进的化学实验设备分析土壤具有碳、氮、磷和氢的生命成分，评估火星北极环境的可居住性。通过化学分析，"凤凰"也能查看氧化还原分子对，可能确定土壤中是否有可维持生命的潜在化学能量，还能确定土壤的其他性质，这些性质对确定可居住性是关键的，如 pH 值。

尽管有维持生命的合适成分，火星土壤中也可能含有阻碍微生物增长的有害因素，如强的氧化剂可分裂有机分子。这种氧化剂预期存在于在紫外照射下的干燥环境，例如火星表面。但表面几英寸以下，土壤可能保护有机物免遭有害的太阳辐射。"凤凰"也将挖足够的深度，分析那里不受紫外辐射照射的土壤环境，以寻找有机物的信号和潜在的可居住性。

与火星漫游者"勇气号"和"机遇号"不同，"凤凰"预期的着陆点没有选择接近赤道地区，而是选择在北纬 65°和 72°之间的区域。火星奥德赛曾在该地区观测到次表面地下冰的储层。这个地区是"凤凰"进行科学试验的理想场所。

首先，"凤凰"将在火星极盖后退期间着陆，那时土壤在长的冬天之后刚刚暴露在阳光之下，地表面和火星大气层之间的相互作用对了解火星气候的历史是非常重要的。

第二，在火星极区的夏天没有日落，"凤凰"可以有最大的日照时间，有利于太阳电池板供电。另外，阳光对于保持畜电池温暖也是重要的。

第三，火星极区富含冰的土壤可能是微生物生命可以保存的唯一地方。在这个区域取样可以深入了解火星的可居住性。

"凤凰"在火星表面着陆时，没有采用勇气号和机遇号使用的气囊，而是靠反冲火箭的制动作用。这主要是因为"凤凰"号太重，达 328 kg，气囊难于保证软着陆的安全。而"勇气"号和"机遇"号只有 185 kg。

在距离火星表面 125 km 时，"凤凰"进入稀薄的火星大气层，大气的摩擦力使其减速。在着陆器速度降低到 1.7 马赫时，降落伞展开，热屏蔽抛掉，着陆雷达开始工作，着陆器腿伸开。着陆器继续下降，当它到达距火星表面 1 km 时，与降落伞分离。在距表面 570 m 时反冲火箭点火，使着陆器减速。在距离表面 12 m 或速度为 2.4 m/s 时，着陆器以恒定速度下落。当传感器探测到接触表面时，反冲火箭熄火。

"凤凰"携带了 7 个科学仪器，采用了目前火星探测中最先进的技术。

机械手(RA)：RA 是凤凰着陆器操作的关键，设计用于挖掘沟槽，铲起土壤和水冰的样品，并将这些样品送到 TEGA 和 MECA 仪器进行详细的化学和地质学分析。RA 可伸长 2.35 m，能挖 0.5 m 深的沟。RA 可在四个自由度上操作：上下、左右、前后和旋转。

显微镜、电化学和电导率分析器(MECA)：MECA 是几个科学仪器的组合，包括化学实验室、光学和原子力显微镜、热和电导率探针。通过将少量的土壤和水混合，MECA 将确定 pH、矿物丰度，如镁、纳阳离子或氯化物、溴化物和硫酸盐负离子，以及熔结的氧和二氧化碳。通过显微镜，MECA 可检验土壤颗粒以帮助确定它们的源和矿物学性质。

机械手摄像机(RAC)：RAC 安装在 RA 上，能提供近处观看全彩色图像，内容包括着陆器附近火星表面情况，土壤和水冰样品，在由 MECA 和 TEGA 仪器分析之前检验收集到的样品。槽底部和侧壁的小尺度结构和分层。

表面立体成像仪(SSI)：SSI 将作为"凤凰"的眼睛，提供火星北极高分辨率、立体、多光谱的图像。

热和演化气体分析仪(TEGA)：TEGA 是一个高温加热炉与质谱仪的组合，用于分析火星冰和土壤样品。

火星下落成像仪(MARDI)：MARDI 在凤凰下落到火星北极的过程中起关键作用。在屏蔽壳抛出后开始工作，可获得关于着陆点的一系列广角彩色图像。

气象站(MET)："凤凰"在火星表面的整个操作过程中，MET 将记录火星北极每天的天气状况。MET 配备有激光雷达和热偶温度计。

"好奇号"火星车，2011 年 11 月 26 日发射，2012 年 8 月 6 日着陆。"火星大气层及挥发物演化"任务，是美国于 2013 年 11 月 18 日发射的轨道器，重点研究火星大气层逃逸机制。

复习思考题与习题

1. 火星的地形地貌具有哪些特征？

2. 火星磁场有什么特点？

3. 将类地行星的大气层作对比，分析各自特点。

4. 从哪些方面分析可以确定火星过去曾经存在液体水？

5. 地外生命存在的基本条件是什么？

6. 哪些因素可以提供火星可能存在生命的证据？

7. 火星探测的技术风险在哪些方面？

8. 火星大气层质量大约是地球大气层质量的 $1/150$，主要成分(95%)是 CO_2。利用第二章复习思考题 8 的结果估计火星大气层总的 CO_2 质量。将此结果与季节极盖"干冰"质量比较。假定极盖是圆片形，密度为 $1600\ kg/m^3$，直径为 $3000\ km$，厚 $1\ m$。

9. 比较季节极盖质量(第 8 题)与剩余极盖质量。假设剩余极盖直径 $1000\ km$，厚 $1\ km$，密度为 $1000\ kg/m^3$。

10. Hellas 撞击盆地近似为圆形的，设直径为 $3000\ km$，深 $6\ km$。将定火星壳的密度为 $3000\ kg/m^3$，估算在该盆地形成时有多少质量被抛射出火星表面，将这个结果与火星大气层总质量作比较。

参 考 文 献

[1] Encrenaz. T et al, The Solar System, Third Edition, Springer-Verlag, New York, 2004.

[2] Eric Chaisson, Astronomy Today, Fifth Edition, The Solar System, Volume 1, Upper Saddle River, New Jersey, 2005.

[3] Tetsuya Tokano(Ed.), Water on Mars and Life, springger, Berolin Heidelberg, 2005.

[4] Acun⁻a, M. H., et al., Magnetic field and plasma observations at Mars: Preliminary results of the Mars Global Surveyor Mission, Science, 279, 1676~1680, 1998.

[5] Acun⁻a, M. H., et al., Global distribution of crustal magnetization discovered by the Mars Global Surveyor MAG/ER experiment, Science, 284, 790~793, 1999.

[6] Bertaux, J.-L., et al. (2005), Discovery of an aurora on Mars, Nature, 435, 790 ~794.

[7] Bougher, S. W., Engel, S., Roble, R. G., and Foster, B., 1999. Comparative terrestrial planet thermospheres: 2. Solar cycle variation of global structure and winds at equinox. J. Geophys. Res. 104, 16, 591~16, 611.

[8] Bougher, S. W., Engel, S., Roble, R. G. and Foster, B., 2000. Comparative terrestrial planet thermospheres: 3. Solar cycle variation of global structure and winds at solstices. J. Geophys. Res. 105, pp. 17669~17692.

[9] Bougher, S. W., S. Engel, D. P. Hinson, and J. R. Murphy, MGS Radio Science electron density profiles: Interannual variability and implications for the Martian neutral atmosphere, J. Geophys. Res., 109, E03010, doi:10. 1029/2003JE002154, 2004.

[10] Gurnett, D. A., et al. (2005), Radar Soundings of the Ionosphere of Mars, Science, 310, 1929~1933.

[11] Rishbeth H., and M. Mendillo, Ionospheric layers of Mars and Earth, Planet. Space Sci. 52, 849~852, 2004.

[12] Wang, J.-S., and E. Nielsen, Behavior of the Martian dayside electron density peak during global dust storms, Planet. Space Sci., 51, 329~338, 2003.

[13] Zou, H., J. -S. Wang, E. Nielsen, 2005. Effect of the seasonal variations in the lower atmosphere on the altitude of the ionospheric main peak at Mars, J. Geophys. Res., 110(A9), A09311, doi:10. 1029/2004JA010963.

[14] Zou, H., J.-S. Wang, and E. Nielsen, 2006, Reevaluating the relationship between the Martian ionospheric peak density and the solar radiation, J. Geophys. Res., 111, A07305, doi:10. 1029/2005JA011580.

第七章 类木行星

7.1 概 述

　　木星、土星、天王星和海王星统称为类木行星,因为它们都和木星一样,比地球大得多,且都是以气体为主。彩图 42 给出类木行星的图形。

　　类木行星的共同特点是体积大、自转快、大气层厚、有环和卫星多。另外,它们距离地球都很遥远,这给探测带来很多困难。尽管如此,人类已经发射了多艘飞船,对类木行星及其卫星进行了就近探测。表 7-1-1 给出类木行星的基本物理性质。

表 7-1-1 类木行星的基本物理性质

参　数	木星	土星	天王星	海王星
到太阳的平均距离/AU	5.2	9.6	19.2	30.1
赤道半径(地球半径＝1)	11.3	9.4	4.1	3.9
总质量(地球质量＝1)	318.1	95.1	14.6	17.2
气体的总质量(地球质量＝1)	254～292	72～79	1.3～3.6	0.7～3.2
轨道周期/年	11.9	29.6	84.0	164.8
天的长度/小时	9.9	10.7	17.4	16.2
轨道倾角/(°)	3.1	26.7	97.9	28.8
表面重力加速度/m·s²	22.5～26.3	8.4～11.6	8.2～8.8	10.8～11.0
发射与吸收的热能之比	1.7	1.8	～1	2.6
100 mbar 处的温度/K	110	82	54	50

7.1.1 木星

　　木星是太阳系最大的行星,到太阳的最小距离是 7.407×10^8 km(4.95 AU),最大距离是 8.161×10^8 km(5.46 AU)。半径为 71 500 km,是地球的 11.2 倍,体积为地球的 1316 倍,质量是地球的 318 倍,是所有其他行星质量的 2.5 倍。平均密度相当低,仅 1.33 g/cm³,表面重力加速度为 24.8 m/s²,是地球的 2.364 倍。平均轨道速度为 13.1 km/s,逃逸速度为 59.5 km/s。

　　木星虽然巨大无比,但它的自转速度却是太阳系中最快的。自转周期为 9 小时 50 分 30 秒,公转周期为 4332.71 天。木星的许多有趣性质都是由它快速自旋造成的。例如,木星并不是正圆球,赤道的半径为 71 500 km,通过南北极的半径为 66 900 km,两者相差 4600 km;如此快速的自转在木星表面造成了极其复杂的花纹图案,促使气流与赤道平行,产生了巨大的离心力,两极相对扁平,赤道隆起,并出现与赤道平行的云带。

　　木星表面云层的多彩可能是由大气中化学成分的微妙差异造成的,其中可能混入了硫的混合物,造就了五彩缤纷的视觉效果。

色彩的变化与云层的高度有关:最低处为蓝色,接着是棕色与白色,最高处为红色。通过高处云层的洞才能看到低处的云层。

木星表面的大红斑早在 300 年前就被地球上的观察所知晓。大红斑是个长 25 000 千米,跨度 12 000 千米的椭圆,足以容纳两个地球(见彩图 43)。其他较小一些的斑点也已被发现数十年了。红外线的观察加上对它自转趋势的推导显示大红斑是一个高压区,那里的云层顶端比周围地区特别高,也特别冷。类似的情况在土星和海王星上也有。目前还不清楚为什么这类结构能持续那么长的一段时间。

气态行星没有实体表面,它们的气态物质密度由深度的增加而不断加大(一般从它们表面相当于 1 个大气压处开始算它们的半径和直径)。从远处看到的通常是大气中云层的顶端,压强比 1 个大气压略高。

木星由 86.1% 的氢和 13.8% 的氦及微量的甲烷、氨和水蒸气组成。这与形成整个太阳系的原始的太阳系星云的组成十分相似。土星有一个类似的组成,但在天王星与海王星的组成中,氢和氦的量就少一些了。

在木星云层下面的深处,必然承受非常巨大的大气压强。在以万亿吨重量计的气体的重压下,那里必然具有地球上无法想象的特殊环境。在云顶 10 000 km 以下,氢的压力达到 1.0×10^6 bar,温度为 6000 K。在这种条件下,氢变成液态金属氢,氢原子破裂成为质子和电子。在金属氢下面是由"冰"占主要的层。这里所说的"冰"是指水、甲烷和氨在高温和高压下产生的混合物。

目前得到的有关木星(及其他气态行星)内部结构的资料来源是不直接的,来自伽利略号的木星大气数据也只探测到了云层下 150 km 处。

木星可能有一个石质的内核,相当于 10~15 个地球的质量。内核上则是以液态金属氢形式存在的大部分行星物质集结地。这些木星上最普通元素的奇异形式只能在 4×10^6 bar 压强下才存在,木星(包括土星)内部就是这种环境。液态金属氢由质子与电子组成(类似于太阳的内部,不过温度低多了)。在木星内部的温度和压强下,氢是液态的,而非气态,这使它成为导电体和木星磁场的源。图 7-1-2 给出木星的内部结构,其中 M_J 指木星的质量。

木星向外辐射能量,比起从太阳收到的来说要多。木星内部很热,内核处可能高达 20 000 K。该热量是由开尔文-亥姆霍兹原理生成的(行星的慢速重力压缩)。这些内部产生的热量可能很大地引发了木星液体层的对流,并引起了我们所见到的云顶的复杂移动过程。土星与海王星在这方面与木星类似,奇怪的是,天王星则不是这样。

木星与气态行星所能达到的最大直径一致。如果再增加一些物质,它将因重力而被压缩,使得全球半径只稍微增加一点儿。一颗恒星可以更大只能是因为内部的热源(核能)关系,但木星要变成恒星的话,质量起码要再变大 80 倍。

木星有一个巨大的磁场,比地球的磁场强得多。磁层向外延伸超过 6.5×10^8 km(超过了土星的轨道)。

"伽利略"大气层探测器在木星环和最外层大气层之间发现了一个新的强辐射带,这个新辐射带大致相当于地球辐射带的 10 倍。令人惊讶的是,新带中含有来自不知何方的高能氦离子。

木星是太阳系中拥有卫星最多的行星,至今已发现 63 颗,其中最亮的 4 颗是伽利略用望

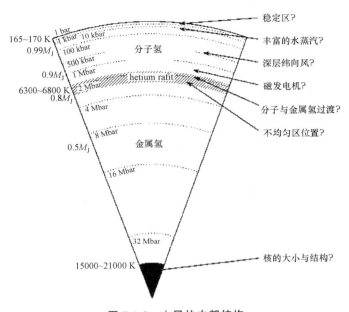

图 7-1-2 木星的内部结构
右侧的文字指出目前还不清楚的问题

远镜首先分辨出来的,故叫做伽利略卫星。其实早在春秋时代我国的甘德和石申就已经发现了其中之一,称之为同盟。

1979 年 3 月 4 日,"旅行者 1 号"飞船飞过木星附近时发现木星像土星一样有光环,其宽度为 6500 km,厚 30 km,是由大量的尘埃和黑色的碎石组成。木星光环是弥散透明的,由亮环、暗环和晕三部分组成。亮环在暗环的外边,晕为一层极薄的尘云,将亮环和暗环整个包围起来。暗淡单薄的木星环套在庞大的木星身躯上,发现它确实是极不容易的。

7.1.2 土星

木星是太阳系第二大行星,到太阳的最小距离是 1.349×10^9 km(9.02 AU),最大距离是 1.504×10^9 km(10.05 AU)。赤道半径为 60 268 km,是地球的 9.45 倍。质量为 5.68×10^{26} km,是地球的 95 倍。平均密度为 0.69 g/cm³,假如将土星放入水中,它会浮在水面上。表面重力加速度为 10.4 m/s²,是地球的 1.07 倍。平均轨道速度为 9.65 km/s,逃逸速度为 35.5 km/s。

土星是一颗非常美丽的行星,凡是用望远镜看过土星的人,无不惊叹不已。土星那橘色的表面,漂浮着明暗相间的彩云,配以赤道面上那发出柔和光辉的光环,因此有人形容土星是一个戴着大沿遮阳帽的女郎。

土星自转一周为 10 小时 39 分 22.4 秒。由于自转迅速,赤道凸出成为一个扁球体。

土星大气层是由大约 92.4% 的氢和 7.4% 的氦以及少量的甲烷和氨构成。

虽然土星的质量小于木星的三分之一,但两者的半径几乎相同。这是因为在木星和土星的质量范围内,由氢构成的行星的质量对半径不灵敏。与木星大气层类似,土星大气层富含甲烷和氨。近年来确定大气层富含的碳(以甲烷的形式)是太阳丰度的 7 倍。这也是土星大气层的氦比木星大气层少的的一个证据,但这个结果有很大的不确定性,因为还没有对土星进行直接测量。也可能存在一个未知的过程,使得一些吸积的氦比木星的少。

土星的内部结构与木星相似。最大的不同是土星有一个 10～20 个地球质量的核。在金属氢边界底部的温度和压强大约是 9000 K 和 10 Mbar。有强的证据表明,土星的金属氢边界与木星的类似,富含重元素。土星中重元素的百分比比木星的大 2.5 倍。总体上来说,土星富含的重元素是太阳的 6～14 倍。

旅行者号飞船发现土星也有一个大红斑,长 8000 km,宽 6000 km,比木星的小许多。它可能是由于土星大气中上升气流重新落入云层时引起扰动和旋转而形成的。

土星磁场的强度为木星磁场的几十分之一,但比地球磁场大得多。土星磁场宛如大鲸,头部圆钝,尾巴粗壮。它的奇特之处在于磁场磁轴与自转轴几乎重合,夹角为 0.7°,而在地球上为 12°。土星磁场的磁尾张角非常之大,是土星轨道处太阳风非常微弱的缘故。土星辐射带范围比地球的大 10 倍,但比木星的既小且弱。土星还具有较强电磁辐射。

土星上存在一种惊人的巨型雷暴闪电,跨度达 60 000 多千米,覆盖土星周长的六分之一以上。如此大的闪电若发生在地球上,可绕地球赤道一圈半。闪电频带宽,暴发周期为几秒。

木星上明显的带状物在土星上则模糊许多,在赤道附近变得更宽。由地球无法看清它的顶层云,所以直到旅行者飞船偶然观测到,人们才对土星的大气循环情况开始研究。土星与木星一样,有长周期的椭圆轨道以及其他的大致特征。在 1990 年,哈勃望远镜观察到在土星赤道附近一个非常大的白色的云,这是当旅行者号到达时并不存在的;1994 年,另一个比较小的风暴被观测到。

到目前为止,已经发现土星共有 60 颗卫星。

7.1.3　天王星

天王星是第七个靠近太阳的行星,距太阳 19.19 AU。平均轨道速度为 6.80 km/s,公转周期是 83.75 年,自转周期是 17.24 小时。赤道半径为 25 559 km,是地球的 4.01 倍。质量是地球的 14.54 倍,平均密度为 1.27 g/cm³,是地球的 0.23 倍。表面重力加速度为 8.87 m/s²,是地球的 0.91 倍。平均表面温度为 58 K。

天王星的轨道倾角为 97.92°,这样就导致对着太阳的是它的两极。有时北极在它的轨道平面上,几乎指向太阳;半"年"后其南极面向太阳。天王星自旋轴这种奇怪的取向产生了特殊的季节效应。赤道地区每年有两个夏季(二分点))和两个冬季(二至点),极区交替地进入长达 42 个地球年的黑暗。

像木星和土星一样,天王星在其引力范围内也控制着大量的卫星,目前已经发现天王星有 27 颗卫星,其中的 15 颗卫星以莎士比亚戏剧中的人物命名。

天王星有较厚的大气层,主要成分是氢分子(约 84%)和氦(约 14%),其次是甲烷。大气温度低(110 K),无云,由于大气中甲烷的吸收,天王星呈浅绿色。

像其他所有气态行星一样,天王星有光环。它们像木星的光环那样暗,但又像土星的光环那样由相当大的直径达到 10 m 的粒子和细小的尘土组成。天王星的光环是继土星的被发现后第一个被发现的,这一发现被认为是十分重要的,由此我们知道了光环是行星的一个普遍特征,而不是仅为土星所特有的。

天王星有磁场,其表面强度地球磁场的 0.74 倍。磁轴相对于自旋轴的夹角为 58.6°。

7.1.4　海王星

海王星是第八个靠近太阳的行星,距太阳 30.07 AU。轨道偏心率为 0.009,轨道倾角为 1.77°。海王星的质量是地球的 17.15 倍,赤道半径是地球的 3.88 倍,表面重力加速度是地球的 1.14 倍。

英格兰的威廉·赫歇耳于 1781 年发现了天王星。多少年来,人们一直认为天王星是太阳系中最后的一颗行星。后来,天文学家开始注意到天王星的行动十分古怪,它围绕太阳旋转的轨道不均匀。有时它运动得快,有时它的运动比较慢,天文学家们对此感到好奇。1841 年,英格兰的一位大学生(约翰·库奇·亚当斯)看到了有关天王星奇特运动的报道,决定对这个现象加以研究。1845 年,亚当斯从数学上证明了这颗遥远的、人们所不知道的行星应该在什么位置上。他把他的发现提交给英国的格林尼治皇家天文台,但没人认真理会他的建议。当时,另外一位数学家,于尔班·让·约瑟夫·勒威耶正在法国工作。他也在探索太阳系深处存在另外一颗行星的可能性。他的发现与约翰·库奇·亚当斯的发现十分近似。勒威耶把他的发现告诉了柏林的乌兰尼亚天文台。天文台的台长于 1846 年 9 月 23 日收到了报告。他立刻采用了这份资料。他和他的助手根据勒威耶提供的情况把天文台的望远镜对准了那颗行星应该出现的方位。当天晚上他们就发现了一颗行星。在天空中,它看上去像是一个渺小而模糊的蓝绿色光点。

海王星在轨道上的运动十分缓慢,平均轨道速度是 5.43 m/s,公转周期为 163.7 年。这就是说,自从它于 1846 年被人们发现后,还没有围绕太阳转完一周。

海王星有稠密大气,主要成分是氢(约 79%)、氦(约 15%)和甲烷(约 3%)。海王星的蓝色是大气中甲烷吸收了日光中的红光造成的。

与木星的大红斑类似,海王星有一个大暗斑。旅行者号发现的大暗斑大小如地球,位于赤道附近。伴随着大暗斑的风与大气层中的纬向流动相互作用。围绕这个大班和其他暗斑的流动可能驱动了向较高高度的漂移,从大气层中结晶出来的甲烷形成了卷云,位于主云带 50 km 以上。天气可在几个自旋周期的尺度上变化,风的速度可达 1500 km/h,几乎是海王星高层大气声速的一半。

和土星、木星一样,海王星内部有热源,因为它辐射出的能量是它吸收的太阳能的两倍多。

海王星也有光环。在地球上只能观察到暗淡模糊的圆弧,而非完整的光环。但旅行者 2 号的图像显示这些弧完全是由亮块组成的光环。

海王星的磁场和天王星的一样,位置十分古怪,这很可能是由于行星地壳中层传导性的物质(大概是水)的运动而造成的。

海王星有 13 颗卫星,海卫一是其最大的卫星,在整个太阳系卫星中排第七大,直径 2700 km,体积大约是月球的 3/4。

到目前为止,只有美国的"旅行者 2 号"在 1989 年 8 月 24 日飞越天王星。

7.2　中性大气层

由于类木行星的大气层厚重,人类目前只对其表面(从大约十分之一巴到几十巴的压强范围内)了解得比较多。因为这个区域可用光学遥感的方法,从远处进行探测,使用的波段从紫外到射电。

　　根据对类木行星中性大气层少量成分丰度的测量,可以得到元素和同位素丰度比。对于木星,已经得到下列测量或估计值:He/H、C/H、N/H、P/H、Ge/H、O/H、D/H、^{12}C/^{15}C 和 ^{14}N/^{15}N;而对于天王星和海王星只得到 C/H 和 D/H。

　　如果两种成分是均匀混合的,观测大气层中的这两种成分确定丰度比是相对简单的:人们希望这个丰度比在所检验的区域不随高度变化。这是非凝结的情形,例如在木星和土星大气层中的 CH$_4$ 和 CH$_3$D,它们与 H 的丰度比不随高度变化。在其他情况,大气成分对氢的丰度比因一种或多种物理和化学过程而变化:凝结(如 H$_2$O 和 HH$_3$)、光离解(NH$_3$ 和 PH$_3$)以及化学作用等(PH$_3$ 和 GeH$_4$)。

7.2.1　热结构

　　与大气层热结构有关的物理定律有理想气体定律和流体静力平衡定律,还有计算大气层辐射通量的辐射输送方程。然而,辐射仅在大气层的高层(压强低于 1 bar)对能量输送有较大贡献。在高压强情况下,对流起主要作用。当对流通量占主导地位时,在类木行星深层的温度梯度 dT/dz 可与绝热梯度相比:

$$\frac{dT}{dz} = -\frac{g}{c_p},\tag{7-2-1}$$

这里 g 是重力加速度,c_p 是比热。在 4 个巨行星的对流区,绝热梯度大约是 -2 K·km^{-1},随 c_p 变化,而 c_p 是 H$_2$/H 比值的函数。在压强低于 1 bar 的大气层以上区域,大气层不再是光学厚的,不透明度是由 H$_2$-H 和 H$_2$-He 之间的碰撞引起的吸收产生的,由辐射过程输送能量。

　　1. 辐射输送模式

　　在辐射输送机制为主要能量输送形式的大气层区域,可以计算大气层各层的温度。每个层发射的通量等于其他层接收到的通量之和。假定局地热动力学平衡,由一个层发射的通量为 σT^4,这里 σ 是斯特藩(Stefan)常数,T 是该层的温度,对第 i 层有如下方程:

$$\sigma T_i^4 = \sum_{J>i,j<i} \int_0^\infty B_\nu(T_J) e^{-\tau_{ij}/\mu} d\tau d\nu,\tag{7-2-2}$$

这里 τ_{ij} 是 i 层与 j 层之间的光学厚度:

$$\tau_{ij} = \int_i^j K_\nu \rho dz,\tag{7-2-3}$$

这里 K_ν 是吸收系数,ρ 是密度。

　　考虑不同大气成分的吸收系数,可以对(7-2-2)式进行数字积分。对于巨行星情况,没有直接的谱信息,但有由 H$_2$-H$_2$ 和 H$_2$-He 碰撞产生连续吸收谱。这个连续谱扩展到整个红外,在 15 和 30 μm 之间最大。如果没有其他吸收的贡献,热剖面将随高度减小,然后变成等温的,即 $T=T_e$。在高层大气中还有其他贡献,就是甲烷和气溶胶对来自太阳红外通量的吸收。温度的升高发生在大气的最上层,这已经由观测证实了。

　　2. 亮度积分反演

　　巨行星的远红外谱由 H$_2$-H$_2$ 和 H$_2$-He 碰撞产生的连续分量占主要地位。由于连续谱不同于 H$_2$-H$_2$ 碰撞以及 H$_2$-He 碰撞,这个连续分量或多或少地取决于大气层中的 H$_2$/He 比;另一方面,它随温度 T 变化很缓慢。

　　由此可看出,有可能将红外的特殊一组频率 ν_i(如 10 和 100 μm)与一组大气压强 P_i 联系起来；P_i 值相应于由频率为 ν_i 的辐射探测的大气层，当整个盘被观测时（如从地球上观测）。这种适用是因为氢是主要大气层分量，氦的含量只占体积的 $10\%\sim20\%$。这个关系作为一级近似与 $T(P)$ 剖面无关。

此外，在第一章看到，在给定频率测量的亮度温度 T_B 近似等于大气层在 $T=0.66$ 高度的温度。因此可看出，用在频率测量的亮度温度 T_{Bi} 与 P 联系起来，可得到 $T(P)$ 剖面。用双迭代法可能同时获得 $T(P)$ 剖面和 H_2/He 比。

3. 由掩星方法确定 $T(z)$

当行星通过一颗恒星的前面时，星光在被行星遮掩之前被行星的大气层折射。通过测量在蚀和复现时的星光曲线，可以得到作为高度函数的粒子密度和 $T(P)$ 剖面。用这种方法探测的区域是在 10^{-4} 和 10^{-2} bar 之间的平流层。

对于可能在地球上进行的观测，亮的恒星必须包含在内，事件相当少。但这种方法已经成功地用于确定 4 颗巨行星的 $T(P)$。观测是在可见光和近红外波段进行的，使用相应于甲烷吸收带的滤波器。

在"先锋"和"旅行者"飞船在无线电波段使用掩星法。检验的区域降低到对流层，这种方法是亮度积分反演技术的补偿。来自旅行者号的红外和无线电数据可同时确定 4 个巨行星的热剖面和 H_2/He 比。

4. 直接测量木星的热剖面

伽利略飞船携带的大气层探测器一直下落到 22 bar 的深度，因此直接获得了木星的热剖面数据。图 7-2-1 是 4 颗巨行星的热剖面，其中木星的数据是由伽利略大气层探测器获得的，土星、天王星和海王星的数据是由旅行者号获得的。这些剖面有惊人的类似：在深层有一个具有绝热梯度的对流区，这一点各行星稍有不同；在大约 100 mb 的压强区（对流层顶），有一个温度逆变；在对流层顶以上有一个温度增加。这种类似可解释为 4 颗大行星的化学成分本质上是相同的，也由于吸收系数与 P_i 有密切关系，与温度的关系是弱的。

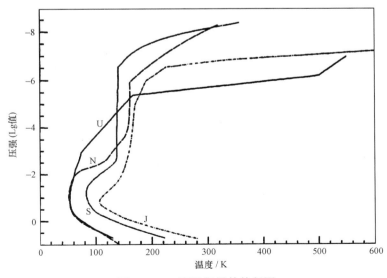

图 7-2-1　4 颗巨行星的热剖面

来自旅行者号的探测数据能使我们确定盘上不同点的 $T(P)$ 剖面，或是用亮度积分反演方法,或是用掩星方法。对于木星,$T(P)$剖面有相当大的变化(见图 7-2-2)。

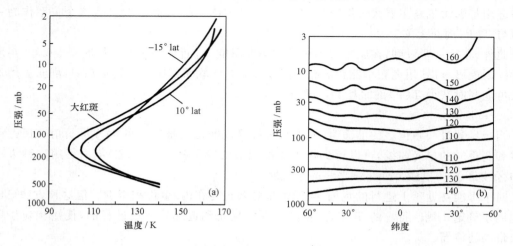

图 7-2-2　　由旅行者 1 号得到的木星温度剖面

(a) 典型剖面在纬度 +10° 和 −15°,以及在大红斑处;(b) 作为纬度函数的相应于不同温度的压强

7.2.2　云结构

1. 热化学平衡模式

在巨行星的大气层中存在云的结构。这首先是由热化学模式显示的。如果我们知道在一种气体中存在一个分量,利用它的饱和曲线、丰度和热剖面,可以计算出凝结成云的大气层高度。对于 NH_3 出现在 4 颗巨行星中。对于木星,利用热化学平衡模式得到 3 层云,如图 7-2-3 所示:NH_3 在 0.5 bar,NH_4SH 和 NH_4OH 大约在 2 bar,H_2O 在 5 bar。对于土星也预报了类似的云结构。对于天王星和海王星,利用类似的计算可预期存在深的对流层云 H_2、H_2O、NH_3 和可能的 PH_3,在平流层可能凝结成 CH_4 和 C_2H_2 云。

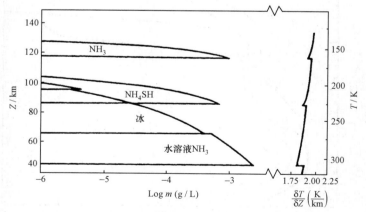

图 7-2-3　木星云的结构与绝热曲线

2. 由光谱学方法得到的观测证据

其他信息是通过测量红外辐射提供的。在 5 μm 左右的谱区是最感兴趣的,那里没有

CH_4 和 NH_3 的吸收;辐射来自深层大气(压强大约是几个巴),可能探测到少量大气成分。对于木星,在 5 μm 的谱详细地由地基和来自太空的旅行者号及伽利略飞船的观测详细研究了。在伽利略飞船观测以前,在盘上不同点得到的数据表明,在压强大约 2 bar 处有强烈吸收红外的云层。这个云层可能是由硫酸氨(NH_4SH)或氢氧化氨(NH_4OH)的凝结产生的。类似地在接近 10 μm 区,木星的大气层存在连续的吸收,大概是由 NH_3 云的存在引起的。

3. 伽利略飞船的贡献

对于木星情况,1995 年 12 月通过伽利略飞船的下落探测器的比浊计进行了实地测量。令人惊讶的是,这些测量没有证实早期的结果,但揭示了一个基本上没有云的大气层,只在大约 0.4 bar 处有很稀薄的雾,在大约 1.65 bar 处有极薄的云,毫无疑问是由 NH_4SH 产生的。对这一发现的解释是由分子丰度的测量(见 7.1.3 节)证实的,是因为"热斑"。这是一个干净的区域,没有云,凝结物耗尽。那样的区域不代表整个行星,但它的存在揭示了更复杂气象的存在。

4. 大尺度结构

木星的一个显著特征是"带"和"区"结构的稳定性以及大红斑(见表 7-1-1)。"带"和"区"稳定性的源是木星高的自旋速度和对称的全球循环特征。天基测量表明,亮的区把它们的颜色归因于一个在大约 0.5 bar 的云层,而白色的带允许来自低层的辐射逃逸,于是变暖。普遍可接受的解释是,区是上升电流的地点;氨云在这些电流的顶部形成。气体再沿着带下落,因此带是向下电流的区域,没有云。

表 7-1-1　木星带和区的术语

符 号	定 义	近似纬度/(°)
NPR	North polar region(北极区)	$+47\sim90$
NNTB	North-north temperate zone(北-北温区)	$+43$
NTZ	North temperate belt(北温带,北向分量)	$+35$
NTBn	North temperate belt(北温带,南向分量)	$+30$
NTBs	North tropical zone(北热带)	$+23$
NTRZ	North equatorial belt(北赤道带)	$+15\sim20$
NEBn	North equatorial belt(北赤道带,北向分量)	$+14$
NEBs	North equatorial belt(北赤道带,南向分量)	$+10$
EZn	Equatorial zone(赤道区,北向分量)	$+3$
EB	Equatorial belt(赤道带)	0
EZs	Equatorial zone(赤道区,南向分量)	-3
SEBn	South equatorial belt(南赤道带,北向分量)	-10
SEBs	South equatorial belt(南赤道带,南向分量)	-19
GRS	Great Red Spot(大红斑)	-22
STRZ	South tropical zone(南热带)	-25
STB	South temperate belt(南温带)	-29
STZ	South temperate zone(南温区)	-37
WOS	White oval south(白卵南)	$-35,-37$
SSTB	South-south temperate belt(南-南温带)	-41
SPR	South polar region(南极区)	$-45\sim90$

对这些地区在 5 μm 的测量证实了这种解释,在这些区域,深层也被探测了。带中的辐射比区中的辐射来自比较深、暖的层。来自旅行者号和伽利略号的探测结果表明,木星和土星的气象远比这种简单描述复杂。

叠加在这个垂直循环之上的是水平循环,这是因为强的科里奥利力作用。子午圈(北-南)对流进入纬向(东-西)流,在科里奥利力的作用下,引起在每个区北和南部分相反方向(E-W 和 W-E)的纬向风。此外,区的宽度与科里奥利作用成反比,随纬度增加而减小。

目前的各种理论还不能满意地解释所观测到的现象,不管是大尺度还是小尺度,特别是在木星和土星所观测到的纬向风,见图 7-2-4。目前主要有两种模式,一是假定木星和土星上的循环主要由随纬度变化的太阳入射通量支配。这类模式不能解释赤道喷流,土星的赤道喷流强度是木星的 4 倍,而入射的太阳能量比木星弱 4 倍。这也是其他模式发展的原因,在这些模式中,假定循环是自然的对流,是由内部热源产生的。伽利略大气层探测器在木星 20 bar 的深处测量到强风,似乎证实了内部能源的作用。关于内能源的问题将在 7.3 节中讨论。

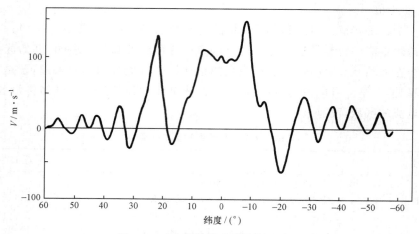

图 7-2-4 木星的风速随纬度的变化

5. 小尺度结构

木星的大红斑是众所周知的,但先锋号以及后来由旅行者和伽利略获得的图像表明,在木星上有许多种气象现象,在土星上也存在几种斑。

在 1644 年发现的大红斑(GRS)位于南热带区,经度扩展到大约木星直径的 1/6。当与同一纬度的一般循环比较时,会发现大红斑沿经度稍有漂移。顶部位于大气层的最高处,大约高出云顶 8 km。它是强活动的中心,有很强的内部循环,这种内循环引起与周围的相互作用,或是将物质带进来,或是将物质散发出去。

在木星上还辨别出比大红斑小的斑和其他类型的现象:白卵是位于南温带反气旋。许多年来有 3 个白卵,在 1998—2000 年间汇聚,最后形成单一的结构。还有其他类型的热斑,是特别明显的小尺度结构。基本上位于北赤道带,这些区域是无云的,意味着对来自较深、较热层的辐射是透明的,因此它们有热斑这个名字。热斑首先是在地面观测到的,然后旅行者号通过测量 5 μm 的红外辐射也观测到热斑。伽利略的大气层探测器对其进行了详细的化学成分分析。这些测量证实,热斑是下沉区。

土星的小尺度结构比木星的简单,已经辨别出一些卵形结构。在天王星上没有观测到小尺度结构。在海王星上探测到复杂大气循环的特征。海王星的深蓝色可能是由于存在大量的气体甲烷，而云中的白条大概是由甲烷卷云引起的。在旅行者 2 号观测期间（1989 年），曾在南半球辨别出海王星有类似大红斑的大暗斑，也观测到其他小的、以不同速度移动的斑。10 年以后哈勃空间望远镜对海王星的观测表明，大暗斑消失了。

7.2.3　分子丰度

由于它们的形成方式，巨行星含有太阳原始星云中存在的大部分气体。氢是主要成分，接下来是氦（体积占 10%），然后发现重元素（C、N、O……）。

在巨行星观测到的少量成分（表 7-2-1）可划分为两种主要类型。在对流层中，除了甲烷和

表 7-2-1　在巨行星中大气成分的丰度

成分	木星	土星	天王星	海王星
H_2	1	1	1	1
HD	1.8×10^{-5}	2.3×10^{-5}	5.5×10^{-5}	6.5×10^{-5}
He	0.17	0.10~0.16	0.18	0.23
CH_4（对流层）	2.1×10^{-3}	4.4×10^{-3}	2×10^{-2}	4×10^{-2}
CH_4（平流层）			$3 \times 10^{-5} \sim \times 10^{-4}$	7×10^4（0.05~1 mb）
$^{13}CH_4$（对流层）	2×10^{-5}	4×10^{-5}		
CH_3D（对流层）	2.5×10^{-7}	3.2×10^{-7}	10^{-5}	2×10^{-5}
CH_3D（平流层）				2.2×10^{-7}
C_2H_2		3.5×10^{-6}（0.1 mb）	$2 \sim 4 \times 10^{-7}$	1.1×10（0.1 mb）
		2.5×10^{-7}（mb）	（0.1~0.3 mb）	
$^{12}C^{13}CH_2$	*			
C_2H_6	4.0×10^{-6}	4.0×10^{-6}（<10 mb）		1.3×10^{-6}
	（0.3~50 mb）			（0.03~1.5 mb）
CH_3C_2H	*	6.0×10^{-10}（<10 mb）		
C_4H_2		9.0×10^{-11}（<10 mb）		
C_2H_4	7×10^{-9}	*		*
C_3H_8	6×10^{-7}			
C_6H_6	2×10^{-9}	*		
CH_3		$0.2 \sim 1 \times 10^{-7}$（0.3 μb）		$2 \sim 9 \times 10^{-8}$（0.2 μb）
NH_3（对流层）	2×10^{-4}	$2 \ddot{4} \times 10^{-4}$		
	（3~4 bar）	（3~4 bar）		
$^{15}NH_3$	4×10^{-7}			
PH_3（对流层）	6×10^{-7}	1.7×10^{-6}		
GeH_4	7×10^{-10}	2×10^{-9}		
AsH_3	3×10^{-10}	2×10^{-9}		
CO（对流层）	1.5×10^{-9}	2×10^{-9}		
CO（平流层）	1.5×10^{-9}	2×10^{-9}		$\times 10^{-6}$
CO_2（平流层）	3×10^{-10}（<10 mb）	3×10（<10 mb）		5×10（<5 mb）
H_2O（对流层）	1.4×10^{-5}（3~5 bar）	2×10^{-7}（3 bar）		
H_2O（平流层）	1.5×10^{-9}	$2 \sim 20 \times 10^{-9}$	$2 \sim 12 \times 10^{-9}$	$1.5 \sim 3.5 \times 10$
	（<10 mb）	（<0.3 mb）	（<0.03 mb）	（<0.6 mb）
HCN				3×10^{-10}
H_3^+	*	*	*	

* 探测到

氨之外,还发现一定数量的氢化合物(PH_3、GeH_4、AsH_3、H_2O 和 H_2S)以及 CO。注意,在天王星和海王星上这些分子没有探测到(除了在海王星上的 CO 和 CH_4 之外),因为它们在可观测的高度以下凝结了。在木星上很少探测到 H_2S,不仅用光谱仪,就是用伽利略的大气层探测器也是一样。在平流层,主要发现碳氢化合物(C_2H_2、C_2H_6、CH_3、C_2H_4、C_4H_2、CH_3C_2H),起因于甲烷的光离解,也感谢 ISO 卫星的观测,它发现了 H_2O 和 CO_2,揭示了氧是有某些外源贡献的。另外使人惊讶的是,在海王星的平流层中存在 CO 和 NCH,可能意味着在这个行星对流层中可能存在一些 N_2。最后,在木星、土星和天王星很外层的大气中(压强低于 $1~\mu Pa$)探测到 H_3^+ 离子。

7.2.4 元素和同位素的丰度比

1. 氦丰度的测量

在 7.1.1 节中已经介绍了通过反演亮度积分同时确定 $T(P)$ 剖面和 H_2/He 比的方法。第一次估计木星氦的含量是"先锋-11"号。在旅行者 1 号和 2 号上的 IRIS 实验提供了更准确的木星和土星的 H_2/He 比测量,用无线电掩星技术同时获得热剖面。来自旅行者 2 号的 IRIS 数据也能获得天王星和海王星的氦丰度,只是精度低一些。伽利略飞船的大气层探测器对木星氦丰度的测量精度非常高。

这些测量结构示于表 7-2-2,包括了原始氦丰度和原始太阳氦的测量。从表 7-2-2 可看出,木星和土星的值小于原始太阳的值。天王星和海王星的值与原始太阳的氦丰度值一致,但当前的测量误差太大,没有重要意义。

表 7-2-2   巨行星中的氦丰度

源	Y	源	Y
木星(伽利略 HAD)	0.234 ± 0.005	木星(旅行者)	0.18 ± 0.04
土星(旅行者)	$0.18\sim0.25$	天王星(旅行者)	0.262 ± 0.048
太阳(日震学)	0.24 ± 0.01	海王星(旅行者)	0.32 ± 0.05
He(原始太阳)	0.275 ± 0.01	He(原始氦)	0.232 ± 0.005

在木星和土星中缺少氦目前用下列过程解释:在行星内部的高压强下,氢变成金属的形式。在两颗行星演变的过程中,温度随时间降低,根据热化学模式,氦将凝结并聚集成液滴落到行星的核。这个过程也使外大气层的氦消耗;包含了能量释放。后者可能(至少部分是)反映了在木星和土星测量到的内部能量。如果这个解释是正确的,天王星和海王星大气层中的氦丰度可能代表了原始太阳丰度。事实上,根据巨行星内部结构的模式,天王星和海王星内部的压力不足以使氢变成液体氢。如果是这样的,准确测量天王星和海王星的氦丰度将提供原始太阳氦的精确测量。值得注意的是,根据大爆炸(big bang)理论,除了来自恒星内部氢到氦的少量贡献外,大部分是由新星和超新星爆炸抛射进入星际介质。图 7-2-5 是氦的饱和曲线。垂直虚线指示了氢分子和金属相的边界。对土星的 3 条曲线指示了不同的冷却状态。

2. D/H 比的测量

巨行星中氘的测量对宇宙学(木星和土星情况)和天体演化学(对天王星和海王星)都有重要意义。事实上,在木星和土星中 D/H 的比值是原始太阳 D/H 比的代表,因为行星中 90%

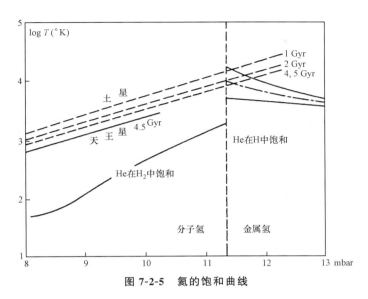

图 7-2-5　氦的饱和曲线

以上的物质是由原始太阳星云物质构成的。与天王星和海王星情况对比,它们有一半以上的物质是由冰构成的,可以预料其 D/H 比是较大的。事实上,氘富含于以冰形式存在的分子中,离子和分子间的作用发生在低温。这种效应在许多偶然的机会在星际介质中观测到。测量天王星和海王星中氘的浓度可以约束这些行星形成的过程。

巨行星中的氘是在 1973 年以两种分子形式探测到的:CH_3D 和 HD(,CH_3D 在红外,HD 在可见光)。在这两种情况中,D/H 比的确定证明都是困难的。在可见光区域,HD 线是很暗淡的,必须与 H_2 的四极线比较。在红外,由数据得到 CH_3D /H_2 比肯定是与 D/H 比有联系的,但要求有 CH_4/H_2 比以及系数 f 的知识,f 给出了 CH_3D /CH_4 和 D/H 的关系:

$$D/H = \frac{1}{4f} CH_3 D/CH_4 = \frac{1}{8f} \frac{CH_3 D/H_2}{C/H}. \tag{7-2-4}$$

巨行星中 D/H 比的确定由两组数据加以改进,一是伽利略大气层探测器的木星实地测量,二是在 4 颗巨行星中在远红外直接测量 HD 的旋转线,这是由 ISO 卫星完成的。这些结果示于表 7-2-3 以及图 7-2-6。

表 7-2-3　在巨行星中的 D/H 比

天体	D/H	天体	D/H
木星(伽利略)	$(2.6 \pm 0.7) \times 10^{-5}$	木星(ISO)	$(2.25 \pm 0.35) \times 10^{-5}$
土星(ISO)	$1.70^{+0.75}_{-0.45} \times 10^{-5}$	天王星(ISO)	$5.5^{+3.5}_{-1.5} \times 10^{-5}$
D/H(原始太阳)	$(2.1 \pm 0.5) \times 10^{-5}$	海王星(ISO)	$6.5^{+2.5}_{-1.5} 10^{-5}$
D/H(原始丰度)	$(2.1 - 0.6) \times 10^{-5}$	D/H(局地星际介质)	$(1.6 \pm 0.12) \times 10^{-5}$

3. C/H 比的测量

C/H 比是特别重要的,因为它是在 4 颗巨行星中都能测量的少有的丰度比,因此,C/H 比的测量也称为行星形成模式的重要分析因素。

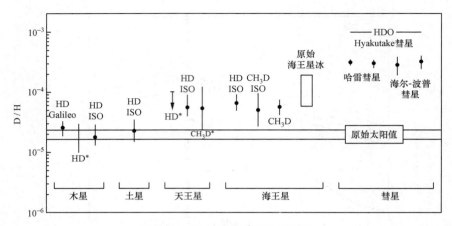

图 7-2-6 在外太阳系中的 D/H 比

在巨行星压强低的大气层中,大多数碳是以甲烷的形式存在。CH_4 存在于整个可见与红外谱,CH_4 的谱特征随着日心距离增加而变得越来越强,见图 7-2-7。

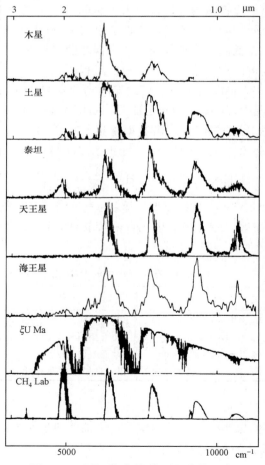

图 7-2-7 近红外谱,标出了甲烷的吸收

　　如果表达整个行星,C/H 比的测量必须在低饱和水平获得(如果存在的话)。木星和土星的情况不是这样,它们存在一个不随高度变化的混合比;但天王星和海王星的饱和发生在高的对流层。在这些情况下,甲烷必须在大约 1 bar 的低的云层用可见光和近红外测量。对木星和土星,必须用 7.7 μm 的热辐射探测平流层。伽利略的大气层探测器已经对木星的 C/H 比进行了准确的测量。对所有巨行星,已经观测了 C/H 比相对与太阳的浓度。这个浓度对木星大约是 3,土星是 6~8,对天王星和海王星是 30~60。与 D/H 比一起,C/H 浓度形成了一个支持巨行星核模式的重要诊断特征。事实上,如果这些是在冰核(10~15 个地球质量)附近形成,总质量中冰的百分比对木星大约是 3%,对天王星和海王星大约是 50%。如果假定在冰中的 C/H 比位于 0.1 和 0.2 之间,并假定原始太阳星云的行星核周围吸积相以后行星均匀混合,则我们可以定性地在 4 颗巨行星中再现 C/H 值。

　　4. N/H、P/H、O/H 和 Ge/H 比

　　研究这些元素比在前面叙述的情况更复杂,因为它们包含了混合比随高度变化的分子 NH_3、H_2S、PH_3、H_2O,变化的原因有凝结、光离解或化学作用。这些分子不可能在天王星和海王星的对流层探测到,因为它们在这些行星的低温状态下肯定凝结。

　　氨(NH_3)是在木星的从紫外到射电的谱中发现的,是在 5 μm 和厘米波段,最深的区域探测到的,压强为几巴,NH_4SH 云以下。尽管在测量时有一定量的离散,在木星和土星上测量的大多数 N/H 值比太阳的相应值高 2~4 倍。

　　磷化氢(PH_3)是木星和土星大气层中特别有趣的成分,因为它毫无疑问是重要动力活动的指示器。事实上,根据热化学计算,磷化氢不会在巨行星中观测到:在温度低于 2000 K,它与 H_2O 作用形成 P_2O_5。然而 PH_3 已经清楚地在木星和土星的红外谱中探测到(图 7-2-8)。

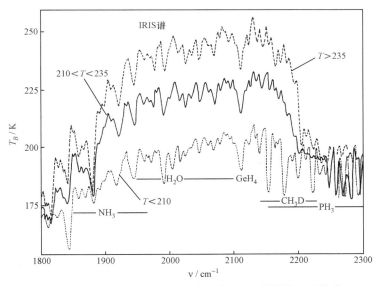

图 7-2-8　由"旅行者"号 IRIS 实验在 5 μm 获得的木星的谱

　　在木星和土星的红外谱中辨别出 H_2O 和 GeH_4,首先是在地面的 5 μm 处测量,然后是来自旅行者号的 IRIS 数据,最后是来自 ISO(对于 H_2O)和伽利略的测量。测量到的丰度明显低于宇宙的丰度。对于 GeH_4 情况,这个结果很可能与存在于深层云的 NH_3 有关。热化学模式预报了 H_2O 的凝结,由于这个水云的存在,预期 GeH_4 肯定会被毁坏,有利于生成纯锗(Ge)或

化合物 H_2GeO_3。

　　5. 伽利略对木星稀少气体的测量

　　伽利略的大气层探测器携带的光谱仪和质谱仪对木星大气层进行了实地测量,这些测量提供了关于元素丰度,特别是惰性气体元素丰度的结论性信息。除了实地测量 D/H、C/H 和 S/H 之外(He/H 和 N/H 是由其他仪器独立测量的),质谱仪得到了惰性气体 Ne、Ar、Kr 和 Xe 的丰度比(见图 7-2-9)。除了 He、Ne 和 O 外,所有元素显示了浓度大约是太阳相应值的 3 倍。

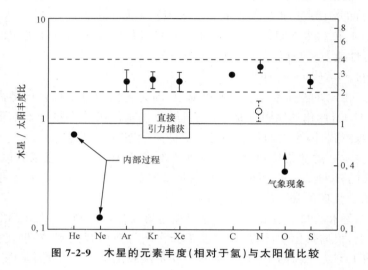

图 7-2-9　木星的元素丰度(相对于氢)与太阳值比较

7.2.5　高层大气

　　由可见光、红外和射电辐射研究的大气层区域大多数位于压强在 10 mb～10 bar 的范围。在这些区域以上是高的平流层,然后是热层和逃逸层,在逃逸层的高度,压强是 nbar 的量级。这些大气区域的特征受太阳紫外辐射支配。因此,巨行星的紫外光谱学是高层大气有用的分析工具。

　　1. 温度和密度剖面

　　前面已经叙述了用掩星方法确定巨行星 0.1 和 10 mb 之间的热结构。在紫外区域,也可用相同的方法探测很高高度的温度分布。旅行者号已经用这种技术探测 4 颗巨行星,以太阳和亮的恒星作为目标。在木星和土星,在 60 和 80 nm 之间的紫外辐射被 H_2 吸收,90 和 115 μm 之间的辐射被 CH_4 吸收,142.5 和 167.5 nm 间的辐射被 C_2H_2 和 C_2H_6 吸收。根据在这些波长记录的光曲线可估算不同分量的垂直分布,如图 7-2-10 所示。对于木星,"伽利略"携带的大气层探测器已经进行了实地测量,测量的范围是 1000 和 23 km 之间,将压强为 1 bar 处定义为 z=0。热层的温度是高的,在木星的 800 km 高度处大约为 900 K 或更高。此外,在热层中液观测到强的振荡,可能是由重力波的存在引起的。这些重力波与能量粒子沉降一起加热了热层。

　　2. 涡旋扩散系数

　　如果存在光化学过程,巨行星的大气层将均匀混合,一直到均匀层顶的高度,压强大约是 1 μb。光离解发生在更低的高度,导致密度剖面随总压强减小。特别是对木星,NH_3 的光离

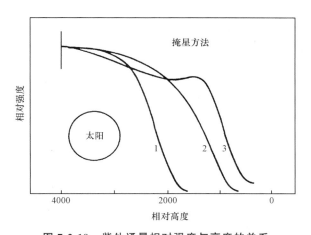

图 7-2-10　紫外通量相对强度与高度的关系

1——60～80 nm；2——90～115 nm；3——142.5～167.5 nm

解发生温度最低处,那里的压强大约是 100 mb。

处理高层大气物理学的问题实质上是知道垂直输送的特征,因为它决定了少数成分随高度的分布。这个因素用扰动散射系数 K 表示。在均匀层顶,系数 K 等于分子-散射系数;在这个高度以上,各种成分依据分子重量分离。几个间接方法可用于确定系数 K:观测 L-α 通量;CH_4 的垂直分布。较新的方法是在 VH_4 的 ν_3 带的 3.3 μm 测量甲烷的荧光以确定木星和土星的 K。

木星在均匀层顶的 K 值大约是 10^6 $cm^{-2} s^{-1}$。土星的 K 值似乎至少是这个值的 10 倍,在 10^7 和 10^8 $cm^{-2} s^{-1}$ 之间。图 7-2-11 是在 12～13 μm 的红外测量的值。在 4 μm 以下,反射太阳通量占主导地位,而热辐射在低于这个点被观测到;辐射或吸收的分子特征取决于这些谱线在大气层中形成的区域。在对于天王星,K 值明显低,(大约为 10^4 $cm^{-2} s^{-1}$),而海王星的值大约是 $10^7 cm^{-2} s^{-1}$。在 5 μm 处,辐射来自于木星和土星的深层,压强在几个巴的地方。在 7 μm

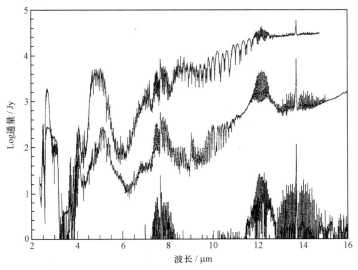

图 7-2-11　由 ISO 卫星上的 SWS 谱仪观测到的木星、土星和海王星的红外谱

以外，通量源于平流层或（和）高对流层。

3. 巨行星的光化学——离解与电离

巨行星的光化学主要由大气分子吸收太阳紫外辐射引起的。对任何指定的成分，穿透深度确定了该成分被离解的高度。例如，NH_3 被 $180\sim200$ nm 能量光子离解的高度在 100 和 10 mb 之间。对于 CH_4，在 $140\sim160$ nm 之间的离解高度发生在较高的大气层；H_2 发生在更高的高度。

甲烷离解后主要稳定的产物是乙炔（C_2H_2）和乙烷（C_2H_6）。这些以及在 4 颗巨行星中辨别出来，但 C_2H_6 只是在天王星。其他的碳氢化合物（CH_3C_2H、C_2H_4、C_6H_6）由旅行者号在木星的极光区辨别出。ISO 卫星后来探测到许多碳氢化合物，在土星上明显的有 CH_3C_2H、C_4H_2、C_6H_6 和 CH_3。在海王星上有 C_2H_4 和 CH_3。C_2H_4 还在木星和土星上由地面的红外光谱仪探测到，在木星上由卡西尼探测器的 CIRS 光谱仪探测到 CH_3。

CH_3 的光化学在木星中起重要作用；稳定离解生成物之一是 N_2H_4，但这种分子到目前没有探测到。在土星上，PH_3 的光化学可能是重要的，可导致没有探测到的成分的形成，如 HCP 和 CH_3PH_2。图 7-2-12 和图 7-2-13 显示了在 4 颗巨行星中甲烷和氢离解模型的例子。注意，在天王星和海王星情况，甲烷在对流层凝结，大大地减少了平流层甲烷的数量。在海王星情况，平流层分布不包含一定程度的超饱和。

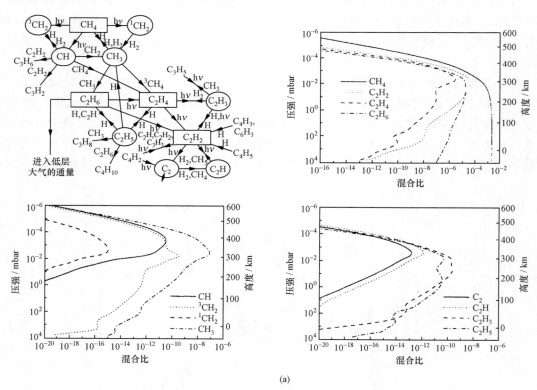

(a)

图 7-2-12　甲烷和氢在 4 颗巨行星中离解的模型

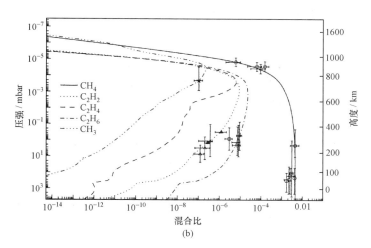

图 7-2-12 甲烷和氢在 4 颗巨行星中离解的模型(续)

（a）包含 C 和 C₂ 的主要光离解作用和稳定成分 C 和 C₂ 基的垂直分布；(b) 土星大气层中 C 和 C₂ 的垂直分布

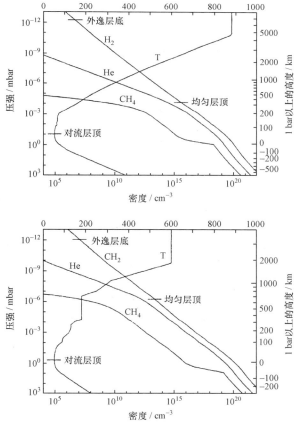

图 7-2-13 天王星(上图)和海王星(下图)平流层中主要成分的温度和密度剖面

4. 氧的外源

ISO 卫星于 1997 年在 4 颗巨行星的平流层中观测到 H_2O 和 CO_2,除了在天王星上没有 H_2O 之外。观测到的辐射与在凝结点($T = 140$ K)以上对水的混合比 10^{-9} 一致。因为在对流层顶的温度低,作用像是一个冷捕集器,水蒸气必然是外源。明显的事实是水的入射通量对 4 颗巨行星以及泰坦来说相对恒定,大约是 10^6 $cm^2 s^{-1}$,对天王星略小。

解释平流层水的存在有两个源:源于行星环和冰卫星的本地源和由微流星体通量构成的行星际源;注意,微流星体通量以及在外太阳系中由先锋 10 号和 11 号观测到。目前难以决定这两种解释哪个是正确的。

7.3 内 部 结 构

对巨行星的观测仅限于外部,因为目前没有办法直接观测其内部结构。此外,由于巨行星内部温度和压力巨大,无法在地面的实验室中进行模拟,所以只能进行理论模式研究。

7.3.1 实验数据

1. 质量、半径和重力场

我们已经准确地知道每颗巨行星的质量和半径,自旋周期的确定不太明确,因为外层大气的视在旋转与内层不同,但这可使我们能测量磁场。对于木星和土星,射电发射(同步辐射)可以利用;对天王星和海王星,旅行者 2 号已经测量了它们的磁场。

巨行星的旋转导致偏离球形和极平滑性,来自重力场的测量可得到关于行星内质量分布的信息。假定流体静力学平衡,均匀旋转的行星重力势可用二阶勒让德多项式表示:

$$\Phi(r, \theta) = -\frac{GM}{r} \left[1 - \sum_{1}^{\infty} \left(\frac{R_e}{r} \right)^{2n} J_{2n} P_{2n}(\cos\theta) \right]. \qquad (7\text{-}3\text{-}1)$$

这里 θ 是余纬,R_e 是赤道半径,M 是行星的质量,G 是引力常数,$P_{2n}(\cos\theta)$ 是 $2n$ 阶勒让德多项式。J_{2n} 是引力矩。

2. 内部能量

1969 年发现木星有内部能源。此后来自地面和太空的测量也证实了这个结果,并估计在土星和海王星中也有内能源,但在天王星内部没有,见表 7-3-1。这些差别产生的原因目前还不清楚。

表 7-3-1　巨行星的内能源

行星	有效温度/K	发射的能量与接收到的太阳能量之比
木星	124	1.67
土星	95	1.78
天王星	58	<1.1
海王星	58	2.6

木星、土星和海王星内能源的存在是模式内部结构要考虑的基本因素。最似乎合理的解释包含行星的收缩和冷却,目前仍在继续。随着原始太阳气体崩溃到初始核上,行星曾经处于更热和更大的状态。在木星和土星情况,另外一种可能对内能的贡献是在氢的金属相内氦的

分化提供的。

7.3.2　内部能量状态建模

知道了一个物体的质量和半径后可计算参数压强：$P=\rho q R$，这里 ρ 是密度，R 是半径，q 是参数，$q=\dfrac{GM}{R^2}$。

压强的近似值是：木星为 2.6×10^7 bar，土星是 4×10^6 bar，天王星和海王星是 3×10^6 bar。在这样高的压力下，氢肯定处于金属形式。

内部结构模式有两种，一是静态模式，选择的热剖面是先验的；另一种是演变模式，这种模式试图解释热通量的源。

1. 静态模式

静态模式可由下列方程构造：

（1）存在旋转时的流体静力学方程

$$\frac{\mathrm{d}p}{\mathrm{d}r}=-GM(r)\frac{\sigma(r)}{r^2}+\frac{2}{3}\Omega^2 r\rho(r)+0(\Omega^4),$$

这里 Ω 是旋转速度（第四阶可忽略），$M(r)$ 是半径 r 内的质量；

（2）状态方程 $p(\rho,T,\chi_i)$，$\chi_i(\rho)$ 是 i 成分的相对丰度；

（3）$T(\rho)$ 剖面，假定在大多数模式中是绝热的；

（4）质量分布和引力矩之间的关系。

图 7-3-1 给出计算的简单例子。从图中可明显地看到木星和土星主要是由氢构成的，氦有小的贡献。与之对比，天王星和海王星有相当大数量的冰。

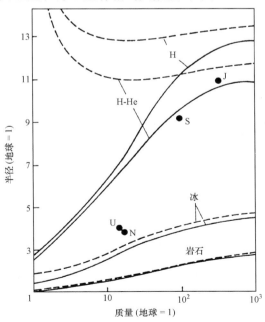

图 7-3-1　质量-半径比，考虑了不同的成分
（1）纯氢；（2）H-He（He 占 25%）；（3）冰；（4）岩石

2. 演变的模式

对木星和土星有过剩内能的最有说服力的解释是与引力有联系:当原始太阳气体在中心核附近崩溃时发生收缩,形成行星。其他可能的引力效应是内部轻、重元素的差别。在第一种情况中,可以得到要求行星冷却的时间,如果知道了当前的能量超量 L。假定天体自从形成起在均匀状态下冷却,可得到

$$L = 4\pi R^2 \sigma (T_e^4 - T_0^4) = -\frac{\mathrm{d}}{\mathrm{d}t}[Mc_v T_i].$$

这里 T_e 是有效温度,T_0 是在没有内源时的有效温度,T_i 是平均内部温度,c_v 是每克平均比热。假定 R 在整个收缩过程中近似为常数,T_i 与 T_e 是相同数量级,可得到

$$\tau = \frac{Mc_v}{4\pi R^2 \sigma} \int_{\tau_{e0}}^{\tau_{ei}} \frac{\mathrm{d}\tau}{T^4 - T_0^4}.$$

这里 τ 是行星从初始温度 T_{ei} 冷却到现在温度 T_{e0} 所用的时间。由于 $T_{ei} \gg T_{e0}$,精确地选择 T_{ei} 对于计算积分是不重要的,可以由下式代替

$$\tau = \frac{Mc_v}{4\pi R^2 \sigma} \int_{\tau_{e0}}^{\infty} \frac{\mathrm{d}\tau}{T^4 - T_0^4}.$$

于是可得到简单结果

$$\tau = \frac{Mc_v}{4L}.$$

如果这个模式式合理的,计算的 τ 值应当与太阳系的年龄是相同量级,即 4.6×10^9 年。

将这个模式应用到木星,在核与外包络边界的压强大约是 40 Mbar,温度大约是 23 000 K,如图 7-3-2 所示。核由氢和氦的包络围绕,密度随到中心的距离增加而减小。这里的氢处于金属状态,是木星磁场的源。金属氢与分子氢之间的过渡发生在大约 0.82 个木星半径处。

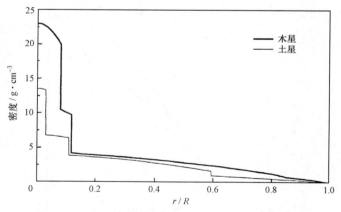

图 7-3-2 模式木星(粗线)和土星(细线)内部的结构

土星内部模式显示了与木星类似的结构,中心核由重元素组成,由氢和氦包络围绕。氢也是金属氢的形式,金属氢与分子氢的过渡发生在大约 0.6 个土星半径处。核与周围包络间边界处的压强为 13 Mbar,温度大约是 12 000 K(见图 7-3-2)。

天王星和海王星的密度是不同的,海王星比天王星更密些。两颗行星有相同数量的重元素,但天王星比海王星的重元素更集中在中心(见图 7-3-3)。由冰和岩石构成的中心核,海王

星肯定比天王星的大。中心压强大约为 6 Mbar，温度大约是 3000 K。核由冰层（或冰与气体的混合）包围，向外扩展到 0.8～0.85 行星半径。

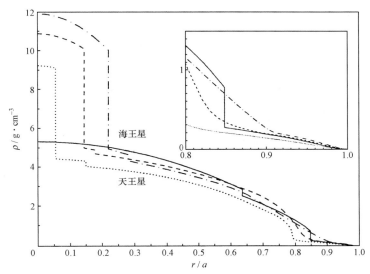

图 7-3-3　海王星三种内部结构模式和天王星的单一模式

在天王星和海王星的内部结构模式中，氢总是分子氢的形式。观测到的天王星和海王星磁场的源在哪里？可能在中心区，那里很热，分子处于强电离状态，因此是导电的。

7.4　磁场与磁层

可用标量势的梯度表示行星磁场：

$$\boldsymbol{B} = -\nabla \Psi,$$

势函数一般用来自内部电流的贡献（S_i^n）和来自外源贡献（S_e^n：磁层电流、磁层赤道电流片等）的和表示：

$$\Psi = R_p \sum_{n=1 \to \infty} (r/R_p)^n S_e^n + (R_p/r)^{n+1} S_i^n,$$

这里 r 是半径矢量，R_p 是行星平均半径。这些贡献的每一项可作为极坐标的函数 (θ, φ) 展开 n 阶：

$$S_i^n = \sum_{m=0 \to \infty} P_n^m(\cos\theta)[g_n^m \cos m\phi + h_n^m \sin m\phi],$$

$$S_e^n = \sum_{m=0 \to n} P_n^m(\cos\theta)[G_n^m \cos m\phi + H_n^m \sin m\phi].$$

$P_n^m(\cos\theta)$ 项是正交勒让德函数，$g_n^m, h_n^m, G_n^m, H_n^m$ 是内、外 Schmidt 系数。这个磁场表达式在内外源之间是正确的，假定不含有任何电流片。表 7-4-1 给出地球和 4 颗巨行星内部场的模式系数。

表 7-4-1　行星磁场的内 Schmidt 系数

行星	地球	木星	土星	天王星	海王星
P_p/km	6378	71 372	60 330	25 600	24 765
模式	IGRF 2000	O6	Z3	Q3	O8
g_1^0	−0.29615	+4.24202	+0.21536	+0.11893	+0.09732
g_1^1	−0.01728	−0.65929	0	+0.11579	+0.03220
h_1^1	+0.05186	+0.24116	0	−0.15685	−0.09889
g_2^0	−0.02267	−0.02181	+0.01642	−0.06030	+0.07448
g_2^1	+0.03072	−0.71106	0	−0.12587	+0.00664
h_2^1	−0.02478	−0.40304	0	+0.06116	+0.11230
g_2^2	+0.01672	+0.48714	0	+0.00196	+0.04499
h_2^2	+0.01672	+0.07179	0	+0.04759	−0.00070
g_3^0	+0.01341	+0.07565	+0.02743	0	−0.06592
g_3^1	−0.02290	−0.15493	0	0	+0.04098
h_3^1	−0.00227	−0.38824	0	0	−0.03669
g_3^2	+0.01253	+0.19775	0	0	−0.03581
h_3^2	+0.00296	+0.34243	0	0	+0.01791
g_3^3	+0.00715	−0.17958	0	0	+0.00484
h_3^3	−0.00492	−0.22439	0	0	−0.00770
偶极矩 $(G \cdot R_p^3)$	0.305	4.26	0.215	0.228	0.142
倾角 (B/Ω)	+11°	−9.6°	−0°	−59.6°	−46.9°
偶极/行星中心偏移 (R_p)	0.08	0.07	0.04	0.31	0.55

7.4.1　木星的磁场与磁层

1. 木星磁场

1955 年观测到的木星极强的十米波长射电辐射第一次证实了木星有内在磁场。这个椭圆偏振的辐射是来自木星电子在磁场中的回旋发射。第一个实地探测木星磁场的探测器是"先锋"10 号和 11 号,二者先后于 1973 年 12 月和 1974 年 12 月飞越木星。"先锋"11 号的轨道经历了宽的磁纬度范围,最适合于分析磁场。而"先锋"10 号在 $20R_J$ 内的赤道电流片里飞行了很长时间。

"旅行者"1 号和 2 号分别在 1979 年 3 月和 7 月通过了木星系。二者提供了关于木星磁场更准确的信息。起初,木星磁场被描述为一个倾斜偶极子,偶极轴朝向木星经度 201°,与木星的自旋轴的夹角韦 10.8°。此外,它的中心相对于木星的中心偏离大约木星半径的 1/10。这种不对称性解释为磁场在极区不同的强度:在北极为 14.8 Gs,南极为 11.8 Gs。在赤道,表面强度为 4.2 Gs。北磁极位于北自旋半球(与地球不同)。这个模式通过磁测量拟合到 4 阶,因此称为"4D 模式"。由于磁测量揭示了比 4 阶高的项,后来又引入了 O4 和 O6 模式。相应的偶极子强度为 $4.26G_J^{-3}$,在 9.6°朝向木星经度 201°。

2. 木星磁层的结构

木星的电离层位于平流层以上,源于高层大气被太阳紫外辐射和来自磁层能量粒子沉降产生的电离,向外扩展到云顶 3000 km 以上。来自"旅行者"2 号的掩星数据表明,最大电子密度为 3.5×10^5 cm^{-3}($f_{pc} \sim 5.3$ MHz),在 1 bar 高度以上 1600 km 处,其他高度的值以 900 km 为标高指数减小。主峰以下,"先锋"号的数据显示有高电子密度(高达 10^5 cm^{-3})的低层,大概源于流星体。

木星内磁层低于 $5R_J$，主要特征为准偶极场，没有电流，存在极强的辐射带，捕获粒子能量大于 $1 \sim 10\,\mathrm{MeV}$。

木星中磁层从 $5R_J$ 扩展到大约 $50R_J$，磁场被水平电流严重畸变，这种水平电流是由磁层电子和粒子在相反方向的漂移产生的。这个电流片在其上下产生了径向磁场，强度为几十纳特，以 $r^{-3/2}$ 为规律变化。这个片不是平面：在离中心大约 $35R_J$ 以外，变得与太阳风流平行。

在外磁层的白天，在磁层顶约 $15R_J$ 内，有一个混乱的可变的磁场，强度为 $5 \sim 15\,\mathrm{nT}$，平均来说指向南。主要贡献来自中磁层电流片边缘效应。在这个区域内发现冷和热的等离子体泡，可能是从电流片中分离出来的。如果木星内磁场的压力与太阳风压力（P_{sw}）平衡，磁层顶在太阳方向将位于大约 $40R_J$ 处，其位置将随 $P_{sw}^{1/6}$ 变化。它的实际位置在 $60 \sim 100R_J$，随 $P_{sw}^{1/4}$ 或 $P_{sw}^{1/5}$ 变化，是高度可压缩的。

在逆太阳方向，磁尾由两个瓣（南和北）组成，直径为 $300 \sim 400R_J$，被赤道电流片分开，电流片的电流沿晨昏向。这个尾电流来自行星际磁场与木星磁场在磁层顶的磁重联。半开放磁力线被太阳风在极区上以每秒几十千米的速度对流，于是在靠近赤道电流片之前用几天的时间跨过尾瓣旅行了 $150 \sim 200R_J$。尾的长度等于太阳风（速度约 $100\,\mathrm{km/s}$）在几天时间内运动的距离，大约是几个天文单位，可能达到土星轨道。

实地测量表明，木星磁力线不位于子午圈磁平面，而是被东-西指向的水平分量扭曲了，扭曲程度取决于关注的区域。$B_\varphi \neq 0$ 分量的存在相应于磁力在由磁力线连接的两个区域之间的转换：

太阳风流畸变了南北高纬的磁力线，使得磁力线向夜间扇区弯曲（在北半球，黎明边朝向西，黄昏边朝向东；南半球与之相反）。

旋转与等离子体的惯性相结合，弯曲了低纬磁力线，在北半球朝向西，南半球朝向东。

彩图 44 给出木星磁层的整体结构。

7.4.2 木星磁层动力学

由于木星磁层中的中性粒子密度很低，等离子体是无碰撞的，于是电导率非常高。结果，等离子体冻结在穿过它的磁力线上。唯一的电场起源于等离子体的运动，可表示为 $\boldsymbol{E} = -\boldsymbol{V} \times \boldsymbol{B}$，这意味着磁力线是等电位线（$\boldsymbol{E} \cdot \boldsymbol{B} = 0$）。

1. 等离子体源

木星磁层等离子体最主要的源是来自伽利略卫星：Io 每秒中向磁层抛射多于 $1\,\mathrm{t}$ 的物质（主要是 SO_2，还有尘埃和钠原子）。这些物质被太阳紫外辐射和与能量粒子碰撞电离后，每秒中产生大约 3×10^{28} 的离子（S^+ 和 O^+ 等，当然还有许多电子）。能量磁层粒子轰击欧罗巴表面冰每秒贡献约 $50\,\mathrm{kg}$ 的原子氧（约 2×10^{27} 个离子/秒）。至于轻离子，它们经由电离层（H^+，H_2^+ 和 H_3^+）由内部馈送，也有来自外面的太阳风（主要是 H^+ 和 He^{++}），几十千克每秒（约 10^{28} 个离子/秒）。

在距离 $R = 5.9R_J$ 处的 Io 抛射的物质具有 $V_k = 18\,\mathrm{km/s}$ 的开普勒轨道速度。一旦形成离子，S^+ 和 O^+ 离子被磁场捕获，并以 $|\boldsymbol{\Omega} \times \boldsymbol{R}| = 74\,\mathrm{km/s}$ 的速率旋转（这种现象称为"拾取"）。它们馈送一个围绕 Io 轨道大约 $1R_J$ 厚的等离子体环（彩图 45）。围绕局地磁场新抛射离子的回旋能量相应于速度增加为 $\delta V_{Io} = |\boldsymbol{\Omega} \times \boldsymbol{R} - V_k| = 56\,\mathrm{km/s}$，或 $250 \sim 500\,\mathrm{eV}$（这些离子于是获得超过

2 倍的共旋能量)。对电子,能量仅增加约 0.02 eV,因此库仑碰撞将一些能量输送给电子。

2. 对流与共旋

磁层等离子体的动量源是由太阳风感应的对流和由行星磁场引入的旋转。在黎明→晨昏方向的对流电场预期是:

$$E_{conv} = -\eta V_{sw} \times B,$$

这里 η 反映了在磁层顶的重联效率(对地球约 0.1),B 是在木星轨道的行星际磁场强度(约 1 nT),$|E_{conv}| \approx 4 \times 10^{-4}$ V/m。由对流引起的跨过磁层的电位差是:

$$\Delta V_{conv} = |E_{conv}| \cdot 2R_{MP} \approx 1 \text{ MV} (R_{MP} \sim 60 R_j).$$

对流电场径向指向可表示为

$$|E_{conv}| = |-(\boldsymbol{\Omega} \times \boldsymbol{R}) \times \boldsymbol{B}| = \Omega R \cdot B_0/r^3 = \Omega B_0 R_J/r^2,$$

这里 B_0 是在 $1R_j$ 处木星赤道场强,Ω 是木星自旋的角频率,$\boldsymbol{R} = \boldsymbol{r} \times \boldsymbol{R}_j$。由共旋引起的跨越磁层顶的电位差是

$$\Delta V_{corot} = \int E_{corot} \cdot d\boldsymbol{R} = \int_{1 \to \infty} (\Omega B_0 R_J/r^2) R_J dr = \Omega B_0 R_J^2 \approx 400 \text{ MV}.$$

通过解等式 $|E_{conv}| = |E_{corot}|$ 可以估计将对流居主要的地区和共旋占主要的区域分开的限制半径。利用近似 $B \approx B_0/r_{MP}^3$,可得到:

$$r_{lim}/r_{MP} = (\Omega R_J r_{MP}/\eta V_{sw})^{1/2}.$$

由共旋居主要的区域随 R_{MP}(因此随行星磁场的强度)和旋转频率 Ω 增加。对于木星,$r_{lim}/r_{MP} > 1$,这意味着磁层主要是由共旋控制的(除了最外面的区和磁尾)。

在高纬朝向夜间扇区使场线畸变的曲率是由电流产生的,电流通过尾部的赤道电流片(平行于 E_{conv})跨过北和南尾瓣闭合。由共旋产生的木星磁场 B_φ 分量起因于径向电流 J_r(指向外边)的存在,它在电离层经场向电流闭合(见图 7-4-2)。在磁道附近,$J_r \times B$(B 指向南)乘积相应于加速磁层等离子体朝向共转的力。相同的磁力 $J_i \times B_i = J \times B$ 使电路另一端的电离层等离子体运动变缓,等离子体继续由与中性大气的摩擦力输送。于是,运动由行星旋转到磁层等离子体经由电离层中离子和中性原子的碰撞以及磁层磁力线的弯曲输送。

共旋的条件可以从描述电离层电流的简化欧姆定律得到:

$$J_{\perp i} = \sigma_{\perp i}(E_i + V_{\perp i} \times B_i),$$

这里 $\sigma_{\perp i}$ 是电离层彼得森电导率,$V_{\perp i}$ 是离子速度,E_i 和 B_i 是电离层中的电场和磁场。在磁层中,等离子体和磁场的冻结效应意味着 $J_{\perp m} \sim 0$,由此

$$E_m = -V_{\perp m} \times B_i$$

事实上,磁力线是等电位线,要求电场 E 沿 B 投影,由此 $E_i = E_m$。从这里可得到

$$J_{\perp i}/\sigma_{\perp i} = (V_{\perp i} - V_{\perp m}) \times B_i.$$

如果 $(J_{\perp i}/\sigma_{\perp i})$ 很小就有共旋,特别是如果电离层电导率是很高的时候,由此 $V_{\perp i} \approx V_{\perp m} \approx \boldsymbol{\Omega} \times \boldsymbol{R}$(这里 R 是到共旋轴的距离)。

3. Io 与木星之间的相互作用

Io 本身与木星磁场的相互作用(见彩图 45)是在 1964 年发现的,目前对这种相互作用提出了两种模式:

第一(unipolar inductor),在 Io 参考架上的共转电场($E_{coro} \approx \delta V_{Io} \cdot B \approx 0.1$ V/m)被 Io 电离层短路,包括闭合木星电离层的场向电流;

第二(Alf'en Wings'),对入射的木星磁力线,将 Io 的电离层看作是不可穿越的障碍,因此趋于在 Io 前堆积,而被固定在电离层中的磁力线的足保持共旋;磁力线被拉伸和变形,导致出现 B_φ 分量。场跨过障碍扩散,最后弥补了与共旋的延迟。由 Io 引入的木星磁场的扰动沿着磁场以阿尔芬波的形式向木星传播;在 Io 参考坐标中,由阿尔芬速度($V_A = B/(\rho\mu_0)^{\frac{1}{2}}$)和磁力线相对于 Io 旋转速度(在赤道为 56 km/s)的组合产生的磁扰动的包络形成了北南两个"阿尔芬翼",在磁层等离子体流的方向倾斜了下行流动。

4. 极光

木星高层大气和电离层的极光形成了一个"电视屏幕",许多磁层过程都可以通过沿着磁力线的粒子沉降和电磁辐射在这个屏幕上反映出来。沉降粒子的能量范围从零点几个 keV 到几十个 keV,伽利略飞船在高纬、距离木星约 7 和 $40R_J$ 的范围直接观测到粒子沉降。总的沉降功率估计为 10^{14} W,或在极光大气中的功率密度为 $0.1\sim1$ w/m^2。引起的辐射功率大约是入射功率的 20%,覆盖了整个电磁波谱,从 X 射线到低频射电波。彩图 46 是哈勃空间望远镜观测到的木星的极光。图(a)标出了经度和纬度线。图(b)是紫外成像,显示了 3 个不同的发射区,即极光卵、卫星(Io,Ganymede 和 Europa)的足迹和极区发射。图(c)比较了 UV(左)和红外(右)成像,上两张图像未经处理,下面两张经过临边亮度矫正(红外)和消旋(UV)处理。图(d)概述了极区 UV 成像的特征,左边实线标出的是暗区,中心虚线标出的是涡旋区,点划线标出的是活动区。

钱德拉 X 射线望远镜观测木星在软 X 射线($0.1\sim1$ keV)的极光发射,主要位于极光卵。

UV 和可见光发射是沉降粒子与大气层原子或分子直接碰撞激发产生的。红外辐射是由高层大气被电流加热产生的。

低频极光电磁辐射覆盖千米波到分米波,是由 $1\sim10$ keV 的电子在高纬沿着磁力线的沉降产生的。

5. 内辐射带

地球和木星的辐射带几乎是在 20 世纪 50 年代末期同时发现的。地球辐射带是由"探险者 1 号"卫星于 1958 年发现的,而木星的辐射带则是通过对木星射电辐射的一系列观测证实的。这些观测表明,射电辐射包括热辐射和非热辐射,而非热辐射衰减很快。非热辐射的机制是同步辐射,而同步辐射是线偏振的,由此断定被捕获的能量电子辐射带包围。

自从辐射带被证实后,对木星的内($<5R_J$)辐射带用射电望远镜进行了监测,偶然地也由飞船进行了实地探测。只有 4 艘飞船对木星的内辐射带进行过实地探测。1973 年,"先锋 10 号"在接近赤道距离木星 $2.85R_J$ 处飞越;1974 年,"先锋 11 号"以高倾角通过木星的 $1.6R_J$ 处;1995 年伽利略飞船释放出的大气层探测器对木星进行了实地探测;2002 年,"伽利略"轨道器靠近飞越木星的卫星 Amalthea,距离木星约 $2.54R_J$。2003 年,"伽利略"轨道器最后一次穿越木星辐射带,接着坠毁于木星大气层。

行星的辐射带形成于含有闭合磁力线的磁层部分。对木星来说,这个区域向外扩展到 $50\sim100R_J$。为方便起见,将木星磁层划分为 3 个区域。在外磁层($>20\sim30R_J$),共旋中断,导致强的场向电流的形成。中磁层($5\sim30R_J$)含有 4 颗伽利略卫星,其中 Io 为整个系统提供了主要的等离子体源。内磁层($<5R_J$)是在 Io 环内的强磁场、低等离子体密度区(见彩图 47)。这个区包含了木星最内的卫星(Metis、Adrastea、Amalthea 和 Thebe),主环、晕环和暗淡环系统,这个区域的磁场是与开普勒轨道运动同步旋转的。高能辐射带在这个区域内形成。

7.4.3　土星的磁场与磁层

　　土星的磁场像是一个简单的偶极子,北-南轴的取向与土星自旋轴之间的角度在 1°以内,磁偶极子的中心在行星的中心。场的极性与木星的类似,与地球现在的磁场相反,即场线从北半球出来,在南半球进入行星。在土星上,一个普通的磁针将指向南。在土星 1 bar 的"表面"上,最大极场是 0.8 高斯(北)和 0.7 高斯(南),类似于地球极区表面场。木星在赤道的磁场为 4.3 高斯,比土星的强 20 倍。如果认为土星磁场是由一个具有特殊磁矩的简单电流环产生的,那么这个磁矩是 4.6×10^{18} T·m³,将是地球的 580 倍,而木星的磁矩是地球的 20 000 倍。地球的四极矩与偶极矩的比是 0.14,而土星的是 0.07。

　　土星的磁层是围绕行星的一个泪滴形的空间区域,里面的带电粒子主要来自太阳。在这个区域行星的磁场(不是行星际磁场)占主要地位。向阳面磁层顶距离土星中心大约 20Rs(1 200 000 km),这个距离随太阳风的压力变化而变化。在相反的那边,磁尾延伸到很远的距离。彩图 47 是土星磁层结构的示意图。

　　土星的磁层大约是木星磁层的 1/5。它更类似于地球的磁层而不是木星磁层。磁层捕获辐射带粒子,这些粒子的浓度达到类似地球磁层的水平。辐射带的内边缘在主环 A、B 和 C 环结束,这些环吸收了与它们相遇的许多粒子。因此它们在每个卫星附近能量粒子通量最小。与木星不同,在土星磁层的深处没有内部能源和质量源。然而,泰坦的轨道正好位于磁层平均位置的里面(见彩图 48),与磁层发生许多有趣的相互作用。泰坦是太阳系中具有最丰富大气层的卫星,每单位面积上的大气质量远大于地球的。在高层大气,气体通过电荷交换、碰撞电离和光电离而变成离子。新产生的等离子体增加了磁层等离子体的质量,并试图在土星磁层中循环时,相对于旋转的行星保持稳定的速度。因为这个速度远高于泰坦的轨道速度,增加的质量缓慢了共旋磁层等离子体。冻结在磁层等离子体上的行星的磁场被拉伸并围绕行星调整,形成一个抛射(slingshot),它将附加的质量加速到共旋速度。于是,土星磁层和泰坦大气层之间的相互作用类似于太阳风与彗星之间的相互作用。

　　与其他行星磁层一样,土星的磁层是太阳风的有效偏转器。在土星的太阳风流动相对于压缩波比在木星和在地球的更快。于是在土星形成的激波是很强的。

　　土星磁层也有磁尾,但目前对磁尾的观测非常有限。

　　在土星的卫星泰坦与 Rhea 轨道之间是一个巨大的环状中性氢原子云。由氢和可能的氧离子组成的等离子体盘从 Tethys 的外面扩展到泰坦轨道。等离子体几乎与土星的磁场一起同步旋转。

　　同地球和木星的磁层一样,土星的内磁层也捕获稳定浓度的高能带电粒子,大多数是质子。这些粒子形成围绕土星的带,类似于地球的辐射带。与地球和木星的不同,土星的带电粒子浓度被轨道在场线以内的固体表面的粒子吸收而衰减。旅行者号飞船的探测数据显示,磁层粒子浓度有"洞"(见彩图 48 左侧)。

　　卡西尼飞船的磁层成像仪器发现了一个新辐射带,这个新带位于土星云层顶,一直延伸到 D 环。在这个发现之前,没有料到在环的里面能保持那样高的捕获离子浓度。新辐射带围绕土星扩展,是通过探测能量中性原子得到的。土星的辐射带中有许多"洞",是捕获离子与卫星、尘埃环和气体碰撞时产生的。借助于这个发现,辐射带显示出比以前所知更靠近行星,正好位于主环系统的外边缘。新带比主带更小,粒子能量也更低。主带从距离土星中心大约 139 000 km 向外扩展到大约 362 000 km,含有的粒子的能量到几十兆电子伏。新带的厚度小于 6 000 km。

来自磁层的能量粒子撞击极区大气层中的原子和分子氢产生紫外极光。哈勃空间望远镜成功地拍摄到紫外极光的图像。

7.5　环

7.5.1　行星环及其成因

太阳系的四颗巨行星都被平坦的、环状结构围绕,这就是行星环。行星环由大量小物体构成,因反射太阳光而发亮,故又称光环。

1610 年,意大利天文学家伽利略首先观测到土星环,他当时认为是围绕土星的两个巨大月亮。然而,这些"月亮"似乎固定在所在位置上,不像以前观测到的木星的 4 颗卫星。在伽利略于 1612 年重新进行观测时,土星的这几颗"月亮"完全消失了。当时对土星本体旁的这种奇怪附属物提出了许多解释。1659 年,荷兰学者惠更斯得到正确解释,指出土星的附属物不是卫星,而是离开本体的光环。以后 200 年间,土星环被看作是一个或几个扁平的固体物质盘。直到 1856 年,英国物理学家麦克斯韦从理论上论证了土星环是无数个小卫星在土星赤道面上绕土星旋转的物质系统。

从发现土星环以后的 300 多年间,一直认为土星是唯一有环的行星。1977 年,通过掩星观测证实天王星有窄的不透明环,从此进入行星环探索的黄金时代。"旅行者"飞船于 1979 年对木星的环系统进行了成像和研究。"先锋 11 号"和旅行者 1/2 号飞船在 1979、1980 和 1981 年靠近土星拍摄了大量图片。1984 年通过掩星探测发现了海王星的环。旅行者 2 号于 1986 年获得了天王星环的高分辨率照片。伽利略飞船在 90 年代后期获得了木星环高分辨率图像。另外,技术水平的提高也使地球轨道卫星也能对行星环进行观测。

目前认为行星环的可能成因有三:① 由于卫星进入行星的洛希极限内为行星的起潮力所瓦解;② 太阳系演化初期残留下来的某些原始物质,因在洛希极限内绕星公转而无法凝聚成卫星;③ 位于洛希极限内的一个或更多的较大天体被流星轰击成碎片,构成行星环。一般说来,大多数行星环中的物质在行星的洛希极限内绕行星本体运转;最近发现,有的较外层的环可以分布在洛希极限外很远的地方,对于这些环的形成原因还有待研究。甚至洛希极限公式本身,近年来亦在修正中。

1. 潮汐力与洛希极限

靠近行星的潮汐力导致轨道碎片形成了行星环而不是月球。月球越靠近行星,越受强的潮汐力支配。如果太靠近行星,则行星施加给靠近行星(或远离行星)边的力与行星施加到月球中心的力将有很大差别,这个差别如果比月球的自引力强,在这种情况下,月球将被撕裂(除非由机械强度保持在一起),结果形成行星环。

在 1847 年,洛希对液体月亮进行了半自洽分析,并得到下面公式:

$$\frac{aR}{R_p} = 2.456 \left(\frac{\rho_p}{\rho_s}\right)^{1/3}.$$

最小的天体有足够的惯性强度,如小月球不总是球形的。小天体的物理相干允许半径小于约 100 km 的月球在洛希极限内部是稳定的。环粒子太小,内部强度超过自引力几个数量级,不会整体损失,可以在洛希极限内很好地保持。

洛希极限的概念半定量地解释了为什么我们在巨行星附近观测到环，小月球更远一点，大月球仅在远处。然而，某些环和月球的离散意味着，在确定行星的卫星系统构形时其他因素是重要的。

2. 环的变平与扩展

环绕行星的环粒子在每个轨道穿过行星赤道两次，除非它的轨道因与其他粒子碰撞或因环的自引力作用而转向。在每次垂直振荡期间一个粒子经历的平均碰撞数是环的光学深度 τ 的几倍。行星环中粒子典型的轨道周期是 6～15 小时。由于在大多数土星（和天王星）环中 τ 是 $\vartheta(1)$，碰撞是很频繁的。碰撞耗散能量，但转换成角动量。于是，粒子以时间尺度 t_{flat} 进入薄盘：

$$t_{\text{flat}} = \frac{\tau}{\mu},$$

这里 μ 是粒子垂直振荡频率。一个扁行星施加力矩，影响轨道粒子的轨道角动量。当与环粒子的碰撞耦合时，可在行星和环粒子间产生角动量的缓慢转移。只有沿着行星自旋轴的角动量的分量才守恒。平行于行星赤道的盘的净角动量很快耗散。由于高速碰撞快速阻尼了相对运动，环以几个轨道的时间尺度（或约 τ^{-1} 轨道，如果 $\tau \ll 1$）稳定在行星的赤道平面。

几种机制作用以保持盘的非零厚度。有限的粒子大小意味着，当一个靠内的粒子赶上移动不太快的更远的粒子时，在行星赤道平面圆轨道的粒子恰恰以有限的速度碰撞。除非碰撞是完全非弹性的，即两个粒子固定在一起，一些能量将使粒子随机运动。这些碰撞的最终结果是扩展了盘。从另外角度观察，盘的扩展是在非弹性碰撞情况下要求保持粒子速度色散的能源。在缓慢移动的粒子之间的引力散射也将有序圆运动的能量转换为随机运动速度，在这种情况下，没有因非弹性碰撞引起的能量损失。

当粒子的速度色散 c_v 很小时，整体引力效应是重要的，因而 Toomre 稳定参数：

$$Q_T \equiv \frac{\kappa c_v}{\pi G \sigma_\rho}$$

小于 1。这里 κ 是粒子外摆线运动频率，σ_ρ 是环的表面质量密度。环粒子的色散速度 c_v 与环的高斯标高 H_v 有关：

$$c_v = H_v \mu.$$

当 $Q_T < 1$ 时，对轴对称波长凝集，盘是不稳定的：

$$\lambda = \frac{4 \pi G \sigma_\rho}{\kappa^2}.$$

对土星环的典型参数，λ 是 10～100 m 的数量级。凝集可能产生这个长度尺度约 $(2\pi)^{-1}$ 倍大的物体。那样大的物体然后激起小物体的随机速度，观测到的大小分布可保持在这种状态。外部能源也可对保持粒子的随机速度对抗来自非弹性碰撞的能量损失有贡献，特别是在接近与月亮强的轨道谐振时。

作为连续碰撞的结果，环在径向方向扩展。扩散时间尺度是：

$$t_d = \frac{l^2}{v_\nu},$$

这里 l 是径向长度尺度（环或粒子小圆的宽度）。黏性 v_ν 取决于碰撞速度和局地光学深度，近似为：

$$v_\nu \approx \frac{c_\nu^2}{2\mu} \left(\frac{\tau}{l + \tau^2} \right) \approx \frac{c_\nu^2}{2n} \left(\frac{\tau}{l + \tau^2} \right). \tag{7-5-1}$$

将 $l=6\times10^9$ cm(土星主环的近似径向延伸),和 $v_\nu=100$ cm^{2}s^{-1}代入,由方程(7-5-1)得到可与太阳系年龄相比较的时间尺度。对小的 l,时间尺度更短。既使在黏性比上面取值低几个量级的行星环区,黏性扩散预期快速平滑掉任何小尺度的密度变化。注意,方程(7-5-1)仅当粒子相对于碰撞间的其他粒子移动几倍的直径时才是正确的。

虽然在大多数情况下黏性作用去除了某些结构,在行星环的某些区域可能发生黏性不稳定性。如果粘性矩 $v_\nu\sigma_\rho$ 是表面密度的减函数,对于在径向方向的凝集,环是不稳定的:

$$\frac{\mathrm{d}}{\mathrm{d}\sigma_\rho}(v_\nu\sigma_\rho)<0\rightarrow\text{不稳定}. \qquad (7-5-2)$$

如果表面密度与光学深度成正比,那么方程(7-5-1)和(7-5-2)可组合得到稳定条件:

$$\frac{\tau}{c_\nu}\frac{\mathrm{d}c_\nu}{\mathrm{d}\tau}+\frac{1}{\tau^2+1}<0\rightarrow\text{稳定}. \qquad (7-5-3)$$

当 c_ν 和 τ 和是正的时,方程(7-5-3)意味着,如果在光学深度增加时环粒子的速度色散减小足够快,则环是黏性不稳定的。这也意味着更多的粒子能从低光学深度区扩散进入高光学深度区,反之也是这样。作为扩散和小圆可能形成的结果,密度起伏被放大。注意,方程(7-5-3)的第二项总是正的,并随 τ 增加而减小,不稳定性更像是发生在高光学深度区,例如土星 B 环,在那里黏性的表达式可能不正确。进一步,环粒子的速度色散取决于几个因素,包括非弹性碰撞的恢复系数。冰粒子低速撞击的实验结果表明,c_ν 确实随 τ 的增加而减小,但不足以快速导致黏性不稳定性。在光学厚的行星环系统中的大多数结构肯定是能动地保持的,除了最长的尺度之外。

7.5.2　木星的环

1979 年 3 月 4 日,当行星际探测器"旅行者"1 号穿越木星赤道面时,它携带的窄角照相机在距离木星 120×10^4 km 处拍到了亮度暗弱的木星环的照片。木星环离木星中心约 128 300 km。环的宽度约数千米,厚度约 30 km,光谱型为 G 型。木星环系由黑色的块状物体组成,每块的大小从数十米至数百米不等。这些块状物体围绕木星旋转,约 7 小时旋转一周。

1979 年 7 月 10 日,"旅行者"2 号又在距木星约 150×10^4 km 处拍下木星环的照片。研究所得照片,发现木星环有两个,外环较亮,内环较暗。内环几乎同木星的大气层相接。

木星的环主要由 3 部分构成:晕(halo)、主环(main ring)和薄环(gossamer ring)。图 7-5-1 是木星主环和晕的图片。表 7-5-1 列举了木星环系统的主要性质。

图 7-5-1　木星的主环和晕

(a) 晕;(b) 主环

表 7-5-1 木星环系统的主要性质

	晕	主环	Amalthea 环	Thebe 环
径向位置/R_J	1.3～1.72	1.72～1.806	1.8～2.55	1.8～3.15(约 3.8)
垂直厚度/km	～5×10^4	≤30	约 2300	约 8500
光学深度	约 10^{-6}～10^{-5}	约 2×10^{-6}～10^{-5}	约 10^{-7}	约 10^{-8}(约 10^{-9})
粒子大小	亚微米	宽的范围	亚微米	亚微米

7.5.3 土星的环

土星的环是太阳系最大、最亮的行星环,也是人类对其了解比较多的环。彩图 49 是由哈勃空间望远镜、旅行者号和卡西尼号飞船从不同角度拍摄的土星环的照片。彩图 50 给出土星环与附近卫星的相对位置。

1. 土星环的径向结构

在地面用小和中等望远镜观测土星,土星似乎由两个环包围着,靠里面且比较亮的称为 B 环,外面的称为 A 环,将这两个环分隔开的是暗的缝隙,称为卡西尼缝。卡西尼缝并不是完全的缝隙,只是光学深度只有周围 A 环和 B 环的 20%。用较大的望远镜观察,可以看到暗淡的 C 环,它位于 B 环的内测。Encke 缝是位于 A 环外面接近于真空的环,好的观测条件下,在地面就可以观测到。A 环、B 环、C 环和卡西尼缝统称为土星的主环,或土星的经典环系统。C 环的内部是极稀薄的 D 环,旅行者号曾对其成像,但在地面没有观测到。窄的、多丝状的、弯曲的 F 环在 A 环外面扩展 3000 km。两个稀薄的尘埃环正好位于土星洛希极限外面:窄的 G 环和极宽的 E 环。这几个环的基本参数示于表 7-5-2。

表 7-5-2 土星环系统的性质

	主环					F 环	G 环	E 环
	D 环	C 环	B 环	卡西尼缝	A 环			
径向位置/R_s	1.09～1.29	1.24～1.53	1.53～1.95	1.95～2.03	2.03～2.72	2.32	2.75～2.87	3～8
垂直厚度/km		<1	<1	<1				10^3～2×10^4
光学深度	约 10^{-5}～10^{-4}	0.05～0.2	1～3	0.1～0.15	0.4～1	1	10^{-5}～10^{-4}	10^{-7}～10^{-8}
粒子大小	μm	mm～m	cm～10 m	cm～10 m	cm～10 m	μm～cm	μm～mm?	1 μm

2. 粒子性质

土星主环反射的红外光与水冰类似,这意味着水冰是主要成分。土星环的高反照率表明,杂质很少或没有在微观水平上混合。小的但值得注意的颜色变化在各个环上都可以看到。一般来说,在光学深度高的环比低的环更亮、更红。这些差别可能起因于在低 τ 区通过与微流星体碰撞而产生的更快速的粒子污染。

环粒子的频繁碰撞可产生粒子聚合体以及侵蚀。与尺度无关的吸积和分裂过程使得粒子数与粒子大小的分布满足幂定律。在小行星带宽的范围和大多数行星环中都观测到幂定律分布。关于粒子大小的数据常常拟合到下面的分布形式:

$$N(R) = N_0 \left(\frac{R}{R_0} \right)^{-\xi} \quad (R_{\min} < R < R_{\max}). \tag{7-5-4}$$

这里 $N(R)$ 是在半径 R 到 $R+\mathrm{d}R$ 之间的粒子数,N_0 和 R_0 是归一化常数。这种分布是由幂定律指数 ξ、粒子的最小与最大值 $R_{\min}$ 和 $R_{\max}$ 表征的。

波长为几厘米的雷达信号从土星环反射。环的雷达波高反射率表明相当一部分是由直径至少是几厘米的粒子构成的。根据几方面的观测数据看推断,粒子的大小范围从约 1 cm 到 5～10 m。对 1 cm$<R<$5 m 粒子的幂指数为 2.8$<\xi<$3.4,对 $R>$10 m 的粒子 $\xi>$5。C 环中的粒子小于 A 环的。在 E、G 和 F 环中,微米大小的粒子是很普遍的。计算机模拟给出 A 环粒子大小的分布,见图 7-5-2。

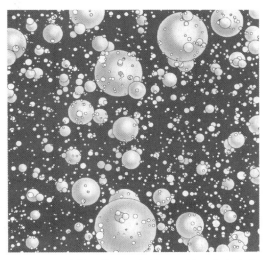

图 7-5-2　计算机模拟给出的 A 环粒子大小分布

3. 质量

尽管土星环是太阳系最大、最亮的环系统,但环的质量太小,难以通过对月亮和飞船的引力效应测量。于是,必须用间接的方法得到。

环中的螺旋密度波和螺旋弯曲波的波长与环的局地表面质量密度成正比,因此看得到所见波位置的质量。在 B 环两个波位置观测得到的表面密度 σ_p 约为 50～80 g/cm^2。对 A 环中几十个波的分析得到的结果是:在内到中 S 环,表面密度约 50 g/cm^2,在外边缘下降到约 20 g/cm^2。在 C 环两个位置测量的结果约为 1 g/cm^2,而在中间大约是 10 g/cm^2。

土星环系统总质量估计是:

$$M_{\text{rings}} \approx 5 \times 10^{-8} M_s \approx M_{\text{Mimas}}.$$

这里 Mimas 是土星最内、最小的月亮。

7.5.4　天王星的环

到目前为止,已经发现天王星有 13 个窄的、椭圆形的环。天王星的光环像木星的光环一样暗,但又像土星的光环那样由相当大的、直径达到 10 m 的粒子和细小的尘土组成。天王星的光环是在 1977 年用掩星观测到的,是继土星的环被发现后第一个被发现的,这一发现被认为是十分重要的,由此我们知道了光环是行星的一个普遍特征,而不是仅为土星所特有的。天王星的 13 个环的基本参数示于表 7-5-3。

表 7-5-3   天文学环系统的性质

环	到天王星中心的距离/km	环的宽度/km	偏心率	倾角/(°)
R/2003 U2	97 700			
R/2003 U1	66 000			
Epsilon	51 149	20~96	0.00794	
Lambda	50 024	约 2		
Delta	48 300	3~7	0.00004	0.001
Gamma	47 627	1~4	0.00109	0.000
Eta	47 176	1.6		
Beta	45 661	5~11	0.00044	0.005
Alpha	44 720	4 to 10	0.00076	0.015
Ring 4	42 571	~2	0.001065	0.032
Ring 5	42 234	~2	0.00190	0.054
Ring 6	41 837	1.5	0.00101	0.062
R/1986 U2	38 000			

　　彩图 51 显示了土星两个新环的特征,是根据哈勃空间望远镜几次观测的结果合成的。左图的数据取自 2003 年。新的尘埃环非常黯淡,拍摄时要求长时间曝光。背景斑点图形是噪声。最外面的环(R/2003 U1)像是充满了从新发现的卫星 Mab 发射出的尘埃,Mab 作为一个可见的亮纹镶嵌在外环的顶部。在最外面的环和内环系统之间大约一半的地方,是新发现的第二个环(R/2003 U2)。因为长时间曝光,土星的月亮是模糊的并以弧的形式出现在环内。

　　彩图 52 给出整个天王星系统的环与月亮。

7.5.5　海王星的环

　　海王星也有光环,但在地球上只能观察到暗淡模糊的圆弧,而非完整的光环。但旅行者 2号的图像显示这些弧完全是由亮块组成的光环。其中的一个光环看上去似乎有奇特的螺旋形结构。表 7-5-4 列举了海王星环的主要特征。

表 7-5-4   海王星环的主要特征

名字	距离*/km	宽度/km	反照率
1989N3R	41 900	15	low
1989N2R	53 200	15	low
1989N4R	53 200	5 800	low
1989N1R	62 930	<50	low

*指到海王星中心的距离。

　　人们已命名了海王星的光环:最外面的是 Adams(它包括三段明显的圆弧,今已分别命名为自由 Liberty,平等 Equality 和互助 Fraternity),其次是一个未命名的包有 Galatea 卫星的弧,然后是 Leverrier(它向外延伸的部分叫做 Lassell 和 Arago),最里面暗淡但很宽阔的叫Galle。

7.5.6 环-卫星相互作用

1. 谐振

在物理学许多领域,一个普通的过程是谐振激发:当一个振荡器被一个周期接近于振荡器自然周期的变力激发时,可发生相当大的谐振,即使力的幅度是小的。在行星环情况,扰动力是行星月亮之一的引力,这个力一般远小于行星本身的引力。

谐振发生在环粒子的径向(或垂直)频率等于卫星水平(或垂直)力一个分量的频率时,如在以粒子轨道频率旋转框架上所感觉到的。在这种情况下,谐振粒子反复地接近其径向(或垂直)震荡的相同相位,此时它经历了卫星强迫力的特殊相。这种情况使得来自卫星的连续相干"冲击"积累了粒子的径向(或垂直)运动,可能引起相当大的外迫振荡。最接近谐振的粒子有最大的偏心率,因为它们接收到最强的相干冲击;强迫的偏心率与到线性区非相互作用粒子的距离成反比。环中粒子的碰撞以及环自引力使情况复杂,行星环的谐振力可产生各种特征,包括缝隙与螺旋波。

对给定月亮的谐振位置和强度可通过将月亮的引力势分解成它的傅里叶分量计算。扰动(强迫力)频率 ω_f 可写成卫星角频率、垂直和径向频率的整数倍:

$$\omega_f = m_\theta n_s + m_z \mu_s + m_r \kappa_s, \tag{7-5-5}$$

这里水平对称数 m_θ 是非负的整数,m_z 和 m_r 是整数,对水平强迫力是偶数,对垂直强迫力是奇数。下标 s 指卫星(月亮)。

在距离行星 $r = r_L$ 的粒子,如果满足(7-5-6)式则是水平(Lindblad)谐振:

$$\omega_f - m_\theta n(r_L) = \pm \kappa(r_L). \tag{7-5-6}$$

如果径向位置满足(7-5-7)式则发生垂直谐振:

$$\omega_f - m_\theta n(r_v) = \pm \mu(r_v). \tag{7-5-7}$$

当方程(7-5-6)对下(上)符号是正确时,r_L 指作内(外)Lindblad 或水平谐振,常缩写为 ILR 和 OLR。当方程(7-5-7)对下(上)符号是正确时,r_v 指作内(外)垂直谐振,常缩写为 IVR 和 OVR。由于土星大的卫星轨道都在主环之外,卫星的角频率 n_s 低于粒子的角频率,内谐振比外谐振更重要。在土星环内,轨道、径向和垂直频率之间的差别最多在百分之几内。于是,当 $m_\theta \neq 1$ 时,近似 $\mu \approx n \approx \kappa$ 可用于得到比值:

$$\frac{n(r_{L,v})}{n_s} \approx \frac{m_\theta + m_z + m_r}{m_\theta - 1}. \tag{7-5-8}$$

注意 $\frac{m_\theta + m_z + m_r}{m_\theta - 1}$ 或 $(m_\theta + m_z + m_r) : (m_\theta - 1)$ 通常用于辨别给定的谐振。如果 $n = \mu = \kappa$,内水平和垂直谐振将一致:$r_L = r_v$。由于土星是扁的,$\mu > n > \kappa$,位置 r_L 和 r_v 不一致:$r_L < r_v$。

由卫星施加的外力的强度在最低阶取决于卫星的质量 M、偏心率 e 和倾角 i,具体关系式为 $M_s e^{|m_r|} \sin^{|m_z|} i$。最强的水平谐振有 $m_z = m_r = 0$,形式为 $m_\theta : (m_\theta - 1)$。最强的垂直谐振有 $m_z = 1, m_r = 0$,形式为 $(m_\theta + 1) : (m_\theta - 1)$。这种轨道谐振的位置和强度可根据已知的卫星质量、轨道参数和土星的引力场计算。到目前为止,在土星环系统中大部分最强谐振位于外 A 环(见图 7-5-3 和 7-5-4),接近于激发它们的月亮的轨道。

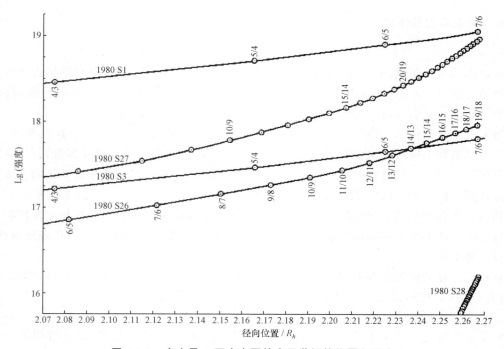

图 7-5-3　在土星 A 环中主要的水平谐振的位置和强度

图 7-5-4　旅行者 2 号拍摄的土星 A 环
外测可看到十几个密度波

在图 7-5-3 中，5 颗最靠近的月亮的轨道位于主环系统内部，这 5 颗卫星是 Janus、Epimetheus、Pandora、Prometheus 和 Atlas。

谐振强迫力导致土星环的角动量缓慢地向月亮输送。这些力矩产生两种土星环结构：缝隙/环边界、螺旋密度波和弯曲波。土星两个主环的外边缘由环系统中两个最强的谐振保持。B 环的外边缘位于 Mima 的 2∶1 ILR。A 环的外边缘与共轨月亮 Janus 和 Epimetheus 的 7∶6 谐振一致。

2. 螺旋波与螺旋弯曲波

由外面月亮的引力扰动产生的螺旋密度波和弯曲波在土星的几十个位置观测到。这些波是诊断环性质的有力工具。

螺旋密度波是水平密度振荡，源于偏心轨道上粒子流线的聚集（见图 7-5-5（a）和（b））。与之对比，螺旋弯曲波是环平面的垂直波纹，源于粒子轨道的倾斜（见图 7-5-5（c））。在土星环中，两种类型的螺旋波是与土星月亮谐振激发的，图 7-5-6 是卡西尼飞船拍摄的土星 A 环中的螺旋密度波和弯曲波。图的左边是向外传播的螺旋密度波，右侧是向内传播的螺旋弯曲波。

3. 土星环中的轮辐状结构

土星 B 环中央不时出现一种形如轮辐的结构，这些特征称为轮辐，因为它们的外表像是轮子的辐条。这种特征最早是由旅行者号飞船发现的，卡西尼飞船也观测到这类图像。彩图

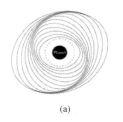 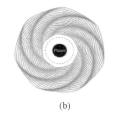 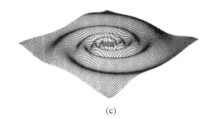

(a) (b) (c)

图 7-5-5 螺旋密度波与弯曲波

（a）伴随着 2∶1 水平谐振的密度波；（b）伴随着 7∶6 水平谐振的密度波；（c）显示了垂直位移变化的螺旋弯曲波

53 显示了 35 分钟的轮辐变化序列（从上到下）。

轮辐被认为是宏观尘埃粒子从环平面中飘起。它们出现在两边,靠近 B 环较密的部分。它们以与土星磁场相同的速率旋转说明,它们是受电磁力影响的。这些轮辐在距离土星中心大约 104 000 km 处形成,向外扩展到卡西尼缝。它们也许是由击穿环的流星体形成,或者是由带电并漂浮在较大的环体上的尘埃粒子形成的。

4. 行星环的起源

行星环需要了解的主要问题是环系统的源和年龄。环系统原始结构是原始卫星吸积盘的残余,还是在更近的年代作为较大月亮或行星际碎片破裂形成的？各种演化过程（例如角动量通过谐振激发密度波输送）发生在远远短于太阳系年龄的时间尺度,说明行星环肯定是

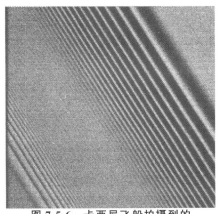

图 7-5-6 卡西尼飞船拍摄到的土星 A 环的螺旋波

地质上年轻的。但是,几种不同意见认为土星环的近代起源是极不可能的。

行星环地质上近代起源最强有力的证据是计算得到的演变过程短时间尺度。对土星环最有说服力的因素是环和附近月亮的轨道演变是起因于谐振力矩以及吸积行星际碎片对环的污染。检验卫星力矩的正确性是非常重要的,因为模式也建议角动量经过谐振力矩和密度波的输送是重要因素,但没有很好的观测。

微米大小的尘埃很快从环中排除。某些损失机制导致不断地从环中排除颗粒;例如溅射和气体拽力等。

一个靠近行星通过的离群天体可能被潮汐力毁坏,如彗星 Shoemaker-Levy 9。然而,在大多数情况下,巨大的主体碎片从行星逃逸或与其碰撞。这种来源不能解释为什么所有 4 颗行星环系统轨道在顺行方向。环粒子于是更像是绕行星盘的产物。

行星环可能是来自月亮破裂的碎片,这些月亮太靠近行星,以致被行星的潮汐张力撕破,或者被撞击毁坏,且因潮汐力没有被再吸积。这种猜想有两个困难:外面观测到的环是最近月亮破裂的产物:月亮可以在行星环被看见的范围形成吗？为什么行星环最近形成,即为什么现在特殊？更困难的是吸积然后保持在一起的天体。于是,产生环的月亮必须在行星洛希极限外形成,然后向内漂移。对于月亮,朝向行星的潮汐衰减仅发生在与行星自旋周期同步的轨道里面,但对土星和木星,洛希极限在同步轨道之外。

复习思考题与习题

1. 类木行星具有哪些共同的特点？
2. 描述类木行星的大气层结构与内部。
3. 木星大气层的区和带是怎样形成的？
4. 类木行星中性大气层的元素和同位素构成有什么特点？
5. 木星的辐射带具有什么特征？木星的卫星对木星磁层有什么影响？
6. 土星的磁场与磁层有哪些特点？
7. 为什么类木行星有环而类地行星没有环？
8. 简述土星环的结构。
9. 环与卫星有哪些相互作用？
10. 比较四颗类木行星的共同点与不同点（结构、磁场与磁层、环、卫星等方面）。

参 考 文 献

[1] Encrenaz. T et al, The Solar System, Third Edition, Springer-Verlag, New York,2004.

[2] Eric Chaisson, Astronomy Today, Fifth Edition, The Solar System, Volume 1,Upper Saddle River, New Jersey,2005.

[3] Eran Bagenal,Timothy E. Dowling and William B. McKinnon. ,Jupiter, Cambridge University Press,2004.

第八章　类木行星的卫星与类木行星探测

8.1　泰　坦

1655 年 3 月 25 日,荷兰天文学家惠更斯在用自制的 3.7 m 长折射望远镜观测土星时,无意中发现了一颗卫星。它就是人类发现的第一颗土星卫星,被命名为泰坦(Titan),即土卫六。彩图 54 是由卡西尼探测器广角摄像机获得的泰坦图片,图(a)接近于自然颜色,显示了全球泰坦和雾。图(b)是由 4 个红外成像组合而成的,对图片进行了特殊处理,去除了大气层的影响,可以透过云层看到表面特征。图(c)是由紫外和红外 4 幅图像组合而成,红与绿颜色表示红外波长,显示了大气层甲烷吸收光的区域。这些颜色揭示了亮的北半球。蓝色表示紫外波长,显示了高层大气和雾。

泰坦直径 5150 km,是太阳系中仅次于木卫 3(Ganymede)的第二大卫星。虽然泰坦被分类为卫星,但它大于水星和冥王星。

泰坦距离土星大约 1.2×10^6 km,或者是 $20.6 R_s$(土星半径)。这个数值可与 Ganymede 的相比较,它距离木星约 1.0×10^6 km,或者是 $15 R_J$(木星半径)。

在将泰坦与土星比较时会发现一组有趣的数字。Titan 的半径比土星的小 20 倍,而到土星的距离大约是土星半径的 20 倍。

泰坦绕土星的轨道偏心很大,为 0.0292。这样大的偏心率不会是由于附近天体的扰动,可能是由于较大天体(如彗星)的撞击。

8.1.1　泰坦大气层的化学成分

1. 大气层的化学成分

在"旅行者"号探测器飞越泰坦之前,人们就通过红外光谱仪发现,泰坦大气的成分除了甲烷之外,还有 C_2H_6、CH_3D、和 C_2H_2。"旅行者"的紫外遥感仪器观测到 N_2,这也是含量最多的成分之一,此外还有 H_2、HCN、C_3H_8、C_2H_4、$C_3H_4(CH_3C_2H)$、C_4H_2、HC_3N、C_2N_2 和 CO_2,所有这些成分都是先由"旅行者"探测器辨别,然后由"空间红外观测站"(ISO)卫星证实的。这些气体的相对丰度示于表 8-1-1。此外,通过将"旅行者"号获得的数据与红外及无线电探测数据比较,可以间接确定氩的存在和相对丰度。由"旅行者"号无线电掩星数据确定的泰坦大气平均分子量为 28.6。这表明,有比氮更重的气体存在。氩似乎是可以解释这个分子量值的唯一气体。Ar/N_2 必须在 0 和 27% 之间。在"旅行者"飞越泰坦后,从地球上观测到泰坦大气中含有 CO,然后由 ISO 观测到 H_2O。表 8-1-1 给出了泰坦平流层的成分。

表 8-1-1 泰坦平流层的成分

气体		摩尔分数	
主要成分(major compnents)			
氮(Nitrogen)	N_2	0.98	
氩(Argon)	Ar	0	
甲烷(methane)	CH_4	0.018	
氢(Hydron)	H_2	0.002	

		赤道	北极	
		约 6 hPa	约 0.1 hPa	约 1.5 hPa
碳氢化合物(Hydrocarbons)				
乙炔(Acetylene)	C_2H_2	2.2×10^{-6}	4.7×10^{-6}	2.3×10^{-6}
乙烯(Ethylene)	C_2H_4	9.0×10^{-8}		3×10^{-6}
乙烷(Ethane)	C_2H_6	1.3×10^{-5}	1.5×10^{-5}	1.0×10^{-5}
甲基乙炔(Methylacelene)	C_3H_4	4.4×10^{-9}	6.2×10^{-8}	2.0×10^{-8}
丙烷(Propane)	C_3H_8	7.0×10^{-7}		5.0×10^{-7}
联乙炔(diacetylene)	C_4H_2	1.4×10^{-9}	4.2×10^{-8}	2.7×10^{-8}
单氘化甲烷(Monodeuterated methane)	CH_3D	1.1×10^{-5}		
腈类(Nitriles)				
氰化氢(Hydrogen cyanide)	HCN	1.6×10^{-7}	2.3×10^{-6}	4×10^{-7}
丙炔腈(Cyanoacetylene)	HC_3N	$\leqslant 1.5 \times 10^{-9}$	2.5×10^{-7}	8.4×10^{-8}
氰(Cyanogen)	C_2N_2	$\leqslant 1.5 \times 10^{-9}$	1.6×10^{-8}	5.5×10^{-9}
氧化物(Oxygen compounds)				
二氧化碳(Carbon dioxide)	CO_2	1.4×10^{-8}	$\leqslant 7 \times 10^{-9}$	
一氧化碳(Carbon monoxide)	CO		6×10^{-5} *	
			$\leqslant 4 \times 10^{-6}$ **	
水(water)	H_2O	1×10^{-9}	1×10^{-9}	

* 在对流层;** 在平流层

惠更斯探测器在泰坦大气层的下落过程中,利用气体色谱质谱仪(gas chromatograph mass spectrometer,GCMS)对大气参数进行了直接测量,得到的结果是:[36]Ar 的摩尔分数是 $(2.8 \pm 0.3) 10^{-7}$(见表 8-1-2),没有探测到微量成分 [38]Ar、Kr 或 Xe。摩尔分数的上限为 10^{-8}。尽管[36]Ar/[14]N 比太阳中的比值 23 小 6 个数量级。来自高度为 130~120 km(约 4.2~5.5 hPa)平流层的取样质谱示于图 8-1-1(a),m/z 的主峰在 28、14 和 16、15、13、12 表明存在 N_2 和 CH_4。图 8-1-1(b)显示的谱来自对稀有气体的分析,除微量气体[36]Ar 外,主体是惰性气体,其他重分子不存在。

表 8-1-2 对给定比的 GCMS 确定

比	GCMS	对 GCMS 计算的高度/km	泰坦/地球
[14]N/[15]N	183 ± 5	40.9~35.9	0.67
[12]C/[13]C	82.3 ± 1	18.2~6.14	0.915
D/H	$(2.3 \pm 0.5) \times 10^{-4}$	124.9~66.8	1.44
[36]Ar/(N_2+CH_4)	$(2.8 \pm 0.3) \times 10^{-7}$	75~77(稀少气体)	7.0×10^{-3}
[40]Ar/(N_2+CH_4)	$(4.32 \pm 0.1) \times 10^{-5}$	18(到表面)	3.61×10^{-3}

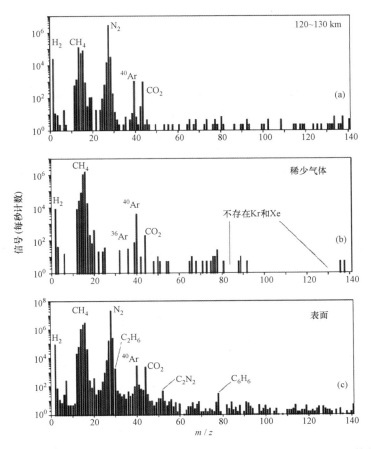

图 8-1-1 样品的平均质谱,每秒的离子计数率与每单位电荷质量(m/z)的关系

（a）高度大约为 120～130 km 的高层大气谱,在 244 秒内平均有 104 个质谱；（b）在大约 75～77 km 范围内对稀有气体的测量,在 81 秒内平均有 43 个质谱,没有重的惰性气体；（c）表面谱,从表面撞击到没有信号的 70 分钟内（432 个质谱）。

2. 泰坦大气层中 D/H 之比

同巨行星天王星和海王星一样,D/H 之比可以提供关于泰坦怎样形成的信息。我们可能想起,在太阳系的冰中,相对于原始太阳丰度,氘是丰富的,是发生在低温条件下离子和分子之间相互作用的结果。

根据 CH_3D/CH_4 比测量 D/H 之比首先是由地基近红外的光谱测量得到的,然后是来自"旅行者"号的 IRIS 实验,波长在热区的 8 μm,最后是来自 ISO 卫星在相同波长的测量。所有这些结果显示相对于原始太阳值明显的丰富,与适合卫星形成的情景一致。最近由 ISO 推导的值是 7.5×10^{-5},是原始太阳中的 3 倍,是地球上的一半。

由惠更斯探测器根据 HD/H_2 之比测量到的 $D/H = (2.3 \pm 0.5) \times 10^{-4}$。在早期测量的不确定性范围之 $(1.6^{+1.6}_{-0.8}) \times 10^{-4}$ 内,这个结果来自于地基和"旅行者"号的红外光谱测量。更近一些的遥感测量给出的值偏低,用红外 Echelle 光谱仪得到的结果是 $(7.75 \pm 2.25) \times 10^{-5}$,用 ISO 短波光谱仪得到的结果是 $(8.7^{+3.2}_{-1.9}) \times 10^{-5}$。泰坦上 D/H 值比太阳星云中的 H_2 值高一个数量级,略低于从 Oort 云彗星 H_2O 中发现 3.2×10^{-4} 的,很接近标准平均海洋水（standard mean ocean water,SMOW)地球值 D/H=1.6×10⁻⁴。利用这个 D/H 值和关于氮同位素以及惰性气体丰度的新数据可改进泰坦大气层起源和演变的模式。

8.1.2 密度、温度与风

早期的"旅行者"飞越探测结果显示,泰坦大气层主要是由 N_2 构成的,含有少量的 CH_4。表面压强大约是 1400 hPa,表面温度约 95 K,在 40 km 的高度减小到最小值 70 K,在这个高度以上温度开始上升,在平流层达到 170 K。在高的高度(1000～1500 km),大气层结构是根据"旅行者"紫外光谱仪(UVS)的太阳掩星测量推导出来的。中层大气(200～600 km)的结构并没有很好地确定,尽管望远镜观测显示了复杂的垂直结构,也利用模式预报了这个区域的结构。对泰坦表面情况知之甚少,因为泰坦被厚重的云雾掩藏着,除了用雷达和在少数红外窗口用望远镜观测外,几乎无法探测。

早期的观测表明,泰坦的表面压强可与地球的相比较,CH_4 似乎与地球上的水相对应,形成了云和雨。也有一种推测,泰坦大气层中可能存在闪电,并影响大气层的化学成分。

1. 泰坦大气层的密度和温度

惠更斯(huygens)探测器携带的一个重要仪器是"惠更斯大气结构仪器"(huygens atmospheric structure instrument,HASI)。HASI 是一个多种传感器包,用于在"惠更斯"探测器下降过程中测量泰坦大气层的物理特性,还可以用于研究大气层的电性质,提供表面是固体还是液体的信息。HASI 直接确定高层大气的密度,并根据密度标高推导温度。在低层大气和泰坦的表面,HASI 直接测量压强和温度。在惠更斯探测器下降期间,HASI 可监测电活动以寻找闪电活动的证据,还可以寻找由雷暴和其他激波产生的声波。

在高层大气,密度剖面用于推导温度剖面。在 500 km 以上的平均温度 170 K 附近,温度结构显示了强的、幅度为 10～20 K 的波状变化。在 500 km 以下,温度增加到相对最大值 186 K,然后达到在 44 km 处的绝对最小值。在大约 200 km 以下,由 HASI 测量的温度和压强剖面与 Voyager 无线电掩星数据得到的结果一致。表面温度为 93.65±0.25 K,表面压强是 1467±1 hPa。这个值在旅行者数据允许的不确定星范围之内。电导率测量结果表明,在电离层中存在带电粒子,可能是宇宙线产生的。还探测到一些放电现象。

大气层参数是在大约 1500 km 处开始测量的,在这个高度,超过了加速度计灵敏度的阈值。从测量结果来看,高层大气的温度和密度超过了预期值。图 8-1-2 给出大气密度剖面(实线),并与工程模式结果(虚线)比较。在 500 km 以上,由 HASI 测量的结果系统地高于模式值。

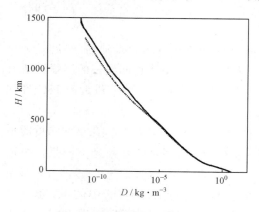

图 8-1-2 泰坦大气层密度剖面

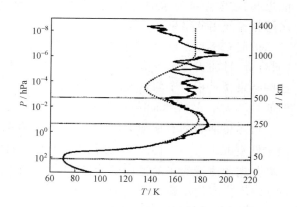

图 8-1-3 泰坦大气层的压强与温度剖面

压强是在根据密度剖面在流体平衡近似的假定下得到的,同时还用到行星引力(在表面为 1.354 m/s²)、质量(1.35×10²³ kg)和半径((2575 km)的知识。温度是根据压强数据得到的。由 HASI 测量的泰坦大气层温度剖面示于图 8-1-3,实线是测量值,虚线是根据工程模式得到的。

在 160 km 高度以上,温度和压强是根据密度测量数据和理想气体方程推导的。在 160 km 以下,温度数据是由 HASI 中的温度传感器(temperature sensors,TEM)直接测量的。在 500～1020 km 的热层,温度变化是由于存在逆变层或其他动力现象(如重力波和引力潮汐)。在这个区域的温度高于模式预报值。实际上缺少中层和温度剖面的波状特征说明,在泰坦大气层 250 km 以上区域,辐射过程可能不占主导地位,可能受波活动的强烈影响。于是,这里给出的观测结构可能随时间变化。水平线标志中层顶(在 490 km 处为 152 K)、平流层(在 250 km 处为 186 K)和对流层(在 44 km 处为 70.43 K)。

在降落伞展开和热屏蔽脱离后,温度和压力传感器直接暴露在泰坦环境中,测量的压强和温度剖面示于图 8-1-4 和图 8-1-5。实线是测量值,圆圈和叉是由旅行者 1 号无线电掩星方法得到的值。

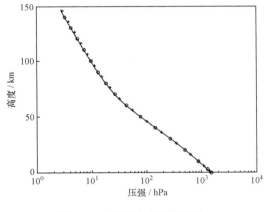

图 8-1-4　低层大气压强剖面

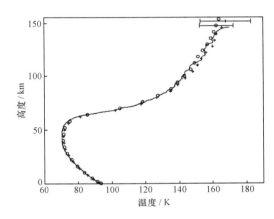

图 8-1-5　低层大气温度剖面

在 60～110 K 的范围,温度的不确定性是 ±0.25 K,在 110 K 以上是 ±1 K。温度的最小值 70.43 K 出现在对流层顶(大约 44 km,115±1 hPa)。HASI 测量的温度与旅行者无线电掩星方法获得的数据一致性很好。旅行者数据的误差在 200 km 附近是 ±15 K(egress),±10 K(ingress),在对流层顶是 ±0.5 K。

在低平流层由许多逆温层,在 80 和 60 km 之间可见到温度随高度增加。50～150 km 之间的特征可能与 Kelvin-Helmholtz 不稳定性有关。这种不稳定性是由大的垂直风速剪切引起的。

2. 泰坦大气层的风

在 1980 年旅行者 1 号飞越泰坦时,提供了泰坦大气层存在强的纬向风(zonal winds)的证据。考虑到在大气层中探测器的运动可用于研究风,因此"惠更斯"探测器携带了"多普勒风实验"仪器,该仪器在随惠更斯探测器在泰坦大气层中下落的过程中,获得了高分辨率的风垂直剖面,风测量精度优于 1 m/s。在探测器下落的大部分时间内,纬向风是与泰坦转动方向相同的,提供了泰坦超旋的实地探测证据。在 60～100 km 高度范围内探测到惊人缓慢的风,速度减小到零。一般的弱风(约 1 m/s)在下落的最低 5 km 处观测到。

由地基多普勒数据得到的纬向风随时间的变化示于图 8-1-6。更准确地说,这个量是惠更斯相对于泰坦表面的水平东向速度。从 t_0 开始的时间积分风速测量得到惠更斯在泰坦着陆点的经度为 192.33±0.31°W,相应于在整个下落期间东向漂移 3.73×0.06°(165.8 ±2.7 km)。

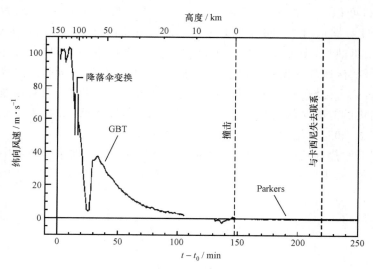

图 8-1-6 由惠更斯测量到的纬向风速

高空风严格地与天体自旋同方向(正的纬向风),但在 60～100 km 之间观测到风速明显减小。降落伞交换的一分钟时间内的数据在初步分析中已经排除了。纬向风速度的单调减小从 60 km 一直到 GBT(green bank telescope)跟踪结束(在 10:56 SCET/UTC)都记录下来。Parkes 观测站(parkes radio telescope)直到 11:22 SCET/UTC 才开始观测,因此排除了 5～14 km 高度间隔的观测。这时惠更斯探测器在弱风($|U| \approx 1$ m/s),显示了朝向逆向运动的趋势。在 GBT 和 Parkes 之间的 26 分钟间隙靠近后面的多普勒测量。

纬向风随高度的变化以及压力值示于图 8-1-7。测量剖面粗略地与工程模式中的高空风速度一致,在 14 km 以上一般是与天体自旋同方向风。假定这种局地观测代表了在这个高度的状态,在 45～70 km 高度之间和 85 km 以上测量到的大的自旋同方向风速度远大于泰坦赤道旋转速度($\Omega a \approx 11.74$ m/s,$\Omega = 4.56 \times 10^{-6}$ rad/s,$a = 2575$ km 分别是泰坦的旋转率和半径),那么,第一次实地探测证实了在这个高度的大气层超旋。

图 8-1-7 显示了根据 GBT 和 Parkes 观测得到的纬向风与泰坦工程风模式比较以及根据旅行者温度数据的得到的风速包络线。在高高度估计的纬向风速度的不确定性是 80 cm/s 的数量级,在表面以上下降到 15 cm/s。这些不确定性基本上是伴随惠更斯在进入大气层时的轨道系统误差。估计的统计误差是小的,标准偏离为 $\sigma \approx 5$ cm/s 的数量级。在 100 km 以上是例外,那里的风起伏最大,纬向流比模式值低。在高度范围在 60 km 和 100 km 以上的风剪切层是没有预料到的,目前也没有解释。

测量的剖面与工程模式最明显的偏离是在 65 和 75 km 的高度(压强大约在 40 和 25 hPa 之间)之间有强的反向剪切区,这里速度减小到 4 m/s 的最小值,然后反向增强。泰坦风剖面的这个特征与在金星大气层中多普勒跟踪探测结果不同。

图 8-1-7 所示的初步的风数据对泰坦天气预报提供了就地测试,如表 8-1-3 所示。超旋大

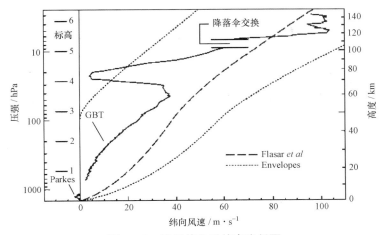

图 8-1-7　泰坦纬向风的高度剖面

气层(纬向风速高于固体表面的风速)的验证确实使泰坦的气象与金星相同区的类似。

表 8-1-3　泰坦气象预报和多普勒风实验结果

预报/模式特征	DWE 结果
大气层超旋($U \gg 12$ m/s)*	对上对流层和平流层证实
与天体旋转同向流($U > 0$)	在 15 km 以上所有高度证实
个别的反向剪切($\partial U / \partial z < 0$)在低平流层	证实了,但在 $65 \sim 75$ km 见比模拟的强
接近表面的地转风($U \ll 12$ m/s)	证实并比预期的深(大于 1 标高)
很弱的表面风	证实$|U| \approx 1$ m/s
南半球近表面温度	与地高度风的向上和向西地转平衡一致

*U 是纬向风速

8.1.3　泰坦的表面特征

1. 泰坦表面的形态

泰坦的表面特征在可见光范围是不能直接观测的,因为它被厚重的云层和浓雾覆盖着。卡西尼探测器携带了合成孔径雷达,微波可以穿过云层,获得泰坦表面特征的图像。图 8-1-8 是由卡西尼探测器获得的 16 幅雷达图像合成得到的,探测器到泰坦的距离为 226 000～242 000 km,分辨率大约 1.3 km。图中明亮的区域称为 Xanadu 区。

2005 年 1 月 14 日,欧洲空间局(ESA)的惠更斯探测器成功地降落在泰坦表面,在降落过程中,惠更斯携带的摄像机拍摄到泰坦表面特征,图 8-1-9 是由多幅图片拼接而成的,显示了惠更斯探测器周围 360°的状态,从中可清楚看到泰坦表面的特征。

图 8-1-8　泰坦的表面特征

图 8-1-9 惠更斯探测器观测到的泰坦表面

左边显示了暗和亮区间的边界,在这个边界附近看到的白条可能是地"雾",因为在较高的高度没有看到这个特征。探测器在下降时跨过高地(图的中心)漂移,头朝向暗区(右边)的着陆点。根据探测器漂移情况,可估计出风速大约是 6~7 km/h。这些图像取自大约 8 km 的高度,分辨率大约是 20 m。

2. 液体湖

图 8-1-10 是卡西尼探测器于 2006 年 4 月 30 日对泰坦 Xanadu 地区上部的雷达成像。在图(a)中可见河道网。这些迂回曲折的河道起始于图的顶部,像树杈那样向下延伸,并分裂为左右两枝。在泰坦寒冷的条件下,液态甲烷或乙烷可能跨过这个区域的一部分流动。图中所包括的区域为 230 km 宽,340 km 长,分辨率为 500 m。

图 8-1-10 泰坦的雷达成像

图(b)显示 Xanadu 地区(图的右下方)西南部的特征,这个区域是亮的,因为它反射电磁波的能力强。Xanadu 是泰坦上最突出的特征地区之一,首先是在地面观测到的。Xanadu 的源目前还不清楚,但这副雷达图像详细地揭示了以前未见的许多弯曲特征,可能指示了流体的流动。在图的中心有突出的圆形特征,命名为 Guabonito,直径大约 90 km。它可能是一个陨石坑,或者是一个冷却的火山口。如果这是一个撞击结构,缺少抛射物层说明这个特征是高度被侵蚀的,类似地球上的一些撞击结构,或者被沙丘淹没了。其他亮区(图的上部左和右)似乎是地形上高的地区,可能作为屏障将周围的沙丘分割开。

图 8-1-11 是卡西尼飞船的合成孔径雷达发现的泰坦上存在碳氢化合物湖的证据。暗斑像是地球上的湖,撒布在泰坦北极附近的高纬。人们一直推测在泰坦寒冷的极区上可能形成甲烷或乙烷液体湖。在这张图中,有各种各样的暗斑,某些具有河道,河道的形状特别像是由液体开凿的。某些暗斑和连接的河道是完全黑的,即它们向后反射,基本上没有接收到雷达信号,因此肯定非常平坦。在某些情况中可以看到围绕暗斑的凸缘,表明当液体蒸发后可能形成

沉积。在泰坦的条件下，因大气层有丰富的甲烷，所以液体甲烷是稳定的，但液体水不会是这样。根据这些理由，可以将暗斑解释为液体甲烷或乙烷湖。如果确实是这样，那么泰坦就是在太阳系中除地球以外唯一有湖的天体。由于这样的湖可能随时间增大或变小，风也可能影响其表面的粗糙度。这些区域的反复覆盖需要进一步检验它们是否确实是液体。

图 8-1-11 中的这两张雷达图像是卡西尼飞船的合成孔径雷达在 2006 年 7 月 21 日获得的。上图中心在 80°N，92°W，面积大约是 420 km×150 km。下图中心接近 78°N，18°W，面积大约是 475 km×150 km。图像的分辨率大约为 500 m。

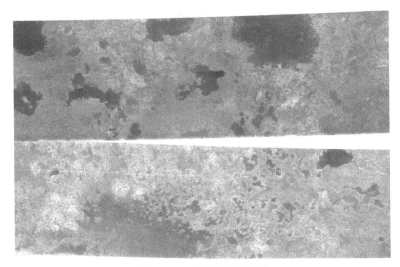

图 8-1-11　可能的液体湖

彩图 55 是"卡西尼"号飞船于 2006 年 7 月 22 日第 16 次（T16）飞越泰坦获得的图像，在极区的投影 1°纬度相应于 45 km。

彩图 55（b）中由色彩表示的强度与返回的雷达亮度成正比，颜色是伪颜色，不代表人眼所见。像的中心接近 80°N，35°W，大约 140 km 宽，分辨率为 500 m。比周围暗的区域标为蓝色。

图 8-1-12 是 T16 刈幅中液体湖的例子。图（a）通向两个湖的弯曲河道（箭头所示）；图（b）由河道连接的一对不规则形状的湖；图（c）湖中左边位于地形边缘（箭头）的雷达回波暗的物质，可能位于较高的高度。右边的圆形湖似乎是一个沉陷，暗色的物质充入这个沉陷；图（d）形状类似于湖特征，但后向散射类似于周围的平原，可能是干燥的湖床。

到 2008 年 2 月，"卡西尼"号飞船的雷达已经绘制了大约 20% 的泰坦表面，发现了几百个湖泊和海洋，这些已探明的湖泊、海洋中蕴含的有机物能源是地球上已知的所有石油、天然气储量的数百倍。"卡西尼"项目小组认为，在土卫六上的湖泊和海洋中所蕴涵的全部天然气可能是地球储量的上亿倍。

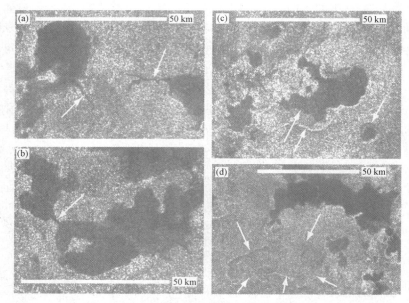

图 8-1-12　T16 刈幅中液体湖的例子

8.2　土　卫　二

　　土卫二(Enceladus)的英语名称为"因赛拉达斯"(en-SELL-ah-dus),是 1789 年由赫歇尔发现的。轨道半长径 238 020 km,或者大约为 4 个土星半径。卫星赤道直径为 504.2 km,轨道周期和自旋周期都是 1.370218 天。平均密度为 1.24 g/cm³。土卫二最大的特点是反照率高达 100%,是太阳系中反照率最高的天体。

　　土卫二太小,不能被内部衰退的放射性物质加热(热量可能在很久以前即已衰退完)。很可能与木星的卫星 Io 类似,是由潮汐机制加热的。

　　土卫二的轨道因受土星引力场和周围卫星的影响而产生扰动。由于土卫二有效地反射阳光,其表面温度仅 -201°C。

　　土卫二可能是土星的稀薄的 E 环中物质的供给源。另外由于这物质不可能在光环中存在数千年之久,它可能与土卫二最近的活跃有关。另外光环也有可能是由高速的不断碰撞的粒子与不同的卫星共同维系。

8.2.1　表面形态

　　土卫二表面至少有五种地形已被确认。有直径不大于 35 km 的陨石坑、平缓的平原、波状的丘陵、沿直线延伸的裂缝与山脊。所有这些都说明目前土卫二内部可能是液体,即使以前是冻结的。土卫二表面也广泛分布环形山地形,但随着位置不同,环形山的密度以及退化的程度相差很大。

　　卡西尼探测器发回的照片表明构造作用是土卫二地貌演化的主要方式。土卫二表面最引人注目的构造特征就是长达 200 km、5～10 km 宽的断层,1 km 深的峡谷。沟状地形在土卫二表面多见于平坦地带与环形山密布地带的过渡地区。除去这两种外,还有见于环形山地貌中的数百米宽的断层,成组的平行直线型沟与曲线型的沟、山脊,以及多种构造特征的混合。土卫二的平原地带起伏很小而且只有很少的环形山,表明平原地带很年轻,可能只有数百万年的历史。卡西尼发回的高清析度照片显示,在旅行者号发回的照片中看似光滑的平原地区,实际上也布满了起伏较小的山脊与断层。

至今没有发现土卫二上的火山,也没有任何地表特征是形成于火山活动。然而,卡西尼的数据表明土卫二有活动的迹象。最近才发现的土卫二大气层主要由水蒸气组成,大气聚集在南极附近,而南极地区极少存在环形山恰恰证明其表面很年轻;同时,大气的主要成分水蒸气也有可能是从土卫二内部释放出的,或者是蒸发形成的。卡西尼还发现南极地区的温度比预期的高 15°,有些小块地区甚至达到 110 K(平均地表温度是 72 K 左右),光依靠日光是无法达到这个温度的。集中于土卫二南极这一年轻地带的大气与从土卫二内部外逸的热量表明南极地区至今仍处于活跃期。

图 8-2-1 是卡西尼探测器窄角照相机从不同角度拍摄的土卫二的图片。这些图片显示不同土卫二表面陨石坑、山脊、沟槽的和裂缝等地形。

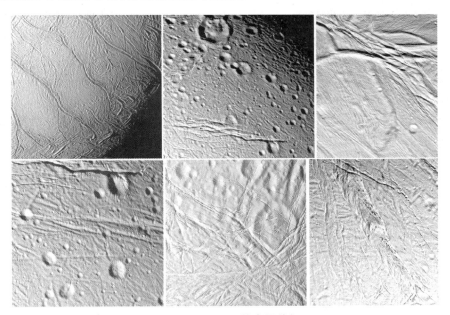

图 8-2-1　土卫二的表面特征

图 8-2-2 显示土卫二南极地区最温暖的地方。图中的每个方框的尺寸为 6 km,所标出的温度是由红外光谱仪获得的,方框上的数字表示该地方的平均温度。在图中最温暖的区域,温度为 91 K 和 89 K,位于“虎纹”区裂缝,而周围地区的温度为 74~81 K。详细的红外光谱仪数据表面,在虎纹区裂缝附近的小区域内温度超过 100 K。这种“暖”温不像是由微弱的阳光对表面的加热,而是来自泄漏的内部热量。图 8-2-3 中从左上到右下蓝色的裂缝宽 1~2 km,长度大于 100 km。这些裂缝看起来比周围地区蓝,是因为那里有更粗的颗粒冰。

图 8-2-3 中的蓝-绿色条纹状区域称为“虎纹”区(tiger stripes region),显示出长的(约 130 km)、陨石坑状的特征,坑间的距离约 40 km,大体上是互相平行的。这个区域被认为是土卫二喷出的羽状水柱的源。在虎纹区,最主要的是晶体冰。

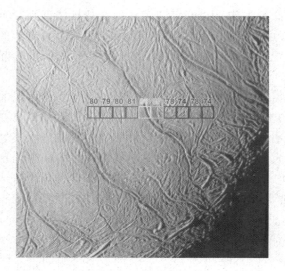

图 8-2-2 土卫二的南极地区　　　　　　　　图 8-2-3 土卫二的"虎纹"区

利用卡西尼探测器在 2005 年三次飞越泰坦期间由"可见光与红外成像光谱仪"(visible and infrared mapping spectrometer, VIMS) 获得的数据,可以分析土卫二整体的表面特征。根据来自"虎纹"区及临近区的光谱,可知土卫二的表面几乎完全由水冰覆盖。从整体上来看,典型的水冰颗粒在 $50\sim150\,\mu m$ 之间,但在"虎纹"区增加到 $100\sim300\,\mu m$。

图 8-2-4 给出"虎纹"区的平均谱,图中显示在 $4.26\,\mu m$ 附近有强的 CO_2 吸收。标为 140 和 150 K 的曲线是表面的视在反射率。

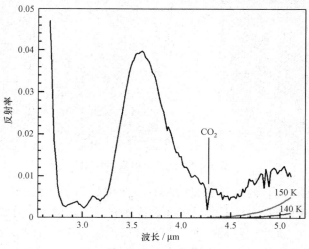

图 8-2-4 "虎纹"区的平均谱

谱的不同可用于在土卫二上寻找晶体和非晶体水冰(彩图 56)。两个最明显的标志是 $1.65\,\mu m$ 吸收带和 $3.1\text{-}\mu m$ 菲涅尔反射峰,二者在晶体冰中更显著。此外,吸收带的中心波长在晶体冰和非晶体冰中变化相当大,因为在非晶体水冰中比在晶体水冰中较少了氢键(彩图 56(b))。分析表明,在局部区域(如南极区)晶体冰在"虎纹"区最丰富,二非晶体冰在"虎纹"区以外的南极区最丰富。彩图 56(c)给出 $1.2\text{-}\mu m$ 反射率对 $1.65\text{-}\mu m$ 吸收带的全球比,彩图

56(d)为 1.2-μm 反射率对 3.1-μm 峰的比,除了"虎纹"区外是较暗的,因为晶体冰在 3.1 μm 是亮的。

彩图 56 中,图(a)显示 1.6-μm 吸收带和 3.1-μm 菲涅尔峰的晶体与非晶体冰谱特征。图(b)为"虎纹"区和"虎纹"之间的南极地区的谱。下面的图是"虎纹"区是主吸收带的位置,在 1.5 和 2.0 μm。图(c)显示 1.2-μm 连续谱对 1.65-μm 晶体冰吸收带的比,表明"虎纹"区在 1.65-μm 有最深的吸收,因此晶体冰的丰度最高。图(d)1.2-μm 连续谱对 3.1-μm 晶体水冰菲涅尔峰之比。在"虎纹"区峰最高,这与高度的晶体化一致。图(c)和图(d)中左边的暗区是因数据饱和。

8.2.2 液体水

2005 年 2 月,Cassini 飞船发现了在土卫二南极存在液体水的证据(见彩图 57)。该图是卡西尼的窄角摄像机在距离土卫二表面大约 321 000 km 的高度获得的,此时太阳到土卫二与土卫二到探测器连线之间的角度为 153°,图像的空间分辨率为 1.8 km。图中所展现的羽状冰物质在土卫二的南极上空扩展。

1. 羽状水柱的成分和结构

卡西尼探测器的离子和中性质谱仪(ion and natural mass spectrometer,INMS)是一个双离子源四级质谱仪。在图 8-2-5 中显示了质量扫描范围是 1~99 道尔顿,主要成分是 H_2O、CO_2、N_2 或 CO,CH_4,这可从在 18、44、28 和 16 道尔顿的主质量峰明显地看出。也测量到稀少大气成分(C_2H_2 和 C_3H_8)的质量峰。NH_3 和 HCN 等其他成分可能存在于低于 0.5% 的水平。

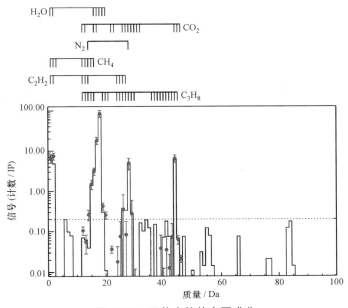

图 8-2-5 羽状水柱的主要成分

图 8-2-5 中的黑色实线表示测量到的平均谱,浅灰色符号表示重构的谱,误差棒表示有大于 20% 的标定不确定性或统计不确定性,点划线指示了噪声水平。图中的 Da 表示道尔顿,

IP 表示积分时间。

　　用质量反褶积方法得到的大气成分比为：H_2O 是 $91 \pm 3\%$，CO_2 是 $3.2 \pm 0.6\%$，N_2 或 CO（取决于在 28 道尔顿峰的辨别）是 $4 \pm 1\%$，CH_4 是 $1.6 \pm 0.4\%$，在 14～17 和 26～27 道尔顿质量范围的统计意义上残数（statistically meaningful residuals）表明，可能存在微量（$<1\%$）的氨、乙炔、氰化氢和丙烷。

　　表 8-2-1 给出羽状水柱的主要成分。最小和最大值表示该成分数值的范围，标准偏离（standard deviation）表示最大的统计不确定性。

表 8-2-1　羽状水柱的主要成分

成分	最小	最大	标准偏离
H_2O	0.9070	0.9150	0.0300
CO_2	0.0314	0.0326	0.0060
质量数 28（CO or N_2）	0.0329	0.0427	0.0100
CH_4	0.0163	0.0168	0.0040

　　2. 产生羽状水柱的理论模型

　　彩图 58 给出产生羽状水柱的理论模型，用于解释水蒸气和冰粒子产生的机制。这个模型显示了温暖表面冰的升华。升华是由固体到气体的直接变化产生的，没有经历液态。温度在 273K 以上加压的液体水向喷泉供应原料，将冰物质喷流射向南极上面的天空。在此之前，人们知道在太阳系中至多有三个活动的火山现象存在：木星的 Io、地球、海王星的卫星 Triton。卡西尼的发现使得土卫二成为这个独特俱乐部的最新成员，而且是太阳系最能激起人们兴趣的地方。太阳系其他月亮可能有由几千米厚的冰层覆盖的液体水海洋，但与土卫二相比，最大的不同是其液体水容器可能在表面以下不足几十米。当卡西尼探测器靠近土星时曾发现土星系中弥漫着氧原子。当时不知这些氧原子是从哪里来的。现在可以肯定，是土卫二喷出的水分子分裂成氧和氢。

　　在土卫二上水的发现也带来许多问题，为什么土卫二处于如此活动状态？这种活动在土卫二的历史上可能持续到足以存在生命吗？

8.2.3　大气层

　　土卫二的大气层非常稀薄，肉眼是看不见的。卡西尼探测器在 2005 年 7 月飞越土卫二时，用掩星法和测量磁力线的特征，证实它有大气层存在。在 2005 年 7 月 14 日飞越土卫二期间，卡西尼的紫外成像谱仪和磁强计对土卫二的大气层进行了直接探测。紫外成像谱仪观测了恒星 Gamma Orionis，此时土卫二在恒星的前面穿过。恒星发出的光由于被土卫二的大气层遮掩而变得暗淡。恒星的光谱也发生变化，说明土卫二的大气层存在水蒸气。

　　土卫二的直径只有 50 km，对于这样小的天体，其引力不足以长久地维持一个大气层。因此，土卫二一定有一个强的连续源来维持这个大气层，这个源很可能是来自土卫二南极附近的水蒸气喷发。

　　卡西尼探测器采用的第二种方法是用磁强计测量土星磁场的构形。当太阳辐射将土卫二大气层的水分子电离后，离子被土星的磁力线拖曳，而磁力线与土星共转，接近土卫二大气层的磁场弯曲，对土卫二的离子产生加速作用。

8.3　类木行星的其他卫星

8.3.1　木星的卫星

到目前为止,已知木星有 63 颗卫星,它们连同木星一起组成了木星系。这些卫星像一串珍珠似地围绕主宰它们的天神旋转着。

1. 伽利略卫星

1610 年 1 月,伽利略发现木星的最亮 4 颗卫星,由此它们被命名为伽利略卫星(见彩图 59)。它们环绕在离木星 $40\sim190\times10^4$ km 的轨道带上,由内而外依次是伊奥(Io)、欧罗巴(Europa)、甘尼美德(Ganymede)和卡利斯托(Callisto),它们分别被简称为木卫一、木卫二、木卫三和木卫四。其中比较引人注意的是 Io 和 Europa。

伽利略卫星当中,最近的木卫一距离木星中心 422 000 km,差不多是月球到地球中心的距离。然而,木卫一每 1.77 天绕木星一周,不像月球绕地球一周用 27.32 天。木卫一之所以比月球运行得快得多,是因为木星的质量比地球大,因而木星的引力对木卫一的吸引也远远超过地球对月球的吸引。木卫二、木卫三和木卫四分别距离木星 671 000、1 070 000 和 1 884 000 km,并且各以 3.55 天、7.16 天和 16.69 天绕木星公转一周。木星和它的 4 颗伽利略卫星就像是一个小太阳系,而这 4 颗卫星的发现使哥白尼的行星系统更为可信。

这 4 颗卫星本身则和月球差不多。4 颗当中最小的是木卫二,直径大约是 3120 km,比月球略小一点。木卫一直径是 3650 km,差不多正好和月球一样大。木卫四和木卫三比月球大(木卫四的直径是 4840 km,木卫三是 5250 km)。木卫三实际上是太阳系中最大的卫星,它的质量是月球的 2.5 倍,事实上,木卫三明显地大于水星,木卫四则跟水星差不多。4 颗伽利略卫星合在一起是月球质量的 6.2 倍,但仅是它们所环绕的木星质量的 1/4200。月球质量则是它所环绕的地球的 1/81。

通常行星所拥有的卫星和自己比起来都非常小——如木星的卫星。在所有行星中,金星和水星根本没有卫星,尽管金星和地球大小差不多;火星有两颗,但是非常小;地球的卫星非常大,地球和月球几乎可以被看成是一对双行星。

彩图 59 概括了 4 颗伽利略卫星的典型特征。上图显示了它们的相对大小和表面形态。在这些分辨率相对低的图片中,最小可辨别的特征是 20 km。中间图片的分辨率是上面图片的 10 倍,可清楚地看出一些区域特征,Io 的火山口(黑点)、在 Europa 上由潮汐力产生几千千米长的裂缝、Ganymede 表面亮的沟痕区以及 Callisto 巨大的撞击平原。下图的分辨率为 20 m,可用于研究个别的表面结构。

(1) Io

Io 的基本轨道特征和物理性质列于表 8-3-1。

Io 整个表面光滑而干燥,有开阔的平原、起伏的山脉和绵延数千千米、宽百余千米的大峡谷,还有许多火山盆地。它的颜色特别地鲜红,可能是太阳系中最红的天体。Io 有强烈的火山活动,火山的喷发高度可达 300 km,比地球上任何一次火山爆发都大,是迄今在太阳系中所观测到的火山活动最为频繁和激烈的天体。Io 的热流比地球和太阳系其他行星都大得多,是

表 8-3-1　Io 的基本轨道特征和物理性质

平均半径	1821.6±0.5 km	半主轴	421 800 km
质量	$(8.9320\pm0.0013)\times10^{22}$ kg	反照率	0.62
整体密度	3528±3 kg/m³	全球平均热流	>2.5 W/m²
表面重力加速度	1.80 m/s²	核半径	659 km(纯铁核)
			947 km(/铁与硫酸铁)
轨道周期	1.769 天	赤道处磁场	<50 nT
自旋周期	与公转同步	活动火山中心	至少 166 个
轨道偏心率	0.0041	表面温度	85～140 K
轨道倾角	0.037°	大气层压强	<10^{-9} bar

预期的放射性元素衰变产生热量的 200 倍,说明潮汐加热是驱动火山活动的关键因素。Io 有不均匀的、低密度的大气层和电离层,SO_2 是大气层的主要成分,可能主要是由火山喷焰供应的,少量来自表面沉积物的蒸发。Io 还有鲜艳的极光,这是 Io 大气层气体与捕获在木星磁场中的能量粒子碰撞产生的。

Io 有一个与木星联结的等离子体环,它是大约 143 000 km 宽、沿着 Io 轨道路径的环形拖曳物。环中的物质几乎都是各种带电状态的硫和氧,这些氧和硫是由火山喷发中的 SO_2 和 S_2 分解得到的。电离的离子被木星磁场保持在环中。彩图 60 是 Galileo 飞船拍摄的图像合成的 Io 全图。在 Io 活动火山中心附近,用红色显示。

(2) Europa

Europa 的半径为 1561 km,密度是 3.01 g/cm³。轨道周期与自旋周期都是 85 小时。根据密度判断,Europa 主要是岩质的天体。引力数据表明,Europa 的岩石是夹在一个中央铁质核心和外面一层由水构成的壳体之间的。考虑到铁质核心和岩幔的密度值的大约分布范围,Europa 的水质外壳厚度在 80～170 km 之间,并且最大可能是在 100 km 左右。如果 Europa 的很大一部分水是液态的,则其体积一定超过了地球上所有海洋的总和。然而,Galileo 飞船发回的引力数据未能断定 Europa 的这一水层完全是固态的还是部分为液态的。

Europa 的表面是由裂缝、地脊、地带和斑点精巧编制而成的。这些裂缝推测起来大概是潮汐力不断扭曲冰质表面直到其破裂而形成的。地脊普遍存在于 Europa 的表面,它们成双成对地将 Europa 的表面切开。Europa 还有多重平行的地脊,这表明上述过程能够反复地造成并排分布的多道地脊。最宽的地脊通常侧面都是深色、微红而边缘分散的条纹。或许是与地脊形成有关的热脉冲通过冰喷作用(icy volcanism)或灰褐色冰表面的升华作用造成了这些深色的边缘。不管其确切的形态机制是什么,地脊的存在都表明,Europa 有一部动态的地质史和一个温暖的地下水层。

Galileo 飞船的摄影机还跟踪查看了深色楔形地带。这些地带的相对两侧是完全相似的。处在中间的深色物质带有精致的条纹,它们通常都有一个显著的中央凹槽,并呈某种程度的对称。这些结冰的地带可能相当于地球海底上的板块构造彼此分离、新的岩石向上升起的部位。若果真是这样,那么在上述地貌形成之时,表层下冰就一定是活动而温暖的。图 8-3-1 显示了 Europa 地貌的各种特征。

Galileo 探测器携带的近红外测绘光谱仪(NIMS)分析了 Europa 表面反射回来的光,发现了水冰的特有光谱。Galileo 飞船携带的光偏振计和辐射计还探测了 Europa 表面各地的温

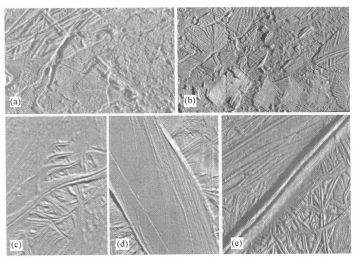

图 8-3-1 Europa 多种地貌特征

(a) 富含水冰的表面由脊分割成复杂的图形;(b) 因壳的破裂或移动形成了不规则的冰块;(c) 裂缝和脊因表面冰块的运动变成 S 形;(d) 表面板块分离后,物质充填到展宽的缝隙;(e) 宽 2.6 km,高 300 m 的双脊

度。结果表明,与赤道地区相比,高纬地区夜晚异常地热(约 5 K)。这一偏差有可能证明,除了太阳光带来的微弱的热辐射以外,Europa 有一个强有力的热源,它就是潮汐挠曲作用。这个结果也支持了 Europa 存在海洋的假说。

Galileo 探测器的磁强计研究组已经找到了关于 Europa 存在液体海洋的证据。Europa 完全处于木星的强磁场内,对 Europa 附近周围磁场的探测结果显示出与其有关联的偏差。如果 Europa 有一个内磁场,这些偏差就可以得到解释。但 Europa 的磁轴就必须以与自转轴呈异常陡的角度倾斜。要不然,Europa 的表面下层就有可能是一个电导体,它以自身的感生电场与木星随时间而变化的木星磁场相对应。在这种情况下,内在导电体的导电率必须和含盐海水一样强。

(3) Ganymede

木卫三是太阳系中最大的卫星,直径比水星大,但质量是它的一半。木卫三比冥王星大得多。

木卫三的表面很粗糙,混有两种地形:三分之二是较明亮的地区,由密集的、相互交叉的平行脊和槽构成,称为沟槽地形。其他地区具有较平坦的形态,称为平滑地形。两种地形上都有延伸的环形山,环形山的密集程度反映它已有了 30～35 亿的年龄。环形山有时为凹槽所切断,说明凹槽也很古老。但是它不像月球,陨坑都较平,缺少环状的山相围,中央洼地则通常与月球和水星上的相同。图 8-3-2 给出木卫三表面的几种典型特征。

哈勃空间望远镜的光谱仪发现木卫三有稀薄的、含有分子氧的大气层,这些气体明显是由表面冰升华和溅射产生的。

伽利略号飞船飞经木卫三时发现它有自己的磁场,内含于木星巨磁场中。这可能与地球的生成原因类似,即木卫三有一个熔化的铁核。

(4) Callisto

木卫四在伽利略发现的卫星中距木星最远。木卫四比水星稍许小一些,但只是其质量的 1/3。

木卫四的表面都是十分古老的环形山,在太阳系星体中,它的表面古老环形山最多。在漫

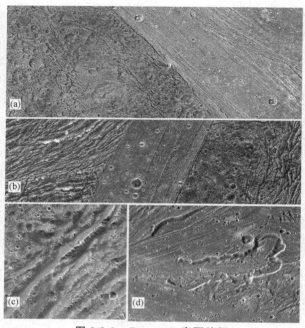

图 8-3-2　Ganymede 表面特征

　　(a)是亮暗地形的边界,左边是暗淡区,右边是较明亮区;(b)是具有混合地形的区域,右边是相对古老的地形,陨石坑较多,左边是沟槽区,较明亮的区域跨越图的中间;(c)是典型的暗区;(d)的中间有一个不规则的坑,坑中暗淡弯曲的脊表示在表面的流动褶皱作用

长的 40 亿年中,除偶然的撞击之外只有很小的变动。较大的一些环形山周围围绕着一串同心环,就像裂痕一般,不过经过岁月的苍桑,冰的缓慢运动,已使它平滑了不少。其中最大的一个被称作 Valhalla,直径约 3000 km(见图 8-3-3)。

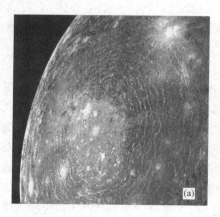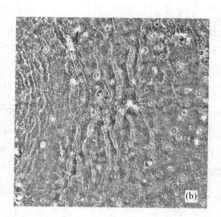

图 8-3-3　Valhalla 环形山

(a) 远处看多环特征;(b) 靠近看中心环

　　另一个奇特的地形现象是一条链(Catena)(见图 8-3-4),一系列撞击出的陨石坑在一条直线上排列。这可能由于一个物体在接近木星时受引力而断裂(与苏梅克列维 9 号彗星极相似),然后撞向了木卫四引起。

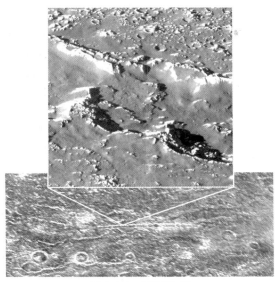

图 8-3-4 陨石坑链

2. 木星的内层卫星

离木星最近的小卫星为以下四个:木卫十六、木卫十五、木卫五和木卫十四(见图 8-3-5)。

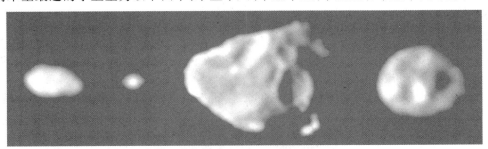

图 8-3-5 木星的内层卫星

木卫十六(Metis):Metis 的英语发音为"MEE tis",它是已知木星卫星中离木星最近的。公转轨道:距木星 128 000 km,直径 40 km,质量为 9.56×10^{16} kg。它是 1979 年由旅行者 1 号发现的。木卫十六与木卫十五存在于木星主光环之内。它们可能是光环物质的主要来源。在行星光环内的小卫星有时被称为"mooms"。

木卫十五(Adrastea):Adrastea 的英语发音为"a DRAS tee uh",是已知卫星中离木星第二近的一颗:公转轨道:距木星 129 000 km,卫星直径:20 km(23×20×15),质量:1.91×10^{16} kg,它是旅行者 1 号于 1979 年发现的。木卫十六与木卫十五的公转轨道处在同步公转轨道半径之内,并在洛希极限之内。它们太小以至于能避免引潮力把它们拉碎,但它们的轨道将逐渐变小,最终坠入木星。

木卫五(Amalthea),Amalthea 的英语发音为"am al THEE uh",是已知卫星中离木星第三近的一颗:公转轨道:距木星 181 300 km,卫星直径:189 km(270×166×150),质量:7.17×10^{18} kg。它于 1892 年 9 月 9 日被发现。木卫五是最后一颗直接用视觉观察发现的卫星。木卫五与木卫六是木星第五与第六大卫星,它们的大小是第四大卫星木卫二的 1/15。像大多数的木星卫星,木卫五同步自转,它的长轴直指木星。木卫五是太阳系中最红的物体。红色可能是由木卫一发出的含硫物质造成的。它的大小及不规则外形意味着它是一个相当坚硬的物体。它的组成更像是一颗小行星而不是伽利略类的卫星。与木卫一类似，木卫五辐射出的热量比从太阳处收到的多（可能是因为木星磁场感应出的电流的关系）。

　　木卫十四（Thebe），Thebe 的英语发音是"THEE bee"，是离木星第四近的颗卫星：公转轨道：距木星 222 000 km，卫星直径：100 km（100×90），质量：$7.77×10^{17}$ kg，它由 Synnott 于 1979 年发现（旅行者 1 号）。

8.3.2　土星的卫星

　　人类目前已经发现土星有 60 颗卫星，其中有两颗卫星的轨道位于主环的缝隙中。还有一些卫星（如 Prometheus 和 Pandora）与环物质相互作用，将环引导到它们的轨道。某些小卫星被捕获在与 Tethys 或 Dione 相同的轨道。Janus 和 Epimetheus 偶然互相靠近通过，使得它们周期地变换轨道。下面列出了已经发现的卫星的名称（从 35 号以后还没有正式名称）：

　　1. Albiorix、2. Atlas、3. Calypso、4. Daphnis、5. Dione、6. Enceladus、7. Epimetheus、8. Erriapo、9. Helene、10. Hyperion、11. Iapetus、12. Ijiraq、13. Janus、14. Kiviuq、15. Mimas、16. Methone、17. Mundilfari、18. Paaliaq、19. Narvi、20. Pan、21. Pallene、22. Pandora、23. Phoebe、24. Polydeuces、25. Prometheus、26. Rhea、27. Siarnaq、28. Skadi、29. Suttung、30. Tarvos、31. Telesto、32. Tethys、33. Thrym、34. Titan、35. Ymir、36. S/2004 S7、37. S/2004 S8、38. S/2004 S9、39. S/2004 S10、40. S/2004 S11、41. S/2004 S12、42. S/2004 S13、43. S/2004 S14、44. S/2004 S15、45. S/2004 S16、46. S/2004 S17、47. S/2004 S18、48. S/2004 S19、49. S/2006 S1、50. S/2006 S2、51. S/2006 S3、52. S/2006 S4、53. S/2006 S5、54. S/2006 S6、55. S/2006 S7、56. S/2006 S8。

　　图 8-3-6 为直径大于 100 km 的土星的部分卫星，表 8-3-2 列出了这些卫星的主要特征。

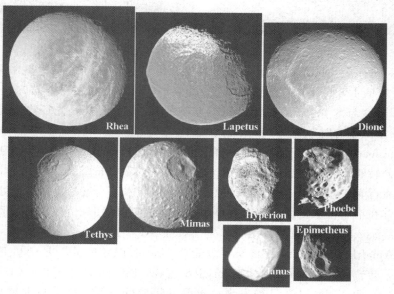

图 8-3-6　土星的部分卫星

表 8-3-2 土星部分卫星的主要特征

名称	主要特征
土卫一（Mimas）	Mimas 的英语发音为"MY mas"，从里到外数是第七颗卫星。距土星 185 520 km，直径 392 km，质量 3.80×10^{19} kg。1789 年由赫歇耳发现。 土卫一的低密度（1.17 g/cm³）表明它主要由一部分岩石混合着冰水组成的。表面的主要特征是一个直径 130 km 的环形山，取名为赫歇耳（Herschel），它几乎是整个卫星直径的 1/3。赫歇耳的内壁大约有 5 km 高，部分底部深 10 km，中央山峰在环形山中隆起 6 km。
土卫三（Tethys）	Tethys 的（英语发音为"TEE this"，是土星第九颗卫星。距土星 294 660 km，直径为 1060 km，质量为 6.22×10^{20} kg。土卫三的低密度表明它是几乎全部由水和冰组成，表面温度为 -187℃。它的西半球有一座巨大的称为 Odysseus 的陨石坑，400 km 的直径相当于土卫三本身的 40%。另一个主要地貌是巨大的山谷（叫做 Ithaca Chasma），100 km 宽，3～5 km 深，全长 2000 km。 土卫十三和土卫十四的轨道在土卫三的拉格朗日点上（在同一轨道上，前或后的 60 度位置）。
土卫四（Dione）	Dione 的英语发音"dy OH nee"，是土星第十二颗卫星。距土星 377 400 km，直径 1120 km，质量为 1.05×10^{21} kg。 Dione 是土星卫星中密度最大者。主要由冰水混合物组成，但可能由有待考虑的更质密的硅酸盐石组成。 在背朝自转方向的半球（逆半球）上，一个在暗背景下的由亮条纹组成的网状物和一些明显的陨石坑，这些条纹覆盖在陨石坑上，表明它们比较新。朝自转方向的半球（顺半球）上有着很深的陨石坑并且有同样的光亮反射。Helene（土卫十二）的轨道是在 Dione 的拉格朗日前点上。
土卫五（Rhea）	Rhea 的英语发音为"REE a"，是土星第十四颗卫星，且为第二大。距土星 527 040 km，卫星直径 1530 km，质量 2.49×10^{21} kg。 主要由混合着冰水的岩石组成。面向公转的半球环形山遍布，但亮度一致。缺少在月球和水星上所具有的环形山，周围地势有明显起伏的特征。另一个半球上，在黑暗的背景中，一条条纹组成一个网状，可见的环形山较少。
土卫七（Hyperion）	Hyperion 的英语发音为"hi PEER ee en"，距土星 1 481 100 km，直径 286 km（410×260×220），质量：1.77×10^{19} kg。是太阳系中最大的一颗高度不规则（非球形）天体。土卫七的低密度表明它由少量的岩石混合着冰水组成。土卫七的反照率较小（0.2～0.3），表明它至少覆盖着一层薄薄的暗色物质。 土卫七的自转混乱，自转轴不停摇晃，在空间的方向无法确定。土卫七在其他不规则外形的星体中是独一无二的，公转偏心率较大。土卫六与七的公转共振比为 3∶4，使它自转混乱更有可能。
土卫八（Iapetus）	Iapetus 的英语发音为"eye AP I tus"是土星第十七颗卫星，大小在土星的卫星中排第三。距土星 3 561 300 km，直径 1460 km，质量 1.88×10^{21} kg。密度仅为 1.1 g/cm³，其大部分肯定是由冰水组成的。正对公转和反对公转的半球完全不同。正转半球的反照率在 0.03～0.05 之间，与煤烟一样暗，反面为 1.5，几乎同木卫四一样亮。 所有的土星的卫星，除了土卫八与土卫九外，都处于土星赤道平面。土卫八的倾斜角近 15°。

（续表）

名称	主要特征
土卫九（Phoebe）	Phoebe 的英语发音为"FEE bee"，是土星已知卫星中最外层的一颗，几乎是其近邻卫星（土卫八）到土星距离的 4 倍。距土星 12 952 000 km，卫星直径 220 km，质量 4.0×10^{18} kg。土卫九的反照率只有 0.05，像煤烟一样暗。土卫九公转倾斜角近 175°（它的北极与土星的正相反）。土卫九的偏心的、逆向的公转轨道和不寻常的反照率说明它可能是一颗被捕捉的小行星或是开珀带中的物体。土卫九的不寻常还表现在自转非同步。
土卫十（Janus）	Janus 的英语发音"JAY nus"，是土星第六颗卫星。距土星 151 472 km，直径 178 km（196×192×50），质量为 2.01×10^{18} kg。它是在 1966 年被发现的。 土卫十和土卫十一是"双星"，两者公转轨道相差仅 50 km。它们的轨道运行速度近似相等。低的、快的那一颗会慢慢地赶上另一颗，当他们相互靠近时，互相交换一些动量。这样最后导致低的一颗升到一个高的轨道，而高的一颗降低到低的轨道上，他们就这样交换位置。这种转变每 4 年发生一次，这里所给出的轨道数据是当年旅行者号测得的。
土卫十一（Epimetheus）	Epimetheus 的英语发音"ep eh MEE thee us"。是土星已知卫星中距其第五近的一颗。距土星 151 422 km，卫星直径 115 km（144×108×98 km），质量 5.6×10^{17} kg。它是由 R. Walker 在 1980 年发现的。 土卫十一的表面有许多直径大于 30 km 的陨石坑（环形山），也有大大小小的山脉和沟。

8.3.3 天王星的卫星

目前所知天王星共有 27 颗卫星，大部分都比较小，直接大于 100 km 的卫星只有 8 颗，最大的卫星是天卫三（Titania）。比较大的 5 颗卫星示于图 8-3-7，其基本特征列于表 8-3-3。

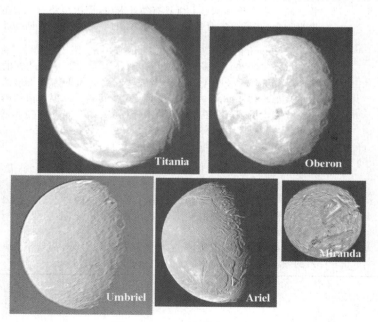

图 8-3-7 天王星的部分卫星

表 8-3-3　天王星比较大的 5 颗卫星

名称	主要特征
天卫一（Ariel）	Ariel 的英语发音"AIR ee el"，距天王星 190 930 km，直径 1158 km，质量 1.27×10^{21} kg。 Ariel 是莎士比亚的作品《暴风雨》中的一个淘气、快活的人物的名字，它是在 1851 年由 Lassell 发现的。 天王星所有的大卫星都是由占 40%～50% 的冰及一些岩石组成的。天卫一的表面是由火山坑地形和连接互通的山谷（有几百千米长，有 10 km 深）组成。一些火山坑已被填没了一半，在谷地中间的一些脊被认为是冰的熔化造成的。
天卫二（Umbriel）	Umbriel 的英语发音为"UM bree el"，是天王星第三大卫星。距天王星 265 980 km，卫星直径为 1170 km。质量为 1.27×10^{21} kg。Umbriel 是 Alexander Pope 的作品《夺锁记》（*The Rape of the Lock*）中的一个角色。它由 Lassell 于 1851 年发现。 天卫二的剧烈起伏的火山口地形可能从它形成以来就一直稳定存在。天卫二非常暗，它反射的光大约是天王星最亮的卫星——天卫一的一半。
天卫三（Titania）	Titania 的英语发音"ti TAY nee uh"，是天王星第一大卫星，距天王星 436 270 km，卫星直径为 1578 km，质量为 3.49×10^{21} kg。它由赫歇耳于 1787 年发现。 天卫三的外表和天卫一很相似。表面是由火山口地形和相连长达数千米的山谷混合而成，一些火山口已被填没了一半。天卫三的表面相对而言尚为年轻，但它很显然已经过了一些地壳变化。
天卫四（Oberon）	Oberon 的英语发音为"OH buh ron"，是天王星已知卫星中最外层也是第二大的卫星。距天王星 583 420 km，卫星直径为 1523 km，质量为 3.03×10^{21} kg。它是在 1787 年由赫歇耳发现的。 天卫四剧烈起伏的火山口估计自其形成以来就较为稳定。一些火山口的表面是黑的，可能是覆盖着较暗的物质。在整个南半球可以看到很大的断层，这表明在天卫四的历史中曾有过一些地质活动。
天卫五（Miranda）	Mirandad 英语发音为"mi RAN duh"，是天王星的大卫星中靠天王星最近的一颗。距天王星 129 850 km，卫星直径 472 km，质量为 6.3×10^{19} kg。它是由 Kuiper 于 1948 年发现的。天卫五是由冰与岩石各半混合而成。表面是由众多的环形山地形和奇异的凹线、山谷和悬崖组成（其中的一座有 5 km 高）。

8.3.4　海王星的卫星

目前所知天王星共有 13 颗卫星，直径大于 100 km 的有 5 颗，其中最大的是海卫一。见图 8-3-8。

海卫一（Triton），英语发音为"TRY ton"，距海王星 354 800 km，卫星直径为 2705 km，质量为 2.14×10^{22} kg，自旋周期和轨道周期都是 -5.877 天（负号表示逆向旋转），轨道偏心率为 0.000016，轨道倾角为 156.8°。它由 Lassell 于 1846 年发现，比发现海王星仅仅晚几星期。

仅有一艘飞船旅行者 2 号于 1989 年 8 月 25 日造访过海卫一，目前所知的关于海卫一的一切几乎都来源于这次短暂的访问。

图 8-3-8　海卫一的全球图

海卫一的公转是逆向的。它是唯一一颗轨道逆行的大卫星,其他几颗轨道逆行卫星的直径都不及海卫一的 1/10。海卫一的结构表明它不可能是由原始的太阳系星云压缩形成的,它一定形成于其他地方(或许在 Kuiper 带),而后被海王星所俘获(或许它被卷入与海王星另一颗现已粉碎的卫星的碰撞中)。

由于海卫一的轨道是逆行的,这使得它与海王星间的引潮力作用把能量从海卫一转移出去,这样便减弱了它的轨道能量(同时使海王星的自转加速)。在遥远未来的某一时刻,海卫一将不是分裂(也许形成光环),就是撞向海王星。

海卫一的自转轴也很奇怪,相对海王星的地轴(与公转轨道面成 30 度角)倾斜约 157°。两者相加为 187°,使海卫一对太阳的取向,有点像天王星的两极与赤道地区交替朝向太阳的情形。在旅行者 2 号造访海卫一期间,它的南极正面对着太阳。

海卫一的密度($2.065 \mathrm{g/cm^3}$)比土星的冰质卫星(例如土卫五)稍微大些。海卫一大概仅含有 25% 的冰,其余部分都是岩石质地。

海卫一有十分稀薄(大约 19 bar)的大气层。它主要由氮气和少量甲烷组成,稀薄的烟雾向上延伸 5～10 km。

海卫一表面的温度仅有 39K,和冥王星一样低,这部分是由于它有较高的反照率(0.7～0.8)。意味着太阳微弱的光线中很少一部分被吸收。在这个温度下甲烷、氮气和二氧化碳都凝固成固体。

在海卫一表面很少有可见的陨石坑,它的地表相对而言比较年轻。几乎整个南半球被一顶"冰帽"所覆盖,这顶"冰帽"是凝固了的氮气和甲烷。

在海卫一地表到处是大片的隆起或谷地形成的复杂格局。这些大多是冰冻/融化的循环过程的结果。

这片奇异有趣世界中最有意思(而且完全无法想象)的特色莫过于冰火山。这些冰火山的喷发物大多是从地表下涌出的液态的氮气、灰尘或甲烷的混合物。旅行者号发回的图片显示出一团真实的热柱高达 8 km,并向四周延伸成 140 km 的"下降气流"。

海卫一、木卫一和金星是太阳系中除地球之外仅有的、已知在现阶段有火山活动的天体(尽管火星明显地在过去曾有过火山活动)。同时十分奇趣的是太阳系内外层的火山运动不尽相同:地球和金星及火星的火山爆发物是岩浆,它们是由内部的热源所引起的;木卫一的喷发物大多是硫磺或其混合物,由潮汐力引起的;海卫一的火山喷发物是十分易挥发的混合物如氮气或甲烷,是来自太阳季节性的热量所引起的。

8.4　类木行星探测

这里所说的类木行星探测包括对类木行星本体、类木行星的卫星及环的探测。由于类木行星离地球十分遥远,使得对它们的探测非常困难,包括动力和通信。由于他们离太阳太远,利用太阳能作动力已不可能,一般采用同位素热电电池作能源。为了保证与地面通信不致中断,都装有一个极大的抛物面天线。

最早探测木星的是先驱者 10 号(Pioneer 10),于 1972 年 3 月 2 日发射,1973 年 12 月飞越木星。1973 年 4 月 6 日发射的先驱者 11 号,在 1974 年 12 月 3 日飞越木星时,利用木星的引力改变轨道飞往土星,1979 年 9 月飞越土星,向太阳系以外飞去。

1973 年 12 月 1 日,美国先驱者 10 号探测器飞越木星。它从 132 250 km 高度的木星云顶通过,返回了木星及其卫星的 500 多幅图像。先驱者 10 号最大的成就是收集了木星磁场、捕获带电粒子和太阳风相互作用的数据。1974 年 12 月 1 日,先驱者 11 号从 42 900 km 高度的木星云顶通过,获得了比先驱者 10 号更好的图像。

1977 年 8 月和 9 月,美国先后发射了旅行者 2 号和旅行者 1 号两颗完全相同的探测器,旅行者 1 号对木星和土星进行了联测,2 号则对木星、土星和天王星进行了联测。

1989 年 10 月 18 日,美国和欧空局联合发射了 Galileo 探测器,用于探测木星和它的 4 个卫星。Galileo 探测器由轨道器和大气层探测器组成。1995 年 7 月 12 日,探测器从 Galileo 轨道器上释放,测量了木星大气层的结构。2000 年 12 月,Galileo 探测器与探测土星的“卡西尼”探测器会师在木星附近,对木星进行首次联合探测。那时一个探测器在木星磁层里面,另一个位于磁层外面,观测扑向木星的强烈太阳风。利用这次难得的机会,深入研究了太阳风对木星周围磁性的影响。探测类木行星的典型飞船示于图 8-4-1。

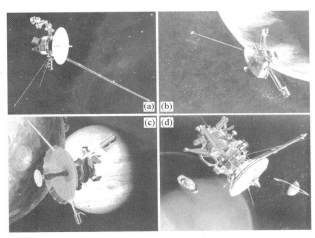

图 8-4-1　探测类木行星的飞船

(a)“旅行者”号;(b)“先驱者”10 号;(c)“伽利略”号;(d)“卡西尼”号

21 世纪初,对类木行星的研究重点集中在生命的起源和演化。因此要寻找在类木行星的卫星上生物前或原始生物活动的证据。

类木行星大气层因它们强大的引力场和相对低的温度而成为原始物质的丰富源。在这些大气层中发现的复杂的有机化合物、同位素成分表明,在太阳系形成前后这里发生复杂的过程。

太阳现在含有几乎所有原始太阳星云质量。因此,太阳成分预计限定了行星物质演化的平均星云成分。然而,当前对太阳元素成分的知识是相当贫乏的(范围从 ±10% 的精度到根本没有数据),几乎没有任何所知的同位素丰度的精度能满足研究太阳系演化的需要。

8.4.1　“旅行者”探测器

1. 概况

旅行者 2 号和旅行者 1 号分别于 1977 年 8 月 20 日和 1977 年 9 月 5 日发射升空。它们先后探测了木星、土星、天王星、海王星,发现了或证实、修订了木星的 16 颗卫星、土星的 24 颗卫星、天王星的 15 颗卫星和海王星的 8 颗卫星的比较精确的数量和各种数据,还发现了许多前所未知的新情况,顺利地完成了探测太阳系的“超级旅行”任务,为人们提供了 5 万亿比特科学数据并发回了 10 万张精致逼真、绚丽多姿的照片。这些数据相当于 6000 套《英国大不列颠百科全书》的信息容量,等于为地球上的每人提供 1000 比特的信息。人们通过"旅行者"号在这样短时间内对外行星进行考察所获得的科学知识,比过去数百年里所获得的有关这些行星的知识还要多得多。

旅行者系列探测器的探测活动是精心设计的。它利用 20 世纪 70 年代后期和 80 年代外行星排列的几何位形,使得对 4 颗行星的联测可用最小的推进剂和最短的时间完成,这样的机会对木星、土星、天王星和海王星来说,每 175 年才有一次。在这期间,探测器以特殊的轨道从一个行星附近转向飞到另一个行星,不需要飞船携带大的推进系统。在每个行星的飞越都使得飞船改变方向、增加速度并足以到达另一个目标行星。

"旅行者"的舱内存储着推进剂燃料和电子设备,两侧伸出的两个支架安装着 12 种科学仪器,这些仪器按其性能分为 3 类:第一类是摄像设备,其窄角摄象机的分辨能力足以从 1 km 远处阅读报纸的标题;第二类是空间环境探测设备;第三类是行星射电天文接收机、通信发射机、传真机和鞭状天线,用来研究行星及其卫星的大气特点等。飞船主体部分装着 16 台小型火箭发动机,用以调整飞船的飞行轨道和航行方向,它们的体重是 825 斤,由 6.5 万件零件组成,是十分精密而灵巧的动力设备。飞船的通信联络主要靠一个位于主舱头部对地球定向的大型抛物面高增益定向天线,直径达 3.65 m,通过它来与地球指挥中心保持联系。探测器的能源主要由放射性同位素原子能热电发电机提供。"旅行者"飞船使用了许多特殊材料和特种构件,可以承受高温高压,设计总寿命为 10 亿年。

美国考虑到"旅行者"航行距离很远,为保证能与之保持联系,在地面通信系统上也采取了一些重要改装措施,把位于澳大利亚堪培拉的 64 m 天线与澳大利亚帕克斯天文台的 64 m 天线联机工作,从而提高了整个深空跟踪网的接收能力。

旅行者的轨道如图 8-4-2 所示。

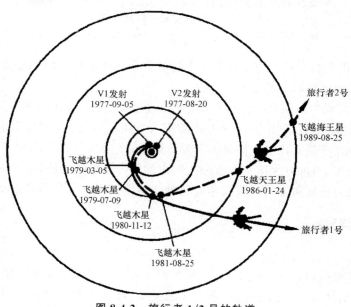

图 8-4-2 旅行者 1/2 号的轨道

2.对外行星的探测

（1）对木星的探测

1979 年 3 月 5 日,旅行者 1 号从距离木星 278 000 km 处飞过,在 4 月初离开木星,获得 19 000 张照片,并对木星进行了许多方面的探测;

旅行者 2 号最靠近木星(距离木星 643 km)发生在 1979 年 7 月 9 日,直到 8 月才离开木星,对木星和它的 5 个卫星拍摄了 33 000 张照片;

旅行者号探测木星系统的令人最惊讶的发现是 Io 的活动火山,旅行者 1 号辨别了 Io 的 9 个活火山。旅行者号探测了木星大气层,特别是大红斑;发现了木星的环、两个新卫星,研究了木星磁层。

（2）对土星的探测

旅行者 1/2 号与土星相遇分别发生在 1980 年 11 月和 1981 年 8 月,它们探测了土星的大气,发现了土星环更多的结构,发现了 6 个新卫星,并研究了磁层。

（3）对天王星的探测

旅行者 2 号在 1986 年 1 月 24 飞近天王星,拍摄了几千张照片,辨别了天王星环的特点,测量了大气层的成分,发现了辐射带。

（4）对海王星的探测

旅行者 2 号在 1989 年 8 月飞近海王星,探测了大气成分、磁场,发现了 6 个新卫星。

3.六星合影

旅行者 1 号在完成对木星、土星的探测后,美国 NASA 的科学家们不放过每过 175 年才遇到一次的难得机会,要让旅行者 1 号再进行一次"回头看"的"六星联视"活动,拍一张"全家福"照片。

1990 年 2 月 14 日,旅行者 1 号在 4 个小时内成功地拍摄了 64 张精美的彩色照片,把太阳系的 6 大行星(海王星、天王星、土星、金星、地球和木星)又都拍摄回来。经科学家们仔细镶嵌拼成一幅壮观的"六星联视"太阳系图形。当时因冥王星离太阳太远,水星因离太阳太近。而火星又因被太阳光淹没而均未拍到。

为了在最短的行程里,最便利的时间里能探测在不同轨道上的行星,就必须经过精心计算,选择好探测器的航行路线和发射时机,或"发射窗口",并能计算好巧妙地利用各行星的强大引力,使探测器不但不被行星"捕获"掉下去,反而得到加速力,更快地航行,这种被称为"引力助推"技术应用得当,也是选择航行路线的一个重要因素。这些客观条件都列入"发射窗口"之中,经过精心计算,要使一颗探测器能连续探测木星然后再飞向土星的机会是 20 年才有一次;要连续探测木星、土星、天王星三颗行星的平均间隔时间是 45 年才遇一次,要想多星联访、"阖家合影",是 175 年才有一次的机会。在 20 世纪下半叶的这个航行路线的发射时机,只是 1977 年 8 月 20 日以后的一个月之内发射探测器,才能正巧赶上"六星合影"的最佳日期,也就是说在这期间,太阳系行星间出现近似直线的罕见排列机会。

4."旅行者"星际飞行

旅行者 1/2 号探测器在完成了对木星、土星、天王星和海王星的"四星联游"探测任务后,于 1989 年 8 月开始继续向外飞行,执行星际探测(VIM)任务,现正在太阳系的边缘区域继续向银河系航行(见彩图 61)。

在 VIM 的开始,旅行者 1 号和旅行者 2 号距太阳分别是 40 AU 和 31 AU,逃出太阳系的速度分别是 3.5 AU/年和 3.1 AU/年。

VIM 可分成三个阶段:终端激波、日球鞘探索和星际探索。目前,旅行者 1 号已经到达人造航天器在宇宙中的最远距离,在 2009 年 5 月距离太阳 110 AU,即 164×10^8 km。旅行者 1 号目前在太阳系的外缘,即仍由太阳磁场和太阳风粒子占主导地位的日球鞘层(heliosheath),日球鞘层探索阶段结束后将进入日球顶,它是太阳磁场和太阳风的界限。日球鞘的厚度是不确定的,大约是几十个 AU,而飞船的速度为 3.6 AU/yr,因此飞船需要用几年的时间才能穿过。通过日球顶后进入星际探索阶段,届时飞船进入以星际风占主导地位的环境中。星际探索是旅行者号飞船在 VIM 阶段的最终目的。

为了探索地外文明,旅行者号还带上了一份"地球之音"的唱片,其中有一份由美国当时的总统卡特于 1977 年 8 月签发给"宇宙人"的人类第一份电文。这份电文以及其他许多信息,都录制在一个镀金铜唱片上。这个唱片的直径为 30.5 cm,还有一套播放器件,包括一个磁唱针等一起装在一个特制的铝盒中,铝盒子用钛制螺栓固定在飞船的壁上。在铝盒的表面还用电笔蚀刻着用科学语言写的唱片用法说明文字。这张唱片可以保证 10 亿年仍能正常播放。这张唱片可以连续播放两小时。记录的是地球上各种有典型代表意义的信息,包括用图像编码信号形式录制的用以表现人类起源和文明发展的 116 张图片,35 种地球自然界的音响,包括风雨雷电、山崩地裂、鸟鸣兽吼、人笑婴啼等,还有 22 首世界名曲,55 种不同的语言,等等。这些信息,具有很高的信息密度和非常丰富的"地球之音",它存储的精心选择的许多图片,能比较充分地反映地球和地球人类的各种情况。

由于"旅行者"号飞船携带的核电源有限,只能工作几十年,加之距离越来越远,发射、接收电信号越来越微弱,预计将在 2015 年左右与地球失去联系。

8.4.2 "伽利略"探测器

Galileo 探测器的轨道命名为 VEEGA(venus-earth-earth gravity assist)轨道,因为它在飞往木星的途中,要经过金星和地球的引力助推作用。

1989 年 10 月 18 日,Galileo 探测器由 Atlantis 号航天飞机 STS-34 发射成功。在 6 小时 21 分后,探测器与航天飞机分离。1 小时以后,两个固体火箭的第一个点火,将探测器推出地球轨道。接着是地球—金星轨道、金星—地球轨道、地球 1 到地球 2 轨道、地球 2 到木星轨道和木星接近/初始轨道(见图 8-4-3)。

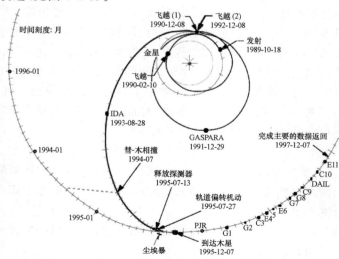

图 8-4-3 Galileo 飞船 1989 年 VEEGA 行星际轨道

1. 卫星之旅

在发射时,轨道器重 2223 kg,包括 118 kg 的科学仪器和 925 kg 的火箭推进剂。从低增益天线顶到探测器底的总长度为 5.3 m;磁强计杆从飞船中心伸出 11 m。轨道器由电源系统、通信系统、指令和数据子系统、数据存储子系统、高度和转动子系统、推进子系统和科学仪器组成。轨道器飞越木星 4 个卫星的具体数据列于表 8-4-1 中。轨道示于图 8-4-4。

表 8-4-1　卫星之旅简况

轨道	相遇的卫星	日期	高度/km	目的
1	Ganymede	1996-06-27	844	尾流,引力,大气性质,大红斑
2	Ganymede	1996-09-06	250	木星射频发射,木星南极光
3	Gallisto	1996-11-04	1104	尾流,木星北极光,掩日时大气木星
4	Europa	1996-12-19	692	尾流,掩地时大气观测,木星北极光
5	Europa	1997-01-20	27 419	
6	Europa	1997-02-20	587	木星环,木星北极光
7	Ganymede	1997-04-05	3059	木星北极光
8	Ganymede	1997-05-07	1585	Ganymede 表面形态,木星极光
9	Gallisto	1997-06-25	416	木星磁层、极光,大红斑
10	Gallisto	1997-09-17	524	Europa 火山观测,木星极光和闪电

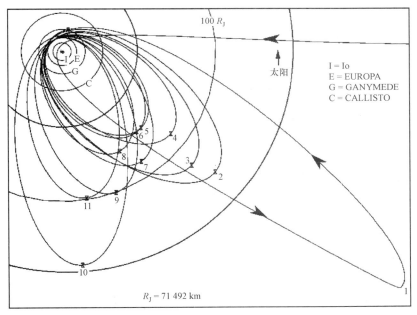

图 8-4-4　Galileo 飞船进入木星系后的轨道

Galileo 飞船最初的探测任务于 1997 年 12 月 7 日结束。经过测试,飞船仍保持正常的工作状态。于是,NASA 又制订了两年的 GEM(Galileo Europa mission)计划,Galileo 飞船继续对木星系进行探测,主要任务可形象地概括为观测冰、水和火。冰是指 Europa 表面的冰层,水是指 Europa 冰层下面可能存在液体水,火是指 Io 的火山。Galileo 飞船在这些观测项目上都取得了丰硕成果。到 2000 年 1 月 3 日 Galileo 飞船飞越 Europa 时,飞船的运行状态仍很好,于是,NASA 又制订了 Galileo 新盛世发射计划,继续进行木星系统探索。到 2003 年 9 月 21 日结束使命,共围绕木星运行 35 圈,在太空飞行 1066 天 8 小时 59 分钟。

2. 伽利略号十大科学成果

(1) 下落探测器测量了木星大气成分,发现其元素相对丰度与太阳不同,这表明了木星从太阳系原始星云中形成后的演化过程。

(2) 伽利略号第一次观测到地球之外行星大气层中的氨云。木星大气似乎是把来自更低层大气中的物质凝结成氨的晶体颗粒,但仅限于"新"云。

(3) 发现 Io 上广泛存在的火山活动,其强度甚至超过地球上的 100 倍。火山爆发的热量以及频率是早期地球状态的再现。

(4) 在 Io 大气层中复杂的等离子体相互作用维持了电流以及和木星大气层的耦合。

(5) 证据支持了 Europa 地表冰层的下面存在液体海洋的理论。

(6) Ganymede 是太阳系中第一个被证实拥有磁场的卫星。

(7) 伽利略号的磁探测数据提供了证明 Europa、Ganymede 和 Callisto 内部拥有液态咸水层的证据。

(8) 提供了 Europa、Ganymede 和 Callisto 都存在一个很薄的散逸层的证据。

(9) 木星的光环系统形成于尘埃的积累,这些尘埃是当行星际流星体撞击木星的 4 颗靠内侧的小卫星时产生的。最外的环实际上是两个,一个镶嵌在另一个之中。

(10) 伽利略号是第一个在大行星磁层中长期逗留、辨别其全球结构和研究其动力学特性的探测器。

8.4.3 "卡西尼"与"惠更斯"探测器

1. Cassini(卡西尼)飞船的主要科学目的

1997 年 10 月 15 日,美国航空航天局(NASA)与欧洲空间局(ESA)联合研制的土星探测飞船 Cassini 发射成功,开始了为期 7 年的漫长旅途。卡西尼的名字来源于 17 世纪的意大利天文学家卡西尼,是它首次测定了土星周围光环间的最大距离。按照计划,Cassini 的土星之旅先后两次飞越金星,继而再与地球和木星擦肩而过,最后于 2004 年 7 月 1 日抵达土星,对土星的大气、光环、磁场和它的一个卫星泰坦展开长达 4 年的探测研究。在这期间,卡西尼将围绕土星运行 74 圈,其中有 44 次飞越泰坦。

卡西尼飞船于 1997 年 10 月 15 日发射,接着两次飞越金星(1998 年 4 月 26 日和 1999 年 6 月 21 日),一次飞越地球(1999 年 8 月 18 日),并于 2000 年 12 月 30 日飞越木星。利用 VVEJGA (Venus-Venus-Earth-Jupiter Gravity Assist)轨道,卡西尼在旅途中花费了 6.7 年的时间,于 2004 年 7 月 1 日到达土星。

卡西尼飞船由轨道器和 Huygens(惠更斯)探测器组成。惠更斯探测器于 2005 年 1 月 14 日在泰坦着陆,对泰坦的大气层和表面进行了探测。此外,轨道器本身还携带了 12 种科学仪器,对土星的大气层、环、磁层和土星最大的卫星泰坦进行详细的研究。

卡西尼飞船将围绕土星运行 74 圈,其中有 44 次飞越泰坦,8 次靠近飞越其他卫星,3 次靠近飞越土卫八,还有 30 次在 10×10^4 km 距离内飞越一些卫星,2008 年 6 月 30 日开始绕土星运行第 74 圈,在该轨道将飞越 6 颗卫星。图 8-4-5 是卡西尼在土星的运行轨道。

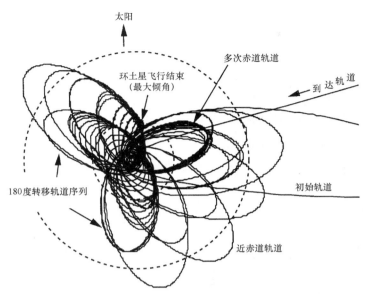

图 8-4-5　卡西尼围绕土星运行的轨道（从土星北极看）

2. 惠更斯探测器

惠更斯探测器于 2004 年 12 月 25 日与轨道器分离，并将高纬着陆点作为目标。探测器与泰坦相遇发生在 2005 年 1 月 14 日，以 6.1 km/s 的速度进入大气，在大气层中飞行 2 小时 27 分 13 秒，降落到表面后，仪器工作了 1 小时 12 分 9 秒。惠更斯探测器下落过程如彩图 62 所示。

在探测器下降期间使用 3 个降落伞。当探测器上的加速度计在接近减速阶段末探测到 1.5 马赫数时，展开一个直径 2 m 的导向伞，拉出后罩，接着展开直径 8.3 m 的主降落伞。在主伞展开大约 30 秒后，探测器的速度将从 1.5 马赫降低到 0.6 马赫。探测器将缓慢下降大约 15 分钟后，在此期间开始科学测量。然后主伞从探测器分离，并释放一个直径 3 m 的锥形伞，使探测器下降更快，到达表面的撞击速度大约 5 m/s。

惠更斯携带的科学仪器包括：多普勒风实验，通过对探测器下降期间的效应研究泰坦的风；表面科学仪器，研究泰坦表面的物理性质；下降成像仪和谱辐射计，在泰坦的大气层和表面对粒子成像和温度测量；惠更斯大气结构仪器：探索泰坦大气层的结构和物理性质；气体色谱仪和质谱仪，测量泰坦大气层气体和悬浮粒子的化学成分；气溶胶收集器热解仪，检验泰坦大气层的云和悬浮粒子。

3. 轨道器

轨道器 6.8 m 高，高增益天线主反射镜的最大直径是 4 m。轨道器携带 687 kg 的科学仪器，包括惠更斯探测器系统。探测器与轨道器分离后，科学仪器的质量是 365 kg。这些仪器可分为光学遥感、微波遥感和场、粒子和波等 12 个仪器。

光学遥感仪器包括：成分红外谱仪、成像科学子系统、紫外成像光谱仪和可见及红外绘图谱仪；微波遥感仪器有卡西尼雷达和无线电科学子系统；场、粒子和波仪器包括：卡西尼等离子体谱仪、宇宙线尘埃分析器、离子和中性质谱仪、双技术磁强计、磁层成像仪器和无线电及等离子体波科学仪器。

8.4.4　欧罗巴木星系统任务(EJSM)

EJSM 是 NASA 与 ESA 合作项目,由两个独立的飞行系统组成,发射、运行和管理分别进行,但都围绕共同的科学目的。其中木星欧罗巴轨道器(JEO)主要有 NASA 负责,木星甘尼美德轨道器(JGO)主要有 ESA 负责。图 8-4-6 为 JEO(上图)与 JGO 的示意图。

图 8-4-6　JEO 与 JGO

1. JEO

JEO 的科学目标包括:

欧罗巴海洋:表征海洋的范围以及与内部深层的关系;

欧罗巴的冰壳:表征冰壳与次表面水,包括它们的多样性,表面—冰—海洋交换;

欧罗巴化学:确定全球表面成分和化学特性,特别是与可居住性的关系;

欧罗巴地质学:了解表面特征的形成,包括最近和当前活动的地点,辨别和表征未来就地探索的候选地点;

木星系:从木星系的角度了解欧罗巴;

表征 Ganymede 深处内部结构和内秉磁场。

JEO 的主要任务是:

JEO 在 2020 年 2 月发射,利用借助于金星—地球—地球引力助推(VEEGA)作用的弹道轨道,于 2025 年 12 月到达木星。木星轨道切入(JOI)后,开始 30 个月的木星系旅行。在 2028 年 7 月切入欧罗巴轨道后,进行 9 个月的科学绘图阶段。轨道器将最终撞击到欧罗巴表面。

在整个木星系统探测期间,将 4 次与 Io 相遇,也可能飞越火山羽烟;在欧罗巴轨道切入前,6 次与欧罗巴相遇;6 次飞越 Ganymede,以观测 Ganymede 的磁层;9 次飞越 Callisto,至少一次近极区飞越。连续观测磁层,规律性的监测 Io 和木星的大气层。

围绕欧罗巴运行的轨道高度为 200 km,倾角为 95°~100°;一个月后轨道转移到 100 km。

JEO 是三轴稳定的,电源是放射性同位素热电电源。发射质量 5040 kg,飞行系统质量 1367 kg,推进剂 2646 kg。科学负载 106 kg,包括:激光高度计(LA)、无线电科学实验仪器(RS)、冰穿透雷达(IPR)可见光-红外光谱仪(VIRIS)、紫外光谱仪(UVS)离子和中性粒子质谱仪(INMS)、热仪器(TI)、窄角摄像机(NAC)、广角与中角摄像机 (WAC+MAC)、磁强计(MAG)、粒子与等离子体仪器。

2. JGO

JGO 的科学目标包括:了解木星卫星系统,特别是欧罗巴和甘尼美德;评估木星大气层的结构和动力学;表征木星磁盘/磁层过程;确定发生在木星系统中的相互作用;木星系的起源。

JGO 的任务概况:JGO 于 2010 年 3 月发射,利用具有金星-地球-地球引力助推(VEEGA)

的弹道轨道,于 2026 年 2 月到达木星。木星轨道切入(JOI)之后,进入一个 $13R_J \times 245R_J$ 的椭圆轨道,开始 11 个月的木星科学探索活动,然后利用 1∶1 和 2∶3 的谐振轨道,19 次距离 Callisto 200 km 飞越,对其进行近于全球的科学探测。计划于 2028 年 5 月切入 Callisto 轨道,开始是 200 km×6000 km 的椭圆轨道,80 天后,进入 200 km 的圆形、准极轨轨道,在这个轨道上运行 180 天。预计 2029 年 2 月结束正常的探索任务,JGO 最终撞击到 Ganymede 表面。

8.4.5　泰坦土星系统任务(TSSM)

泰坦土星系统任务(TSSM)是 NASA 与 ESA 的合作项目,目的是探索泰坦、恩塞拉达斯和土星。整个系统由轨道器、气球和着陆器构成(彩图 63)。NASA 负责轨道器,ESA 负责就地探测部件。

1. TSSM 的科学目标

(1)探索与地球类似的系统——泰坦

泰坦比任何其他天体更与地球类似,有稠密的大气层,活动的气候和气象循环;而它的地质——从湖、海到宽的河流以及山脉,更与地球类似。对于这些平衡过程,泰坦作为一个系统是怎样运行的? 与地球及太阳系其他天体有哪些类似与差别?

(2)检验泰坦的有机物清单——生物出现前分子的径迹

泰坦的大气层中、湖中、表面和公认的表面下海洋中富含有机分子,这些分子是在大气层中形成的,沉积在表面,可能经历了含水的化学过程,可能复制了生命起源的情景。因此,要了解产生和扼杀有机物的化学循环,评估可能发生的事物,了解这个有机物清单与已知流星体中的无生命有机物质有什么不同。这可能告诉我们有关生命起源的某些信息。

(3)探索恩赛拉达斯和土星的磁层——泰坦起源与演变的线索

土星磁层、太阳风和泰坦之间的能量交换;产生恩赛拉达斯喷泉的源是什么? 在喷泉的源中发生着复杂的化学过程吗?

2. TSSM 的任务概况

轨道器计划于 2010 年 9 月发射,9 年到达土星。2020 年 12 月开始使用太阳电推进(SEP)系统。在使用 SEP 期间,利用太阳系内行星的引力助推作用。飞行 5 年后,将 SEP 系统抛弃,利用化学发动机推进。在第一次飞越泰坦时释放 Montgolfière 气球,第二次飞越泰坦时释放着陆器。任务与操作概况示于彩图 64。

轨道器是 3 轴稳定的,配备一个直径 4 m 的高增益天线,5 个高级斯特令放射性同位素热电发生器,在任务末期提供 540 W 电能。科学负载重 165 kg,仪器包括:高分辨率成像仪和光谱仪(HiRIS);泰坦穿透雷达与高度计(TiPRA);聚合物质谱仪(PMS);亚毫米谱仪(SMS);热红外谱仪(TIRS);磁强计、能量粒子谱仪、朗谬尔探针、等离子体谱仪这 4 个仪器缩写为 MAPP;无线电科学与加速度计(RSA)。

Montgolfière 气球由放射性同位素热电电源提供 1700W 的热量,为气球产生浮力。正常飞行高度为 10 km,在赤道区,6 个月正常任务,发射质量高达 600 kg,包括气动外壳。通过轨道器的 0.5m 的 HGA 遥测中继。科学负载包括:气球成像光谱仪(1~5.6 μm)(BIS);泰坦气球的可见光成像系统(VISTA-B);大气层结构仪器与气象包(ASI/MET);泰坦电环境包(ASI/MET);泰坦雷达探测器(TRS);泰坦 Montgolfière 气球热分析器(TMCA);磁强计(MAG);气球遥控系统用无线电科学仪器(MRST)。

着陆器的目标是北部的海,由电池提供动力,有 9 小时正常任务期,190 kg 发射质量,通过轨道器 X 波段全向天线中继。科学负载包括:泰坦着陆器化学分析器(GCMS);泰坦探测器成像仪(TiPI);大气层结构仪器/TEEP 气象包＋泰坦电环境包(ASI/MET);表面性质包＋具有磁强计的声波传感器 SPP);着陆器遥控系统无线电科学包(LRST)。

复习思考题与习题

1. 泰坦大气层的成分与结构具有哪些特征?
2. 哪些证据可以说明泰坦表面有液体湖?
3. Io 火山活动的能源来自何处?
4. 类木行星的卫星可能有哪些来源?
5. 海卫一有哪些特点?
6. 对类木行星的卫星进行分类。
7. 探测外行星需要解决哪些关键技术问题?
8. 计算木星质量与伽利略卫星总质量之比,并与地球质量与月球质量之比作比较。
9. 计算木星的同步轨道高度。
10. 估算木星对 Io 的潮汐力强度,并与 Io 表面自身引力作比较。
11. 计算泰坦的逃逸速度。
12. 计算当天王星与海王星靠近时两者之间的引力,并将太阳对天王星的引力作对比。

参 考 文 献

[1] Encrenaz. T et al, The Solar System, Third Edition, Springer-Verlag, New York,2004.

[2] Eric Chaisson, Astronomy Today, Fifth Edition, The Solar System, Volume 1,Upper Saddle River, New Jersey,2005.

[3] Tobias Owen,Planetary science:Huygens rediscovers Titan,Nature 438, 756～757 (8 December 2005。

[4] M. K. Bird et al. , The vertical profile of winds on Titan, Nature 438, 800～802 (8 December 2005.

[5] M. G. Tomasko et al. , Rain, winds and haze during the Huygens probe's descent to Titan's surface. Nature 438, 765～778 (8 December 2005).

第九章 矮行星与小天体

9.1 矮 行 星

9.1.1 概述

矮行星(Dwarf Planet)是国际天文学联合会于 2006 年提出的新一类天体,目前只有 5 颗天体被明确地划分为矮行星(见 1.1.1 节)。与行星不同的是,矮行星"没有清空所在轨道上的其他天体"。也就是说,没有排除其轨道周围较小的天体,这些小天体因碰撞、捕获或引力扰动而互相靠近。

为了定量地描述行星清空轨道上其他天体的能力,一些学者引入了一个参数 Λ,Λ 与所研究的天体质量的平方成正比,与轨道周期成反比,$\Lambda = k \cdot M^2 / P$。其中 k 近似为常数,M 和 P 分别是天体的质量和轨道周期。几颗行星、小行星和开珀带天体的参数 Λ 如表 9-1-1 所示。其中 M_E 表示地球的质量,$\mu = M_P / m$,M_P 是天体的质量,m 是共享其轨道区的所有其他天体的质量。图 9-1-1 给出质量 M(与地球质量之比)与半主轴的关系。实线表示观测到的参数 Λ 的上下限,分别相应于火星和阋神星。虚线相应于 $\Lambda = 1$,在虚线上面的天体能够在一定的时间内扫清其轨道区大部分微行星。

表 9-1-1 太阳系几颗天体的 Λ 值及其与地球的比较

天体	质量(M_E)	Λ/Λ_E	μ
水星	0.055	0.0126	9.1×10^4
金星	0.815	1.08	1.35×10^6
地球	1.00	1.00	1.7×10^6
火星	0.107	0.0061	1.8×10^5
谷神星	0.00015	8.7×10^{-9}	0.33
木星	317.7	8510	6.25×10^5
土星	95.2	308	1.9×10^5
天王星	14.5	2.51	2.9×10^4
海王星	17.1	1.79	2.4×10^4
冥王星	0.0022	1.95×10^{-8}	0.077
阋神星	0.005	3.5×10^{-8}	0.10

由表 9-1-1 可清楚地看出,矮行星由于自己的质量比较小,清空所在轨道其他小天体的能力比较差。

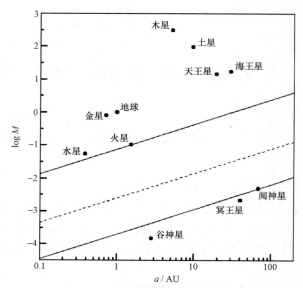

图 9.1.1　天体的质量 M 与半主轴的关系

根据矮行星的定义,还有可能被纳入矮行星的天体见表 9-1-2:

表 9-1-2　可能的矮行星

名称	直径	质量
Orcus	约 946 km	$6.2 \sim 7.0 \times 10^{20}$ kg
Sedna	1200~1600 km	$1.7 \sim 6.1 \times 10^{21}$ kg
Quaoar	1260 ± 190 km	$1.0 \sim 2.6 \times 10^{21}$ kg
2002 TC$_{302}$	1150 ± 325 km	$(0.78-18) \times 10^{20}$ kg
Varuna	约 936 km	约 5.9×10^{20} kg?
2002 UX$_{25}$	约 681 km	约 3.3×10^{20} kg
2002 TX$_{300}$	435~709 km	$1.6 \sim 3.7 \times 10^{20}$ kg?
Ixion	约 650 km	约 3×10^{20} kg?

　　第二、第三和第四最大的小行星 Vesta、Pallas 和 Hygiea 也可能被列为矮行星,如果能够证明它们的形状是由流体静力平衡确定的。但目前还没有明确证实。

9.1.2　冥王星

1. 基本参数

　　根据 2006 年 8 月国际天文学联合会(IAU)提出的行星定义,冥王星被列为矮行星的行列。冥王星与地球的基本参数示于表 9-1-3。

表 9-1-3　冥王星与地球的基本参数比较

	冥王星	地球	比值
质量/10^{24} kg	0.0125	5.9736	0.0021
体积/10^{10} km³	0.715	108.321	0.0066
赤道半径/km	1195	6378.1	0.187
极区半径/km	1195	6356.8	0.188
平均密度/kg·m⁻³	1750	5515	0.317
表面重力/m·s⁻²	0.58	9.80	0.059
逃逸速度/km·s⁻¹	1.2	11.19	0.107
太阳常数/W·m⁻²	0.89	1367.6	0.0007
黑体温度/K	37.5	254.3	0.147
卫星数量	3*	1	
半主轴/10^6 km	5906.38	149.60	39.482
恒星轨道周期/天	90 465	365.256	247.68
回归轨道周期/天	90 588	365.242	248.02
近日点/10^6 km	4436.82	147.09	30.164
远日点/10^6 km	7375.93	152.10	48.494
平均轨道速度/km·s⁻¹	4.72	29.78	0.158
轨道偏心率	0.2488	0.0167	14.899
黄赤交角/(°)	122.53	23.45	2.451

* 冥王星两颗新发现的月亮为 Nix 和 Hydra。

2. 轨道特征

冥王星轨道的半主轴为 39.48 AU,轨道偏心率为 0.249,近日点为 29.66 AU,远日点为 49.31 AU,平均轨道速度是 4.74 km/s,公转周期是 248 年。

冥王星的轨道(见图 9-1-2)十分地反常,它的近日点在海王星轨道的里面。冥王星在围绕太阳运行时日心距离的变化使得其表面日照率变化 3 倍,这对冥王星的大气层有很大影响。冥王星的自转方向也与大多数其他行星的方向相反。

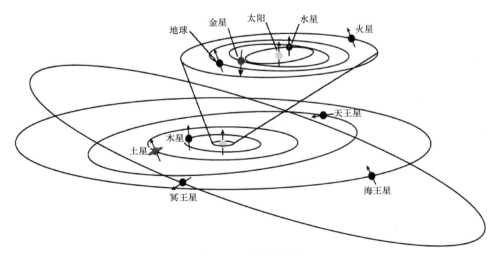

图 9-1-2　冥王星轨道

20 世纪 60 年代中期,通过计算机模拟发现,冥王星与海王星的共同运动比为 3:2,即冥王星的公转周期刚好是海王星的 1.5 倍。它的轨道交角也远离于其他行星。因此尽管冥王星的轨道好像要穿越海王的轨道,实际上并没有。所以它们永远也不会碰撞。

3. 成分和温度

20 世纪 70 年代,通过地面的光谱测量发现,冥王星表面含有 CH_4、H_2O 和 NH_3。1992 年,一些学者利用先进的红外光谱仪进行探测,在冥王星表面新发现了 N_2 和 CO 冰,而且证实 N_2 是冥王星表面占主要地位的成分,CO 和 CH_2 是少量成分。2006 年在冥王星表面探测到乙烷(C_2H_6)。

根据红外天文卫星(IRAS)的观测,冥王星在近日点附近的表面温度在 $55\sim60$ K 之间。结合红外空间观测台(ISO)和斯皮特红外空间望远镜(SIRTF)的观测结果,冥王星表面最冷的地方是看上去亮的区域,较暖的地方相应于暗的表面。冥王星表面温度随位置而变化。在 N_2 冰升华的区域,温度大约是 40 K,在 N_2 冰量不大的区域,温度大约是 $55\sim60$ K。

20 世纪 80 年代,发现冥王星-卡荣系统的平均密度接近 2 g/cm^3,但当时的许多科学论文认为其密度接近于水的密度,甚至更低。这个矛盾导致了冥王星整体成分三分量模式的形成。这种模式认为,冥王星由水冰($\rho=1.00$ g/cm^3)、"岩石"(2.8 $g/cm^3<\rho<3.5$ g/cm^3)和甲烷冰($\rho=0.53$ g/cm^3)构成。根据这种三分量模式,冥王星的岩石大约占 $60\%\sim80\%$,最有可能是 70%。冥王星的岩石成分比类木行星大卫星的岩石含量高,那些天体的岩石含量大约是 $50\%\sim60\%$。冥王星的这个岩石比例也高于由太阳系起源的星云模式预报的 50%。高岩石成分表明,形成冥王星的星云富含 CO,而不是富含 CH_4。

冥王星高岩石成分有两种可能:一是估计的冥王星最小半径值 1150 km 太小,应接近 1200 km;另一个可能是冥王星经历了巨大的撞击,损失了许多挥发物。

4. 大气层成分与结构

冥王星另外一个吸引人的地方是它奇怪的大气层。尽管冥王星的大气层密度只有地球大气的三万分之一,它却能够提供对行星大气层研究很有价值的独一无二的资料。地球大气中只含有一种反复经历固态到气态之间相变的气体——水蒸气,而在冥王星上有 3 种:氮气、一氧化碳和甲烷。而且,目前冥王星整个表面上的温度变化幅度达到 50%,也就是从 40 K 到 60 K 左右。冥王星在 1989 年到达它的近日点。随着它逐渐远离,多数天文学家认为其表面平均温度将会降低,其大气层中的大多数成分将会凝结,像雪一样降落下来。冥王星可能是太阳系中季节变化最为明显的行星。

除此之外,冥王星大气的逃逸率与彗星十分相似。上层大气的多数气体分子都具有足够逃脱冥王星引力的能量。这种速度极快的气体散失称为流体逃逸(hydrodynamic escape)。尽管现在其他任何一颗行星上都看不到这种现象,但它却可能与地球早期大气中氧元素的快速损失有很大关系。这样,流体逃逸可能使得地球成为适宜生命产生的星球。冥王星现在是太阳系中唯一可供科学家研究这一现象的矮行星。

冥王星和地球生命起源之间一个重要的联系是它表面和内部水冰中存在有机化合物,如固态甲烷。最近对开珀带天体的研究表明它们也有可能储存大量的冰和有机物。人们一般认为这些物质在数十亿年前频繁进入到内太阳系,从而使年轻的地球开始了初等生命体的演化。

有关冥王星的大气层的情况知道得还很少,但可能主要由氮和少量的一氧化碳及甲烷组成。大气极其稀薄,地面压强只有几微巴。冥王星的大气层可能只有在冥王星靠近近日点时才是气体;在其余的冥王星的年份中,大气层的气体凝结成固体。靠近近日点时一部分的大气可能散逸到宇宙中去,甚至可能被吸引到冥卫一上去。冥王星特快任务的计划人想在大气滑凝固时到达冥王星。

冥王星和海卫一的不寻常的运行轨道以及相似的体积使人们感到在它们俩之间存在着某种历史性的关系。有人曾认为冥王星过去是海王星的一颗卫星,但是现在认为并不是这样。一个更为普遍的学说认为海卫一原本与冥王星一样,自由地运行在环绕太阳的独立轨道上,后来被海王星吸引过去了。海卫一、冥王星和冥卫一可能是一大类相似物体中还存在的成员,其他一些都被排斥进了 Oort 云。冥卫一可能是像地球与月球一样,是冥王星与另外一个天体碰撞的产物。

尽管我们对于冥王星及其卫星的认识十分贫乏,但仅仅是这些认识就足以让我们确信,它们将会向我们展现一幅美妙的科学奇景。值得注意的一点是,冥王星的卫星大得让人吃惊,其直径约有 1200 km,大约是冥王星的一半。由于二者的大小如此接近,冥王星和冥卫一也可以被视为双星。在太阳系中还没有其他矮行星是这样,大多数卫星的直径只是母行星的百分之几。但由于天文学家在最近几年中已经发现了许多成对的小行星和开珀带天体,可以确信像冥王星及其卫星一样的双星体在太阳系中是很普遍的,其他恒星系统中很可能也是如此。但人类的探测器还从来没有造访过这样的双星体。

冥王星和它的卫星在外观上差异如此之大,也是值得注意的问题。从地球和哈勃太空望远镜上进行的观测都表明冥王星表面的反射率很高,而且上面有扩张性极地冰冠存在的迹象。与此相比,冥王星的卫星表面反射率就要低得多,上面的痕迹也不明显。冥王星有大气层,冥卫就没有。这些明显的差异是由于它们演化过程不同(或许是因为它们有不同的体积和成分),还是因为最初形成的过程不同? 这些目前还无从知晓。

尽管冥王星和冥卫一的总质量知道得很清楚(这可以通过对冥卫一运行轨道的周期及半径精确测量和开普勒第三定律而确定),但是冥王星和冥卫一分别的质量却很难确定。这是因为要分别求出质量,必须测得更为精确的有关冥王星与冥卫一系统运行时的质心才能确定测量出,但是它们太小而且离我们实在太远,甚至哈勃空间空望远镜对此也无能为力。这两颗星质量比可能在 0.084~0.157 之间。更多的观察正在进行,但是要得到真正精密的数据,只有送一艘航天器去那里。

5. 冥王星的卫星系统

冥卫一——卡绒(Charon)是最早发现的冥王星卫星,离冥王星 19 640 km,直径为 1172 km。冥卫一是在 1978 年被发现的,在此之前由于冥卫一与冥王星被模糊地看成一体,所以冥王星被看作的比实际的大许多。冥卫一很不寻常是因为在太阳系中相对于各自主星来比较,它是最大的一颗卫星。一些人认为冥王星与冥卫一系统是一个双星系统而不是行星与卫星的系统。冥王星与冥卫一是独一无二的,因为它们自转是同步的。它们俩保持同一面相对(这使得在冥王星上看见的冥卫一的位相十分有趣)。

冥卫一的组成还不知道,但它的低密度(大约 2 g/cm³)表示它可能很像土星的冰质卫星(如土卫五)。它的表面可能覆盖着冰水。

有人认为冥卫一是经过一次巨大的撞击形成的,就好像形成月球那样。

人们还怀疑冥卫一拥有一个值得注意的大气层。

2006 年,研究人员根据哈勃空间望远镜对冥王星附近的成像观测,证实冥王星还有两颗卫星,分别称为 Nix 和 Hydra,主要参数见表 9-1-4。

表 9-1-4　冥王星新卫星参数

卫星	平均直径 /km	质量 /×10²¹ kg	半主轴 /km	轨道周期 /天	偏心率	倾角（相对于冥王星赤道面）
Nix	45?	<0.002	48 675±120	24.856±0.001	约 0(0.2%±0.2%)	0.04°±0.22°
Hydra	45?	<0.002	64 780±90	38.206±0.001	0.5%±0.1%	0.22°±0.12°

9.1.3　谷神星

谷神星(Ceres)是 1801 年 1 月 1 日被发现的,是小行星主带中最大的天体,它的归属经历了几次变化。刚被发现时曾认为它是一颗行星,并给予了行星的符号。大约半个世纪后,由于在小行星主带相继发现了大量小行星,这样就将其列为小行星,并一致认为是太阳系最大的小行星,直到 2006 年 8 月,国际天文学联合会通过决议,将其划归为矮行星。

1. 基本特征

近年来,哈勃空间望远镜在可见光、凯克观测站在近红外波段对谷神星进行了详细观测,结果表明,谷神星表面与地球等类地行星相似,主要由岩石构成。它的形状粗略地说是球形,但明显是扁球状,具有赤道隆起。这个形状表明其内部是有差异的,具有岩石的内核、含水的墁和薄的外壳。几十亿年前来自木星的引力扰动阻止它吸积更多的物质变成更大的世界。谷神星的物理参数如表 9-1-5 所示。在 $2\sim4~\mu m$ 谱区对谷神星的观测表明,其表面存在碳酸盐,丰度约为 4%～6%。

表 9-1-5　谷神星轨道和物理参数

轨道参数		物理参数	
半主轴	2.766 AU	大小	975×909 km
近日点	2.544 AU	质量	9.451×10²⁰ kg
远日点	2.987 AU	密度	2.08 g/cm³
轨道周期	4.599 年	表面重力	0.27 m/s²
平均轨道速度	17.882 km/s	逃逸速度	0.51 km/s
轨道倾角	10.587°	自旋周期	0.3781 天
上升点经度	80.410°	平均表面温度	约 167 K

2. 地下水

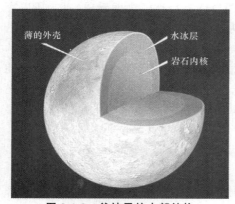

图 9-1-3　谷神星的内部结构

哈勃空间望远镜拍摄了 267 幅谷神星的图像。对这些图像的分析和计算机模拟表明,谷神星可能含有比地球还要丰富的地下水。图 9-1-3 就是根据图像和计算机模拟得到的谷神星内部结构图形。

谷神星接近于球形,说明是引力控制了它的形状。但它的非均匀形状也表明,内部的物质不是均匀分布的。

根据测量数据,谷神星的密度低于地球外壳的密度,表面的谱显示了含水矿物的证据。如果谷神星由 25% 的水组成,那么其水含量将比地球新鲜水的含量要多。谷神星的水不同于地球,以水冰的形式存在于墁中。

9.1.4　阅神星

阅神星（Eris）是目前所知最大的矮行星，是 2003 年 10 月 21 日发现的。当时的名称为 2003UB213，后来又改为"珍娜"（Xena）。2006 年 8 月 24 日，国际天文学联合会通过决议，将珍娜划归为矮行星，此后珍娜有了正式的中文名字——阅神星。

根据哈勃空间望远镜的观测，证实阅神星的直径为 2400±97 km，略大于冥王星。阅神星在高度椭圆的轨道上运行，轨道倾角为 44°，轨道周期为 558 年。

阅神星到太阳的平均距离是冥王星的 3 倍。在 2003 年发现时，距离太阳 97 AU（是冥王星到太阳平均距离的 2 倍）。光谱观测显示，阅神星表面含有甲烷冰，可能与冥王星表面类似。2005 年 9 月发现阅神星有一颗卫星。

9.1.5　鸟神星与岩神星

鸟神星（Makemake）是太阳系内已知的第三大矮行星，其直径大约是冥王星的 3/4。鸟神星的平均温度极低（约 30 K），这意味着它的表面覆盖着甲烷与乙烷，并可能还存在固态氮。鸟神星的远日点为 53.074 AU，近日点为 38.509 AU，轨道偏心率为 0.159，轨道倾角为 28.96°。

岩神星（Haumea）的远日点为 51.544 AU，近日点为 51.544 AU，直径是 1960 km×1518 km×996 km，公转周期为 104 234 日（285.4 年）。观测结果显示，它的自转速度非常快，自转周期为 0.16314±0.00001 天，没有任何一颗直径大于 100 km 的已知天体拥有如此的自转速度。这样的速度定会令天体的形状变得扁平。根据光谱观测资料，该天体可能存有冰水，同时也在其表面发现甲烷冰，意味着它从未曾接近太阳。目前已经发现岩神星有两颗卫星。

9.2　小　行　星

小行星是指沿椭圆轨道绕太阳公转的固态小天体，无空气，没有可探测到的气体或尘埃外流。从大小的角度考虑，小行星与流星体的界限目前还不是很明确。英国皇家天王学学会将小行星与流星体的尺度界限定义在 20 m，而维基百科全书网站将分界线定义的 50 m。

9.2.1　分类

1. 按位置划分

根据小行星在太阳系的的位置，可将它们分为主带小行星、近地小行星、脱罗央（Trojans）小行星和半人马座小行星。

主带小行星位于火星与木星之间，距太阳约 2～4 AU，是数量最多的种类。

近地小行星（NEAs）是轨道靠近地球的小行星，可分为 3 类：阿莫尔（Amor）、阿波罗（Apollo）和阿坦（Aten）型（见图 9-2-1）。

阿莫尔型（Amor）：公转轨道在地球轨道之外（近日距为 1.017～1.3 AU）。目前已知有 2166 颗阿莫尔小行星。

阿波罗型（Apollo）：轨道穿过地球轨道，轨道的偏心率较大，$q < 1.017$ AU（地球的远地点

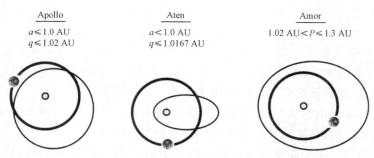

图 9-2-1 三种近地小行星的轨道特征

距离)周期大于 1 年。目前已知最大的阿波罗型小行星是 1866 Sisyphus,其直径大约 10 km。目前已知有 2501 颗阿莫尔小行星。

阿坦型(Aten):轨道穿过地球轨道,半主轴小于 1 AU,$Q>0.983$ AU(地球的近地点距离),周期小于 1 年。目前已知有 437 颗阿莫尔小行星。

综合轨道特征和大小,有一类小行星撞击地球的危害性较大,将它们称为对地球有潜在危险的小行星(PHA)。为了给出 PHA 的确切定义,先引入两个概念,最小轨道交叉距离(MOID)和绝对星等(H)。

MOID 定义为两个天体轨道间的最小距离。MOID 可以作为小行星与行星之间碰撞的早期指示。如果地球与小行星之间的 MOID 比较大,则在近期不会发生碰撞;如果 MOID 比较小,则应密切关注小行星轨道的变化,因为它可能成为撞击者。

小行星的绝对星等定义为观测者距离小行星 1 AU、距离太阳 1 AU 且在零度相角时所记录到的直观大小,也就是小行星的亮度。一个小行星的直径可以根据其绝对星等(H)进行估算。H 越低,小行星的直径越大。但这通常要求知道小行星的反照率。但大多数小行星的反照率是不知道的,其范围一般在 0.25~0.05 之间。因此,估算的小行星的直径也只能在一个范围。通常假设小行星的反照率在 0.25~0.05 之间。H 与直径的转换关系列于表 9-2-1。

表 9-2-1　H 与直径之间的转换

H	D/km	H	D/km	H	D/m	H	D/m
3.0	670~1490	10.5	20~50	18.0	670~1500	25.5	20~50
3.5	530~1190	11.0	15~40	18.5	530~1200	26.0	17~37
4.0	420~940	11.5	13~30	19.0	420~940	26.5	13~30
4.5	330~750	12.0	11~24	19.5	330~750	27.0	11~24
5.0	270~590	12.5	8~19	20.0	270~590	27.5	8~19
5.5	210~470	13.0	7~15	20.5	210~470	28.0	7~15
6.0	170~380	13.5	5~12	21.0	170~380	28.5	5~12
6.5	130~300	14.0	4~9	21.5	130~300	29.0	4~9
7.0	110~240	14.5	3~7	22.0	110~240	29.5	3~7
7.5	85~190	15.0	3~6	22.5	85~190	30.0	3~6
8.0	65~150	15.5	2~5	23.0	65~150		
8.5	50~120	16.0	2~4	23.5	50~120		
9.0	40~90	16.5	1~3	24.0	40~95		
9.5	35~75	17.0	1~2	24.5	35~75		
10.0	25~60	17.5	1~2	25.0	25~60		

如果小行星具有的"地球最小轨道交叉距离小于或等于 0.05 AU,$H≤22$,则定义为对地

球有潜在危险的小行星(PHA)。到 2009 年 5 月 14 日,已经发现有 1054 颗 PHA。

　　脱罗央(Trojans)小行星位于木星与太阳系统的第四与第五拉格朗日点附近。半人马座小行星将在 10.1.3 节介绍。图 9-2-2 给出上述各类小行星的位置。

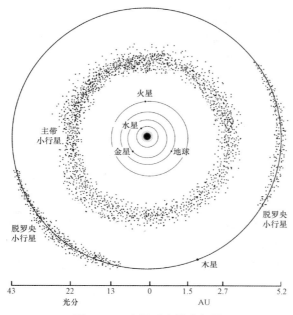

图 9-2-2　太阳系中的小行星

2. 按表面物理化学特征分类

　　根据小行星的反照率和光谱特性,可将小行星分为 A、V、E、M、S、C、B、G、F、P 和 D 类。其中 C、S 和 M 类是最早的分类,其含义如下,其他类型在 9.2.4 节介绍。

　　C 类:极暗,反照率约 0.03,硅酸盐+不透明物(碳),类似碳质球类陨石。约占已知小行星的 75%。

　　S 类:相对亮,反照率为 0.10~0.22,硅酸盐+金属的混合,类似镍铁石陨石,约占已知小行星的 17%。

　　M 类:亮,反照率为 0.10~0.18,纯镍铁。

　　目前发现的最大的 10 颗小行星列于表 9-2-2,最亮的 10 颗小行星列于表 9-2-3。

表 9-2-2　最大的 10 颗小行星

名字	大小/km	日心距/AU	发现日期	类型
4 Vesta	578×560×458	2.361	1807-03-29	V
2 Pallas	570×525×500	2.773	1802-03-28	B
10 Hygiea	500×385×350	3.137	1849-04-12	C
511 Davida	326	3.170	1903-05-30	C
704 Interamnia	317	3.067	1910-10-02	F
52 Europa	360×315×240	3.101	1858-02-04	C
87 Sylvia	385×265×230	3.490	1866-05-16	X
624 Hektor	370×195	5.203	1907-02-10	D
31 Euphrosyne	256	3.148	1854-09-01	C
15 Eunomia	330×245×205	2.646	1851-07-29	S

表 9-2-3　最亮的 10 颗小行星

小行星	星等	日心距/AU	轨道偏心率
4 Vesta	5.1	2.361	0.089172
2 Pallas	6.4	2.773	0.230725
7 Iris	6.7	2.385	0.231422
433 Eros	6.8	1.458	0.222725
6 Hebe	7.5	2.425	0.201726
3 Juno	7.5	2.668	0.258194
18 Melpomene	7.5	2.296	0.218708
15 Eunomia	7.9	2.643	0.187181
8 Flora	7.9	2.202	0.156207
324 Bamberga	8.0	2.682	0.338252

9.2.2　轨道特征

　　小行星的轨道几乎遍及整个太阳系(见图 9-2-3),但大多数集中在 2~3.5 AU 之间的主带。它们的轨道是椭圆,偏心率在 0.01~0.3 之间,相对于黄道面的倾角在 0°和 35°之间。而个别小行星如 Hildago 小行星的轨道半主轴与土星的接近。图 9-2-4 给出小行星轨道半主轴

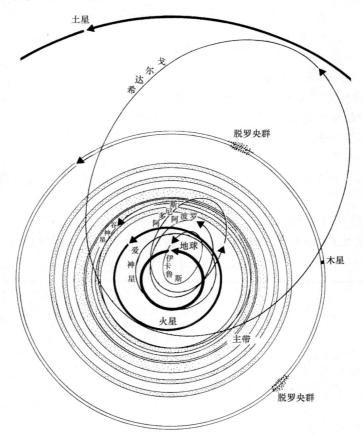

图 9-2-3　各种小行星的轨道

的日心距(单位 AU)分布。分布是不均匀的,某些区域天体密度急剧的减小(科克武德缝隙),某些区域天体很集中。缝隙和群是科克武德(Kiekwood)于 1867 年发现的,相应于同木星轨道谐振的区域,即这些区域内的天体轨道的周期与木星轨道周期之比是由两个小的整数构成,如一个小行星位于 3:2 谐振位置,即它围绕太阳运行 3 个轨道时,木星围绕太阳运行 2 个轨道。图 9-2-5 给出小行星分布随偏心率、倾角、近日距和远日距的变化。由图 9-2-5 看出,绝大

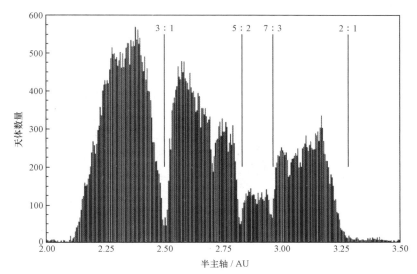

图 9-2-4 小行星轨道半主轴的日心距分布

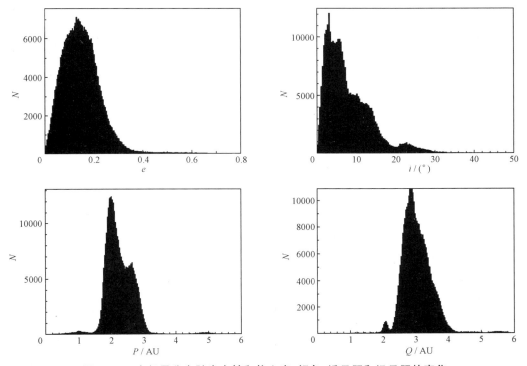

图 9-2-5 小行星分布随半主轴和偏心率、倾角、近日距和远日距的变化

多数小行星的偏心率在 0.3 以内,倾角在 15°以内,近日距在 1.8~2.8 AU 之间,远日距在 2.6 ~3.6 AU 之间,$Q=2.8$ 的数量最多。

在主带的里面和外面分别有近地小行星和脱罗央群小行星。脱罗央群位于木星-太阳系统的 L4 和 L5 点上。

9.2.3　物理特征

根据小行星表面发射的阳光的特性以及这些光的谱特征,可以得到小行星的物理特征。

1. 表面特征

图 9-2-6　小行星 Eros 表面特征

图 9-2-6 是"近地小行星幽会"飞船拍摄的 Eros 小行星表面图像,这幅图像具有一定的代表性,反映了小行星表面的主要特征,如陨石坑和风化层,在其他小行星表面还发现有裂缝。这些表面特征主要是由撞击过程产生的,撞击物包括微流星体、银河宇宙线和太阳风粒子。

2. 自旋

主带小行星的表面温度大约 200K,但与反照率、直径以及到太阳的距离有关。根据测量到的光曲线,可以计算旋转周期、自旋轴的方向和它们的形状。

大多数小行星的亮度不是恒定的,而是快速变化的,因为这些旋转体的形状不规则。

碰撞和破裂过程影响小行星的角动量,是改变它们初始自旋周期的主要因素。因此,测量自旋周期对于更好地了解这些天体碰撞的历史是非常重要的。直径大于 50 km 的小行星自旋周期的分布是单峰曲线,代表了在它们吸积阶段获得的旋转特性。与之对比,直径小于 50 km 的小行星的自旋周期由 3 个因素决定:一个是与较大的小行星相同的原始分量;二是反射快速旋转体;三是很缓慢的旋转体。毁灭性的碰撞使得小碎片获得角动量,于是产生快速旋转群,但产生缓慢旋转体的机制目前知之甚少。

自旋轴方向分布的研究也是很重要的,因为它可以证实当前的分布是否反映了早期太阳星云阶段相互碰撞的原始行星的初始状态。事实上,原始小行星自旋轴倾角的分布作为吸积过程的结果将集中于单值(接近与黄道面垂直)。碰撞肯定会引起自旋轴的随机变化,因此,今日的小行星将表现出散射、平坦的分布。

目前,我们知道大约 70 颗小行星自旋轴的分布(精度为 15%)。对这些样品的分析表明,与其他天体同方向旋转的是主体,自旋轴集中朝向黄道面的北极。

3. 大小和形状

根据对已知光曲线、实验室中人工光曲线的分析或数字模拟,可能确定形状和用于表示小行星的椭圆各种尺寸的比。大多数小行星的直径根据空间红外卫星(IRAS)的辐射观测确定,IRAS 检验了大约 2000 颗小行星的红外辐射,由此确定它们的反照率和直径。测量大小的另一种更准确的方法是恒星掩星法。当一颗小行星在天空移动时,可能通过一颗恒星的前面,并遮掩了它。在地球上的每个点,小行星阴影的宽度揭示了垂直于视线的小行星的宽度。比较在地球上不同点的掩星观测,可以得到小行星的大小。

雷达技术可以很准确地确定小行星的形状,但限于靠近地球飞越的小行星。图 9-2-7 是 4179 Toutais 小行星的雷达成像,是由 Goldstone 70 米天线获得的,在 1992 年 12 月 8 日,该小行星很靠近地球。图像显示了 4 km 和 2.5 km 大小的两个不规则体。一般来说,大的小行星比小的形状规则。天体越小,形状越不规则,因为它们是灾难性碰撞的产物。上述探测技术(光度学、掩星和雷达)给出了估计小行星存在的理由,但尚需用自适应光学系统去探测。图 9-2-8 是用在 CFHT(CANADA-Frace-hawaii telescpe)的自适应光学系统对 45Eugenia 小行星的合成成像。图 9-2-9 是由国际天文学联合会小行星中心发布的小行星数量随 H 的分布。右图是 NEA 随 H 变化。绝大多数小行星的绝对星等位于 14～17 之间,即直径在 9 km 到 1 km 之间。而大多数近地小行星的绝对星等位于 17～25 之间,其直径在 1 km 到 25 m 之间。

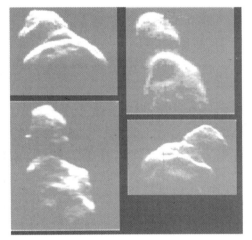

图 9-2-7　小行星 4179 Toutais 的雷达图像

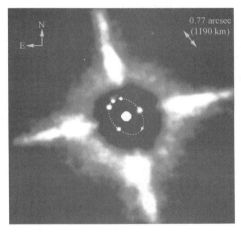

图 9-2-8　利用自适应光学系统获得的 45Eugenia 小行星的合成图像

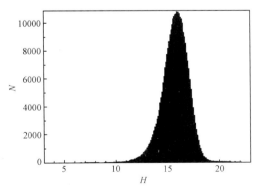

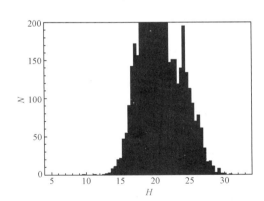

图 9-2-9　小行星数量随 H 的分布;右图是 NEA 随 H 变化

　　根据它们的大小分布,可以估计小行星带中的天体总质量大约为 5×10^{-3} 地球质量。虽然可以比较准确地确定小行星的大小,但确定它们的质量和密度比较困难。质量的估计可通过分析小行星对行星或其他小行星运动的扰动得到。根据形状估算体积,进而确定它们的密度。图 9-2-10 显示了形状各异的小行星。

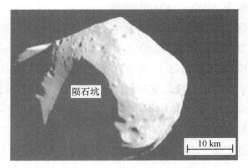

图 9-2-10 形状各异的小行星

9.2.4 化学与矿物学成分

近红外光谱测量提供了小行星化学成分的信息。事实上,许多矿物在近红外谱中存在特征吸收带(见图 9-2-11),可以由此确定硅酸盐的主群:(a) 辉石类;(b) 长石;(c) 1.5 μm 带;(d) 铁镍合金,反照率随波长增加而增大;(e) 3 μm 的水蒸气吸收带。

图 9-2-12 给出小行星典型的近红外谱。在 Vest 小行星的谱中可清楚看到硅酸盐的特征带,而 Ceres 的谱中不透明的矿物和水合物占主导地位。

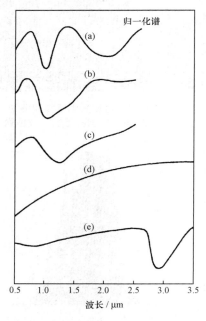

图 9-2-11 小行星中主要矿物的近红外谱特征

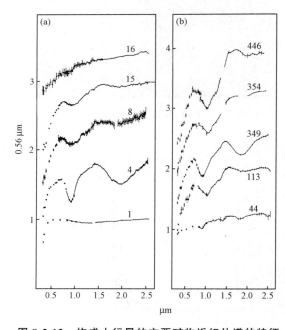

图 9-2-12 构成小行星的主要矿物近红外谱的特征

小行星的化学成分和矿物可通过分析它们在可见和近红外的反射谱确定。根据这类数据,可将小行星划分为几种类型:S、C、M、D、F、P、V、G、E、B 和 A(S 表示硅,C 表示碳,M 表示金属,等等)。

小行星的表面成分随它们的日心距和热演变而变化(见图 9-2-13)。靠近太阳的小行星大多数是 S 型。它们由许多种硅酸盐组成,中等反照率(0.20),在蓝和紫外吸收很强,但在 1～2 μm 小。集中在 2.8 AU 附近的小行星是 C 型小行星,有很低的反照率(0.05)。它们的谱很平坦,在紫外有吸收。这种谱特征表明在这个区域内小行星的表面发生过含水的变化过程。C 型小行星的谱与含碳的球粒陨石谱类似。B 型天体的谱一般平坦,在蓝色最大。G、M 和 E 型天体的谱与 C 型类似,但分别有不同的反照率(0.08、0.11 和 0.37)。V 和 A 型显示有很强的红谱,V 型有由橄榄石-辉石类引起的吸收,A 型有由橄榄石引起的深吸收带。D 型小行星,包括了大多数脱罗央群小行星有很低的反照率和极红的谱。

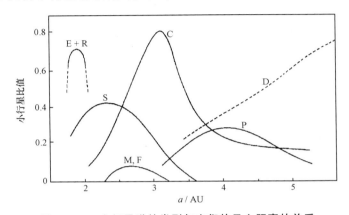

图 9-2-13　小行星谱的类型与它们的日心距离的关系
S 型在主带的最内带占主要地位,C 型在外区占主要地位,D 型仅存在与主带之外

　　为有助于小行星分类的物理解释,分类也可以表示在三元方框图上,小行星浓度的化学演变模式也画在这张图上(见图 9-2-14)。4 条主线都起始于 D 型小行星,这类小行星主要包含脱罗央小行星,相应于最原始的小行星,也是离太阳最远的小行星群。第一条线路从 D 型到 B 型,可以解释为挥发性元素的产物。在第二条线路中的小行星含有高温下凝结的物质。第三和第四条线路似乎表示了差别的增加,两条线路的差别可能是由于不同的碰撞历史。在第三条线路上,天体经历了或多或少为外部的碰撞。与之对比,第四条线路经历了完全的破裂。每

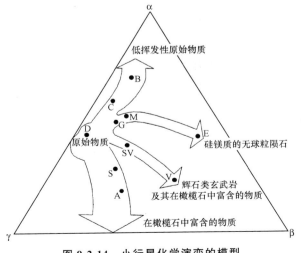

图 9-2-14　小行星化学演变的模型

种类型都伴随着一种流星体,但在小行星和流星体之间的普遍关系还不确定(见表 9-2-4)。

表 9-2-4　小行星分类

类型	矿物	伴随的流星体
A	橄榄石±金属(铁镍)	橄榄石无球粒陨石 富铁橄榄石
V	辉石类±长石	玄武岩无球粒陨石; 钙长辉长岩,紫苏钙长无球粒陨石,古铜无球粒陨石
E		顽辉石无球粒陨石
M	金属±顽辉石	铁,顽辉石无球粒陨石
S	金属±橄榄石±辉石	富铁橄榄石, 橄辉无球粒陨石, 原始顽辉石无球粒陨石和普通顽辉石无球粒陨石
C	碳,含水硅酸盐	含碳球粒陨石:CI,CM
B	含水硅酸盐	变化的 CI 和 CM
G	含水硅酸盐,贫铁	变化的 CI 和 CM
F	含水硅酸盐	CI1 和 CM2,富含有机物
P	无水硅酸盐＋有机物	橄榄石-有机物
D	有机物＋无水硅酸盐	有机物-橄榄石

9.2.5　小行星探测

1. 小行星探测概况

图 9-2-15　小行星 Ida 及其卫星 Dactyl

利用航天器探测小行星的方式主要有飞越、着陆和取样返回三种。第一颗飞越小行星的探测器是深空 1 号(DS1)。1999 年 7 月 29 日,DS1 飞越了近地小行星 9969 Braille,距离其表面大约 26 km。伽利略(Galileo)探测器曾在 1989 年 10 月 18 日飞越小行星 Gaspra,获得了世界上第一幅关于小行星的靠近图片。1993 年 8 月,Galileo 探测器飞越小行星 Ida,并且第一次证实了小行星还带有月亮,这颗月亮命名为 Dactyl(图 9-2-15)。1997 年 6 月 27 日,美国发射的"尼尔"小行星探测器飞越了小行星 253 Mathilde,距离其表面 1200 km。

"尼尔"(near earth asteroid rendezvous, NEAR)飞船是 1996 年 2 月 17 日发射的。2001 年 2 月 12 日成功地在小行星 Eros 表面着陆。在着陆之前,曾获得关于 Eros 的大量图像资料。"尼尔"是第一颗在小行星表面软着陆的探测器。图 9-2-16 给出的 Eros 成像,覆盖了 5 小时 16 分的旋转。

2003 年 5 月 9 日,日本发射了小行星探测器 Muses-C,基本目的是从小行星"系川"(25143 Itokawa)表面取样返回。发射后,Muses-C 的名字改变为 Hayabusa(日文的意思是隼鸟),探测器进入一个奔向近地小行星 25 143 Itokawa(系川)的转移轨道。等离子体发动机点

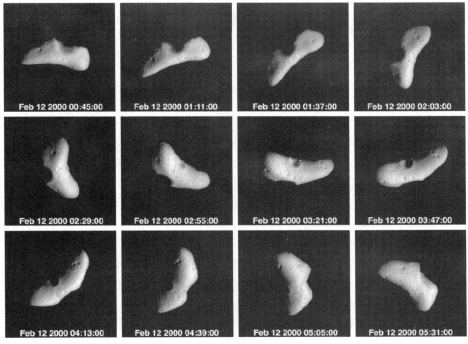

图 9-2-16　尼尔对小行星 Eros 成像

火成功,在 2003 年 5 月 27 日至 6 月中旬,一直靠等离子体火箭推进。2003 年底发生的大太阳耀斑损害了太阳电池板。电力损失使隼鸟不能按原计划于 2004 年 5 月 19 日与系川交会。2004 年 5 月 19 日隼鸟在距离地球 3725 km 高度飞越,利用地球的引力将其"弹射"到一条远离太阳的弧形弹道曲线中,使它可以与系川会合。同年 7 月 31 日 X 轴作用轮失效。2005 年 9 月 12 日隼鸟到达距离小行星系川 20 km 处。但探测器没有进入环绕小行星的轨道,而是靠近小行星的日心轨道。2005 年 10 月 3 日,探测器的 Y 轴作用轮失效,只能靠两个化学推进器进行高度控制。

　　隼鸟起初在距离系川 20 km 远处的"故乡"位置观测其表面,这个位置在地球和小行星连线上的太阳一侧。这是全球绘图阶段 1,观测角不大于 20~25 度。全球观测阶段 2 开始于 10 月 4 日,此时隼鸟到达距离系川 7 km 的日夜分界线附近,以大的观测角测量系川,测量持续大约一周。11 月初隼鸟移到系川表面附近预演着陆。着陆计划在 11 月 4 日进行,但由于在距离小行星表面 700 m 处遇到异常信号而中止了。

　　11 月 12 日进行第二次演习。由于小着陆器投放时的高度太高(预定投放高度应该距离小行星 Itokawa 60~70 m),结果造成小型观测器——机器人"智慧女神"难以"撞击",第一次"撞击"采样就这样失败了。估计没有着陆,而是太空漂浮。

　　11 月 19 日 12:00 UT,隼鸟开始从 1 km 高度下落,在 19:33 UT 接收到着陆指令,此时距离系川表面 450 m,速度为 12 cm/s。在 20:30 UT,一个小金属球被作为目标标识器从 40 m 高度成功投到"系川"表面。隼鸟的速度降低到 3 cm/s 以便让标识器在它之前落地。接近到 17 m 高度时速度降为零,开始自由下落。此时突然遇到位置和速度数据故障,同时与地面失去联系,地面控制中心一度宣告它"处于失踪状态"。当 4 个小时后恢复联系时,已错过了目标。

　　第二次着陆和取样在 11 月 25 日进行。隼鸟以 10 cm/s 的速度接触系川表面。两颗取样弹丸在与隼鸟分离 0.2 s 后点火,取样获得成功,但样品的质量不到 1 g。

　　2005 年 12 月 8 日,地面与隼鸟失去联系,这可能是由于推进器燃料泄漏影响天线定位。2006 年 3 月与隼鸟恢复通信联系。按照计划,"隼鸟"小行星探测器将于 2010 年 6 月返回地球。

　　2. 取样返回探测

　　(1) 取样返回的背景价值

　　对于宇宙抛弃物的研究表明,我们不但不知道陨石来自于什么类型的小行星,而且也不知道样品的地质背景。我们不知道样品是否来自于陨石坑的内部、陨石坑的边缘、陨石坑喷出物敷层、岩床、表面、深层,还是来自于特别硬的物质的矿脉,或者是来自于其他不可想象的地质特征。非地质学家可能认为在不清楚地质背景的情况下也可以讨论陨石的起源和历史。NEAR-Shoemaker 飞船为我们呈现出了一个崭新的地质结构和地质特征的世界,也呈现出了大量的陨石可能形成的场面。

　　已经有许多例子表明,从已知背景环境下取样能够解决陨石和小行星研究中长期存在的问题,并且因此增加我们对太阳系早期环境和过程的认识。陨石研究中的两个最基本的问题是:一是陨石球粒是如何形成的;二是金属和硅酸盐的不同比率是怎么形成的。由于每一类球粒状陨石都有统一的金属和硅酸盐比率组合、陨石球粒和金属的丰度以及尺寸,因此,上面两个问题与球粒状陨石类的形成有关。许多研究者论证说,球粒状陨石是当陨石撞击到母体后由撞击所熔化的小滴产生的。而其他研究者则反驳道,星云中的某个过程产生了球粒状陨石,产生机制可能是由于放电,也可能是其他某种机制。如果发现陨石坑抛射物中的样品丰度与球粒状陨石中的丰度一样,并且球粒状陨石与样品来自于陨石坑内部或是表面无关,那么就可以说明球粒状陨石是撞击熔化物。我们只有对小行星进行实地考察并取回样品,才能够确切知道球粒状陨石的小行星是否具有由较松散的土质组成,或者说这些小行星是否各处都包含球粒状陨石。类似地,许多研究者认为金属和硅酸盐的比率反映了在太阳系星云的形成过程中发生了某种未知的过程。

　　对小行星表面取样也将使我们能够对小行星上的空间天气特征进行描述,就像对月球的取样返回让我们对月球上的空间天气有了了解一样。

　　(2) 已经有了实地探测技术为什么还要取样返回?

　　在实验室中对小行星样品进行研究所能达到的深度和广度,比使用实地探测技术所进行的研究要高很多倍。除了数据量以外,实验室中获得的数据的质量明显优于实地探测所获得的数据。

　　实验室研究不但能够获得较好的数据,而且还能实现一种使用火箭飞船等不能实现的测量手段,这种测量手段对于认识样品是至关重要的。使用实验室方法大约可以获得 10 种年代,而到目前为止,使用实地测量手段还没有获得任何一种年代。

　　有时仅仅需要收集大量的高质量数据即可,这项数据可以解决上面的特定问题。如果实地探测数据已经足够解决问题,那么为了获得质量较高的数据而进行的额外花费就不合理了。这是很实际的。目前有很多科学问题使用实地探测数据就足够了。但是,对于初期太阳系物质的组成、矿物学性质、岩石学性质以及同位素性质等,光有实地探测数据是不够的,还需要有充足的储存数据。

（3）取样探测的关键科学问题

① 对小行星取样研究有助于我们对太阳系初期过程的认识。例如,在太阳系初期和伴随行星形成的过程中发生了什么? 我们如何从星云过程中分辨出陨石母体? 这些信息如何与已存在的有关陨石的数据和流行的思想相衔接? 对于那些还没有找到外貌相似的母体的陨石类,从它们的解释数据中可以学到什么? 如果小行星上有一些新的原始材料在通过地球大气层时被烧毁了,那么我们就可以期望取样返回能带来新的激动人心的发现。

② 对小行星取样也有助于我们研究太阳与邻近星体之间的关系。

③ 在至今未能取样的早期物质中,其有机物质是什么? 对于我们认识太阳系生命的起源和分布有什么启示? 在小行星取样返回任务所发现的初期太阳系物质中存在不稳定的有机成分,这几乎是一定的。辨别这些物质将能够获得行星上生命所必需的生命起源前分子的形成和演化信息。这些信息需要对目前以陨石有机物质所形成的结论做重新的评估吗?

④ 小行星和陨石是如何形成的? 如何具有了目前的性质? 小行星样品的主要元素、矿物学和同位素性质如何随着小行星的等级变化而变化? 如何随着陨石等级的变化而变化?

⑤ 小行星样品的元素性质、地质学性质以及同位素性质等如何随着表面的地质学背景而变化?

⑥ 空间环境。哪些过程(包括物理的、地质学的、元素的以及同位素的)可以被认为是暴露于空间环境的结果? 就如由于行星表明缺少气体而发生的过程那样。

⑦ 小行星内部的性质如何? 从小行星表面物质的性质中可以获得行星内部性质的什么信息? 由此能推断出行星具有较低的体密度吗? 这个问题是行星科学中的一个主要问题。

（4）取样返回的关键技术

取样返回探测需要四步完成,即经长途飞行到达小行星、轨道机动到小行星附近、在小行星表面软着陆并取样,最后将样品返回到地球。在这四个步骤当中,最关键的是第三步,即如何在质量、尺寸都很小的小行星表面成功着陆以及怎样提取样品。

近地小行星一般都很小,如隼鸟探测的小行星系川,尺寸只有 550 m×180 m。这样小的天体,引力也很小。如果着陆器接触表面的速度稍大一点,弹跳速度就可能使着陆器重新飞向太空。

究竟采取哪种类型的取样方式,要根据小行星表面的成分和结构特征决定。从目前的探测和研究情况看,基本有三种方式:弹丸撞击、钻探和大的螺旋杆。

隼鸟采用了弹丸撞击方式。先发射一个高速弹丸,然后收集弹丸撞击产生的抛射物。隼鸟的着陆器配备了通用的样品收集装置,从着陆的三个不同位置能收集大约 1 g 的样品。该装置由一个漏斗形收集触角组成,末端直径为 40 cm,末端将置于取样区。一个烟火装置点火,一个 10 g 的金属弹丸以 200～300 m/s 的速度向下冲出触角的管。弹丸撞击表面并在小行星表面产生小的撞击坑,将抛射物碎片推向触角,经过漏斗进入样品收集容器。在每次取样之前,探测器将从大约 30 m 高度降落一个小的目标板到表面,用作为一个标志器,以保证探测器与小行星表面间的相对水平速度在取样期间是零。取回的样品将存储在返回地球的再入容器中。

苏联在月球的取样返回探测中采取了钻探取样方式。欧洲空间局发射的“罗塞塔”彗星探测器也计划采用这种方式,但不是将样品返回,而是就地分析。

美国一家公司设计了一种取样方式,在螺旋杆上面有一个大的飞轮。飞轮旋转时驱动螺旋杆取样。不过这种方式还没有用于实践。

总之,在确定取样返回探测方案之前,需要通过遥感的方法对待测小行星表面的成分和结构特性进行探测分析。

(5) 取样返回探测的首选目标——近地小行星

为什么取样返回的首选目标是近地小行星而不是主带小行星,主要基于以下考虑:发射到近地小行星比到主带小行星节省大量的能量。而近地小行星探测同样具有很高的科学价值;一些近地小行星到地球的距离比月球到地球的距离还小,在技术上容易实现;一些近地小行星存在撞击地球的危险性,对这些天体的探测有利于减少撞击危险;一些近地小行星蕴藏着丰富的矿物资源。

9.3 彗 星

9.3.1 彗星及其命名规则

1. 什么是彗星

彗星是形状不规则的天体,由冰冻着的各种杂质、尘埃组成。一般彗星由彗头和彗尾组成。彗头包括彗核和彗发两部分,有的还有彗云。彗核相对稳定呈固态,小而亮,直径从几百米到十多千米,主要由冰和气体及一小部分灰尘和其他固体组成,彗星物质95%以上集于彗核。彗核周围的气体和尘埃构成的球状区域称为彗发,其直径一般可达几万到几十万千米,随彗星离太阳的距离而变化。彗星在远离太阳时,由于温度很低,彗头中的挥发性物质便渐渐在彗核上凝固。由于组成彗星的物质一半以上是冰,所以它们也常被称作"脏雪团"或"脏雪球";而在靠近太阳时,彗核的表面由于升温而开始蒸发、气化、膨胀、喷发,它就产生了彗尾。彗尾的体积极大,可长达上亿千米。由烟雾大小的逃逸气体以及从彗核中被驱赶出的灰尘微粒组成,这是肉眼所见的最显著的部分。它形状各异,有的还不止一条,一般向背离太阳的方向延伸,且越靠近太阳彗尾就越长。彗星的体形庞大,但其质量却小得可怜,就连大彗星的质量也不到地球的万分之一。彩图65列举了典型的彗星形态。

与太阳系中其他小天体不同,彗星自从古代便为人们所知。中国古代对于彗星的形态已很有研究,在长沙马王堆西汉古墓出土的帛书上就画有29幅彗星图。在晋书《天文志》上清楚地说明彗星不会发光,系因反射太阳光而为我们所见,且彗尾的方向背向太阳。

公元1066年,诺曼人入侵英国前夕,正逢哈雷彗星回归。当时,人们怀有复杂的心情,注视着夜空中这颗拖着长尾巴的古怪天体,认为是上帝给予的一种战争警告和预示。后来,诺曼人征服了英国,诺曼统师的妻子把当时哈雷彗星回归的景象绣在一块挂毯上以示纪念。中国民间把彗星贬称为"扫帚星"、"灾星"。像这种把彗星的出现和人间的战争、饥荒、洪水、瘟疫等灾难联系在一起的事情,在中外历史上有很多。

2. 彗星分类

彗星轨道与行星的很不相同,它是极扁的椭圆,有些甚至是抛物线或双曲线轨道。轨道为椭圆的彗星能定期回到太阳身边,称为周期彗星;轨道为抛物线或双曲线的彗星,终生只能接近太阳一次,而一旦离去,就会永不复返,称为非周期彗星,这类彗星或许原本就不是太阳系成员,它们只是来自太阳系之外的过客,无意中闯进了太阳系,而后又义无反顾地回到茫茫的宇宙深处。

周期彗星又分为短周期(绕太阳公转周期短于 200 年)和长周期(绕太阳公转周期超过 200 年)彗星。周期在 200 年与 30 年之间的彗星认为是类哈雷彗星,周期小于 30 年的称为木星簇彗星,因为大多数这类彗星的远日点接近木星,当它们靠近木星时被捕获为短周期彗星,其轨道主要位于小行星主带内,故称主带彗星。图 9-3-1 给出主带彗星的(深灰色点)分布。彗星 133P,P/2005 U1 (Read)和 118401 用浅灰色标出。垂直虚线标出了彗星和木星的半主轴,还有与木星轨道 2∶1 谐振位置(通常认为是经典主带的外边界)。弯曲的虚线显示了近日点等于火星远日点($q=Q_{Mars}$)和远日点等于木星近日点($Q=q_{Jup}$)的轨道位置。在 $q>Q_{Mars}$ 线以上的天体是穿越火星轨道的,在 $Q<q_{Jup}$ 线右边的天体是穿越木星轨道的。

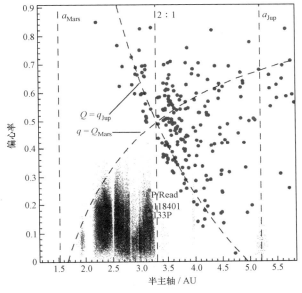

图 9-3-1　主带彗星的分布

目前,已经计算出 900 多颗彗星的轨道。彗星的轨道可能会受到行星的影响,产生变化。当彗星受行星影响而加速时,它的轨道将变扁,甚至成为抛物线或双曲线,从而使这颗彗星脱离太阳系;当彗星减速时,轨道的偏心率将变小,从而使长周期彗星变为短周期彗星,甚至从非周期彗星变成了周期彗星以致被"捕获"。

上述以 200 年为界限对周期彗星进行分类没有任何物理意义,但目前还没有被普遍接受分类方法。然而一些学者也提出了一些分类方法,其中一种分类方法如流程图 9-3-2 所示。

划分彗星类型的第一步是引入一个物理参数 T:

$$T\equiv a_{j}/a+2\sqrt{(1-e^{2})a/a_{j}}\cos i,$$

这里 a_{j} 是木星半主轴,这个参数近似等于圆形限制性三体问题中的运动积分——雅可比常数。作为一级近似,可将彗星、太阳和木星看作是圆形限制性三体问题。这意味着,当彗星引力上耗散木星时,T 近似是守恒的。T 参数也是彗星和木星在靠近相遇时两者相对速度的量度,$v_{rel}\approx v_{j}\sqrt{3-T}$,这里是木星的轨道速度。在圆形限制性三体问题中,$T>3$ 的天体不能穿越木星的轨道,受约束在或是在木星轨道内,或是木星轨道外。

图 9-3-3 给出在 2003 年所知彗星的半主轴-倾角分布 $T>2$ 的天体以空心圆圈表示,$T<2$

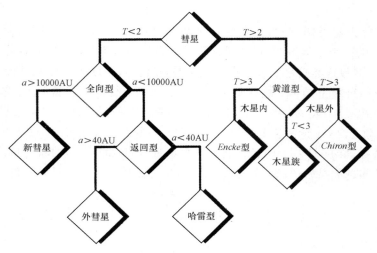

图 9-3-2 彗星分类流程图

的天体以实心圆圈表示。$T>2$ 的天体证实是低倾角。于是称这类天体为黄道彗星,称 $T<2$ 的天体为近全向彗星(NIC),因为这些彗星的倾角范围非常宽。

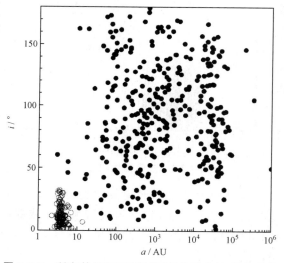

图 9-3-3 所有彗星(2003 年数据)的半主轴-倾角分布

近黄道彗星分为两组:动力学新彗星和返回彗星。这种分类有动力学基础,并基于半主轴 a 的分布。图 9-3-4 给出近全向彗星数量随 $1/a$ 分布,a 与轨道束缚能量 $E=-\dfrac{GM_s}{2a}$ 成反比。这些半主轴值是是通过数字积分每颗彗星进入行星系统的轨道确定的。$1/a<0$ 的彗星不受太阳束缚,即轨道为双曲线。

图 9-3-4 最显著的特征是在 $1/a$ 约为 $0.005\ \mathrm{AU^{-1}}$,即 a 约为 $20\,000\ \mathrm{AU}$ 是有一个峰。1950 年,这个特征导致 Oort 得出结论,太阳系是由一个球对称的彗星云包围着,现在称奥尔特云。NIC 随 $1/a$ 分布的峰是非常窄的。彗星通过行星系统遭受的典型摆动大约是 ±0.0005 $\mathrm{AU^{-1}}$,即大于彗星初始能量的 10 倍。于是,第一次通过太阳系时处于分布峰的彗星在相继通

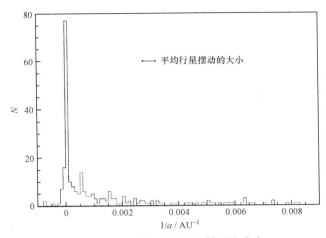

图 9-3-4 近全向彗星半主轴反比分布

过时不大可能保持在那里。根据这个理由可以得到结论,在分布峰中的彗星是动力学"新"的,是第一次通过行星系统。

不在峰的彗星($a \leqslant 10\,000\,\text{AU}$)最像是以前曾通过行星系统的天体。$a \ll 20\,000\,\text{AU}$ 且正在第一次穿过行星系统的彗星不能进入内太阳系。因此,我们可以看到少量直接来自奥尔特云的、半主轴小于这个值的彗星。可以得出结论,不在峰的 NIC 是一颗最初在峰,但在以前通过行星系统时已经演变到较小的 a。这些彗星称为"返回"彗星。新与返回彗星的边界是 $a = 10\,000\,\text{AU}$。

根据返回彗星的动力学特性,可进一步将它们划分为两组:哈雷型彗星和外彗星,这两种彗星的边界在 $a = 40\,\text{AU}$。

黄道彗星是 $T>2$ 的彗星。这些彗星可划分为三组。$2<T<3$ 的彗星一般在穿越木星轨道,称它们为木星族彗星。这种类型包含大多数已知的黄道彗星。$T>3$ 的彗星不能穿越木星轨道,其轨道在木星的内部,称为 Encke 型彗星。该名称源自众所周知的彗星 2p/Encke,这颗彗星是明亮的、活动的彗星,其远日距仅 $4.2\,\text{AU}$。$T>3$ 的的彗星的半主轴大于木星的半主轴,称为 Chiron 型,该名称源自众所周知的彗星 95p/Chiron。Chiron 的半主轴为 $14\,\text{AU}$,近日距为 $8\,\text{AU}$,使得它正好在木星的控制力之外。

2. 彗星命名规则

过去,彗星发现后一般先给予一个临时名。临时名是"发现者(最多不超过 3 个人的名字)、发现年份以及发现次序"。发现次序用拉丁字母表示,例如,我国紫金山天文台 1965 年发现的两颗彗星,是这一年发现的第二颗和第三颗彗星,因此临时命名为 1965b 和 1965c。根据观测算出轨道后就按彗星在这一年过近日点的先后次序在年代后用罗马字母取代拉丁字母作为永久命名,如上述的两颗彗星即分别为 1965 Ⅰ 和 1965 Ⅱ,某一年新发现的彗星可能在另一年过近日点,所以永久命名常推迟二三年,以避免因在发现新彗星而更动命名序号。一些著名大彗星,一般都有专门的名字,如哈雷彗星、恩克彗星、比拉彗星。

由于观测到的彗星数目快速增长,天文学家发现这种彗星命名法有不尽人意之处,于是国际天文联合会(IAU)1994 年第 22 届大会作出决议,改进原有的彗星编号体制,决定从 1995 年 1 月起,采用新的命名办法,即以发现时的公元年份加上次年的那半个月的大写拉丁字母

（A＝1月1—15日，B＝1月16—31日，C＝2月1—15日，……Y＝12月16—31日，I除外），再加上在该半个月中代表发现先后次序的阿拉伯数字，举例来说，如果某彗星是1996年2月下半月发现的第三颗彗星，临时编号即为1996D3。

为了使每颗彗星的性质一目了然，决议还规定在彗星名字前面加上前缀，P/表示周期小于200年的短周期彗星；C/表示长周期彗星；D/表示不再回归的彗星（比如1993e是苏梅克列维9号彗星的原名，现名D/1993 F2）；A/表示可能是一颗小行星的彗星；X/表示不可能算出轨道的彗星。另外，对短周期彗星在其轨道周期确认之后，按其过近日点或在其发现后在远日点附近被观测到的先后次序，在这颗彗星的名字前面冠以一个编号，对所有短周期彗星从1开始，顺序排列。哈雷彗星编号为1号，恩克为2号，科普夫为22号。如果一颗彗星已经分裂，则要在它的名字后面分别加上"A"，"B"等，如比拉彗星原来的名字为3D/1772E1、3D/1805V1，分裂后的名字为3D-A、3D-B等。

3. 典型的彗星

在众多彗星中，哈雷彗星是人们最熟悉的。1682年8月，天空中出现了一颗用肉眼可见的亮彗星，它的后面拖着一条清晰可见、弯弯的尾巴。这颗彗星的出现引起了几乎所有天文学家们的关注。当时，年仅26岁的英国天文学家哈雷对这颗彗星尤为感兴趣。他仔细观测、记录了彗星的位置和它在星空中的逐日变化。经过一段时期的观察，他惊讶地发现，这颗彗星好像不是初次光临地球的新客，而是似曾相识的老朋友。

在哈雷生活的那个时代，还没有人意识到彗星会定期回到太阳附近。自从哈雷产生了这个大胆的念头后，便怀着极大的兴趣，全身心地投入到对彗星的观测和研究中去了。在通过大量的观测、研究和计算后他大胆地预言，1682年出现的那颗彗星，将于1758年底或1759年初再次回归。哈雷作出这个预言时已近50岁了，而他的预言是否正确，还需等待50年的时间。他意识到自己无法亲眼看见这颗彗星的再次回归，于是，他以一种幽默而又带点遗憾的口吻说：如果彗星根据我的预言确实在1758年回来了，公平的后人大概不会拒绝承认这是由一位英国人首先发现的。

在哈雷去世10多年后，1758年底，这颗第一个被预报回归的彗星被一位业余天文学家观测到了，它准时地回到了太阳附近。哈雷在18世纪初的预言，经过半个多世纪的时间终于得到了证实。后人为了纪念他，把这颗彗星命名为"哈雷彗星"。其实在历史上从公元前240年起的每次回归我国都有所记载，最早的一次可能是周武王伐纣之年，即公元前1057年。哈雷彗星每隔大约76年都会按时回归。在哈雷彗星回归时，可以对它进行大量的观测研究。哈雷彗星的最近一次回归是1986年，中国和各国一样对它进行了大量的观测，发现了断尾现象。它的再次回归要等到2061年左右。

近年来引起人们注意的是"苏梅克-利维9号"彗星。它是在1993年3月26日由苏梅克夫妇与戴维·利维合作发现的。这颗彗星以11年左右的周期绕太阳运动，当它在1992年7月8日离木星最近时，它的彗核被木星引力拉碎成21块，这些碎块以60 km/s的速度先后撞击至木星背着地球一面的南纬约44°的地方，这是一次罕见的天文现象。撞击过程中，在木星上空出现了爆炸、火球、闪光（见图9-3-5），在木星大气中形成了黑斑。这次天体撞击事件必将在天文学史中留下辉煌的一页。

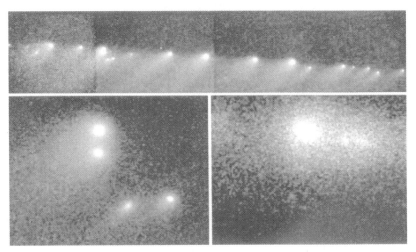

图 9-3-5　已经分裂的苏梅克-利维 9 号彗星

9.3.2　彗星的物理和化学特性

彗星大部分时间运行在离太阳遥远的、寒冷的以及高度真空的区域,这就使得彗星保存了它们初始的状态。因此,彗星提供了它们形成时环境状态的重要证据。但是,由于彗星远离太阳,难以开展有效的观测,只有它们通过近日点时,才能对其进行观测研究。

彗星散射了太阳的可见光辐射,使我们能认识到彗星的出现。但在地面无法看清彗核,因为它被隐藏在尘埃和气体壳之内。为了确定彗星的性质,即确定核的成分,需要观测源于表面冰蒸发以及彗星尘埃的原始分子。分子的探测主要根据它们的旋转和振动电子发射产生的可见及紫外辐射。20 世纪 70 年代,首先观测到离解的产物(表 9-3-1),直到 20 世纪 80 年代,才利用红外与毫米波技术观测到彗星的原始分子的丰度(表 9-3-2)。表 9-3-3 为深度撞击前后 9P/Tempel 1 彗星的挥发物。

表 9-3-1　在彗星探测到的离解产物

基、离子或原子	谱区	基、离子或原子	谱区	基、离子或原子	谱区
基		分子离子		原子	
CN	可见、近红外、射电	CH^+	可见	H、O	可见,紫外
C_2	可见、紫外、近红外	OH^-	可见	C、S	紫外
C_3	可见	H_2O^+	可见、紫外、射电	Na、K	可见
CH	可见、红外	CO^+	可见	Ca、Cr、Mn、Fe	可见
				Ni、Cu、Co、V	
OH	近紫外、红外、射电	N_2^+	可见	原子离子	
NH	可见	CO_2^+	可见、紫外	C^+	紫外
NH_2	可见、红外	HCO^+	射电	O^+	紫外
CS	紫外	H_3O^+	射电	Ca^+	可见
SO	射电				

表 9-3-2 在彗星观测到的原始分子的丰度

分子式	分子名称	丰度	观测方法	注
H_2O	水	1	红外	
CO	一氧化碳	$2\sim20$	紫外、射电、红外	扩展源
CO_2	二氧化碳	$2\sim6$	红外	
CH_4	甲烷	0.6	红外	
C_2H_6	乙烷	0.3	红外	
C_2H_2	乙炔	0.1	射电	
H_2CO	甲醛	$0.05\sim4$	射电	扩展源
CH_3OH	甲醇	$1\sim7$	射电	
HCOOH	甲酸	0.1	射电	
HNCO	异氰酸	0.07	射电	
NH_2CHO	甲酰胺	0.01	射电	
CH_3CHO	乙醛	射电		
$HCOOCH_3$	甲酸甲酯	0.1	射电	
NH_3	氨	0.5	射电	
HCN	氰化氢	$0.1\sim0.2$	射电	
HNC	异氰化氢	0.01	射电	
CH_3CN	氰基甲烷	0.02	射电	
HC_3N	氰基鲸蜡烯	0.02	射电	
N_2	氮	$0.02\sim0.2$	可见	间接,来自 N_2^+
H_2S	硫化氢	$0.3\sim1.5$	射电	
H_2CS	硫代甲醛	0.02	射电	
CS_2	二硫化碳	0.1	紫外、射电	间接,来自 N_2^+
OCS	氧硫化碳	0.4	射电、红外	
SO_2	二氧化硫	约 0.2	射电	
S_2	硫	0.05	紫外	

表 9-3-3 深度撞击前后 9P/Tempel 1 彗星的挥发物

探测到的种类	线通量 $/10^{-19}$ W·m^{-2}	分子总数 $/10^{28}$	相对丰度	生成率 $/10^{25}$ s^{-1}
2005 年 7 月 4 日撞击前 UT5:22:12—5:52:13				
H_2O	2.79 ± 0.47	588 ± 99	100	1037 ± 174
C_2H_6	1.65 ± 0.70	1.59 ± 0.67	0.27 ± 0.12	2.8 ± 1.2
CH_3OH	1.16 ± 0.21	6.28 ± 1.13	1.07 ± 0.26	11.1 ± 2.0
2005 年 7 月 4 撞击后 UT 6:07:35—6:41:47				
H_2O	22.8 ± 0.64	$984\pm28^*$	100	1734 ± 49
C_2H_6	8.16 ± 0.57	3.48 ± 0.24	0.353 ± 0.027	6.13 ± 0.43
CH_3OH	1.80 ± 0.30	9.73 ± 1.64	0.99 ± 0.17	17.2 ± 2.9
2005 年 7 月 4 撞击后 UT6:43:16—7:24:49				
H_2O	9.04 ± 1.02	859 ± 97	100	1703 ± 192
HCN	6.54 ± 0.66	1.81 ± 0.18	0.21 ± 0.032	3.61 ± 0.37
C_2H_2	0.57 ± 0.17	1.08 ± 0.32	0.13 ± 0.04	2.06 ± 0.61
CH_4	5.45 ± 2.96	4.64 ± 2.52	0.54 ± 0.30	9.22 ± 5.0
H_2CO	2.32 ± 0.41	7.24 ± 1.28	0.84 ± 0.18	15.3 ± 2.7

1. 彗核

彗核的大小可用两种方法估算。最老的方法是使用光度计在可见光波长测量彗星。观测到的通量是反射的太阳通量；知道了距离再加某些关于反照率的假定，就可以得到彗核的直径。近年来，在红外和毫米波段测量彗核的热辐射，可以同时得到彗核的反照率和直径。对哈雷彗星的实地测量表明，彗核的反照率是极低的（0.04）。第二种方法利用雷达反射波，可以测量得更准确，但只适用于靠近地球的彗星。这两种方法可以测量直径在公里到 10 公里之间的彗星。另外，天基靠近彗核摄像，可以直接获得彗核大小和形状的信息。图 9-3-6 是"星尘"飞船拍摄到的"怀尔德2 号"彗核。

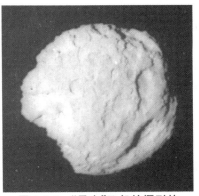

图 9-3-6　"星尘"飞船拍摄到的
"怀尔德 2 号"彗核

彗核的自旋周期也是难以确定的参数。理论上说，根据光曲线的变化可以得到周期，但由于目标太小、太遥远，结果是不确定的。

核的质量是一个重要参数。由于彗核太小，对行星轨道的扰动没有可以探测到的效应，因此是难以测量的。间接的估计方法是测量因非引力产生的到达近日点的延迟。在到达近日点之前，气体和朝向太阳抛射的尘埃产生了延迟作用。根据在近日点的延迟和抛射的气体及尘埃，得到光曲线，进而得到彗核质量和密度的信息。用这个方法得到的哈雷彗星的密度为 $0.2\sim0.5$ g/cm³。

1950 年以前，普遍接受的彗核模型是粒子云模型，根据这个模型，彗核是因星际吸积机制产生的。这个模型不能考虑高百分比的挥发性成分，也不能存在非引力（非引力的存在是通过观测哈雷彗星等的路径证实的）。1950 年，Whipple 提出了"脏雪球"模型。在这个模型中，彗核是冰和尘埃粒子的集合，是由原始物质凝结产生的。这个模型能考虑所有观测到的现象，是目前普遍采用的。天基探测表明，核是很暗的（反照率为 0.04）。大多数是由暗淡的物质覆盖，可能是碳的化合物。富含这种物质的表面可能是在通过近日点之前水冰蒸发的结果。

2001 年 9 月，深空 1 号（Deep Space 1, DS1）飞船飞越彗星 Borrelly，获得高分辨率彗核的图像。Borrelly 是木星家族的短周期彗星，核呈拉长的形状，尺度为 $4\,\mathrm{km}\times8\,\mathrm{km}$。反照率极低（0.022），存在两组准直的喷流，表面的大部分是不活动的。

1950 年以后，许多学者重新构造了脏雪球模型。彗核形成的机制与大天体相同，是类彗星体的积累，类彗星体的质量分布为

$$n(m)\propto m^{-5}. \tag{9-3-1}$$

这个结构解释了彗星的多大部分可能通过蒸发破裂，产生核的碎片。

核通过冰粒碰撞的吸积只可能发生在低温、具有低的相对速度（<0.05 km/s）的情况。结果，密度低于 0.5 g/cm³。中心压强 P_c、重力加速度 g 以及逃逸速度 V_e 可由下面公式计算：

$$P_c = \frac{2}{3}\pi G\bar{\rho}^2 R^2,$$
$$g = \frac{4}{3}\pi\bar{\rho}R, \tag{9-3-2}$$
$$V_e = \left(\frac{8}{3}\pi G\bar{\rho}\right)^{1/2} R.$$

这里 G 是引力常数，$\bar{\rho}$ 是平均密度，R 是半径。对半径小于 10 km 的彗核计算表明，引力太低，

核不能变成密集的。

尘埃颗粒捕获在冰体中,彗核因此变得疏松和脆弱的冰和尘埃的聚合体,有一点黏着力,易于破裂。

当彗星多次通过太阳附近将会发生什么情况呢?这个问题的回答还不确定。冰缓慢地升华,微流星体尘埃粒子被抛射;某些剩余物持续存在,非挥发性残余物被捕获在原始核冰体或彗核中心部分。某些小行星可能是彗星的残余。

2. 彗发

(1) 核的升华

当缓慢旋转的彗核逐渐接近太阳时,其表面温度缓慢上升。如果表面被挥发性物质覆盖,则可用下列方程描述平衡状态:

$$\Theta_0 \frac{1-a}{r^2} = \sigma T^4 + Z(T) \cdot L(T). \tag{9-3-3}$$

方程的左边表示由彗核吸收的太阳通量:a 是核的反照率,Θ_0 是在 1 AU 处的太阳通量,r 是日心距离。右边表示表面发射的能量:部分热辐射(σ 是斯特藩-玻尔兹曼常数,T 是温度),升华潜热部分生成物 $L(T)$ 和气体产生率 $Z(T)$。

理论上说可用逐次接近的方法求解方程(9-3-3),于是得到对于不同冰的 T 和 Z。Delsemme 用这种方法得到了一些结果(见表 9-3-4)。

表 9-3-4 对不同冰得到的气体生成率

雪控制的蒸发	$Z_0/10^{18}$ mol·cm²·s	T_0/K	T_1/K	D/AU
N₂	14.3	40	35	77.6
CO	13.0	44	39	62.5
CH₄	10.6	55	50	38.0
H₂CO	5.0	90	82	14.1
NH₃	3.7	112	99	9.7
CO₂	3.5	121	107	8.3
HCN	2.3	160	140	4.6
NH₄OH	2.7	213	193	2.6
甲烷包含物	1.9	214	194	2.5
水	1.7	215	195	2.5

(2) 彗发中气体的膨胀

根据早期的理论可以估算升华分子的速度。

$$\frac{1}{2}\bar{V} \leqslant V_0 \leqslant \frac{2}{3}\bar{V},$$

这里 $\bar{V}$ 是分子在温度 T 时的平均速度:

$$\bar{V} = \left(\frac{8kT}{\pi m}\right)^{1/2},$$

这里 m 是分子的质量,K 是玻尔兹曼常数。

分子因碰撞而径向加速,直到它们达到声速:

$$V_s = \left(\frac{\gamma \kappa T}{m}\right)^{1/2},$$

γ 是两种比热 c_p 和 c_v 之比,对于水:

$$V_s = 0.7\bar{V}.$$

气体不断地绝热膨胀,直到它们达到一个极限速度,对于水,这个速度是 0.8 km/s 的量级。在太阳辐射的作用下,彗发中也有其他过程参与:分子的光电激发、光离解和光电离。这些过程对彗发有加热效应(加热率是 r^{-2} 的函数),后来又有在水的红外旋转带的辐射致冷,它是 T^2 的函数。当加热率与制冷率相等时彗发达到平衡温度,由此可得到彗发的温度随 r^{-1} 变化。注意,靠近核 100 km 时,气体膨胀引起温度的急剧下降,根据一些模式可下降到 20 K;然后在几百千米后上升到恒定值(见图 9-3-7)。

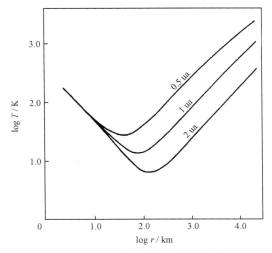

图 9-3-7　在内彗发中温度的分布

（3）母分子

母分子是由冰直接升华产生的,它提供了彗星的关键成分。可观测的谱特征相应于在红外和毫米波段的分子旋转和旋转-振动带。在哈雷彗星中探测到 H_2O、CO_2 和 HCN 见（图 9-3-8 和表 9-3-2）。

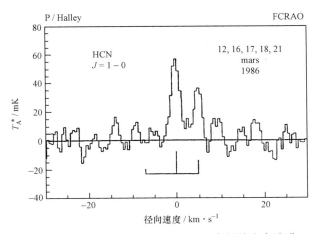

图 9-3-8　哈雷彗星中 HCN J＝1－0 发射的毫米波谱

最丰富的母分子是 H_2O；其他分子的丰度是相对于水测量的。表 9-3-2 显示的丰度相应于日心距为 1 AU；更具挥发性的气体（如 CO）在更远的日心距显示了较高的丰度。

（4）母分子的光离解与光电离

假定速度 V 不断地增大，在距离 r 处的分子密度 $n(r)$ 为：

$$n(r) = \frac{Q}{4\pi V r^2},$$

Q 是产生率（mol/s）。对活动彗星，在日心距 1 AU 处气体产生率可达每秒 10^{30} 个分子。经过一定时间 t（寿命）后，母分子分解，在半径为 Vt 的球之外，其密度很快减小。模式计算给出密度分布为：

$$n(r) = \frac{Q}{4\pi V r^2} e^{-r/Vt}.$$

（5）子分子、基和离子

在紫外和可见光的谱观测可用于分析在彗星中发现的分解的产物（见表 9-3-1）。激发机制是谐振荧光，泵的源是太阳通量；在某些情况下（特别是对 CN 和 OH），可观测到很强的振动（swing）效应：因太阳的紫外谱是很不规则的，荧光率作为多普勒频移的函数突然变化，这种多普勒效应是彗星相对于太阳的运动产生的。相同的效应在 OH 的复合线也观测到。由外差式谱仪在波长 18 厘米的观测可用于测量内彗发的速度场。也能合成监测彗星的活动率，用 OH 的丰度给出 H_2O 的直接测量。

在可见光区，最强的彗星发射是 C_2、CN 和 CH；C_3、NH_3 和 $O(^1D)$ 的某些禁发射线也遇到过。在可见光区观测到的离子是 CO^+、H_2O^+ 以及 N_2^+ 和 CH^+（见图 9-3-9）。

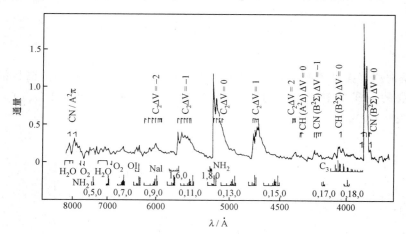

图 9-3-9　彗星 Kohoutek 的可见光谱

（6）彗星中的同位素比

同位素之比提供了作为彗星的成分的冰形成时状态的重要信息。

D/H 之比在以下 3 颗彗星中测量了：哈雷彗星（乔托探测器中的质谱仪）、Hyakutake 和 Hale-Bopp（由 HDO 在亚毫米波的观测）。3 个值明显相似（3×10^{-4}），是原始太阳值的 10 倍，地球海洋测量值的 2 倍。后一个比较是有趣的，因为它表明海洋中的水可能不是单独源于彗星。

来自在可见光带 $^{12}C/^{13}C$ 比的测量，以及由哈雷彗星质谱仪 $^{35}S/^{36}S$ 的测量，没有显示与宇宙丰度有明显的不同。

3. 彗星尘埃

（1）尘埃尾运动学

假设彗星尘埃以给定速度 V 被抛射,在两个相反方向力的作用下被加速:太阳引力和辐射压力。这两个加速力的比用 $1-\mu$ 表示:

$$1-\mu = C(\rho a)^{-1}, \tag{9-3-3}$$

这里 ρ 是密度, a 是粒子的直径。

由此可计算尘埃尾中粒子的密度;当初速度为零时,计算是特别简单的。尘埃尾的等照度线用两个白天的参数在二维表达:粒子大小变化沿每条等时线的分布;给定大小的粒子产生率沿等时线的分布。

图 9-3-10 显示了尘埃在彗尾的分布,图上注有等时线和等照度线。实际上,尘埃粒子的抛射速度不为零,这导致彗尾展宽。根据展宽的观测可以估算出平均抛射速度为 $0.3\,\text{km/s}$,或气体发射速度的 1/3。接着,粒子被气体加速,直到它们的速度达到 $1\,\text{km/s}$ 的量级。这发生在 $100\,\text{km}$ 内。

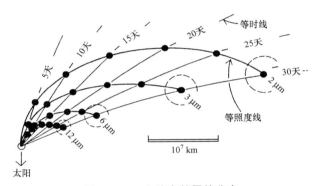

图 9-3-10　尘埃在彗尾的分布

在 $10^4\,\text{km}$ 以外,中性粒子受辐射压力和太阳引力的影响:

$$F_{\text{rad}} = \frac{e}{c}\pi a^2 \frac{\Theta}{4\pi r^2},$$

$$F_{\text{grav}} = \frac{GM}{r^2}\left(\frac{4}{3}\rho\pi a^3\right), \tag{9-3-4}$$

这里 e 是粒子的散射系数, ρ 是粒子的密度, s 是它们的平均半径, Θ 是在 1 AU 初的太阳通量, r 是日心距, M 是太阳的质量,由此式得到:

$$\frac{F_{\text{rad}}}{F_{\text{grav}}} \propto \frac{1}{\rho a}. \tag{9-3-5}$$

虽然散射系数与半径无关,粒子的半径越小,辐射压力越有效;在观测的尘埃尾, $F_{\text{rad}}/F_{\text{grav}}$ 之比在 $0.1\sim1$ 之间变化。

（2）粒子的成分

基本信息来自对彗星的红外观测。许多情况下,硅酸盐在 $10\,\mu\text{m}$ 和 $18\,\mu\text{m}$ 的特征发射线叠加在彗星的热连续谱上。某些情况下,水冰的特征在 $3\,\mu\text{m}$ 可以看见。ISO 卫星能准确地测量 Hale-Bopp 和其他彗星的连续谱。这揭示了在这些彗星中构成粒子的硅酸盐的特征,主要成分是镁橄榄石（Mg_2SiO_4）（见图 9-3-11）。

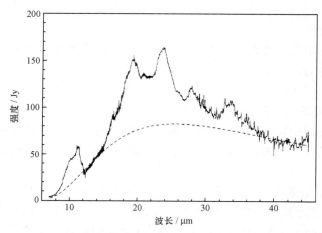

图 9-3-11　由 ISO 卫星观测到的彗星 Hale-Bopp 在 7～45 μm 之间的谱特征

此外，对彗星 IkeyaSeki 的可见光区谱观测揭示了许多金属（Ti、V、Cr、Mn、Fe、Co、N 和 Cu）发射线，这些谱线是尘埃在太阳附近蒸发时产生的。测量到的丰度与太阳丰度一致。

除了这些光谱观测外，飞船乔托和维咖（Vega）实地探测也得到一些结果：发现了与 C1 型球粒状陨石接近的成分、碳酸盐和含碳粒子。

（3）颗粒的大小

根据一些观测结果，给出了粒子大小的模型：

$$\rho(a) = 0, \quad \rho a < 0.45 \, \mu m,$$
$$n(a) = (2a - 0.9)a^{-5}, \quad 0.45 < \rho a < 1.3 \, \mu m,$$
$$n(a) = a^{-4.2}, \quad \rho a > 1.3 \, \mu m.$$

这里 a 时粒子的半径，ρ 是粒子密度（g/cm^3）。

9 3.3　彗星探测

近年来，美国和欧洲空间局都制订和实施了彗星探测计划，彗星探测活动明显增多，探测的水平比以前有很大提高，不仅要收集彗核附近的样品，而且还计划在彗星上"着陆"。人们所以花费巨大的财力探测彗星，是因为研究彗星有重要的科学意义：

① 彗星是太阳系最古老、最原始的物体，它们保存了原始星云物质最早的记录；

② 彗星将挥发性轻元素带到行星，对行星海洋和大气层形成起重要作用；

③ 彗星富含有机物，有可能成为地球上生命的起源提供了必不可少的有机分子；

④ 一些彗星以极高速度撞击地球和其他行星，引起行星气候的急剧变化，极大地影响了地球的生态平衡。

1. 概况

曾经对彗星进行靠近探测的飞船有美国于 1985 年发射的"深空 1 号"、美国于 1978 年发射的"国际日地探险者 3 号"（ISEE-3）（后改名为国际彗星探险者，ICE）、1984 年苏联发射"维咖"（Vega）1 和 2 号、1985 年日本发射的彗星飞越飞船 Sakigake、欧洲空间局（ESA）于 1985 年发射的"乔托"（Giotto）、1985 年日本发射的 Suisei、美国于 1996 年发射的尼尔（NEAR）、美国于 1999 年发射的"星尘"(StarDust)、美国于 2005 年发射的"深度撞击"(Deep Impact)。此外,ESA 于 2004 年发射的"罗塞塔"(Rosetta)还在飞往彗星的途中。在这些彗星探测飞船中,取得成果最丰富的要属"乔托"、"尼尔"、"星尘"和"深度撞击"。

最早对彗星进行就近探测的是美国的"深空 1 号"(Deep Space1,DS1)。DS1 的主要目的是验证 12 项深空新技术。1998 年 10 月 24 日发射,2001 年 9 月 22 日,在距离彗星 Borrelly 2200 km 处飞越,获得了关于彗星 Borrelly 的图像和其他数据。

国际日地"探险者"3 号(ISEE-3)于 1978 年 8 月 12 日发射,最初位于 L1 点,以观测日地空间环境变化。在 1982 年,ISEE-3 开始磁尾与彗星探测阶段。1982 年 6 月 10 日,通过轨道机动操作,使其离开 L1 点附近的晕轨道,几次通过地球磁尾。1983 年 12 月 22 日靠近飞越月球,利用月球的引力助推作用,进入与彗星 Giacobini-Zinner 轨道交叉的日心轨道。这时,飞船的名字改为"国际彗星探险者"(ICE)。此后的任务是研究太阳风与彗星大气的相互作用。在 1985 年 9 月 11 日,飞船通过彗星 Giacobini-Zinner 的等离子体尾。1986 年 3 月末,进入太阳与哈雷彗星之间,与 Giotto 飞船一起,对哈雷彗星进行探测。

"乔托"号飞船于 1985 年 7 月 2 日发射,目的是研究哈雷彗星,并在扩展任务期间探测 P/Grigg-Skjellerup 彗星。飞船在 1986 年 3 月 13 日与哈雷相遇,此时哈雷距离太阳 0.89 AU,距离地球 0.98 AU。飞船与彗星的最小距离是 596 km。飞船有屏蔽层,能耐 0.1 g 粒子的撞击。科学负载有窄角摄像机、中性质谱仪、离子质谱仪和尘埃质谱仪,各种尘埃探测器,一个光度计和一组等离子体实验设备。在飞船靠近彗核之前 15 秒钟,撞击使得飞船的角动量矢量偏移了 0.9°。某些实验仪器在相遇的 32 分钟内受到损坏。

在"乔托"扩展任务期间,飞船在 1992 年 7 月 10 日成功地与 P/Grigg-Skjellerup 彗星相遇,最近距离大约 200 km,此时飞船的日心距为 1.01 AU,地心距为 1.43 AU。科学负载于 7 月 9 日开始工作,获得了大量数据。等离子体探测器在靠近彗星之前 12 小时就探测到彗星离子,尘埃探测器在 15:30:56 报告遇到第一此撞击。相遇探测在 1992 年 7 月 23 日结束。

2. "星尘"飞船

"星尘"飞船(图 9-3-12)是 1999 年 2 月 7 日发射的,科学目的主要有两方面:一是在距 Wild 2 彗星 150km 以内的范围取样并返回地球;二是在飞行过程中收集星际尘埃。

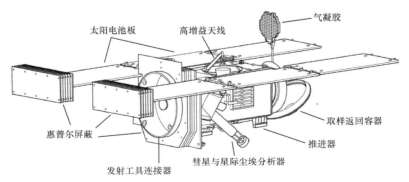

图 9-3-12　星尘飞船

所以选择 Wild 2 彗星为探测目标,首先因为它是一颗新到内太阳系的彗星。1974 年以前,Wild 2 不比木星更靠近太阳。但是,当 Wild 2 在 1974 年飞越木星时,由于木星的巨大引力,使其轨道发生变化,因而它在木星与地球之间围绕太阳飞行。到"星尘与 Wild 2 彗星相遇时，Wild 2 只围绕太阳 5 次。与之对比，哈雷彗星已通过太阳 100 多次。第二个原因是，Wild 2 还处于比较原始的状态。当彗星靠近太阳时，它将被加热，通过升华过程损失了许多物质。大约通过太阳 1000 次后，彗星将损失其大多数挥发性物质，不再产生彗发和长的尘埃尾。由于 Wild 2 现只通过太阳几次，它仍然有大多数尘埃和气体，即它的"原始物质"。对这种彗星的研究对了解太阳系的早期发展是很关键的。第三，现已发现了一个轨道，沿这个轨道，飞船飞越 Wild 2 时的相对速度低，比较容易对彗星取样。对彗星直接取样，可确定彗星在亚微米尺度的矿物、元素和化学成分；确定彗星中水的状态，全部是冰，还是有水化矿物；确定彗星中基本物质的含量。

尘埃是组成银河系中重元素的主要形式。由于其高的面积/质量比，尘埃在星际过程中起重要作用。它的最重要性质之一是吸收光，使得有可能形成冷的稠密的云，在尘埃云中可形成分子并屏蔽来自其他地方的有害紫外辐射。在某些云中尘埃的制冷效应有助于它们的崩塌以形成新一代的恒星和行星系统。目前观测星际尘埃主要通过观测消光、散射、偏振和红外辐射。仅用这些观测方法，关于 SiC 丰度、颗粒形态、硅化矿物颗粒年龄等信息是很不确定的。通过直接取样，哪怕是只收集一点儿粒子，将提供直接检验在太阳系外形成的固体物质的历史性机会。

根据星尘飞船的目的，要求与彗星及星际尘埃暴的相对速度尽可能小；此外，为了进行星际尘埃收集，飞船在星际空间要运行足够长的时间。当然，还有一般的要求，就是尽可能降低发射能量和速度，也即降低发射成本。结合这三方面的要求，星尘飞船飞行了 7 年，三次利用地球引力助推作用。于 2004 年 1 月与 Wild 2 彗星相遇。在靠近相遇前 8 天，展开气凝胶收集器，收集彗星的尘埃粒子。

探测仪器及粒子收集方法有：

① 尘埃收集器-气凝胶（Aerogel）：Aerogel 是目前世界上最轻的固体材料，比空气还轻，密度比玻璃低 1000 倍，是海绵状的玻璃。粒子撞击后，在气凝胶内产生胡萝卜状轨迹，使粒子停下来。Staudust 的目标是获取 100 多个大于 15 μm 的彗星粒子和挥发性粒子，以及大小在 0.1～1 μm 之间的 100 多个星际粒子。

② 成像仪：用于研究尘埃和伴随气体的大尺度分布，观测核的面积，确定核大小形状和反照率。

③ 粒子通量监测器和彗星及星际尘埃分析器：用于对彗星粒子和星际尘埃进行监测和分析。

④ 彗星尘埃收集：彗星取样在飞船以 6.2 km/s 的速度飞近彗星时进行的，用气凝胶可捕获 1～100 μm 范围的彗核尘埃。

⑤ 星际粒子收集：星际粒子的收集在飞船轨道的部分位置进行，在这些位置，星际粒子的速度相对较低（<25 km/s）。收集器的取向在特殊方向，因而收集面积最大。星际粒子总的收集时间大约 2 年。

在星尘与彗星相遇期间，星载成像仪器拍摄了彗核的大量图片，使人们对彗核的大小、形状和其他特征有了进一步的认识。

星尘飞船于 2006 年 1 月 15 日返回地球。

3. "深度撞击"号飞船

美国于 2005 年 1 月 13 日发射的"深度撞击"号飞船，经过 173 天的飞行，于 2005 年 7 月 3

日释放出一颗重达 372 kg 的铜弹,在 7 月 4 日撞击坦普尔 1 号彗星的核,以探索彗星起源和演变的奥秘。"深度撞击"飞船经历了 6 个阶段:发射、试运行、飞行(发射后 30～60 天)、接近(60 天到相撞前 5 天)、相撞(相撞前 5 天到撞击后 1 天)和回放。在接近阶段,中分辨率摄像机开始探测彗星,主要是研究彗星的旋转、活动性和尘埃环境。

坦普尔 1 号彗星是 1867 年 4 月 3 日由坦普尔发现的。目前,坦普尔 1 号彗星的轨道周期是 5.5 年,近日距离为 1.5 AU,轨道偏心率为 0.5。轨道位于火星和木星轨道之间。自旋周期是 1.71 天。彗核尺度为 14 km×4.6 km×4.6 km。

选择这颗彗星作为探测目标,一是因该彗星距离地球比较近,飞船到达彗核的时间只需半年;二是该彗星的状态适合于本次研究目的,它不是新进入太阳系的活动型彗星,不会连续地向外喷发气体,比较容易看清彗核的外部特征,有利于研究彗核的内部结构,彗核比较大,容易击中;三是对其轨道特征、自转特征等运动状态了解比较清楚。其轨道允许撞击发生在日照侧。

人类对彗星的了解目前有以下几种方式:地面观测、卫星观测和飞越飞船观测。地面观测持续时间长,可了解彗星的轨道特征,但不能看清彗星的结构;卫星(包括哈勃空间望远镜)围绕地球运行,虽然避免了地球大气层的影响,但由于不是专为探测彗星而发射的,一般距离彗星比较远,因此也不能详细了解彗星的结构。飞越飞船一般距离彗核比较近,可以看清彗核的表面形态。到目前为止,人类已经看到 3 个彗星的核,即哈雷彗星、Borrelly 彗星和怀尔德-2 彗星的核。尽管对彗核表面形态有所了解,但不能了解彗核的内部结构。而内部结构保存了彗星形成和演变过程的重要信息,对于研究彗星乃至整个太阳系的起源和演变都是非常重要的。

从遥远的地方撞击在一个彗星的一个小面积上,是这次探测任务的最大挑战(见图 9-3-13)。飞船发射时,地球到彗星的距离为 2.67×10^8 km,撞击时,距离为 1.336×10^8 km,飞船从地球到彗星飞行的总距离为 4.31×10^8 km。从如此遥远的地方,以 10.2 km/s 的速度撞击一个直径小于 6 km 的小面积上,显然,这在技术上难度是很大的。

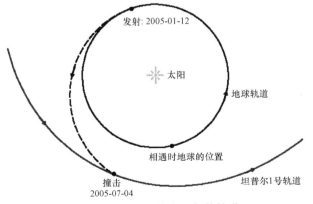

图 9-3-13　深度撞击飞船的轨道

为了创造与彗核准确撞击的奇迹,撞击器使用了高精度恒星跟踪器、撞击器目标传感器(ITS)和自动导航计算系统,通过这三种方式将撞击器引导到目标。另外,还利用撞击器小的阱推进系统对轨道进行小的矫正和高度控制。

飞越飞船携带了两个仪器:高分辨率仪器(HRI)和中分辨率仪器(MRI),用于红外分光成像和光学导航。HRI 的望远镜孔径为 30 cm,当飞越飞船在彗核 700 km 上空时,HRI 对彗核表面成像的分辨率小于 2 m。MRI 的望远镜孔径为 12 cm,具有较宽的视场,当飞越飞船在彗核 700 km 上空时,MRI 对彗核表面成像的分辨率大约为 10 m,并能看清整个彗核。该望远镜在接近彗核时主要用于导航。

撞击器目标传感器(ITS)是一个带有孔径为 12 cm 望远镜的目标瞄准照相机,用于将撞击器导引到彗核。当撞击器距离彗核 20 km 时,照相机的分辨率大约 20 cm。

撞击器安装有自动导航软件,在撞击器飞向彗核时,光学测量仪器可获得高精度的相对于背景恒星与坦普尔 1 号彗核的飞行路径数据,导航系统使用阱推进器将飞行路径变化控制在 1 mm/s 的精度内。在撞击前 2 个小时,撞击器与飞越飞船的自动导航软件令摄像机每 15 秒钟对彗核拍照一次,然后对图片处理、轨道确定和机动计算。

在撞击之前的 90 分钟内,撞击器进行三次轨道校正操作。第一次是在 90 分钟前,接着在 35 分钟前,最后一次在 12.5 分钟前。机动操作使用 22 牛顿推力的推进器。

在撞击前 22 小时,撞击器的摄像机开始对彗核与彗发成像,每 2 小时一次。在撞击前 3~1 小时,每半小时成像一次。在撞击前 12 秒钟,每 0.7 秒拍摄一次。最后拍摄图片的分辨率是每像素 20 cm。

整个"深度撞击"系统由飞越飞船与撞击器两大部分组成。飞越飞船具有高稳定定向的控制系统。飞船的光学导航和地面传统导航系统使其尽可能地靠近与坦普尔 1 号碰撞的航程。当撞击器从飞行系统中释放出来时,飞越飞船将使自己速度放慢,适当地改变方向,便于在坦普尔 1 号 500 km 高度上观测撞击、抛射物、陨击坑发展和陨击坑内部。它也接收来自撞击器的数据,并将数据发送到地面的深空通信网。

撞击器在与彗星坦普尔 1 号的核撞击之前 24 小时与飞越飞船分离。分离时使用弹簧,弹出的速度是 34.8 cm/s,然后利用自身的导航系统撞击到向阳面的彗核。撞击器长 1 m,直径 1 m,质量为 372 kg(其中燃料 8 kg),撞击速度约 10.2 km/s,具有 19 GJ(相当于 4.8 t TNT)的动能,足以撞出一个宽约 100 m、深约 28 m 的坑。将撞击器释放 12 分钟后,飞越飞船进行偏转机动,对彗核的观测时间在 10 分钟以上,能对撞击彗核、陨击坑的发展和陨击坑里面成像,并获得彗核及陨击坑内部的光谱信息;撞击时间设定在 2005 年 7 月 4 日。

撞击器主要由铜(含 49%)和铝(含 24%)制造,因为这可以减小对分析彗核的谱线的影响。

撞击阶段中,在飞越飞船最靠近彗核之前的大部分时间内,飞越飞船的仪器将指向彗星,摄像机连续拍摄图片,一直到飞船到彗核的距离在 700 km 内。在这点,飞船停止拍照,飞船处于屏蔽状态,防止尘埃粒子损坏飞船。

根据目前观测结果,坦布尔彗星的体积是 16 km×4.6 km×4.6 km,质量估计为 $10×10^8$ t。撞击器撞击彗核的相对速度是 10.2 km/s,质量为 372 kg,能量等效于 4.5 t TNT。撞击器所具有的动量将使彗星的速度变化 0.0001 mm/s,使彗星的近日点减少 10 米,轨道周期减少数远小于 1 秒。

与此对比,当此彗星在 2024 年通过木星附近时,其近日点将变化 $3400×10^4$ km。换句话说,彗星坦普尔 1 号因"深度撞击"引起的变化与彗星通过木星时产生的变化相比完全可以忽略。

在撞击时,彗核距离地球 1.336×10^8 km。电磁波通过这个路程所需的时间为 7.44 分钟 (7 分 27 秒)。

图 9-3-14 是撞击过程中飞船、撞击器和彗核之间相对位置示意图。在撞击前 24 小时,撞击器与飞船分离,撞击器以相对于彗核 10.2 km/s 的速度奔向彗核,而飞越飞船需调整轨道,改变飞行方向,与撞击器的飞行方向相差 0.033°,到彗核的最小距离为 750 km。如果飞船距离彗核太近,彗核周围的尘埃粒子可能对飞船造成严重的危害。

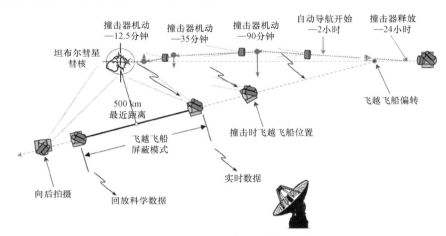

图 9-3-14 飞船与彗核的相对位置

4. 罗塞塔飞船

2004 年 3 月 2 日,欧洲空间局(ESA)发射了一颗彗星探测器——罗塞塔。罗塞塔由轨道器和着陆器组成。2005 年 3 月 4 日与地球第一次相遇并利用地球的引力助推作用,2007 年 2 月 25 飞越火星,2007 年 11 月 13 日和 2009 年 11 月 13 日第二次和第三次利用地球的引力助推作用;2011 年 7 月进入深空休眠期。在 2014 年 1 月退出休眠期,同年 5 月进入围绕 67P/Churyumov-Gerasimenko(缩写为 67P/C-G)彗星的轨道后,罗塞塔将释放出着陆器,在彗星的冰核上着陆,然后用两年的时间围绕彗星运行,一直到该彗星到达近日点。

67P/C-G)彗星是 1969 年发现的,轨道周期为 6.57 年,近日点和远日点分别为 1.29 AU 和 5.74 AU。罗塞塔的主要目的是研究彗星的起源、彗星和行星际物质的关系以及对太阳系起源的意义。具体可包括 4 方面:① 彗核的总体特征、动力学性质、表面形态和成分;② 彗核中挥发物和耐热物的化学性质、矿物和同位素成分;③ 确定彗核中挥发物和耐热物的物理性质和相互关系;④ 研究彗星活动的发展,彗核及内彗发表面层的过程,即尘埃与气体相互作用。

"罗塞塔"彗星探测器是因罗塞塔石碑而命名的。罗塞塔石碑是是大英博物馆 1802 年得到的。1799 年,在距埃及亚历山大城 48 km 的罗塞塔镇附近,一名法国士兵发现了一块非常特殊的石头,后来证实就是后人说的"通往古埃及文明的钥匙"——罗塞塔石碑。罗塞塔石碑的珍贵之处在于,它记录了古代地中海地区的三种重要文字——象形文字、通俗文字(埃及象形文字的草写体)和希腊文字。当时只认出了三种文字中的希腊文,后来认为三种文字源于相同的文件。这是第一次在翻译文件和埃及象形文字之间直接比较。1801 年,拿破仑统帅的远征军被英国军队击败。根据协议,法国无条件交出在埃及发掘到的一切文物。法国人虽竭力想保留石碑,无奈英国人也认识到石碑的不同寻常,这块 762 kg 重的石碑最终归于英国,陈列于大英博物馆。

正像罗塞塔石碑提供了古埃及文明的钥匙一样,ESA 的罗塞塔探测器将揭开太阳系最古老的基本单元——彗星的秘密。使科学家能追踪 46 亿年前没有行星,只有围绕太阳的大群小行星和彗星的时代。

罗塞塔任务最困难的阶段是与快速运动的彗星幽会。飞船在 2014 年 5 月到达彗星附近,在交会之前,首先从冬眠状态苏醒过来。罗塞塔的助推器点火,将飞船与彗星的相对速度降低到 25 m/s。当罗塞塔朝向彗星的心脏运动时,地面控制人员注意尽量避开彗星尘埃。首先,摄像机对彗星拍照,根据实地拍摄的图像,可以改进对彗星位置和轨道的计算,同时了解了它的大小、形状和旋转状态。飞船与彗星间的相对速度逐渐缩小,90 天以后,相对速度降低到 2 m/s。

到彗核的距离小于 200 km 后,根据摄像机所拍摄的图像可确切知道彗核的自转轴、取向、角速度和其他基本特征。在大约 25 km 处,探测器切入围绕彗核的轨道。此时的相对速度降低到每秒几厘米。轨道器开始对彗核详细绘图,并对 5 个预选的着陆点靠近观测。一旦确定了适合的着陆点,着陆器将从大约 1 km 的高度释放(大约在 2014 年 11 月),接触彗核表面的速度小于 1 m/s。着陆后,着陆器将发回高分辨率的图像和关于彗核的其他信息。此时,轨道器可作为着陆器的数据中继平台。之后,轨道器继续围绕 67P/C-G 运行,观测冰核接近太阳时所发生的现象。到 2015 年 12 月,罗塞塔将再次靠近地球,离开发射日期已经 4000 多天。

轨道器携带了 11 个探测仪器,分别是:紫外光谱仪(ALICE),彗核探测仪(CONSERT),彗星次级离子质量分析器(COSIMA)、颗粒和尘埃撞击分析器(GIADA)尘埃分析微成像仪(MIDAS)、微波仪器(MIRO)、光学、光谱学及红外遥感系统(OSIRIS)、离子和中性粒子质谱仪(ROSINA)、无线电科学研究仪器(RSI)、可见光与红外热成像光谱仪(VIRTIS)、彗星等离子体环境与太阳风相互作用探测器(RPC)。

复习思考题与习题

1. 划分行星和矮行星的标准是什么? 将二者区分开来有什么意义?

2. 小行星类型是根据什么划分的? 什么是对地球有潜在危险的小行星?

3. 什么是彗星? 彗星是怎样构成的?

4. 小行星与彗星有哪些异同?

5. 探测小行星与彗星有哪些方式?

6. 探测小行星与彗星的意义是什么?

7. 小行星 Pallas 的平均直径为 529 km,质量为 3.2×10^{20} kg,一个 100 kg 重的航天员在这个小行星上重量是多少? 这个小行星的逃逸速度是多少?

8. 一个球形的小行星,直径 10 km,密度 3000 kg/m³。站在这个小行星上,你能将一块小岩石抛出的速度达到逃逸速度吗?

9. 小行星 Icarus 的近日点为 0.19 AU,轨道偏心率为 0.83。计算这个小行星的轨道半主轴和远日点距离。

10. (1) 一颗彗星的近日点为 0.5 AU,远日点在奥尔特云,距离为 50 000 AU,计算它的轨道周期。(2)一颗短周期彗星电脑近日点为 1 AU,轨道周期为 125 年,它到太阳的最大距离是多少?

11. 当 Hale-Bopp 彗星围绕太阳运行时,非引力因素使得它的轨道周期从 4200 年变化到 2400 年。是什么因素使彗星的半主轴发生了变化? 如果近日点保持在 0.914 AU 不变,计算旧的和新的轨道偏心率。

12. 据猜测,地球不断地受到小天体的撞击。这些小天体典型的直径为 10 m,并假定撞击率为每天 30 000 次,撞击体是球形的,平均密度为 $10 \, kg/m^3$,计算每年到达地球的总的物质。比较过去 10 亿年地球接收到的外来天体质量并与地球海水总质量比较。

参 考 文 献

[1] Encrenaz. T et al, The Solar System, Third Edition, Springer-Verlag, New York,2004.

[2] Eric Chaisson, Astronomy Today, Fifth Edition, The Solar System, Volume 1,Upper Saddle River, New Jersey,2005.

[3] M. F. A'Hearn,et al. , Deep Impact: Excavating Comet Tempel 1, Science 14 October 2005: Vol. 310. no. 5746, pp.258~264.

[4] Michael J. Mumma,et al. , Parent Volatiles in Comet 9P/Tempel 1: Before and After Impact. Science 14 October 2005:Vol. 310. no. 5746, pp.270~274.

第十章 行星科学的新领域

10.1 开珀带与海王星外天体

10.1.1 开珀带的由来

美籍荷兰天文学交杰勒德·开珀（Gerard Kuiper）在 1951 年就提出，冥王星可能并不是一颗独立的行星，而是在同一区域内运行的大量天体中最亮的一颗。这些天体集合后来被称为开珀带（Kuiper Belt），是从海王星轨道（大约 30 AU）向外扩展道 50 AU 的太阳系区域。

现代计算机模拟表明，开珀带受木星和海王星的强烈影响。在太阳系的早期，海王星的轨道因与小天体相互作用而向外移动。在这个过程中，海王星扫除或引力驱逐了靠近太阳大约 40 AU 内的所有天体，离开的天体偶然地处于和海王星 2：3 的轨道谐振位置。这些谐振体形成了小冥王体（plutinos，意思为 little Pluto）。目前的开珀带天体大多数是在它们现在的位置形成的，一部分可能源于木星附近，后来被抛射到太阳系远区。

第一个提出存在这样一个带的天文学家是 Frederick C. Leonard（1930 年），然后是 Kenneth E. Edgeworth（1943 年）。1951 年，开珀提出这个带是短周期彗星的源，此后，通常将这个带称为开珀带，带中的天体称为开珀带天体（KBOs）。更详细地分析这个区域内天体分布情况的是 AlG. W. Cameron（1962 年）、Fred L. Whipple（1964 年）和 Julio Fernandez（1980 年）。为了纪念天文学家 Leonard、Edgeworth 和 Fernandez，也有的科学家推荐使用"海王星外天体"（trans-neptunian objects，TNOs）这个名字，因为这个名字不容易引起争议，它包括了在太阳系边缘围绕太阳运行的所有天体，不仅仅是在开珀带中的天体。为叙述方面，本书简称为"海外天体"。

在开珀带观测到的第一天体是 1992 QBI，其大小在 200～250 km 之间，截面大约是哈雷彗星核的 15 倍。到目前为止已经发现了 1000 多个开珀带天体（KBO），直径在 50～1200 km 之间。彩图 66 给出目前为止发现的 8 个最大的开珀带天体，表 10-1-1 给出了这些天体（不包括冥王星）的一些参数，其中 H 为绝对星等，D 为直径。图 10-1-2 给出这些天体的轨道分布。

表 10-1-1 最大的开珀带天体

	Eris	Makemake	Haumea	Sedna	Orcus	Quaoar	Varuna
H	−1.2	0.5	0.2	1.6	2.3	2.7	3.7
D/km	2400±100	约 1500	约 1960×1518×996	1200～1600	约 946	1260±190	约 800

而这些发现可以说仅仅是冰山一角。根据目前已经观测过的一小部分天空区域，估计开珀带至少包含 35 000 个直径大于 100 km 的天体。因此，开珀带与小行星带相比，它的质量要大得多，天体数目特别是大型天体数也要多得多，同时它还保留有更多从太阳系产生时遗留下来的古老的冰质和有机质成分。

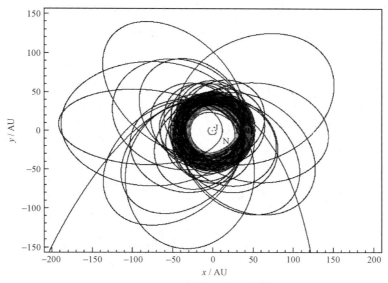

图 10-1-1 开珀带天体的轨道

对开珀带天体的研究有重要意义。第一,开珀带物体是太阳系早期吸积阶段极端原始物的残存者。早期行星盘稠密的内部在几百万到几千万年内凝聚成大行星,稀薄的外部吸积缓慢,逐渐地形成大量的小天体。第二,现在普遍认为开珀带是短周期彗星的源,其作用是这类彗星的巨大容器,就像奥尔特(Oort)云是长周期彗星的容器一样。第三,开珀带的大小、形状、质量和特性看起来都与离太阳系较近的几颗恒星如织女星和北落师门星(南鱼座 α)周围的残余物带十分相似。用计算机模拟 50 亿年前从气体和尘埃涡旋中聚合生成行星系统时开珀带天体的形成过程发现,远古时代开珀带天体的质量必须是现在的 100 倍左右,才能产生出冥王星、冥卫以及我们看到的开珀带天体。换句话说,在开珀带中曾经有足够的固态物质来形成与天王星或海王星大小相当的另一颗行星。计算机模拟还表明,如果没有外界扰动,像海王星这样的大行星将会在非常短的时间内从开珀带天体中自然形成。很明显,在冥王星形成时开珀带受到了某种扰动,但目前还没有确定这种扰动的原因。可能是因为在开珀带的内边界附近形成了海王星。是海王星的引力作用在某种程度上中断了其外侧大型气态星球的形成吗?如果是这样,为什么天王星的形成没有干扰海王星的生成?所以可能是数十亿年前由大量处于雏形中的岩石体行星的引力作用引起,它们的直径有数千千米,在从天王星和海王星的形成区域中被抛射出来之后快速穿过了开珀带造成了扰动。也可能完全是其他的原因造成的。不管什么原因,开珀带失去了它的大部分质量,在该区域内星体的生成也突然被阻止了。第四,开珀带天体是远古时行星生成过程的残留物,因此它可能包含与外太阳系形成有关的极其重要的线索。探测冥王星和开珀带就相当于对外太阳系的历史进行一次考古发掘,可望从中获得极有价值的发现。

10.1.2 海外天体的轨道特征

海外天体可划分为三种类型:经典天体、谐振天体和散射盘太天体。图 10-1-2 给出了这两种天体轨道的半主轴与偏心率的关系。实心符号表示轨道已经很好确定的天体的位置,空心符号表示只进行少量观测的天体的位置。图中还显示了 4∶3、7∶5、3∶2 等不同的谐振区。

冥王星和小冥王体位于 3：2 谐振区。谐振位置由垂直线表示。

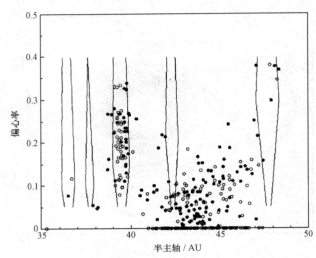

图 10-1-2　开珀带天体轨道半主轴与偏心率的关系

1. 经典天体（classial objects）

包含了 2/3 已知的 KBOs，轨道是准圆的，偏心率低（平均值为 0.007），倾角不超过 32°。轨道半主轴在 42 和 47 AU 之间，不伴随任何谐振。

2. 谐振天体

轨道具有大的偏心率和大的倾角。12％以上已知天体位于同海王星 3：2 谐振轨道。这些天体称为小冥王体，因为它们的轨道与冥王星类似。同冥王星一样，它们围绕太阳公转两圈，海王星完成 3 次公转。某些小冥王体的近日点在海王星轨道里面。偏心率范围是 0.1～0.34，倾角小于 20°。其他谐振（如 4：3、5：3 和 2：1）也出现，但较少。数字模拟结果表明，50％以上的天体起初不是谐振轨道，后来被捕获进入谐振轨道。

3. 散射盘天体

是指近日点在海王星轨道的外面并具有高偏心率的天体。这类天体在与海王星接近时，受到海王星引力的脉动加速，改变了轨道的半主轴。于是，在海王星散射引力的作用下，这些天体随机地移动到一个确定的区域，因此将这些天体集中的区域称为"散射盘"。之所以用"盘"这个词，是因为虽然轨道倾角大，但都远小于 90°，使得这个区域呈盘形结构。

第一个被发现的散射盘天体是 1996TL$_{66}$，其轨道参数是 $a=85$ AU，$e=0.58$，$i=24$°，近日点在 35 AU，但远日点在 135 AU。散射盘的最里面与开珀带交叉，最外面可扩展很远，但目前还难以估计。据推测，有类似轨道的天体至少有 6000 颗。这类天体的新发现将提供太阳星云的质量径向分布的信息。

10.1.3　天马座天体

两种类型的天体与 TNOs 有关：天马座（Centaurs）和短周期彗星。后者可能源于 TNOs 盘的混沌区，靠近谐振区，特别是在散射盘天体之中。

天马座天体的一些参数示于表 10-1-2 和彩图 67。其轨道半主轴位于木星（$a=5$ AU）和海王星（$a=30$ AU）之间，是从 TNO 中逃逸出来的天体的最合适候选者。它们不能在今天发现的区域形成,因为它们从太阳系中被抛射出前的寿命低于后者的年龄。对 TNOs 轨道的长期积分表明,巨行星的扰动或碰撞是天马座的源。在百万年尺度上测量的动力寿命期间,它们的轨道是不稳定的,随着它们靠近巨行星,轨道将继续演化。目前,已经发现几十颗天马座天体,估计直径为 1~20 km 的天马座天体将超过 2000 颗。2060 Chiro 是第一颗被发现的这类天体,近日点在 8.45 AU,远日点在 19 AU。Chiro 起初被分类为小行星,由于探测到彗发,后来划归为彗星。Chiro 是在这类天体中显示出彗星活动的很稀少的天体。天马座天体可能富含铁,可能在合适条件下升华,因而演变为短周期彗星。天马座天体表达了 TNOs 与短周期彗星之间的联系,比典型的 TNOs 更靠近地球,也更亮,因此更容易研究。

表 10-1-2　一些天马座天体的轨道特征和大小

名称	q/AU	Q/AU	e	i/(°)	D/km	反照率
2060Chiron	8.45	18.77	0.38	6.9	148±8	0.17±
5145Pholus	8.66	31.93	0.57	24.7	190±22	±0.04
7066Nessus	11.78	37.01	0.52	15.7	约 75	—
8405Asbolus	6.84	29.01	0.62	17.6	66±8	0.12±0.03
10199Chariklo	13.10	18.51	0.17	23.4	302±30	0.045±0.010
10370Hylonome	18.84	31.04	0.24	4.1	约 150	—
1998SG35	5.83	11.01	0.31	15.6	约 35	—
2000QC243	13.17	19.92	0.20	20.7	约 190	—

10.1.4　海外天体的物理性质和成分

目前对 TNOs 的物理和化学性质了解甚少,因为这些遥远的天体具有很低的亮度。对它们进行观测要求有很好的望远镜,极仔细地分析和对数据进行标定。CCD 成像是观测这些低亮度天体的最简单方法,特别是在轨道位置不太清楚时。

如果一些天体没有从图像中分辨出来,它们的反照率一般是不知道的,难以估计它们的直径。如果反照率的平均值取 0.05,根据它们的绝对亮度估计其直径,范围在 1300 km(对暗淡天体)和 30 km 之间。根据发现物的统计学,可以计算在 30~50 AU 之间作为亮度函数的总体分布。如果给定了大小分布,可以计算总质量。在 30~50 AU 之间的总质量似乎是地球质量的 1/10。这个在 50 AU 内 $0.1M_E$ 的质量包含了 10 万个大于 100 km 的天体。如果估计的天体质量再小一点,直径大于 1 km 的 TNO 总数将是几亿个。如果考虑的天体质量再大一些,分布扩展到冥王星,则可能存在直径大于 2000 km 的天体。

虽然目前对 TNO 的物理和化学性质了解甚少,但已经知道了一些天体的自旋周期,大约是 6~12 小时。在可见和红外谱段测量的这些天体的颜色相当离散,从中性的明暗到红色,如图 10-1-3 所示。这种离散意味着表面成分的差异。仅根据宽带谱仪得到的颜色确定表面成分是困难的,但中性颜色可以指示脏冰的存在,红色是富含碳化合物的结果,如有机物质。在可见光谱段,天马座和 TNO 天体有相似的谱特征,这种类似支持了这两种天体被抛进穿越巨行星轨道的理论。

在近红外谱段仅分析了最亮的天体,它们的谱也相当离散。一些天体的谱类似于脏水冰的谱,另外一些天体(如天马座 1587)的谱与 Triton 和冥王星类似。天马座 5146Pholus 似乎含有有机化合物,如冻结的甲烷、冰和硅酸盐(见图 10-1-4)。其他天马座天体如 1 0199

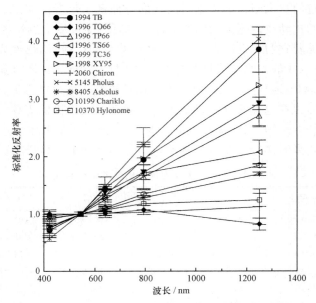

图 10-1-3　将 11 个 TNOs 的颜色转换成相对反射率

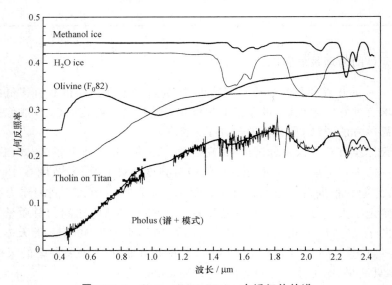

图 10-1-4　Centaur5145 Pholus 在近红外的谱

Chariklo 显示出由水冰吸收的谱,大概它处于非晶质的状态。

　　TNO 可以认为是 46 亿年前原始行星云的剩余(见图 10-1-5)。根据在太阳系中这些天体的发现,可以推断在其他恒星周围也会有这类天体。研究 TNO 可提供行星系统形成的信息。随着 TNO 的新发现,人们将会对太阳系的外边界有更深入、准确的认识。

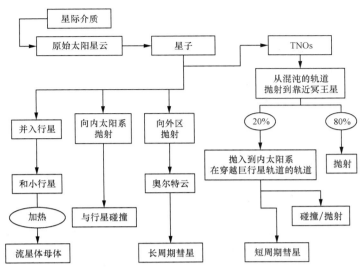

图 10-1-5　太阳系小天体可能的演化过程

10.1.4　"新视野"冥王星与开珀带探测

2006 年 1 月 19 日,美国发射了"新视野"飞船,探索冥王星和开珀带,这是人类从未就近探索的天体和区域。

1. 为什么要探测冥王星

冥王星既不是像火星那样的类地行星,也不是像土星那样的类木行星,而是第三种类型的行星,称为矮行星。冥王星有固体表面,但大部分质量是冰冻物质(如冻结的水、二氧化碳、分子氮和一氧化碳)。人类还没有对这类行星进行过近距离探测,连表面特征都不清楚。

冥王星和它的卫星咯戎是太阳系目前所知唯一的双星,对它们进行探测对于弄清地球和月亮系统是怎样形成的具有重要意义。

冥王星的大气层提供了观测行星流体动力学逃逸的机会,目前认为地球原始大气层损失就是这个机制形成的。新视野将研究冥王星的大气层和大气逃逸率,并寻找咯戎的大气层。

冥王星和咯戎的表面显示了外太阳系被撞击的历史。新视野通过探测冥王星和咯戎表面的成分、地质和形态特征,可获得外太阳系天体受撞击的信息。

除了探测冥王星和咯戎外,新视野还将探测开珀带天体。开珀带是一个巨大冰冻天体的仓库,位于海王星轨道的外部,可扩展到 50 个天文单位。第一个开珀带天体是 1992 年发现的,目前在开珀带已经发现了 1000 多个天体。科学家估计,开珀带将有 50 万个尺寸大于 30 km 的天体。许多科学家认为,开珀带是短周期彗星的源,冥王星和咯戎属于开珀带天体。目前对开珀带天体的观测都是利用地面的望远镜进行的,由于距离遥远,只能粗略地估算天体的大小,根本无法了解其表面特征。开珀带到底有多少天体? 这些天体处于什么状态? 是彗星还是小行星? 最大的天体有多大? 开珀带的边界在哪? 要想获得这些问题的答案,只有将飞船发射到开珀带进行探测。人们期望新视野在 2016 年以后发回关于开珀带的信息。

2. 怎样到达冥王星?

新视野的主发射窗口从 2006 年 1 月 17 日到 2 月 14 日。第二次发射窗口从 2007 年 2 月

2 日到 2 月 15 日。由于飞船在 2006 年 1 月 19 日发射,因此在 2007 年 2 月 28 日靠近木星,速度大约是 21 km/s。新视野比卡西尼飞船飞越木星时靠近 3～4 倍,在距离木星 32 个木星半径内,以便利用木星的引力助推作用,获得更大的增速。在 2015 年 7 月 14 日,新视野将在 9600 km 距离内飞越冥王星,在最靠近点的相对速度是 11 km/s,到咯戎的最近距离是 27 000 km。

3. 为什么不对冥王星进行环绕探测?

冥王星的引力太弱,需大量的燃料才能使飞船的速度降低到被冥王星引力场捕获的水平,这在目前是不可能的。而飞越探测也可以提供许多图片,还可以提供关于冥王星和咯戎许多其他方面的信息,还可能有机会飞向其他开珀带天体。

4. 新视野飞船的科学负载

飞船携带了 7 个科学仪器:可见与红外成像光谱仪(Ralph),可提供彩色、成分和热分布图像;紫外成像光谱仪(Alice),分析冥王星大气层的成分和结构,寻找咯戎和 KBOs 的大气层;无线电科学实验(REX),测量大气层温度与成分;长距离勘查成像仪(LORRI),获得冥王星高分辨率地质数据;太阳风与等离子体谱仪(SWAP),测量冥王星大气层逃逸率,观测冥王星与太阳风相互作用;冥王星能量粒子谱仪(PEPSSI),测量从冥王星大气层逃逸的等离子体成分和密度;学生设计制造的尘埃计数器(SDC),测量太空尘埃。

在飞越冥王星期间,科学仪器将获得分辨率为 25 m 的图像,1.6 km 分辨率的 4 颜色全球白天图片,超光谱近红外 7 km 分辨率的全球图像和对选择区域 0.6 km 分辨率的图像,还可获得大气层的特征。飞越冥王星后,新视野将指向开珀带,在那里有多个直径为 50～100 km 的目标,可能对这些目标进行与冥王星一样的探测。这个阶段将持续 5～10 年。

由于冥王星距离太阳遥远,太阳电池板的效率太低,因此飞船采用核电源(放射性热电发生器)。在 2015 年与冥王星相遇时,核电源将提供大约 228 W 的功率。总的发射成本为 5.5 亿美元。

10.2 奥 尔 特 云

10.2.1 奥尔特云假说

彗星的起源是个未解之谜。有人提出,在太阳系外围有一个特大彗星区,那里约有 2000 亿颗彗星,叫奥尔特云,由于受到其他恒星引力的影响,一部分彗星进入太阳系内部,又由于木星的影响,一部分彗星逃出太阳系,另一些被"捕获"成为短周期彗星。

1950 年,荷兰天文学家奥尔特用彗星轨道的统计材料,说明彗星都来自围绕太阳的一个类似球状的云层,它的半径约 10 万～20 万 AU,大约是冥王星到太阳距离的 2000 倍,或者大约是 1 光年。而离太阳系最近的恒星(半人马星座 α 星)离我们约 15 万 AU。从那附近经过的恒星自然会对这彗星云产生一些影响。对于我们来说,重要的是这类摄动有规律地从彗星云中"派出"彗星到太阳和地球附近,使我们有机会观测到它们发生的各种有趣现象。此外,这种影响既限制了彗星云的大小,又使彗星轨道多样化。奥尔特的彗星云中估计存在 2000 亿颗彗星,其质量总和约为地球质量的 1/10。自然,这些数据都是非常不确切的。

奥尔特云认为是原始星云的剩余。目前比较普遍接受的假想是奥尔特云天体最初更靠近太阳形成,与行星和小行星形成过程相同。但引力与巨大的气体行星相互作用将它们抛入极长的椭圆或抛物线轨道。这个过程也将天体散射出黄道面,这可以解释云的球形分布。而在这些轨道的远区,引力与附近恒星的相互作用进一步改变了它们的轨道,使之变得更圆。

存储在奥尔特云中彗星的轨道将因银河的潮汐力而演变。银河潮汐力的基本作用是改变彗星轨道的角动量,使倾角发生很大变化,更重要的是近日距的变化。偶然地,一颗彗星的近日距演变到几个 AU 之内,于是成为可观测到的新彗星。一般来说,新彗星的近日距必须小于 2 或 3 AU。但银河潮汐力必须强到足以使近日距的变化大于 10 AU 时,新彗星才可能是来自奥尔特云。彗星近日距变化的时间尺度为

$$\tau_q = 6.6 \times 10^{14}\, yr a^{-2} \Delta q / \sqrt{q}.$$

在当前的银河环境中,这里的 a、Δq 和 q 用 AU 表示。于是,只有 τ_q 大于轨道周期才可能变成可见的新彗星。对于 $\Delta q = 10\ \text{AU}$,$q = 15\ \text{AU}$,只有 $a \geqslant 20\,000\ \text{AU}$ 才能出现 τ_q 大于轨道周期。

10.2.2　奥尔特云观测证据

到目前为止,仅发现两个潜在的奥尔特云天体,即 90 377 Sedna(赛德娜)和 2000 CR105。90 377 Sedna 的轨道范围大约从 76 到 980 AU,可能属于内奥尔特云。其赤道直径小于 1800 km,大于 1180 km。如果 Sedna 确实属于奥尔特云,这可能意味着奥尔特云比以前预想的更稠密和更靠近太阳。这可以作为一个可能的证据,太阳最初作为稠密恒星簇的一部分形成。赛德娜的轨道是高度偏心的,目前确定的远日点是 975.56 AU,近日点大约在 76.16 AU。在发现时,它接近近日点,距离太阳 90 AU。赛德娜的轨道周期大约 12 000 年,在 2075 或 2076 年将到达近日点。彩图 68 给出奥尔特云与 Sadna 轨道。

彗星 2000 CR105 可能是奥尔特云的一部分,近日点为 45 AU,远日点是 415 AU,轨道周期为 3240 年。轨道倾角为 22.75°,直径大约 265 km。

10.3　太阳系外行星

10.3.1　太阳系外行星探测概况

浩渺的宇宙中是否有类似地球的行星存在? 太阳系是独一无二的吗? 太阳系外其他行星系统上是否有生命存在? 这些问题千百年来一直牵动着人们渴望探索的心,也成为科幻小说钟爱的题材。早在 17 世纪初,伽利略用新发明的望远镜窥视夜空,辨认出了月球上的山脉。大约 60 年以后,其他天文学家观察到在火星上的极区冰盖以及该行星上的颜色变化,他们认为那是随季节改变而发生的植被变化(现在已经知道那些颜色是尘暴的结果)。在 20 世纪后期,一些行星际飞船上的照相机拍摄了火星的图像。但是在 20 世纪 70 年代,"海盗"号着陆器获得的火星土壤标本缺乏任何生命存在的物质证据。现在,人类对地球以外生命的研究范围已经扩大了,能够将注意力转到太阳系以外的行星,到 2009 年 5 月 13 日已经发现了 347 颗太阳系外行星(http://exoplanet.eu/catalog.php)。

目前所探测到的太阳系外行星绝大多数属于类木行星,即体积比较大,表面是气体。只有少量的天体与类地行星相似。类地行星稀少主要是由目前探测技术的水平决定的。

10.3.2 太阳系外行星探测方法

1. 热辐射的直接探测

来自行星的热辐射可能是由行星表面反射的星光,也可能是行星被恒星辐射加热后再发射出的红外辐射。来自类地行星的信号就是用现在的仪器也是可以探测到的,困难在于对比度,因为行星的辐射被恒星的辐射掩盖了。例如,太阳与地球或木星之间的对比在可见光大约是十亿分之一。观测恒星附近的行星,如同在明亮的探照灯下去寻找一个萤火虫。

在直接测量太阳系外类地行星的热辐射时,首选的谱段是红外。因为在此波段的辐射,恒星与行星的的对比要比在可见光谱段的小,如太阳与地球在 $10\ \mu m$ 红外辐射之比大约是百万分之一。另外,类地行星上的 3 种化合物——O_3、CO_2 和 H_2O 易于通过检查红外光谱所辨识。图 10-3-1 显示了 CO_2、O_3 和水蒸气(H_2O)的谱谱线有深和宽的吸收特征。在地球的光谱中,CH_4 在 $7\ \mu m$ 更弱。

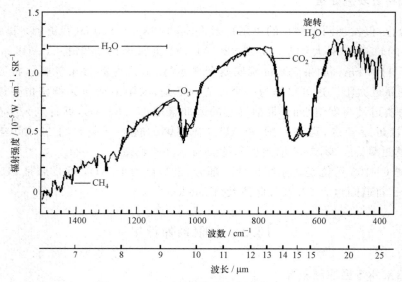

图 10-3-1 水、二氧化碳和臭氧的吸收谱

目前有一种观点认为,O_3 的存在是 O_2 存在的强的标记。如果 O_3 的丰度变化了 2～3 倍,则 O_2 丰度可变化 100 倍,因而探测 O_3 可以指示浓度很小的 O_2 的存在。臭氧丰度的变化意味着人们可以利用 O_3 追踪地球历史 200 万年的 O_2。

大气层化学是复杂的,与生命无关的机制可能产生 O_3。一个例子是 H_2O 的光解,接着是氢的逃逸,留下过量的氧产生臭氧。但在可居住区的行星大气层中水、二氧化碳和臭氧的探测将是激动人心的发现,将进一步促进寻找稀少的但更确定的生命迹象。

美国计划在 2012—2015 年间发射"类地行星发现者"(terrestrial planet finder,TPF)。TPF 采用高灵敏度的空间望远镜和革命性的成像技术,能够探测距离我们 45 光年远的 150 颗恒星周围的类地行星的大小、温度。TPF 的光谱仪能确定二氧化碳、水蒸气、臭氧和甲烷的存在和含量,因此能使大气化学家和生物学家判别该类地行星是否存在生命。

为了区别行星及其母恒星的辐射,传统的望远镜很难担此重任。而光学干涉仪具有很大的优势。

所谓干涉仪,就是两个相隔一定距离的望远镜,将两个望远镜聚焦在同一个恒星上,但将一个望远镜的光波反向,将波峰变为波谷,而波谷变为波峰,然后将反向的光与来自第二个望远镜的光相结合,这样,来自恒星的光就会被消除。在消除了该恒星的图像后,一些额外的辐射源,就有可能来自该恒星附近的行星。

美国 NASA 的"起源"探测计划中,包含空间干涉仪(space interferometry mission,SIM),SIM 计划在 2015 年发射,其分辨能力是目前最好望远镜的几百倍,能够探测恒星附近大小与地球相仿的行星。

2. 径向速度技术

径向速度技术是测量恒星速度矢量的视线速度分量,即沿着观测者和目标恒星之间的半径,因此称为径向速度技术。恒星的径向速度测量依据的原理是多普勒效应,即恒星朝向观测者或远离观测者运动时,观测者所接收到的信号将发生多普勒频移。如果测量到这个频移量,即可确定恒星的速度。例如,由于木星对太阳的影响,使得速度振幅为 12.5 m/s;而考虑地球对太阳的影响,则为 0.1 m/s。目前世界上最高测量精度大约为 3 m/s。因此,几乎全部围绕主序星的行星系统都是用此方法发现的;而其质量均为木星量级,还不可能达到地球质量量级。并且,用这种方法仅能得到 $M_p \sin i$(i 是行星的轨道倾角)。

对于在圆形轨道上两个由引力束缚的天体 m_1 和 m_2,m_1 天体径向速度的振幅 K_1 可用下列公式计算

$$K_1 = \frac{m_2 \sin i}{m_1 + m_2} \sqrt{G \frac{m_1 + m_2}{a}}, \tag{10-3-1}$$

这里 m_1 是较大天体,m_2 是较小的天体,i 是轨道平面与天空平面间的夹角,G 是引力常数,a 是轨道的半主轴。对于正面对的系统,$\sin i = 0$,$K_1 = 0$。

利用开普勒第三定律,可将式(10-3-1)改写为

$$K_1 = \left(\frac{2\pi G}{p}\right) \frac{m_2 \sin i}{(m_1 + m_2)^{2/3}}, \tag{10-3-2}$$

考虑平面轨道情况,并假设 $m_2 \ll m_1$,则式(10-3-2)可简化为

$$K = \left(\frac{2\pi G}{p}\right)^{1/3} \frac{m_2 \sin i}{m_1^{2/3}}, \tag{10-3-3}$$

式(10-3-3)给出了 $m_2 \sin i$ 与可测量的 K_1(如果 m_1 的谱是可测量的则可简化为 K)和 p 的关系。如果 p 的单位用年,K 的单位是 m/s,$m_2 \sin i$ 用木星的质量表示,则有

$$m_2 \sin i = k \frac{(p m_1^2)^{1/3}}{28.4}, \tag{10-3-4}$$

如果估算了 m_1,则可计算未看见伴星的 $m_2 \sin i$。$\sin i$ 值的任意性限制了 m_2 的准确度。

在木星的轨道平面观测,它对太阳引入的 K 是 12.5 m/s,土星引入的 K 是 2.8 m/s。图 10-3-2 给出太阳的径向速度变化,主要是由木星引起的。这个变化的振幅为 12.5 m/s,周期为 11.86 年。

如果要在类太阳恒星附近探测到类地行星,要求有速度测量精度为 0.1 m/s。目前,用大的望远镜进行径向速度测量可以达到好于 1 m/s 的精度。0.1 m/s 的精度难以达到。最终的限制可能是由恒星表面短周期大气振荡的多普勒速度"噪音"决定的,长期效应与恒星的磁活动周期有联系。

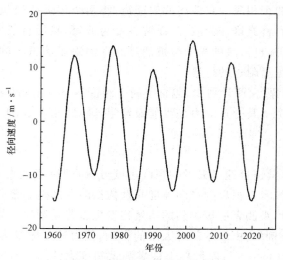

图 10-3-2　太阳的径向速度

3. 光度计技术

行星靠近母恒星通过时，以两个不同方式影响恒星的亮度。第一是行星在恒星前面简单地几何通过，行星凌星减小了恒星的视在亮度，减小量与两个天体的相对面积成正比。对日地系统，粗略地说是 10^{-4}。第二是相对论微透镜效应，可以使恒星的视在亮度在几小时内增加很大，有时超过 100％。

行星凌星：行星通过母恒星时阻挡了一部分恒星的光，这种效应称为行星凌星。图 10-3-3 给出行星凌星产生的光变曲线。由于这种效应小，发生的机会是稀少的，持续时间短（对日地系统仅持续 12 小时），不频繁（对日地系统每年一次），因此测量比较困难。

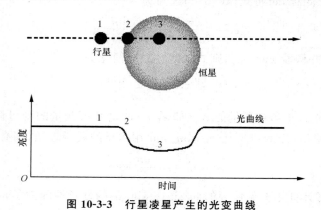

图 10-3-3　行星凌星产生的光变曲线

穿越恒星中心的凌星间隔为

$$\tau_c = 13 d^* \sqrt{a/M^*} \approx 13 \sqrt{a} (h).$$

这里的 d 是以太阳直径表示的恒星直径，M 是以太阳质量表示的恒星质量，a 是用 AU 表示的轨道半主轴。

恒星亮度的变化率或凌星深度等于行星面积与恒星面积之比。凌星深度的测量可用于计算行星的大小，恒星的可大小根据光谱类型得到。表 10-3-1 给出一些太阳系天体的凌星间隔和凌星深度值。巨行星的的凌星深度大约是 1‰ 的量级。

表 10-3-1　太阳系行星的凌星特性

行星	轨道周期/年	半主轴/a	凌星间隔/小时	凌星深度/(‰)
水星	0.241	0.39	8.1	0.0012
金星	0.615	0.72	11.0	0.0076
地球	1.000	1.00	13.0	0.0084
火星	1.880	1.52	16.0	0.0024
木星	11.86	5.20	29.6	1.01
土星	29.5	9.5	40.1	0.75
天王星	84.0	19.2	57.0	0.135
海王星	164.8	30.1	71.3	0.127

美国于 2009 年 3 月 7 日发射了"开普勒"飞船,探测太阳系外与地球大小类似的行星。使用的方法是凌星方法。"开普勒"携带的仪器是特殊设计的 0.95 m 直径的望远镜,称为光度计。在其 3.5 年的设计寿命期间,可监测 10 万颗恒星的亮度,预期可发现 640 颗类地行星。图 10-3-4(a)为开普勒飞船,图(b)为光度计。

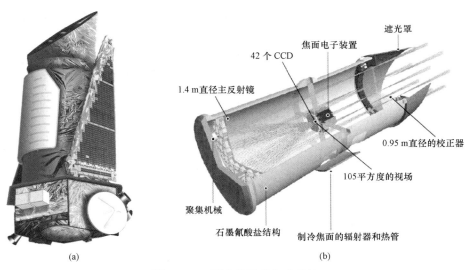

(a)　　　　　　　　　　　　　　　　(b)

图 10-3-4　开普勒飞船与光度计

高精度的凌星测量受到下列因素的限制:光子散粒噪声、目标恒星固有的变化以及仪器的不稳定性。

利用中等孔径的光度计可将散粒噪声降低到可接受的水平。具有与太阳类似谱类型的恒星的自身亮度变化对测量精度影响较小,因此,获得高精度的主要技术挑战源于光度学方法的稳定性。开普勒探测器解决的办法是采用示差光度测量技术。

从原理上来说,所谓示差光度测量,是测量一颗天体相对于亮度恒定的标准恒星的亮度。虽然这种方法不能给出绝对亮度,但对测量天体亮度随时间的变化是非常有用的。在开普勒探测器的光度计中,采用的不是一般的示差光度测量,而是"总体示差光度测量",即测量的是目标恒星相对于周围所有恒星亮度平均值的变化。开普勒光度计所采取的技术措施包括以下

几方面:

采取总体示差光度测量方法,仪器具有很低的噪声与很高的灵敏度,如果地球大小的行星对绝对星等为 12 的恒星凌星 6.5 小时,该光度计就能探测到该恒星亮度的变化。

微透镜:微透镜事件发生在两个远距离的恒星排列变化时:一个"源"恒星在约 8 kpc,一个"透镜"恒星在 1～7 kpc,见图 10-3-5。透镜恒星聚焦了来自源恒星的光,产生了 2～5 倍的放大,见图 10-3-6。

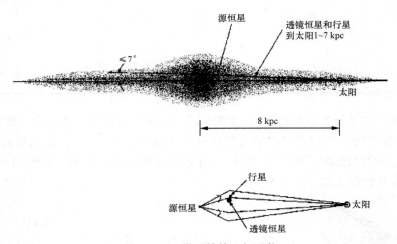

图 10-3-5　微透镜的几何形状

源恒星位于银河系的凸出处,恒星-行星组合位于中等距离

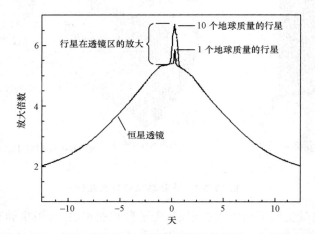

图 10-3-6　恒星-行星组合对远距离恒星的光起一个透镜作用

轨道在透镜恒星的行星有时可产生持续 1.5～50 小时超过 100％ 的放大,这取决于行星的质量和其他参数。

4. 天体测量技术

在恒星周围存在行星时,将引起母星相对于远方背景的星象摆动。例如,如果我们从 10 pc 的距离看太阳,木星引起的角振幅将为 500 微角秒,而地球引起的角振幅仅为 0.3 微角秒。这种方法需要精确地测量恒星的位置,一般用空间干涉仪测量目标恒星相对于参考恒星的位置。

　　天体测量信号的幅度 S（单位是弧秒）为

$$S = \frac{m}{M} \frac{r}{d},$$

这里 m 是没有看见的伴星的质量，M 是中心恒星的质量，r（单位是 AU）是伴星轨道的半主轴，d 是到恒星的距离。对太阳-木星系统，$m/M = 0.001$，$r = 5.2$ AU，则从 5 pc 看信号幅度为 0.001arcsec（1 mas），从 10 pc 看为 0.5 mas。

复习思考题与习题

1. 在了解开珀带和奥尔特云天体性质的基础上，重新分析小行星与彗星之间的异同。
2. 根据开珀带和奥尔特云天体的特征，如何定义行星？
3. 分析太阳系水分布的特征。
4. 谈谈你对奥尔特云存在的理由。
5. 探测太阳系外行星有哪些基本方法？
6. 什么是引力透镜？

参 考 文 献

[1] Encrenaz. T et al, The Solar System, Third Edition, Springer-Verlag, New York, 2004.

[2] Lucy-AnnMcFaden, Paul R. Weissman, Torrence V. Johnson, Encyclopedia of the solar system, Academic Press, 2006

[3] Julio A. Ferna'ndez, The Formation of the Oort Cloud and the Primitive Galactic Environment, ICARUS 129, 106~119 (1997)

[4] C. A. Trujilluo and D. C. Jewitt, POPULATION OF THE SCATTERED KUIPER BELT, The Astrophysical Journal 529: L103~L106, 2000 February 1.